普通高等教育"十二五"系列教材（高职高专教育）

（上册）

建筑施工技术

主　编	陈杭旭	彭根堂
副主编	沈万岳	杨惠忠
	蔡祖炼	梁　群
编　写	张小建	谢春江
	瞿　龙	陈　亮
主　审	沈克仁	项建国

U0280127

中国电力出版社
CHINA ELECTRIC POWER PRESS

内 容 提 要

本书为普通高等教育"十二五"系列教材（高职高专教育）。

本书取材力图反映较基础、较实用的建筑施工技术，融合了最新出版的施工技术规范、施工质量验收规范和设计规范，以够用、适度为原则，适应教学需要和社会普及需要。根据建筑节能的发展需要增加了较前沿的建筑节能内容。在每章的章首有本章学习要求，且每章均有独立成节的经典施工成败案例，一方面启发学生，另一方面便于现场施工技术人员参考。

本书由浙江建设职业技术学院、浙江诚达建设有限公司、浙江五洲工程项目管理有限公司、浙江亚厦装饰股份有限公司、杭州第四建筑工程公司、杭州绿谷建筑技术咨询有限公司等校企教授、高工合作编写，编者均为多年从事教育及具有施工实际经验的中高级职称人员，因此在内容上较贴近实际性和强调实用性。

本书主要作为高职高专院校土建施工类、工程管理类、市政工程类、建筑设备类等专业教材。

图书在版编目（CIP）数据

建筑施工技术：全 2 册/陈杭旭，彭根堂主编. —北京：中国电力出版社，2015.2（2023.8 重印）

普通高等教育"十二五"规划教材. 高职高专教育

ISBN 978 - 7 - 5123 - 6825 - 5

Ⅰ. ①建… Ⅱ. ①陈…②彭… Ⅲ. ①建筑工程-工程施工-高等职业教育-教材 Ⅳ. ①TU74

中国版本图书馆 CIP 数据核字（2015）第 026876 号

中国电力出版社出版、发行

（北京市东城区北京站西街 19 号 100005 http：//www.cepp.sgcc.com.cn）

三河市航远印刷有限公司印刷

各地新华书店经售

*

2015 年 2 月第一版 2023 年 8 月北京第六次印刷

787 毫米×1092 毫米 16 开本 40 印张 862 千字 5 插页

定价 95.00 元

前　言

一、《建筑施工技术》课程的性质

《建筑施工技术》是根据建筑工程技术专业或土木工程专业的人才培养定位及职业岗位的知识、能力、素质要求而设置的一门核心课程。它是以传授土建各主要分部分项工程的施工工艺、施工方法、施工质量验收知识和施工计算方法的一门课程。该课程具有较强的综合性及应用性，可培养学生综合应用先前学过的建筑材料、建筑测量、建筑力学、建筑构造与识图、建筑结构和地基基础课程知识，根据一般施工图和施工现场环境条件选择土建各主要分部分项工程的适当施工工艺和施工方法的能力，选择合适的建筑材料和施工机械能力，培养学生在土建各主要分部分项工程中必要施工计算能力和施工质量验收能力，这些能力多少也是建筑施工现场专业人员包括施工员、质量员、安全员、标准员、材料员、机械员、劳务员和资料员"八大员"所必须具备的基本知识和基本技能。

二、建筑工程施工质量验收的划分

任何一栋建筑物的施工都是一个系统工程，为了有效杜绝和防范质量安全事故，《建筑工程施工质量验收统一标准》（GB 50300—2013）在基本规定的第一条就明确规定：在开工前的施工现场应具有健全的质量管理体系、相应的施工技术标准、施工质量检验制度和综合施工质量水平评定考核制度。施工现场质量管理可按附录 A 的要求进行检查记录，由总监理工程师下检查结论。同时，一栋建筑的施工也是一个复杂的过程，为了便于组织施工和验收，《建筑工程施工质量验收统一标准》（GB 50300—2013）将单位工程的施工按工程部位和专业性质划分为十大分部（见附录 B）。这十大分部分别是地基与基础、主体结构、建筑装饰装修、建筑屋面、建筑节能、建筑给排水及采暖、建筑电气、智能建筑、通风与空调、电梯分部。前五大分部（俗称土建五大分部）主要由土建施工人员来完成，是本书所研究的对象；后五大分部（俗称安装五大分部）是由各专业工程技术管理人员配合协调施工完成的。分部工程一般较大或较复杂，通常按材料种类、施工特点、施工程序、专业系统及类别将其划分为若干子分部工程，如主体分部就是按材料分为混凝土结构、砌体结构、钢结构、钢管混凝土结构、型钢混凝土结构、铝合金结构和木结构 7 个子分部，其中量大面广的混凝土结构和砌体结构施工也是本书所研究的对象。为了进一步便于组织施工和验收的需要，在子分部下又按主要工种、材料、施工工艺、设备类别划分为各个分项工程，如地基与基础分部工程下的基坑支护子分部就是按基坑支护施工工艺分为灌注桩排桩围护墙、型钢水泥土搅拌墙、土钉墙、水泥土重力挡墙等各个分项工程；主体分部下的混凝土子分部则按主要工种和施工工艺分为模板、钢筋、混凝土、预应力、现浇结构、装配式结构 6 个分项工程。

另外，室外工程的划分见附录 C。

一栋建筑物的施工过程本身就是一个质量验收过程，过程控制必须贯穿始终，因此在建筑施工技术课程中两部分内容必须合并学习。分项工程一般划分为检验批进行验收，这样有助于及时纠正施工中出现的质量问题，确保工程质量符合施工实际需要。例如，多层及高层建筑工程中主体分部的分项工程是按楼层、施工段或工程量来划分检验批，单层建筑工程中的分项工程则按变形缝等划分检验批。检验批的施工质量验收表格具体实例见附录 D、E、F。

三、学好《建筑施工技术》这门课程的建议

《建筑施工技术》这门课程的特点是实践性强，综合性大，社会性广，施工工艺和施工方法发

展快、更新快，教材内容有时跟不上现场施工技术的变化。如何学好这门课程呢？笔者提出 5 条建议：第一，在保证安全的前提下，利用课余、节假日、寒暑假，深入工地进行认识和实践；第二，充分利用校内资源（如图书馆和精品课程网）和校外资源（如互联网包括筑龙网和一、二级建造师相关网站的大量视频与照片）；第三，认真完成建筑施工技术精品课程网或资源库的习题库和二级建造师相关建筑施工技术部分的习题库作业，进一步加深理解各知识点；第四，伴随着课程的深入，精读相关建筑工程各专业施工质量验收规范、各专业施工技术规范的内容和设计规范的构造部分内容，特别是相关条款的解释说明部分会让人有受益匪浅、触类旁通之感；第五，加强学习相关重要课程知识，特别是建筑结构中的混凝土结构施工图平面整体表示方法制图规则和构造详图 16G101-1（现浇混凝土框架、剪力墙、梁、板）、16G101-2（板式楼梯）、16G101-3（独立基础、条形基础、筏形基础及桩基承台），当然还要学习一些重要标准图集，如预应力管桩和钻孔灌注桩标准图集、预应力吊车梁和屋架标准图集等，按图施工是施工的最重要原则，基坑支护施工图、建筑与结构施工图和相关各种标准图集是建筑工程施工的最重要依据，只有循序渐进读懂读通图纸表达内容和相关节点构造，才能为学习和掌握建筑施工技术夯下坚实的基础。此外，每套施工图纸的建筑总说明和结构总说明也有大量的施工技术信息需要仔细阅读领会，如屋面与地下防水做法、各部位装饰工程做法、材料选择、抗震等级、各种特殊结构节点做法、过梁构造柱做法交代等，见附录 G、H。

四、本书特点与教材的编审人员

本书在编写时，取材上力图反映较基础、较实用的建筑施工技术，融合了最新出版的施工规范、施工技术规范、施工质量验收规范和设计规范，以足够适用为原则，以适应教学需要和社会普及需要，由于建筑节能的发展需要增加了较前沿的第九章建筑节能内容。在每章的章首都有本章学习要求，且每章均有独立成节的住建部要求的经典施工成败案例，一方面启发学生，另一方面便于现场施工技术人员参考。

本书的编写人员均为多年从事教育及具有施工实践经验的中高级职称人员，因此在内容上较贴近实际性和强调实用性。本书由浙江建设职业技术学院陈杭旭副教授担任第一主编，彭根堂高工担任第二主编。教材编写人员：第一章由陈杭旭与浙江诚达建设有限公司谢春江高工编写，第二章由陈杭旭编写，第三章由彭根堂与浙江五洲工程项目管理有限公司瞿龙编写，第四章由陈杭旭和张小建教授级高工编写，第五章由蔡祖炼高工编写，第六章由杭州第四建筑工程公司梁群高工编写，第七章由彭根堂与浙江亚厦装饰股份有限公司陈亮编写，第八章由沈万岳高工编写，第九章由杭州绿谷建筑技术咨询有限公司建筑节能专家杨惠忠编写。本书由资深高级工程师沈克仁、项建国教授主审。

本书在编写过程中得到了原浙江宝业建设集团有限公司总工程师俞增民、浙江一建建设集团有限公司俞宏高级工程师、浙江建院资深高级工程师王云江的全程参与和指导，得到了浙江建院何辉院长、建工系副主任沙玲教授、浙江建院成教学院蔡昌辉院长和管雪妹副院长的大力支持，还得到了浙江宝业建设集团有限公司、浙江诚达建设有限公司、浙江明康工程咨询有限公司等知名企业的鼎力相助。附录建筑与结构说明由浙江省建筑设计研究院陈杭生教授级高工提供。在这里一并表示衷心的感谢！

编　者

目　录

第一章 土 方 工 程

本章学习要求

了解土的工程性质、边坡留设和土方调配的原则。

掌握土方量计算的方法、场地设计标高确定的方法和用表上作业法进行土方调配。

能熟悉深浅基坑的各种常用支护方法并了解其适用范围和基坑监测项目。

理解流砂产生的原因，并了解其防治方法；掌握轻型井点设计并了解喷射井点、电渗井点和深井井点的适用范围。

掌握基坑土方开挖的一般原则、方法和注意事项，了解常用土方机械的性能及适用范围并能正确合理地选用。

掌握填土压实的方法。

掌握土方工程质量标准与安全技术要求。

第一节 概 述

一、土方工程的施工特点

常见的土方工程包括以下几个方面。

（1）场地平整：包括确定场地设计标高，计算挖、填土方量，合理地进行土方调配等。

（2）土方的开挖、填筑和运输等主要施工，以及排水、降水和土壁边坡和支护结构等。

（3）土方回填与压实：包括土料选择，填土压实的方法及密实度检验等。

土方工程施工，要求标高准确、断面合理，土体有足够的强度和稳定性，土方量少，工期短，费用省。但土方工程具有工程量大、施工工期长、劳动强度大的特点，如大型建设项目的场地平整和深基坑开挖中，施工面积可达数平方千米，土方工程量可达数百万立方米以上。另外，土方工程的施工条件复杂又多为露天作业，受气候、水文、地质和邻近建（构）筑物等条件的影响较大，且天然或人工填筑形成的土石成分复杂，难以确定的因素较多。因此，在组织土方工程施工前，必须做好施工前的准备工作，完成场地清理，仔细研究勘察设计文件并进行现场勘察；制定严密合理和经济的施工组织设计，做好施工方案，选择好施工方法和机械设备，尽可能采用先进的施工工艺和施工组织，实现土方工程施工综合机械化。制订合理的土方调配方案，制定好保证工程质量的技术措施和安全文明施工措施，对质量通病做好预防措施等。

二、土的工程分类与现场鉴别方法

土的种类繁多，其分类方法各异。土方工程施工中，按土的开挖难易程度分为 8 类，见表 1-1。表中一至四类为土，五至八类为岩石。在选择施工挖土机械和套建筑安装工程劳动定额时要依据土的工程类别进行选择。

表 1-1 土 的 工 程 分 类

土的分类	土的级别	土的名称	密度（kg/m³）	开挖方法及工具
一类土 （松软土）	I	砂土；粉土；冲积砂土层；疏松的种植土；淤泥（泥炭）	600～1500	用锹、锄头挖掘，少许用脚蹬

土的分类	土的级别	土的名称	密度（kg/m³）	开挖方法及工具
二类土 （普通土）	Ⅱ	粉质黏土；潮湿的黄土；夹有碎石、卵石的砂；粉土混卵（碎）石；种植土；填土	1100～1600	用锹、锄头挖掘，少许用镐翻松
三类土 （坚土）	Ⅲ	软及中等密实黏土；重粉质黏土；砾石土；干黄土；含有碎石卵石的黄土；粉质黏土；压实的填土	1750～1900	主要用镐，少许用锹、锄头挖掘，部分用撬棍
四类土 （砂砾坚土）	Ⅳ	坚硬密实的黏性土或黄土；含碎石、卵石的中等密实的黏性土或黄土；粗卵石；天然级配砂石；软泥灰岩	1900	整个先用镐、撬棍，后用锹挖掘，部分用楔子及大锤
五类土 （软石）	Ⅴ	硬质黏土；中密的页岩、泥灰岩、白垩土；胶结不紧的砾岩；软石灰岩及贝壳石灰岩	1100～2700	用镐或撬棍、大锤挖掘，部分使用爆破方法
六类土 （次坚石）	Ⅵ	泥岩；砂岩；砾岩；坚实的页岩、泥灰岩；密实的石灰岩；风化花岗岩；片麻岩及正长岩	2200～2900	用爆破方法开挖，部分用风镐
七类土 （坚石）	Ⅶ	大理岩；辉绿岩；玢岩；粗、中粒花岗岩；坚实的白云岩、砂岩、砾岩、片麻岩、石灰岩；微风化安山岩；玄武岩	2500～3100	用爆破方法开挖
八类土 （特坚土）	Ⅷ	安山岩；玄武岩；花岗片麻岩；坚实的细粒花岗岩、闪长岩、石英岩、辉长岩、角闪岩、玢岩、辉绿岩	2700～3300	用爆破方法开挖

三、土的基本性质

1. 土的天然含水量

土的含水量 w 是土中水的质量与固体颗粒质量之比的百分率，即

$$w = \frac{m_w}{m_s} \times 100\%$$ （1-1）

式中：m_w 为土中水的质量；m_s 为土中固体颗粒的质量。

2. 土的天然密度和干密度

土在天然状态下单位体积的质量，称为土的天然密度。土的天然密度用 ρ 表示

$$\rho = \frac{m}{V}$$ （1-2）

式中：m 为土的总质量；V 为土的天然体积。

单位体积中土的固体颗粒的质量称为土的干密度，土的干密度用 ρ_d 表示

$$\rho_d = \frac{m_s}{V}$$ （1-3）

式中：m_s 为土中固体颗粒的质量；V 为土的天然体积。

土的干密度越大，表示土越密实。工程上常把土的干密度作为评定土体密实程度的标准，以控制填土工程的压实质量。土的干密度 ρ_d 与土的天然密度 ρ 之间有如下关系

$$\rho = \frac{m}{V} = \frac{m_s + m_w}{V} = \frac{m_s + w m_s}{V} = (1+w)\frac{m_s}{V} = (1+w)\rho_d$$

即

$$\rho_d = \frac{\rho}{1+w} \qquad (1-4)$$

3. 土的可松性

土具有可松性，即自然状态下的土经开挖后，其体积因松散而增大，以后虽经回填压实，但仍不能恢复其原来的体积。土的可松性程度用可松性系数表示，即

$$K_s = \frac{V_{松散}}{V_{原状}} \qquad (1-5)$$

$$K'_s = \frac{V_{压实}}{V_{原状}} \qquad (1-6)$$

式中：K_s 为土的最初可松性系数；K'_s 为土的最后可松性系数；$V_{原状}$ 为土在天然状态下的体积，m^3；$V_{松散}$ 为土挖出后在松散状态下的体积，m^3；$V_{压实}$ 为土经回填压（夯）实后的体积，m^3。

土的可松性对确定场地设计标高、土方量的平衡调配、计算运土机具的数量和弃土坑的容积，以及计算填方所需的挖方体积等均有很大影响。各类土的可松性系数见表 1-2。

表 1-2　　　　各种土的可松性参考值

土的类别	体积增加百分数		可松性系数	
	最初	最后	K_s	K'_s
一类土（种植土除外）	8～17	1～2.5	1.08～1.17	1.01～1.03
一类土（植物性土、泥炭）	20～30	3～4	1.20～1.30	1.03～1.04
二类土	14～28	2.5～5	1.14～1.28	1.02～1.05
三类土	24～30	4～7	1.24～1.30	1.04～1.07
四类土（泥灰岩、蛋白石除外）	26～32	6～9	1.26～1.32	1.06～1.09
四类土（泥灰岩、蛋白石）	33～37	11～15	1.33～1.37	1.11～1.15
五至七类土	30～45	10～20	1.30～1.45	1.10～1.20
八类土	45～50	20～30	1.45～1.50	1.20～1.30

4. 土的渗透性

土的渗透性是指水流通过土中孔隙的难易程度，水在单位时间内穿透土层的能力称为渗透系数，用 k 表示，单位为 m/d。地下水在土中渗流速度一般可按达西定律计算，其公式如下

$$v = k\frac{H_1 - H_2}{L} = k\frac{h}{L} = ki \qquad (1-7)$$

式中：v 为水在土中的渗透速度，m/d；i 为水力坡度，$i = \frac{H_1 - H_2}{L}$，即 A、B 两点水头差与其水平距离之比；k 为土的渗透系数，m/d。

从达西公式可以看出渗透系数的物理意义：当水力坡度 i 等于 1 时，渗透速度 v 即为渗透系数 k，单位同样为 m/d。k 值的大小反映土体透水性的强弱，影响施工降水与排水的速度；土的渗透系数可以通过室内渗透试验或现场抽水试验测定，一般土的渗透系数见表 1-3。

表 1-3   **土的渗透系数 k 参考值**

土的名称	渗透系数 k（m/d）	土的名称	渗透系数 k（m/d）
黏土	<0.005	中砂	5.0~25.0
粉质黏土	0.005~0.1	均质中砂	35~50
粉土	0.1~0.5	粗砂	20~50
黄土	0.25~0.5	圆砾	50~100
粉砂	0.5~5.0	卵石	100~500
细砂	1.0~10.0	无填充物卵石	500~1000

第二节　土方与土方调配量计算

一、基坑、基槽土方量计算

1. 土方边坡

在开挖基坑、沟槽或填筑路堤时，为了防止塌方，保证施工安全及边坡稳定，其边沿应考虑放坡。土方边坡的坡度以其高度 H 与底宽 B 之比（图 1-1）表示，即

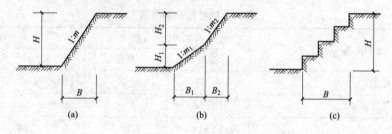

图 1-1　土方边坡
(a) 直线形；(b) 折线形；(c) 踏步形

$$土方边坡的坡度 = \frac{H}{B} = \frac{1}{\frac{B}{H}} = 1 : m$$

式中：$m = B/H$，称为坡度系数。其意义为：当边坡高度为 H 时，其边坡宽度 B 则等于 mH。

2. 基坑、基槽土方量计算

基坑土方量可按立体几何中的拟柱体（由两个平行的平面做底的一种多面体）体积公式计算（图 1-2），即

$$V = \frac{H}{6}(A_1 + 4A_0 + A_2) \tag{1-8}$$

式中：H 为基坑深度，m；A_1、A_2 为基坑上、下的底面积，m^2；A_0 为基坑的中间位置截面面积，m^2。

基槽和路堤的土方量可以沿长度方向分段后，再用同样方法计算（图 1-3）

$$V_1 = \frac{L_1}{6}(A_1 + 4A_0 + A_2)$$

式中：V_1 为第一段的土方量，m^3；L_1 为第一段的长度，m。

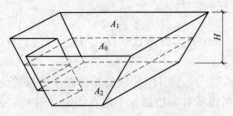
图 1-2 基坑土方量计算

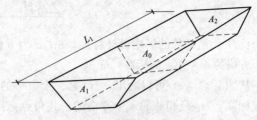
图 1-3 基槽土方量计算

将各段土方量相加即得总土方量

$$V = V_1 + V_2 + V_3 + \cdots + V_n$$

式中：V_1，V_2，…，V_n 分别为各分段的土方量，m^3。

二、场地平整土方量计算

1. 场地设计标高的确定

对于较大面积的场地平整，合理地确定场地的设计标高，对减少土方量和加快工程进度具有重要的经济意义。一般来说，应考虑以下因素：① 满足生产工艺和运输的要求；② 尽量利用地形，分区或分台阶布置，分别确定不同的设计标高；③ 场地内挖填方平衡，土方运输量最少；④ 要有一定泻水坡度（≥2‰），使其能满足排水要求；⑤ 要考虑最高洪水位的影响。

场地设计标高一般应在设计文件上规定，若设计文件对场地设计标高没有规定时，可按下述步骤来确定。

（1）初步计算场地设计标高。初步计算场地设计标高的原则是场地内挖填方平衡，即场地内挖方总量等于填方总量。计算场地设计标高时，首先将场地的地形图根据要求的精度划分为 10～40m 的方格网，如图 1-4（a）所示。然后求出各方格角点的地面标高。地形平坦时，可根据地形图上相邻两等高线的标高，用插入法求得；地形起伏较大或无地形图时，可在地面用木桩打好方格网，然后用仪器直接测出。

按照场地内土方的平整前及平整后相等，即挖填方平衡的原则，如图 1-4（b）所示，场地设计标高可按下式计算

$$H_0 n a^2 = \sum \left(a^2 \frac{H_{11} + H_{12} + H_{21} + H_{22}}{4} \right)$$

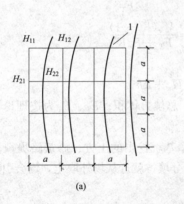
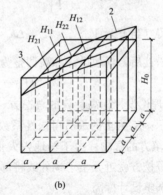

(a)   (b)

图 1-4 场地设计标高 H_0 计算示意

(a) 方格网划分；(b) 场地设计标高示意

1—等高线；2—自然地面；3—场地设计标高平面

$$H_0 = \frac{\sum (H_{11} + H_{12} + H_{21} + H_{22})}{4n} \tag{1-9}$$

式中：H_0 为所计算的场地设计标高，m；a 为方格边长，m；n 为方格数；H_{11}、H_{12}、H_{21}、H_{22} 为任一方格的 4 个角点的标高，m。

从图 1-4（a）可以看出，H_{11} 是一个方格的角点标高，H_{12} 及 H_{21} 分别是相邻两个方格的公共角点标高，H_{22} 是相邻的 4 个方格的公共角点标高。如果将所有方格的 4 个角点相加，则类似 H_{11} 这样的角点标高加一次，类似 H_{12}、H_{21} 的角点标高需加两次，类似 H_{22} 的角点标高要加四次。如令 H_1 为一个方格仅有的角点标高，H_2 为两个方格共有的角点标高，H_3 为三个方格共有的角点标高，H_4 为四个方格共有的角点标高，则场地设计标高 H_0 的计算公式（1-9）可改写为下列形式

$$H_0 = \frac{\sum H_1 + 2\sum H_2 + 3\sum H_3 + 4\sum H_4}{4n} \tag{1-10}$$

（2）场地设计标高的调整。按上述公式计算的场地设计标高 H_0 仅为一理论值，在实际运用中还需考虑以下因素进行调整。

1）土的可松性影响。由于土具有可松性，如按挖填平衡计算得到的场地设计标高进行挖填施工，填土多少有富余，特别是当土的最后可松性系数较大时更不容忽视。如图 1-5 所示，设 Δh 为土的可松性引起设计标高的增加值，则设计标高调整后的总挖方体积 V'_w 应为

$$V'_w = V_w - F_w \times \Delta h \tag{1-11}$$

总填方体积 V'_T 应为　　　　　　　　　　$V'_T = V'_w K'_s = (V_w - F_w \times \Delta h) K'_s \tag{1-12}$

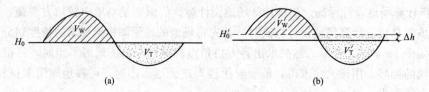

图 1-5　设计标高调整计算示意
(a) 理论设计标高；(b) 调整设计标高

此时，填方区的标高也应与挖方区一样提高 Δh，即

$$\Delta h = \frac{V'_T - V_T}{F_T} = \frac{(V_w - F_w \times \Delta h) K'_s - V_T}{F_T} \tag{1-13}$$

移项整理简化得（当 $V_T = V_w$）　　　　$\Delta h = \frac{V_w(K'_s - 1)}{F_T + F_w K'_s} \tag{1-14}$

故考虑土的可松性后，场地设计标高调整为

$$H'_o = H_o + \Delta h \tag{1-15}$$

式中：V_w、V_T 为按理论设计标高计算的总挖方、总填方体积；F_w、F_T 为按理论设计标高计算的挖方区、填方区总面积；K'_s 为土的最后可松性系数。

2）场地挖方和填方的影响。由于场地内大型基坑挖出的土方、修筑路堤填高的土方，以及经过经济比较而将部分挖方就近弃土于场外或将部分填方就近从场外取土，均会引起挖填土方量的变化。必要时，也需调整设计标高。

为了简化计算，场地设计标高的调整值 H'_0，可按下列近似公式确定，即

$$H'_0 = H_0 \pm \frac{Q}{na^2} \tag{1-16}$$

式中：Q 为场地根据 H_0 平整后多余或不足的土方量。

3）场地泄水坡度的影响。按上述计算和调整后的场地设计标高，平整后的场地是一个水平面。但由于排水的要求，场地表面均有一定的泄水坡度，平整场地的表面坡度应符合设计要求，如无设计要求时，一般应向排水沟方向做成不小于2‰的坡度。所以，在计算的 H_0 或经调整后的 H_0' 基础上，要根据场地要求的泄水坡度，计算出场地内各方格角点实际施工时的设计标高。当场地为单向泄水及双向泄水时，场地各方格角点的设计标高求法如下。

① 单向泄水时场地各方格角点的设计标高［图1-6（a）］。以计算出的设计标高 H_0 或调整后的设计标高 H_0' 作为场地中心线的标高，场地内任意一个方格角点的设计标高为

$$H_{dn} = H_0 \pm li \tag{1-17}$$

式中：H_{dn} 为场地内任意一方格角点的设计标高，m；l 为该方格角点至场地中心线的距离，m；i 为场地泄水坡度（不小于2‰）；± 表示该点比 H_0 高则取"+"，反之取"-"。

例如，图1-6（a）中场地内角点10的设计标高：$H_{d10} = H_0 - 0.5ai$

② 双向泄水时场地各方格角点的设计标高［图1-6（b）］。以计算出的设计标高 H_0 或调整后的标高 H_0' 作为场地中心点的标高，场地内任意一个方格角点的设计标高为

$$H_{dn} = H_0 \pm l_x i_x \pm l_y i_y \tag{1-18}$$

式中：l_x、l_y 为该点于 $x-x$、$y-y$ 方向上距场地中心线的距离，m；i_x、i_y 为场地在 $x-x$、$y-y$ 方向上泄水坡度。

例如，图1-6（b）中场地内角点10的设计标高为

$$H_{d10} = H_0 - 0.5ai_x - 0.5ai_y$$

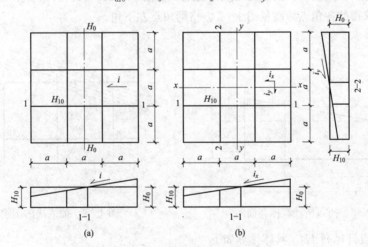

图1-6 场地泄水坡度示意图
（a）单向泄水；（b）双向泄水

【例1-1】 某建筑场地的地形图和方格网如图1-7所示，方格边长为20m×20m，$x-x$、$y-y$ 方向上泄水坡度分别为3‰和2‰。由于土建设计、生产工艺设计和最高洪水位等方面均无特殊要求，试根据挖填平衡原则（不考虑可松性）确定场地中心设计标高，并根据 $x-x$、$y-y$ 方向上泄水坡度推算各角点的设计标高。

【解】 ①计算角点的自然地面标高。根据地形图上标设的等高线，用插入法求出各方格角点的自然地面标高。由于地形是连续变化的，可以假定两等高线之间的地面高低是呈直线变化的。如角点4的地面标高（H_4），从图1-7中可看出，是处于两等高线相交的 AB 直线上。由图1-8，根据相似三角形特性，可写出：$h_x : 0.5 = x : l$，则 $h_x = \dfrac{0.5}{l}x$，得 $H_4 = 44.00 + h_x$。

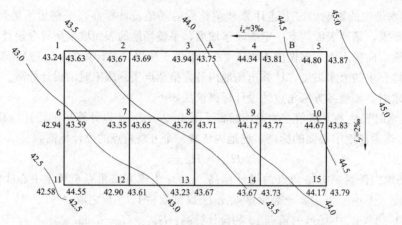

图1-7 某建筑场地方格网布置图

在地形图上，只要量出 x（角点4至44.0等高线的水平距离）和 l（44.0等高线和44.5等高线与 AB 直线相交的水平距离）的长度，便可算出 H_4 的数值。但是，这种计算是烦琐的，所以，通常是采用图解法来求得各角点的自然地面标高。如图1-9所示，用一张透明纸，上面画出6根等距离的平行线（线条尽量画细些，以免影响读数的准确），把该透明纸放到标有方格网的地形图上，将6根平行线的最外两根分别对准点 A 与点 B，这时6根等距离的平行线将 A、B 之间的0.5m的高差分成5等份，于是便可直接读得角点4的地面标高 $H_4=44.34$。其余各角点的标高均可类此求出。用图解法求得的各角点标高见图1-7方格网角点左下角。

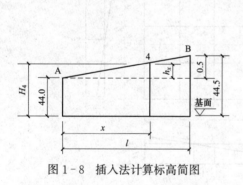

图1-8 插入法计算标高简图

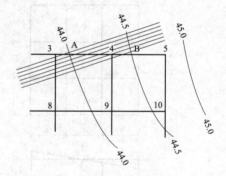

图1-9 插入法的图解法

② 计算场地设计标高 H_0。具体计算如下

$$\sum H_1 = 43.24 + 44.80 + 44.17 + 42.58 = 174.79(\text{m})$$

$$2\sum H_2 = 2 \times (43.67 + 43.94 + 44.34 + 43.67 + 43.23 + 42.90 + 42.94 + 44.67) = 698.72(\text{m})$$

$$4\sum H_4 = 4 \times (43.35 + 43.76 + 44.17) = 525.12(\text{m})$$

$$H_0 = \frac{\sum H_1 + 2\sum H_2 + 4H_4}{4n} = \frac{174.79 + 698.72 + 525.12}{4 \times 8} = 43.71(\text{m})$$

③ 按照要求的泄水坡度计算各方格角点的设计标高。以场地中心点即角点8为 H_0（图1-7），其余各角点的设计标高为

$$H_{d8} = H_0 = 43.71(\text{m})$$

$$H_{d1} = H_0 - l_x i_x + l_y i_y = 43.71 - 40 \times 3\text{‰} + 20 \times 2\text{‰} = 43.71 - 0.12 + 0.04 = 43.63(\text{m})$$

$$H_{d2} = H_{d1} + 20 \times 3\text{‰} = 43.63 + 0.06 = 43.69(\text{m})$$

$$H_{d5} = H_{d2} + 60 \times 3‰ = 43.69 + 0.18 = 43.87(m)$$

$$H_{d6} = H_0 - 40 \times 3‰ = 43.71 - 0.12 = 43.59(m)$$

$$H_{d7} = H_{d6} + 20 \times 3‰ = 43.59 + 0.06 = 43.65(m)$$

$$H_{d11} = H_0 - 40 \times 3‰ - 20 \times 2‰ = 43.71 - 0.12 - 0.04 = 43.55(m)$$

$$H_{d12} = H_{11} + 20 \times 3‰ = 43.55 + 0.06 = 43.61(m)$$

$$H_{d15} = H_{d12} + 60 \times 3‰ = 43.61 + 0.18 = 43.79(m)$$

其余各角点设计标高均可类此求出,详见图 1-7 中方格网角点右下角标示。

2. 场地土方工程量计算

场地土方工程量的计算方法,通常有方格网法和断面法两种。方格网法适用于地形较为平坦、面积较大的场地,断面法则多用于地形起伏变化较大或地形狭长的地带。

(1) 方格网法。仍以前面【例 1-1】为例,其分解和计算步骤如下。

1) 划分方格网并计算场地各方格角点的施工高度。根据已有地形图(一般用 1/500 的地形图)划分成若干个方格网,尽量与测量的纵横坐标网对应,方格一般采用 10m×10m～40m×40m,将角点自然地面标高和设计标高分别标注在方格网点的左下角和

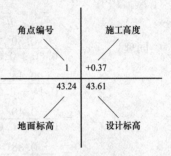

图 1-10 方格网点

右下角(图 1-10)。角点设计标高与自然地面标高的差值即各角点的施工高度,表示为

$$h_n = H_{dn} - H_n \qquad (1-19)$$

式中:h_n 为角点的施工高度,以"+"为填,以"-"为挖,标注在方格网点的右上角;H_{dn} 为角点的设计标高(若无泄水坡度时,即为场地设计标高);H_n 为角点的自然地面标高。

2) 计算各方格网点的施工高度

$$h_1 = H_{d1} - H_1 = 43.63 - 43.24 = +0.39(m)$$

$$h_2 = H_{d2} - H_2 = 43.69 - 43.67 = +0.02(m)$$

$$\vdots$$

$$h_{15} = H_{d15} - H_{15} = 43.79 - 44.17 = -0.38(m)$$

各角点的施工高度标注于图 1-11 各方格网点右上角。

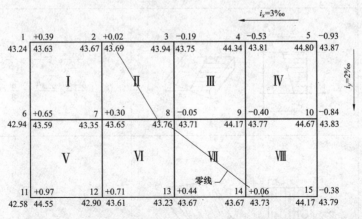

图 1-11 某建筑场地方格网挖填土方量计算图

3) 计算零点位置。在一个方格网内同时有填方或挖方时,要先算出方格网边的零点位置即不挖不填点,并标注于方格网上,由于地形是连续的,连接零点得到的零线即成为填方区与挖方区的

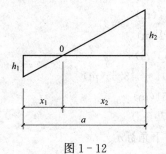

图 1-12

分界线。零点的位置按相似三角形原理（图 1-12）由下式计算得出

$$x_1 = \frac{h_1}{h_1 + h_2} \times a; \quad x_2 = \frac{h_2}{h_1 + h_2} \times a \qquad (1-20)$$

式中：x_1、x_2 为角点至零点的距离，m；h_1、h_2 为相邻两角点的施工高度，m，均用绝对值；a 为方格网的边长，m。

4）计算零点位置。图 1-11 中 2—3 网格线两端分别是填方与挖方点，故中间必有零点，零点至 3 角点的距离

$$x_{32} = \frac{h_3}{h_3 + h_2} \times a = \frac{0.19}{0.19 + 0.02} \times 20 = 18.10(\text{m}), \quad x_{23} = 20 - 18.10 = 1.90(\text{m})$$

同理　　$$x_{78} = \frac{0.30}{0.30 + 0.05} \times 20 = 17.14(\text{m}), \quad x_{87} = 20 - 17.14 = 2.86(\text{m})$$

$$x_{138} = \frac{0.44}{0.44 + 0.05} \times 20 = 17.96(\text{m}), \quad x_{813} = 20 - 17.96 = 2.04(\text{m})$$

$$x_{914} = \frac{0.40}{0.40 + 0.06} \times 20 = 17.39(\text{m}), \quad x_{149} = 20 - 17.39 = 2.61(\text{m})$$

$$x_{1514} = \frac{0.38}{0.38 + 0.06} \times 20 = 17.27(\text{m}), \quad x_{1415} = 20 - 17.27 = 2.73(\text{m})$$

连接零点得到的零线即成为填方区与挖方区的分界线（图 1-11）。

5）计算方格土方工程量。按方格网底面积图形和表 1-4 所列公式，计算每个方格内的挖方或填方量。

表 1-4　　　　　　　　　　常用方格网计算公式

项　　目	图　　示	计　算　公　式
一点填方或挖方（三角形）		$V = \frac{1}{2} bc \frac{\sum h}{3} = \frac{bch_3}{6}$ 当 $b = c = a$ 时，$V = \frac{a^2 h_3}{6}$
二点填方或挖方（梯形）		$V_+ = \frac{b+c}{2} a \frac{\sum h}{4} = \frac{a}{8}(b+c)(h_1 + h_3)$ $V_- = \frac{b+e}{2} a \frac{\sum h}{4} = \frac{a}{8}(b+e)(h_2 + h_4)$
三点填方或挖方（五角形）		$V = \left(a^2 - \frac{bc}{2}\right) \frac{\sum h}{5}$ $= \left(a^2 - \frac{bc}{2}\right) \frac{h_1 + h_2 + h_4}{5}$

项　目	图　示	计算公式
四点填方或挖方（正方形）		$V = \dfrac{a^2}{4} \sum h = \dfrac{a^2}{4}(h_1 + h_2 + h_3 + h_4)$

注　a 为方格网的边长，m；b、c 为零点到一角的边长，m；h_1、h_2、h_3、h_4 为方格网四角点的施工标高，m；$\sum h$ 为填方或挖方施工标高的总和，m，用绝对值代入。

6）计算方格土方量。方格 Ⅰ、Ⅲ、Ⅳ、Ⅴ、Ⅵ 底面为正方形，土方量为

$$V_{\text{Ⅰ}+} = \frac{20^2}{4} \times (0.39 + 0.02 + 0.65 + 0.30) = 136(\text{m}^3)$$

$$V_{\text{Ⅲ}-} = \frac{20^2}{4} \times (0.19 + 0.53 + 0.05 + 0.40) = 117(\text{m}^3)$$

$$V_{\text{Ⅳ}-} = \frac{20^2}{4} \times (0.53 + 0.93 + 0.40 + 0.84) = 270(\text{m}^3)$$

$$V_{\text{Ⅴ}+} = \frac{20^2}{4} \times (0.65 + 0.30 + 0.97 + 0.71) = 263(\text{m}^3)$$

方格 Ⅱ 底面为两个梯形，土方量为

$$V_{\text{Ⅱ}+} = \frac{x_{23} + x_{78}}{2} \times a \times \frac{\sum h}{4} = \frac{1.90 + 17.14}{2} \times 20 \times \frac{0.02 + 0.30 + 0 + 0}{4} = 15.23(\text{m}^3)$$

$$V_{\text{Ⅱ}-} = \frac{x_{32} + x_{87}}{2} \times a \times \frac{\sum h}{4} = \frac{18.10 + 2.86}{2} \times 20 \times \frac{0.19 + 0.05 + 0 + 0}{4} = 12.58(\text{m}^3)$$

方格 Ⅵ 底面为三角形和五边形，土方量为

$$V_{\text{Ⅵ}+} = \left(a^2 - \frac{x_{87} x_{813}}{2}\right) \times \frac{\sum h}{5}$$

$$= \left(20^2 - \frac{2.86 \times 2.04}{2}\right) \times \left(\frac{0.30 + 0.71 + 0.44 + 0 + 0}{5}\right) = 115.15(\text{m}^3)$$

$$V_{\text{Ⅵ}-} = \frac{x_{87} x_{13}}{2} \times \frac{\sum h}{3} = \frac{2.86 \times 2.04}{2} \times \frac{0.05 + 0 + 0}{3} = 0.05(\text{m}^3)$$

方格 Ⅶ 底面为二个梯形，土方量为

$$V_{\text{Ⅶ}+} = \frac{x_{138} + x_{149}}{2} \times a \times \frac{\sum h}{4} = \frac{17.96 + 2.61}{2} \times 20 \times \frac{0.44 + 0.06 + 0 + 0}{4} = 25.71(\text{m}^3)$$

$$V_{\text{Ⅶ}-} = \frac{x_{813} + x_{914}}{2} \times a \times \frac{\sum h}{4} = \frac{2.04 + 17.39}{2} \times 20 \times \frac{0.05 + 0.40 + 0 + 0}{4} = 21.86(\text{m}^3)$$

方格 Ⅷ 底面为三角形和五边形，土方量为

$$V_{\text{Ⅷ}-} = \left(a^2 - \frac{x_{149}x_{1415}}{2}\right) \times \frac{\sum h}{5}$$

$$= \left(20^2 - \frac{2.61 \times 2.73}{2}\right) \times \left(\frac{0.40 + 0.84 + 0.38 + 0 + 0}{5}\right) = 128.45(\text{m}^3)$$

$$V_{\text{Ⅷ}+} = \frac{x_{149}x_{1415}}{2} \times \frac{\sum h}{3} = \frac{2.61 \times 2.73}{2} \times \frac{0.06 + 0 + 0}{3} = 0.07(\text{m}^3)$$

方格网的总填方量 $\sum V_+ = 136 + 263 + 15.23 + 115.15 + 25.71 + 0.07 = 555.16(\text{m}^3)$

方格网的总挖方量 $\sum V_- = 117 + 270 + 12.58 + 0.05 + 21.86 + 128.44 = 549.93(\text{m}^3)$

7) 边坡土方量计算。为了维持土体的稳定，场地的边沿不管是挖方区还是填方区均需做成相应的边坡，因此在实际工程中还需要计算边坡的土方量。边坡土方量计算较简单，但限于篇幅，这里就不介绍了。图 1-13 是【例 1-1】场地边坡的平面示意图。

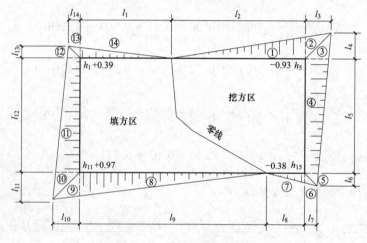

图 1-13　场地边坡平面图

（2）断面法。沿场地的纵向或相应方向取若干个相互平行的断面（可利用地形图定出或实地测量定出），将所取的每个断面（包括边坡）划分成若干个三角形和梯形，如图 1-14 所示，对于某一断面，其中三角形和梯形的面积为

$$f_1 = \frac{h_1}{2}d_1; \quad f_2 = \frac{h_2}{2}d_2; \quad \cdots; \quad f_n = \frac{h_n}{2}d_n \tag{1-21}$$

该断面面积为
$$F_i = f_1 + f_2 + \cdots + f_n$$

若
$$d_1 = d_2 = \cdots = d_n = d$$

则
$$F_i = d(h_1 + h_2 + \cdots + h_n) \tag{1-22}$$

各个断面面积求出后，即可计算土方体积。设各断面面积分别为 F_1，F_2，$\cdots$，F_n，相邻两断面之间的距离依次为 l_1，l_2，$\cdots$，l_n，则所求土方体积为

$$V = \frac{F_1 + F_2}{2}l_1 + \frac{F_2 + F_3}{2}l_2 + \cdots + \frac{F_{n-1} + F_n}{2}l_n \tag{1-23}$$

如图 1-15 所示，是用断面法求面积的一种简便方法，称为"累高法"。此法不需用公式计算，只要将所取的断面绘于普通坐标纸上（d 取等值），用透明纸尺从 h_1 开始，依次量出（用大头针向上拨动透明纸尺）各点标高（h_1，h_2，$\cdots$），累计得出各点标高之和，然后将此值与 d 相乘，即可得出所求断面面积。

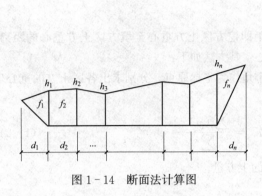

图 1-14 断面法计算图

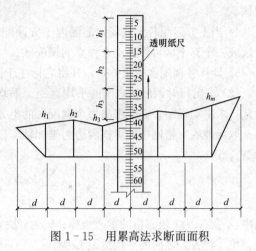

图 1-15 用累高法求断面面积

三、土方调配

1. 土方调配原则

土方工程量计算完成后，即可着手对土方进行平衡与调配。土方的平衡与调配是土方规划设计的一项重要内容，是对挖土的利用、堆弃和填土的取得这三者之间的关系进行综合平衡处理，达到使土方运输费用最小而又能方便施工的目的。土方调配原则主要有以下几种。

（1）应力求达到挖、填平衡和运输量最小的原则。这样可以降低土方工程的成本。然而，仅限于场地范围的平衡，往往很难满足运输量最小的要求。因此还需根据场地和其周围地形条件综合考虑，必要时可在填方区周围就近借土，或在挖方区周围就近弃土，而不是只局限于场地以内的挖、填平衡，这样才能做到经济合理。

（2）应考虑近期施工与后期利用相结合的原则。当工程分期分批施工时，先期工程的土方余额应结合后期工程的需要而考虑其利用数量与堆放位置，以便就近调配。堆放位置的选择应为后期工程创造良好的工作面和施工条件，力求避免重复挖运。如先期工程有土方欠额时，可由后期工程地点挖取。

（3）尽可能与大型地下建筑物的施工相结合。当大型建筑物位于填土区而其基坑开挖的土方量又较大时，为了避免土方的重复挖、填和运输，该填土区暂时不予填土，待地下建筑物施工之后再行填土。为此，在填方保留区附近应有相应的挖方保留区，或将附近挖方工程的余土按需要合理堆放，以便就近调配。

（4）调配区大小的划分应满足主要土方施工机械工作面大小（如铲运机铲土长度）的要求，使土方机械和运输车辆的效率能得到充分发挥。

总之，进行土方调配，必须根据现场的具体情况、有关技术资料、工期要求、土方机械与施工方法，结合上述原则，予以综合考虑，从而做出经济合理的调配方案。

2. 土方调配区的划分

场地土方平衡与调配，需编制相应的土方调配图表，以便施工中使用。其方法如下。

（1）划分调配区。在场地平面图上先划出挖、填区的分界线（零线），然后在挖方区和填方区适当地分别划出若干个调配区。划分时应注意以下几点：

1）划分应与建筑物的平面位置相协调，并考虑开工顺序、分期开工顺序。

2）调配区的大小应满足土方机械的施工要求。

3）调配区范围应与场地土方量计算的方格网相协调，一般可由若干个方格组成一个调配区。

4）当土方运距较大或场地范围内土方调配不能达到平衡时，可考虑就近借土或弃土，一个借土区或一个弃土区可作为一个独立的调配区。

5）计算各调配区的土方量，并将它标注于图上。

（2）求出每对调配区之间的平均运距。平均运距即挖方区土方重心至填方区土方重心的距离。因此，求平均运距，需先求出每个调配区的土方重心。其方法如下：

取场地或方格网中的纵横两边为坐标轴，以一个角作为坐标原点，分别求出各区土方的重心坐标 X_o、Y_o。

$$X_o = \frac{\sum (x_i V_i)}{\sum V_i}, \quad Y_o = \frac{\sum (y_i V_i)}{\sum V_i} \tag{1-24}$$

式中：x_i、y_i 为 i 块方格的重心坐标；V_i 为 i 块方格的土方量。

填、挖方区之间的平均运距 L_o 为

$$L_o = \sqrt{(x_{oT} - x_{oW})^2 + (y_{oT} - y_{oW})^2} \tag{1-25}$$

式中：x_{oT}、y_{oT} 为填方区的重心坐标；x_{oW}、y_{oW} 为挖方区的重心坐标。

为了简化 x_i、y_i 的计算，可假定每个方格（完整的或不完整的）上的土方是各自均匀分布的，于是可用图解法求出形心位置以代替方格的重心位置。

各调配区的重心求出后，标于相应的调配区上，然后用比例尺量出每对调配区重心之间的距离，此即相应的平均运距（L_{11}，L_{12}，L_{13}，……）。

所有填挖方调配区之间的平均运距均需——计算，并将计算结果列于土方平衡与运距表内。

当填、挖方调配区之间的距离较远，采用自行式铲运机或其他运土工具沿现场道路或规定路线运土时，其运距应按实际情况进行计算。

3. 用"表上作业法"求解最优调配方案

最优调配方案的确定，是以线性规划为理论基础，常用"表上作业法"求解。

【例1-2】 已知某场地的挖方区为 W_1、W_2、W_3，填方区为 T_1、T_2、T_3，其挖填方量如图1-16所示，其每一调配区的平均运距如图1-16和表1-5所示。

（1）试用"表上作业法"求其土方的最优调配方案，并用位势法予以检验。

（2）绘出土方调配图。

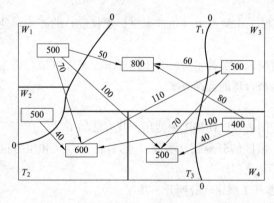

图1-16 各调配区的土方量和平均运距

1）用"最小元素法"编制初始调配方案。即先在运距 c_{ij} 表（小方格）中找一个最小数值，如 $c_{22} = W_2 T_2 = W_4 T_3 = c_{43} = 40$（任取其中一个，现取 c_{43}），由于运距最短，经济效益明显，于是先确定 X_{43} 的值，使其尽可能地大，即 $X_{43} = \max (400、500) = 400$。由于 W_4 挖方区的土方全部调到 T_3 填方区，所以 X_{41} 和 X_{42} 都等于零。此时，将400填入 X_{43} 格内，同时将 X_{41}、X_{42} 格内画上一个"×"号，然后在没有填上数字和"×"号的方格内再选一个运距最小的方格，即 $c_{22} = 40$，便可确定 $X_{22} = 500$，同时使 $X_{21} = X_{23} = 0$。此时，

又将 500 填入 X_{22} 格内，并在 X_{21}、X_{23} 格内画上"×"号。重复上述步骤，依次确定其余 X_j 的数值，最后得出表 1-5 所示的初始调配方案。

表 1-5 初 始 调 配 方 案

挖方区 \ 填方区	T_1		T_2		T_3		挖方量(m³)
W_1	1　　　0 50 **500** 50		70 ×⁻ 100		100 ×⁺ 60		500
W_2	70 ×⁺ -10		40 **500** 40		90 ×⁺ 0		500
W_3	60 **300** 60 2		110 **100** 110 3		70 **100** 70		500
W_4	80 ×⁺ 30		100 ×⁺ **400** 80		40 40 40		400
填方量(m³)	800		600		500		1900

由于利用"最小元素法"确定的初始方案首先是让 c_{ij} 最小的方格内的 x_{ij} 值取尽可能大的值，也就是符合"就近调配"常理，所以求得的总运输量是比较小的。但数学上可以证明（证明从略）此方案不一定是最优方案，而且可以用简单的"表上作业法"进行判别。

2）最优方案判别法。在"表上作业法"中，判别是否最优方案的方法有许多。采用"假想运距法"求检验数较清晰直观，此处就介绍该法。该方法是设法求得无调配土方的方格的检验数 λ_{ij}，判别 λ_{ij} 是否非负，如所有 $\lambda_{ij} \geqslant 0$，则方案为最优方案，否则该方案不是最优方案，需要进行调整。

要计算 λ_{ij}，首先求出表中各个方格的假想运距 c'_{ij}。其中

有调配土方方格的假想运距 $\qquad c'_{ij} = c_{ij};$ $\qquad\qquad\qquad\qquad$ (1-26)

无调配土方方格的假想运距 $\qquad c'_{ef} + c'_{pq} = c'_{eq} + c'_{pf}$ $\qquad\qquad$ (1-27)

式的意义即构成任一矩形的相邻 4 个方格内对角线上的假想运距之和相等。

利用已知的假想运距 $c'_{ij} = c_{ij}$，寻找适当的方格构成一个矩形，利用对角线上的假想运距之和相等逐个求解未知的 c'_{ij}，最终求得所有的 c'_{ij}。见表 1-6 上的作业。其中未知的 c'_{ij}（黑体字）通过如图的对角线和相等得到。

假想运距求出后，按下式求出表中无调配土方方格的检验数

$$\lambda_{ij} = c_{ij} - c'_{ij} \qquad\qquad\qquad\qquad (1-28)$$

表中只要把无调配土方的方格右边两小格的数字上下相减即可，如 $\lambda_{21} = 70 - (-10) = +80$，$\lambda_{12} = 70 - 100 = -30$。将计算结果填入表中无调配土方"×"的右上角，但只写出各检验数的正负号，因为根据前述判别法则，只有检验数的正负号才能判别是否是最优方案。表中出现了负检验数，说明初始方案不是最优方案，需要进一步调整。

3）方案的调整。

① 在所有负检验数中选一个（一般可选最小的一个），本例中唯一负的是 c_{12}，把它所对应的变量 x_{12} 作为调整对象。

② 找出 x_{12} 的闭回路。其做法是：从 x_{12} 格出发，沿水平与竖直方向前进，遇到适当的有数字的方格作 90° 转弯（也可不转弯），然后继续前进，如果路线恰当，有限步后便能回到出发点，形成一条以有数字的方格为转角点的、用水平和竖直线连接起来的闭合回路，见表 1-6。

③ 从空格 x_{12}（其转角次数为零偶数）出发，沿着闭合回路（方向任意，转角次数逐次累加）一直前进，在各奇数次转角点的数字中，挑出一个最小的（本表即为 500、100 中选 100），将它由 x_{32} 调到 x_{12} 方格中（即空格中）。

④ 将"100"填入 x_{12} 方格中，被挑出的 x_{32} 为 0（该格变为空格）；同时将闭合回路上其他奇数次转角上的数字都减去"100"，偶数转角上数字都增加"100"，使得填挖方区的土方量仍然保持平衡，这样调整后，便可得到表 1-6 的新调配方案。

对新调配方案，再进行检验，看其是否已是最优方案。如果检验数中仍有负数出现，那就按上述步骤继续调整，直到找出最优方案为止。

表 1-6 中所有检验数均为正号，故该方案即为最优方案。

表 1-6　　　　　　　　　　　　　　　最 优 调 配 方 案

挖方区＼填方区	T_1		T_2		T_3		挖方量（m³）
W_1	400	50	100	70	$\times^+$	100	500
		50		70		60	
W_2	$\times^+$	70	500	40	$\times^+$	90	500
		20		40		30	
W_3	400	60	$\times^+$	110	100	70	500
		60		80		70	
W_4	$\times^+$	80	$\times^+$	100	400	40	400
		30		50		40	
填方量（m³）	800		600		500		1900

将表中的土方调配数值绘成土方调配图（图 1-17），图中箭杆上数字为调配区之间的运距，箭杆下数字为最终土方调配量。

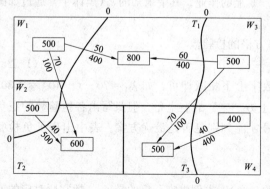

图 1-17　最优方案土方调配图

最后来比较一下最佳方案与初始方案的运输量：

初始调配方案总土方运输量：

$$Z_1 = 500 \times 50 + 500 \times 40 + 300 \times 60 + 100 \times 110$$
$$+ 100 \times 70 + 400 \times 40 = 97\,000(\text{m}^3 \cdot \text{m})$$

最优调配方案总土方运输量：

$$Z_2 = 400 \times 50 + 100 \times 70 + 500 \times 40 + 400 \times 60$$
$$+ 100 \times 70 + 400 \times 40 = 94\,000(\text{m}^3 \cdot \text{m})$$

$$Z_2 - Z_1 = 94000 - 97000 = -3000(\text{m}^3 \cdot \text{m})$$

即调整后总运输量减少了 3000（m³·m）。

土方调配的最优方案还可以不止一个，这些

方案调配区或调配土方量可以不同，但它们的总土方运输量都是相同的，有若干最优方案可以提供更多的选择余地。

第三节 土方工程施工准备与施工辅助

一、施工准备

土方工程施工前通常需完成下列准备工作：施工场地的清理；地面水排除；临时道路修筑；油燃料和其他材料的准备；供电与供水管线的敷设；临时停机棚和修理间等的搭设；土方工程的测量放线和编制施工组织设计等。

1. 场地清理

场地清理包括清理地面及地下各种障碍。在施工前应拆除旧有房屋和古墓，拆迁或改建通信、电力设备、上下水道以及地下建筑物，迁移树木，去除耕植土及河塘淤泥等。此项工作由业主委托有资质的拆卸拆除公司或建筑施工公司完成，发生费用由业主承担。

2. 排除地面水

场地内低洼地区的积水必须排除，同时应注意雨水的排除，使场地保持干燥，以利于土方施工。地面水的排除一般采用排水沟、截水沟、挡水土坝等措施。

应尽量利用自然地形来设置排水沟，使水直接排至场外，或流向低洼处再用水泵抽走。主排水沟最好设置在施工区域的边缘或道路的两旁，其横断面和纵向坡度应根据最大流量确定。一般排水沟的横断面不小于 0.5m×0.5m，纵向坡度一般不小于 2‰。场地平整过程中，要注意排水沟保持畅通，必要时应设置涵洞。山区的场地平整施工，应在较高一面的山坡上开挖截水沟。在低洼地区施工时，除开挖排水沟外，必要时应修筑挡水土坝，以阻挡雨水的流入。

3. 修筑临时设施

修筑好临时道路及供水、供电等临时设施，做好材料、机具及土方机械的进场工作。

4. 做好土方工程的测量和放灰线工作

放灰线时，可用装有石灰粉末的长柄勺靠着木质板侧面，边撒、边走，在地上撒出灰线，标出基础挖土的界线。

基槽放线：根据房屋主轴线控制点，首先将外墙轴线的交点用木桩测设在地面上，并在桩顶钉上铁钉作为标志。房屋外墙轴线测定以后，再根据建筑物平面图，将内部开间所有轴线都一一测出。最后根据中心轴线用石灰在地面上撒出基槽开挖边线。同时在房屋四周设置龙门板（图1-18）或者在轴线延长线上设置轴线控制桩（又称引桩），如图 1-19 所示，以便于基础施工时复核轴线位置。附近若有已建的建筑物，也可用经纬仪将轴线投测在建筑物的墙上。恢复轴线时，只要将经纬仪安置在某轴线一端的控制桩上，瞄准另一端的控制桩，该轴线即可恢复。

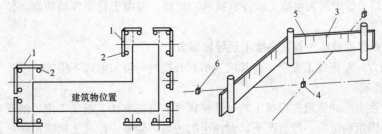

图 1-18 龙门板的设置

1—龙门板；2—龙门桩；3—轴线钉；4—角桩；5—灰线钉；6—轴线控制桩（引桩）

为了控制基槽开挖深度，当快挖到槽底设计标高时，可用水准仪根据地面±0.00水准点，在基槽壁上每隔2～4m及拐角处打一水平桩，如图1-20所示。测设时应使桩的上表面离槽底设计标高为整分米数，作为清理槽底和打基础垫层控制标高的依据。

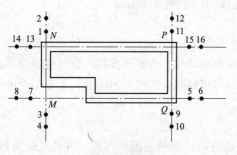

图1-19　轴线控制桩（引桩）
平面布置图

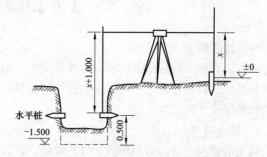

图1-20　基槽底抄平水准测量示意图

柱基放线：在基坑开挖前，从设计图上查对基础的纵横轴线编号和基础施工详图，根据柱子的纵横轴线，用经纬仪在矩形控制网上测定基础中心线的端点，同时在每个柱基中心线上，测定基础定位桩，每个基础的中心线上设置4个定位木桩，其桩位离基础开挖线的距离为0.5～1.0m。若基础之间的距离不大，可每隔1～2个或几个基础打一定位桩，但两定位桩的间距以不超过20m为宜，以便拉线恢复中间柱基的中线。桩顶上钉了钉子，标明中心线的位置。然后按施工图上柱基的尺寸和已经确定的挖土边线的尺寸，放出基坑上口挖土灰线，标出挖土范围。当基坑挖到一定深度时，应在坑壁四周离坑底设计标高0.3～0.5m处测设几个水平桩，如图1-21所示，作为基坑修坡和检查坑深的依据。

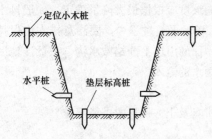

图1-21　基坑定位标高测设示意图

大基坑开挖，根据房屋的控制点用经纬仪放出基坑四周的挖土边线。

二、土方边坡与土壁支撑

土壁的稳定，主要是由土体内摩擦阻力和黏结力来保持平衡，一旦土体失去平衡，土体就会塌方，这不仅会造成人身安全事故，也会影响工期，甚至还会危及附近的建筑物。

造成土壁塌方的原因主要有以下几种。

（1）边坡过陡，使土体的稳定性不足导致塌方，尤其是在土质差，开挖深度大的坑槽中。

（2）雨水、地下水渗入土中泡软土体，从而增加土的自重同时又降低土的抗剪强度，这是造成塌方的常见原因。

（3）基坑上口边缘附近大量堆土或停放机具、材料，或由于行车等动荷载，使土体中的剪应力超过土体的抗剪强度。

（4）土壁支撑强度破坏失效或刚度不足导致塌方。

为了防止塌方，保证施工安全，在基坑（槽）开挖时，可采取以下措施。

（一）放足边坡

土方边坡坡度大小的留设应根据土质、开挖深度、开挖方法、施工工期、地下水水位、坡顶荷载及气候条件等因素确定。一般情况下，黏性土的边坡可陡些，砂性土则应平缓些；当基坑附近有主要建筑物时，边坡应取1:1.0～1:1.5。

根据《地基与基础工程施工工艺标准》（QCJJT-JS02）的建议，在天然湿度的土中，当挖土深度不超过下列数值时，可不放坡、不支撑。

(1) 深度≤1.0m 密实、中密的砂土和碎石类土（充填物为砂土）。

(2) 深度≤1.25m 硬塑、可塑的黏质砂土及砂质黏土。

(3) 深度≤1.5m 硬塑、可塑的黏土和碎石类土（充填物为黏性土）。

(4) 深度≤2.0m 坚硬的黏土。

挖方深度超过上述规定时，应考虑放坡或做成直立壁加支撑。

根据《土方与爆破工程施工及验收规范》（GB 50201）规定，在坡体整体稳定的情况下，如地质条件良好、土（岩）质较均匀，高度在3m以内的临时性挖方边坡坡度宜符合表1-7的规定。

表 1-7 临时性挖方边坡坡度值

土的类别		边坡值（高：宽）
砂土（不包括细砂、粉砂）		1：1.25～1：1.50
一般性黏土	坚硬	1：0.75～1：1.00
	硬塑	1：1.00～1：1.25
碎石类土	密实、中密	1：0.50～1：1.00
	稍密	1：1.00～1：1.50

（二）设置土壁支撑

在不能放坡的城市密集地区，基坑支护就成为必要。基坑支护方法较多，限于篇幅介绍常用的10种基坑支护方式。其中，用在基坑支护深度不到5m，在放坡卸荷的情况下还可突破1～2m的有深层搅拌水泥土桩支护、土钉墙支护、悬臂式排桩支护、槽钢支护、型钢桩挡土板支护等；一般用在基坑支护深度超过5m的有复合土钉墙支护、排桩加内支撑支护、拉森式钢板桩支护、型钢水泥土墙支护（又称SMW工法）和桩锚支护。现分别介绍如下。

1. 深层搅拌水泥土桩支护

深层搅拌水泥土桩是加固饱和软土的一种新方法，最早用于加固软土地基，后来发展作为防渗墙及浅基坑的挡土支护桩（图1-22）。它由搅拌桩机将水泥和土强行搅拌，形成柱状的搅拌水泥土桩，水泥土柱状加固体连续搭接形成密封挡墙；兼具隔水作用的挡土支护桩通常布置成连续式（至少四排）或格栅式，格栅式要求相邻桩搭接不小于20cm，格栅的截面置换率（加固土面积与总面积之比）为0.6～0.8。它适用于4～6m深的沿海地区如沪、江浙、粤等的软土地基基坑，采取卸荷方法最大可达7m。深层搅拌水泥土桩只要一排就能止水防渗，渗透系数不大于 10^{-7} cm/s，因此1～2排深层搅拌水泥土桩还广泛应用在后述深基坑的排桩支护前和型钢水泥土支护中，当然此刻它只起止水防渗作用，挡土任务由排桩和H型钢完成。

深层搅拌水泥土桩支护的施工工艺目前主要用喷浆式深层搅拌法（湿法），这种工艺施工时注浆量较易控制，成桩质量较为稳定，桩体均匀性好。

2. 土钉墙与复合土钉墙支护

(1) 土钉墙（图1-23）。土钉是用来加固或同时锚固现场原位土体的细长杆件。通常采用土中钻孔、置入变形钢筋（即带肋钢筋）并沿孔全长注浆的方法做成。土钉依靠与土体之间的界面黏结力或摩擦力，在土体发生变形的条件下被动受力，并主要承受拉力作用。土钉也可用钢管、角钢等作为钉体，采用直接击入的方法置入土中。土钉支护是以土钉作为主要受力构件的边坡支护技术，它由密集的土钉群、被加固的原位土体、喷射混凝土面层和必要的防水系统组成。

土钉墙支护适用于可塑、硬塑或坚硬的黏性土，胶结或弱胶结的粉土、砂土和角砾、风化岩层等。土钉除了采用钻孔注浆钉［图1-24（a）］外，对于易塌孔的土层常采用打入式钢花管注浆钉

［图1-24（b）］。

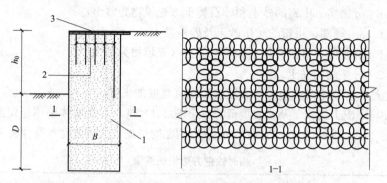

图1-22 深层水泥搅拌桩支护
1—水泥土；2—后插钢筋或毛竹；3—面板

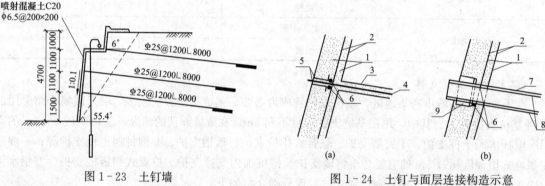

图1-23 土钉墙

图1-24 土钉与面层连接构造示意
(a) 钻孔注浆钉；(b) 打入式钢花管注浆钉
1—喷射混凝土；2—钢筋网；3—钻孔；4—土钉杆体；
5—钉头筋；6—加强筋；7—钢管；8—出浆孔；
9—角钢或钢筋

　　土钉支护具有设备简单、材料用量和工程量少、施工速度快、经济效益好的优点。据我国统计，土钉支护比起灌注桩支护可节约造价1/3～2/3。但它也有缺点：只适合于地下水位以上或经降水措施后的杂填土、普通黏土或非松散性的砂土；在淤泥质类软弱土及高地下水位的地层中应用因锚固力低难以实施；适用于开挖深度较小（一般5m以下），变形要求不太严格的边坡和基坑。

　　钻孔注浆钉的施工工艺流程是：确定基坑开挖边线→按线开挖工作面→修整边坡→埋设喷射混凝土厚度控制标志→放土钉孔位线做标志→成孔、安设土钉（钢筋）、注浆→绑扎钢筋网，土钉与加强钢筋焊接连接→喷射混凝土→（土钉注浆强度达到80％后）开始下一层挖土施工。

　　土钉墙每层开挖最大深度取决于在支护投入工作前土壁可以自稳而不发生滑动破坏的可能，实际工程中常取基坑每层挖深与土钉竖向设计间距相等。每层开挖的水平分段宽度也取决于土壁自稳能力且与支护施工流程相互衔接，一般长10～20m。当基坑面积较大时，允许在距离基坑四周边坡8～10m的基坑中部自由开挖，但应注意与分层作业区的开挖相协调。

　　土钉是被动受拉杆件，拉力能否发挥是支护能力的关键。因此，土钉支护施工完毕还应该在现场进行土钉抗拔试验，应在专门设置的非工作钉进行抗拔试验直至破坏，要求在典型土层中至少做3个。

　　(2) 复合土钉墙（图1-25）。土钉墙由于遇水支护能力下降较大，且只适用开挖深度较小的基坑。因此，工程技术人员开发了复合土钉技术，突破了土钉的上述限制。

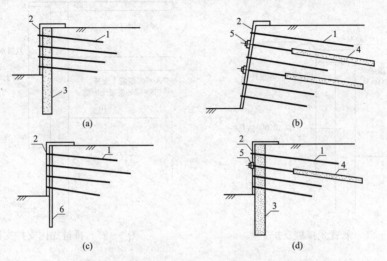

图 1-25 复合土钉的部分组合形式示意

(a) 截水帷幕复合土钉墙；(b) 预应力锚杆复合土钉墙；

(c) 微型桩复合土钉墙；(d) 截水帷幕-预应力锚杆复合土钉墙

1—土钉；2—喷射混凝土面层；3—截水帷幕；4—预应力锚杆；

5—锚头与围檩；6—微型桩

复合土钉墙是土钉墙与预应力锚杆、截水帷幕、微型桩中的一类或几类结合而成的基坑支护形式。复合土钉墙基坑支护可采用下列形式：截水帷幕复合土钉墙，预应力锚杆复合土钉墙，微型桩复合土钉墙，土钉墙与截水帷幕、预应力锚杆、微型桩中的两种及两种以上形式的复合。

复合土钉墙适用于黏土、粉质黏土、粉土、砂土、碎石土、全风化及强风化岩，夹有局部淤泥质土的地层中也可采用。地下水位高于基坑底时应采取降排水措施或选用具有截水帷幕的复合土钉墙支护。坑底存在软弱地层时应经地基加固或采取其他加强措施后再采用。

预应力锚杆是能将张拉力传递到稳定的岩土层中的一种受拉构件，由锚头、杆体自由段和杆体锚固段组成。它的特点是能在地层开挖后施加预拉应力立即提供支护能力，有利于保护地层的固有强度，阻止地层的进一步扰动，控制地层变形的发展，提高施工过程的安全性。在工程中能将基坑支护的深度延伸到 13m，可放坡时基坑开挖深度甚至能达 18m。

3. 悬臂式排桩支护与排桩加内支撑支护

由于围护桩（或支护桩）在受力形式上相对于转 90°的梁即主要承受弯矩，因此围护桩（或支护桩）一般采用配筋量较大抗弯能力强的钻孔灌注桩或人工挖孔灌注桩。目前一般利用深层搅拌水泥土桩的良好止水性能作帷幕，与灌注桩（钻孔灌注桩、人工挖孔灌注桩）的挡土性能结合起来，可以支护较深的基坑。同时基坑四周地下水被封闭，仅在基坑内降水排水，即可开挖土方。

深层搅拌水泥土桩与挡土灌注桩结合支护是软土、普通黏土及地下水位较高地区深基坑支护的主要方法，在止水挡土支护结构中应用较广泛。它有悬臂桩（图 1-26）和排桩加内支撑（图 1-27）两类，前者一般适用深度 5m 以下的基坑，后者则可达 20m 甚至以上的基坑深度。

由于灌注桩施工成型后桩径误差较大，会妨碍以后深层搅拌水泥土桩的施工搭接精度从而导致渗水，故深层搅拌水泥土桩先行施工，待养护到设计强度后再进行灌注桩施工。钻孔灌注桩具体施工见第二章。

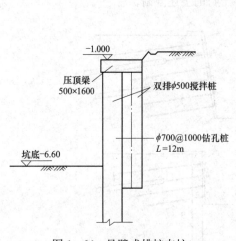

图 1-26 悬臂式排桩支护   图 1-27 排桩加内支撑支护

内支撑一般采用水平支撑，常用材料有钢管支撑、型钢支撑和现浇钢筋混凝土支撑。钢管支撑装卸方便、快速、能较快发挥支撑作用，减小变形，并可重复使用，可以租赁，也可以施加预紧力，控制围护墙变形发展。现浇钢筋混凝土支撑是随着挖土的加深，根据设计规定的位置现场支模浇筑而成。其优点是整体刚度大、安全可靠，可使围护墙变形小，有利于保护周围环境；其缺点是自重大，属于一次性，不能重复利用。水平支撑体系的布置形式如图 1-28 所示，有贯通基坑全长或全宽的对撑或对撑桁架；位于基坑角部两邻边之间的斜角撑或斜撑桁架；位于对撑或对撑桁架端部的八字撑；由围檩和靠近基坑边的对撑为弦杆的边桁架；支撑之间的边系杆等。有时在同一基坑中混合使用，如角撑加对撑、环梁加边桁（框）架、环梁加角撑等，主要根据基坑的平面形状和尺寸设置最适合的支撑。当基坑形状为圆形、正方形或拟正方形时，可考虑采用圆环形或椭圆形支撑，圆形内支撑将作用在圆径向的荷载转变为切向的压力，能充分利用混凝土受压强度高的特点。一般圆环支撑与桩墙间用压杆连接以传递荷载，圆环内支撑中心形成一个较大的空间，为基坑土方的开挖创造了方便的条件。

水平支撑在竖向的布置主要取决于基坑深度、围护墙种类、挖土方式、地下结构各层楼盖和底板的位置等，如图 1-29 所示。

支撑设置的标高要避开地下结构楼盖的位置，以便于支模浇筑地下楼层结构时换撑。因此，支撑多数布置在楼盖之上和底板之上，其间净距离 B 不宜小于 600mm。支撑竖向间距还与挖土方式有关，如人工挖土，支撑竖向间距 A 不宜小于 3m，如挖土机下坑挖土，A 不宜小于 4m，特殊情况例外。

4. 钢板桩支护

钢板桩是一种较老的基坑支护，适用于软土、淤泥质土、松散砂土及地下水多地区。

钢板桩的种类很多，基本上分为平板与波浪形板桩两类，每类中又有多种形式。

（1）平板桩（图 1-30 和图 1-31）承受轴向应力的性能良好，易打入地下，但长轴方向抗弯强度较小，常用于 4m 以下深度的较浅基坑或基槽，一般采用悬臂式板桩即依靠入土部分的土压力来维持板桩的稳定或顶部设一道支撑或拉锚。

（2）"拉森"式钢板桩（图 1-32）是波浪形板桩最典型的一种，其截面宽 400mm、高 300mm、重 77kg/m，抗弯性能都较好，施工应用较广。它有悬臂式板桩和有支撑板桩两类，前者一般适用深度 8m 以下的基坑，后者则可达 20m 甚至以上的基坑深度。一般在板桩墙前设刚性内支撑如大型型钢、钢管加以固定。

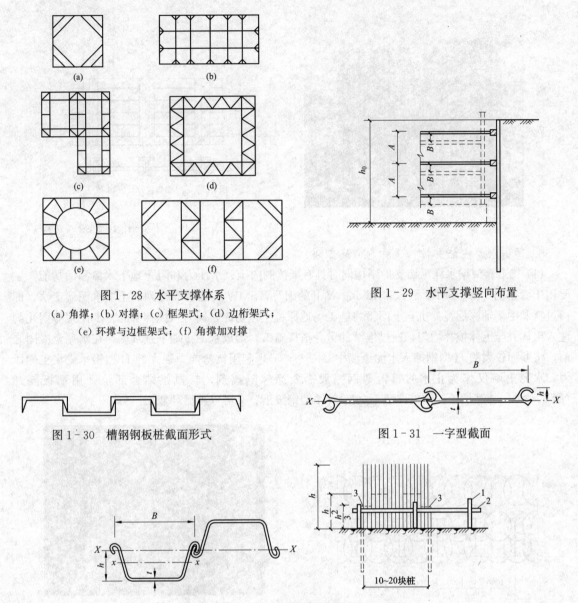

图 1-28 水平支撑体系

(a) 角撑；(b) 对撑；(c) 框架式；(d) 边桁架式；

(e) 环撑与边框架式；(f) 角撑加对撑

图 1-29 水平支撑竖向布置

图 1-30 槽钢钢板桩截面形式

图 1-31 一字型截面

图 1-32 "拉森"式钢板桩与屏风打法示意

钢板桩的优点是材料质量可靠，在软土地区打设方便，施工速度相对较快；有一定的挡水能力；可多次重复利用。其缺点是用于较深的基坑时必须设置支撑，否则变形较大；在透水性较好的土层中也不能完全挡水；拔出时易带土，如处理不当会引起土层移动，可能危害周围的环境。

钢板桩打设一般采用屏风法打设（图 1-32），即每次将 10~20 根钢板桩成排如屏风状插入导架内，然后再分批打设。打设时现将屏风墙两端的钢板桩打至设计标高或一定深度，成为定位板桩，然后在中间按顺序分 1/3、1/2 板桩高度呈阶梯状打入，最后进行合拢。

5. 型钢桩横挡板支撑

沿挡土位置预先打入钢轨、工字钢或 H 型钢桩（图 1-33），间距 1~1.5m，然后边挖方，边将 3~6cm 厚的挡土板（图 1-34）塞进钢桩之间挡土，并在横向挡板与型钢桩之间打入楔子，使横板与土体紧密接触。适于地下水位较低，深度不超过 5m 的一般黏性或砂土层中应用。

图 1-33 轧制 H 型钢

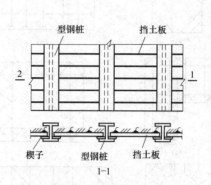

图 1-34 型钢桩挡土板支护

6. 型钢水泥土墙支护（又称 SMW 工法）

（1）构造。型钢水泥土墙支护结构同时具有抵抗侧向土、水压力和阻止地下水渗漏的功能，主要用于深基坑支护。SMW 是 Soil Mixing Wall 的缩写，SMW 工法也叫柱列式土壤水泥墙工法，即通过特制的多轴深层搅拌机自上而下将施工场地原位土体切碎，同时从搅拌头处将水泥浆等固化剂注入土体并与土体搅拌均匀，通过连续的重叠搭接施工，形成水泥土地下连续墙。在水泥土凝固之前，将断面较大的 H 型钢插入水泥土墙中（图 1-35），利用抗弯能力强大的 H 型钢承受水土侧压力，水泥土墙仅作为止水帷幕，型钢一般需要涂抹隔离剂，与冠梁结合部位则用钢板隔开（图 1-36），待基坑工程结束即填土之后将 H 型钢拔出，又可以再循环使用。

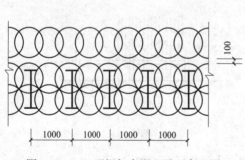

图 1-35 H 型钢与水泥土平面布置图

图 1-36 H 型钢与冠梁浇筑后节点

（2）应用和优点。该技术可在黏性土、粉土、砂砾土使用，目前可在开挖深度 15m 以下的基坑围护工程中应用。该技术具有以下优点。

1）施工不扰动邻近土体，很少会产生邻近地面下沉、房屋倾斜、道路裂损及地下设施移位等危害（刚度大）。

2）钻掘和搅拌反复进行使墙体全长无接缝，其比传统的连续墙具有更可靠的止水性（结构抗渗性好）。

3）可在黏性土、粉土、砂土、砂砾土等土层中应用（运用范围广）。

4）工期较其他工法短，在一般地质条件下为地下连续墙的 1/3（工期短）。

5）废土外运量较其他工法少，四周可不作防护，型钢可回收（成本较低），经济效益明显，工程造价较常用的钻孔灌注桩排桩方法至少节约 30%。

6）无钻孔灌注桩的施工减少了对周围环境和施工场地的污染，且此类搅拌桩不存在挤土作用。

（3）施工工艺流程和要点。

1）导沟开挖（图1-37）：开挖导向沟槽，可作为泥水沟，并确定表层土是否存在障碍物。导沟一般宽0.8～1.0m，深0.6～1.0m。

2）置放导轨：导轨主要用于施工导向与型钢定位。

3）设定施工标志：根据设计的型钢间距，设定施工标志。

4）SMW施工：首先搅拌下沉，上提喷浆，然后重复搅拌下沉，上提喷浆。在搅拌桩施工注入水泥浆过程中，有一部分浆液会返回地面，要尽快清除并沿挡墙方向做一沟槽方便插入型钢。

5）插入型钢：一般在水泥土凝固之前型钢靠自重沉入水泥土中，能较好地保持型钢的垂直度与平行度。

6）固定型钢：型钢沉入设计标高后，用水泥砂浆等将型钢固定。

7）施工完成SMW：拆除导轨，并按设计开槽支模浇筑冠梁与第一道支撑（图1-38）。

图1-37 导沟与定位卡定位H型钢插入图

图1-38 插入H型钢后冠梁与第一道支撑支模

8）基础完成且回填土结束后，拔除H型钢。采用二台200t液压千斤顶及100t履带吊配合拔出型钢。千斤顶底部填40mm钢板，以减轻圈梁的受力面。千斤顶并联于H型钢两侧，保证基面平整及千斤顶稳定；施加顶力至H型钢松动，油泵施加顶力时需平稳、匀速；千斤顶走完若干行程后，通过油压表显示的上拔力数据小于60t时，用100t吊车配合吊出H型钢。

9）型钢拔出后，其孔隙及时用1∶2水泥砂浆回填。

施工中还需要注意以下两点。

1）水泥浆中的掺加剂除掺入一定量的缓凝剂（多用木质素磺酸钙）外，宜掺入一定量膨润土，利用膨润土的保水性增加水泥土的变形能力，防止墙体变形后过早开裂，影响其抗渗性。

2）对于不同工程不同的水泥浆配合比，在施工前应做型钢抗拔试验，再采取涂减摩剂等一系列措施，保证型钢顺利回收利用。

7．桩锚支护

（1）构造和适用范围。桩锚式支护结构由钢筋混凝土排桩（钻孔灌注桩或人工挖孔灌注桩）与土锚杆组成。锚杆可分为单层锚杆（图1-39）、二层锚杆和多层锚杆（图1-40）。锚杆需要地基土提供较大的锚固力来抵抗拉力，因此桩锚支护结构较适用于砂土地基或黏土地基，不适用于软土地基。

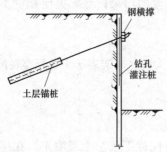

图 1-39　单层桩锚支护　　　　　图 1-40　多层桩锚支护现场照片

（2）桩锚支护优点。

1）锚杆在整个基坑支护体系中主要作为受拉构件，提供反力维持土体平衡。

2）锚杆能施加预拉应力，主动控制支护结构的变形量，降低桩身弯矩峰值，从而减少桩的入土深度和配筋。

3）能提供较宽敞的工作空间便于土方开挖和运输，也便于地下结构的施工。

4）施工简便，相对内支撑，则无需换撑、拆撑，造价较排桩加内支撑低。

5）能采用与其他支护形式相结合的各种灵活支护方式，如土钉墙与桩锚支护结合（图 1-41）。

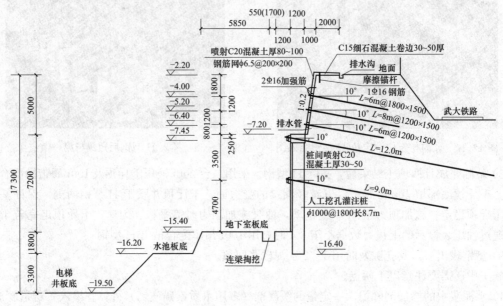

图 1-41　武汉清江大厦深基坑工程
（上部土钉下部桩锚支护）

（3）桩锚支护施工工艺流程。

1）护坡排桩（一般为抗弯承载力大的钻孔灌注桩、人工挖孔灌注桩）的定位放线。

2）护坡排桩成孔（钻孔或人工挖孔）。

3）制作桩钢筋笼和钢筋笼的安放。

4）浇筑护坡排桩混凝土。

5）施工第一层土层锚杆。

6）绑扎冠梁（压顶梁）钢筋并支侧模板浇筑混凝土。

7）在冠梁上张拉和锁定第一层预应力锚杆。

8）开始下一层挖土施工。

9）下一层预应力锚杆施工。

10）施作围檩（钢围檩或钢筋混凝土围檩）。

11）（钢筋混凝土围檩强度达到设计要求后）张拉和锁定第二层预应力锚杆。

12）下一层挖土施工。

13）重复9）～12）直至基坑底，施工素混凝土垫层和承台砖胎膜并进行基础浇筑准备。

三、施工排水与降水

在开挖基坑或沟槽时，土壤的含水层常被切断，地下水将会不断地渗入坑内。雨期施工时，地面水也会流入坑内。为了保证施工的正常进行，防止边坡塌方和地基承载能力的下降，必须做好基坑降水工作。降水方法可分为明排水法（如集水井、明渠等）和人工降低地下水法两种。

（一）明排水法

现场常采用的方法是截流、疏导、抽取。截流即是将流入基坑的水流截住；疏导即将积水疏干；抽取是在基坑或沟槽开挖时，在坑底设置集水井，并沿坑底的周围或中央开挖排水沟，使水由排水沟流入集水井内，然后用水泵抽出坑外（图1-42）。

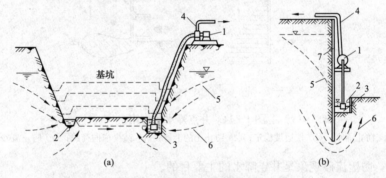

图1-42 集水井降低地下水位

（a）斜坡边沟；（b）直坡边沟

1—水泵；2—排水沟；3—集水井；4—压力水管；5—降落曲线；6—水流曲线；7—板桩

四周的排水沟及集水井一般应设置在基础范围以外，地下水流的上游。基坑面积较大时，可在基础范围内设置盲沟排水。根据地下水量、基坑平面形状及水泵能力，集水井每隔20～40m设置一个。

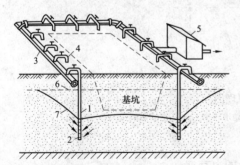

图1-43 轻型井点降低地下水位全貌图

1—井点管；2—滤管；3—总管；4—弯联管；5—水泵房；6—原有地下水位线；7—降低后地下水位线

集水井的直径或宽度，一般为0.6～0.8m；其深度随着挖土的加深而加深，要始终低于挖土面0.7～1.0m，井壁可用竹、木等简易加固。当基坑挖至设计标高后，井底应低于坑底1～2m，并铺设0.3m碎石滤水层，以免在抽水时将泥砂抽出，并防止井底的土被搅动。坑壁必要时可用竹、木等材料加固。

（二）人工降低地下水位

人工降低地下水位就是在基坑开挖前，预先在基坑四周埋设一定数量的滤水管（井），在基坑开挖前和开挖过程中，利用真空原理，不断抽出地下水，使地下水位降低到坑底以下（图1-43），从根本上解决地下水涌入坑内的问题［图1-44（a）］；防止边坡由于受地下水流的冲刷而引起的塌方 [图 1-44 (b)]；使坑底的土层消除了地下水位差引起的压力，也防止了坑底土的上冒 [图 1-44 (c)]；没有了水压力，使板桩减少了横向荷载 [图 1-44 (d)]；由于没有地下水的渗流，也就防止了流砂现象产生 [图1-44 (e)]。降低地下水位后，由于土体固结，还能使土层密实，增加地基土的承载能力。

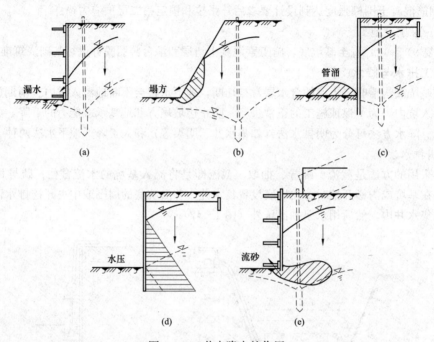

图 1-44 井点降水的作用

(a) 防止涌水；(b) 使边坡稳定；(c) 防止土的上冒；(d) 减少横向荷载；(e) 防止流砂

上述几点中，防治流砂现象是井点降水的主要目的。

流砂现象产生的原因，是水在土中渗流所产生的动水压力对土体作用的结果。如图 1-45 (a) 所示，从截取的一段砂土脱离体（两端的高低水头分别是 h_1、h_2）受力分析，可以很容易地得出动水压力的存在和大小结论。

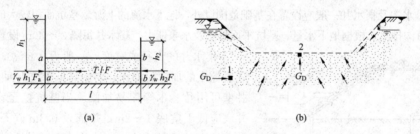

图 1-45 动水压力原理图

(a) 水在土中渗流时的脱离体受力图；(b) 动水压力对地基土的影响

1、2—土粒

水在土中渗流时，作用在砂土脱离体中的全部水体上的力有：

(1) $\gamma_w h_1 F$，为作用在土体左端 a—a 截面处的总水压力；其方向与水流方向一致（γ_w 为水的重度，F 为土截面面积）。

(2) $\gamma_w h_2 F$ 为作用在土体右端 b-b 截面处的总水压力；其方向与水流方向相反。

(3) TlF 为水渗流时整个水体受到土颗粒的总阻力（T 为单位体积土体阻力），方向假设向右。

由静力平衡条件 $\sum X = 0$（设向右的力为正）

$$\gamma_w h_1 F - \gamma_w h_2 F + TlF = 0$$

得

$$T = -\frac{h_1 - h_2}{l}\gamma_w \quad （"-" \text{表示实际方向与假设右正向相反而向左}） \quad (1-29)$$

式中：$\dfrac{h_1 - h_2}{l}$ 为水头差与渗透路径之比，称为水力坡度，以 i 表示，即上式可写成

$$T = -i\gamma_w \quad (1-30)$$

设水在土中渗流时对单位体积土体的压力为 G_D，由作用力与反作用力相等、方向相反的定律可知：

$$G_D = -T = i\gamma_w \quad (1-31)$$

式中：G_D 为动水压力，其单位为 N/cm³ 或 kN/m³。

由上式可知，动水压力 G_D 的大小与水力坡度成正比，即水位差 $h_1 - h_2$ 越大，则 G_D 越大；而渗透路径 L 越长，则 G_D 越小；动水压力的作用方向与水流方向（向右方向）相同。当水流在水位差的作用下对土颗粒产生向上压力时，动水压力不但使土粒受到了水的浮力，而且还使土粒受到向上动水压力的作用。如果动水压力等于或大于土的浮重度 γ'_w，即

$$G_D \geqslant \gamma'_w$$

则土粒失去自重，处于悬浮状态，土的抗剪强度等于零，土粒能随着渗流的水一起流动，这种现象就称"流砂现象"。

细颗粒（颗粒粒径为 0.005~0.05mm）、均匀颗粒、松散（土的天然孔隙比大于 75%）、饱和的土容易发生流砂现象，但是否出现流砂现象的重要条件是动水压力的大小，即防治流砂应着眼于减小或消除动水压力。

防治流砂的方法主要有：水下挖土法、打板桩法、抢挖法、地下连续墙法、枯水期施工法及井点降水等。

(1) 水下挖土法。即不排水施工，使坑内外的水压互相平衡，不致形成动水压力。如沉井施工，不排水下沉，进行水中挖土、水下浇筑混凝土，是防治流砂的有效措施。

(2) 打板桩法。即将板桩沿基坑周围打入不透水层，便可起到截住水流的作用，或者打入坑底面一定深度，这样将地下水引至桩底以下才流入基坑，不仅增加了渗流长度，而且改变了动水压力方向，从而达到减小动水压力的目的。

(3) 抢挖法。即抛大石块、抢速度施工。如在施工过程中发生局部的或轻微的流砂现象，可组织人力分段抢挖，挖至标高后，立即铺设芦席并抛大石块，增加土的压重以平衡动水压力，力争在未产生流砂现象之前，将基础分段施工完毕。

(4) 地下连续墙法。此法是沿基坑的周围先浇筑一道钢筋混凝土的地下连续墙，从而起到承重、截水和防流砂的作用，它又是深基础施工的可靠支护结构。

(5) 枯水期施工法。即选择枯水期间施工，因为此时地下水位低，坑内外水位差小，动水压力减小，从而可预防和减轻流砂现象。

以上方法都有较大的局限，应用范围狭窄。采用井点降水方法降低地下水位到基坑底以下，使动水压力方向朝下，增大土颗粒间的压力，则不论细砂、粉砂都一劳永逸地消除了流砂现象。实际上井点降水方法是避免流砂危害的常用方法。

1. 井点降水的种类

井点降水有两类：一类为轻型井点（包括电渗井点与喷射井点）；一类为管井井点（包括深井

泵）。各种井点降水方法一般根据土的渗透系数、降水深度、设备条件及经济性选用，可参照表 1-8 选择。其中，轻型井点应用最为广泛。

表 1-8　　　　　　　　　　　　　　　各种井点的适用范围

井点类型		土层渗透系数 （m/d）	降低水位深度 （m）
轻型井点	一级轻型井点	0.1～50	3～6
	二级轻型井点	0.1～50	6～12
喷射井点	喷射井点	0.1～5	8～20
电渗井点	电渗井点	＜0.1	根据选用的井点确定
管井类	管井井点	20～200	3～5
	深井井点	10～250	＞15

2. 一般轻型井点

轻型井点设备由管路系统和抽水设备组成（图 1-46），管路系统包括：滤管、井点管、弯联管及集水总管等。滤管（图 1-47）为进水设备，通常采用长 1.0～1.5m、直径 38mm 或 51mm 的无缝钢管，管壁钻有直径为 12～18mm 的呈梅花形排列的滤孔，滤孔面积为滤管表面积的 20%～25%。骨架管外面包以两层孔径不同的滤网，内层为 30～50 孔/cm² 的黄铜丝或尼龙丝布的细滤网，外层为 3～10 孔/cm² 的同样材料粗滤网或棕皮。为了流水畅通，在骨架管与滤管之间用塑料管或梯形铅丝隔开，塑料管沿骨架管绕成螺旋形。滤网外面再绕一层粗铁丝保护网，滤管下端为一铸铁塞头。滤管上端与井点管连接。

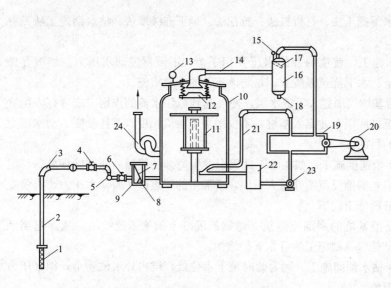

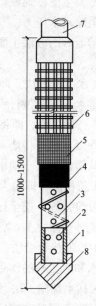

图 1-46　轻型井点设备工作原理

1—滤管；2—井点管；3—弯联管；4—阀门；5—集水总管；6—闸门；
7—滤网；8—过滤箱；9—掏砂孔；10—水气分离器；11—浮筒；
12—阀门；13—真空计；14—进水管；15—真空计；16—副水气分离器；
17—挡水板；18—放水口；19—真空泵；20—电动机；21—冷却水管；
22—冷却水箱；23—循环水泵；24—离心水泵

图 1-47　滤管构造

1—钢管；2—管壁上的小孔；
3—缠绕的塑料管；4—细滤网；
5—粗滤网；6—粗铁丝保护网；
7—井点管；8—铸铁头

井点管为直径 38mm 或 51mm、长 5～7m 的钢管，可整根或分节组成。井点管的上端用弯联管与集水总管相连。

集水总管为直径 100～127mm 的无缝钢管，每段长 4m，其上装有与井点管连接的短接头，间距为 0.8～1.6m。

抽水设备常用的有真空泵、射流泵和隔膜泵井点设备。

一套抽水设备的负荷长度（集水总管长度）为 100～120m。常用的 W5、W6 型干式真空泵，其最大负荷长度分别为 100m 和 120m。

3. 轻型井点的布置

井点系统的布置，应根据基坑大小与深度、土质、地下水位高低与流向、降水深度要求等而定。

（1）平面布置。当基坑或沟槽宽度小于 6m，且降水深度不超过 5m 时，可用单排线状井点（图 1-48），布置在地下水流的上游一侧，两端延伸长度不小于坑槽宽度。

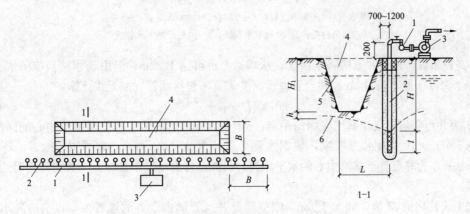

图 1-48 单排线状井点布置
1—集水总管；2—井点管；3—抽水设备；4—基坑；5—原地下水位线；6—降低后地下水位线

如果宽度大于 6m 或土质不良，则用双排线状井点（图 1-49），位于地下水流上游一排井点管的间距应小些，下游一排井点管的间距可大些。面积较大的基坑宜用环形井点（图 1-50），有时也可布置成 U 形，以利于挖土机和运土车辆出入基坑。井点管距离基坑壁一般可取 0.7～1.2m，以防局部发生漏气。井点管间距一般为 0.8m、1.2m、1.6m，由计算或经验确定。井点管在总管四角部位适当加密。

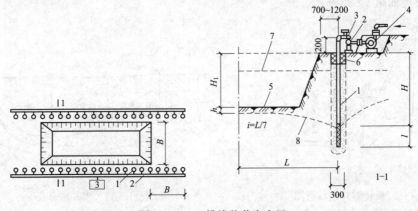

图 1-49 双排线状井点布置
1—井点管；2—集水总管；3—弯联管；4—抽水设备；5—基坑；
6—黏土封孔；7—原地下水位线；8—降低后地下水位线；

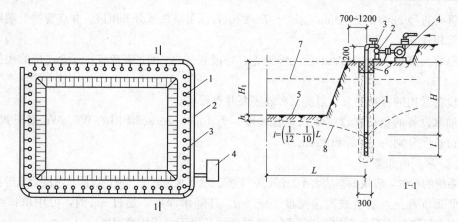

图 1-50　环形井点布置图

1—井点管；2—集水总管；3—弯联管；4—抽水设备；5—基坑；

6—黏土封孔；7—原地下水位线；8—降低后地下水位线；

（2）高程布置。轻型井点的降水深度，从理论上讲可达 10.3m，但由于管路系统的水头损失，其实际降水深度一般不超过 6m。井点管埋设深度 H（不包括滤管）按下式计算

$$H \geqslant H_1 + h + iL \tag{1-32}$$

式中：H_1 为井点管埋设面至基坑底面的距离，m；h 为降低后的地下水位至基坑中心底面的距离，一般取 0.5～1.0m；i 为水力坡度，根据实测：单排井点 1/5～1/4，双排井点 1/7，环状井点 1/12～1/10；L 为井点管至基坑中心的水平距离，当井点管为单排布置时 L 为井点管至对边坡脚的水平距离。

根据上式算出的 H 值，如大于 6m，则应降低井点管抽水设备的埋置面，以适应降水深度要求。即将井点系统的埋置面接近原有地下水位线（要事先挖槽），个别情况下甚至稍低于地下水位（当上层土的土质较好时，先用集水井排水法挖去一层土，再布置井点系统），就能充分利用抽吸能力，使降水深度增加，井点管露出地面的长度一般为 0.2～0.3m，以便与弯联管连接，滤管必须埋在透水层内。

当一级轻型井点达不到降水要求时，可采用二级井点降水，即先挖去第一级井点所疏干的土，然后再在其底部装设第二级井点（图 1-51）。

水井的分类如图 1-52 所示。

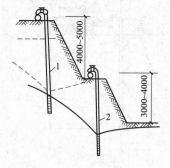

图 1-51　二级轻型井点示意图

1—1 级井点管；2—2 级井点管

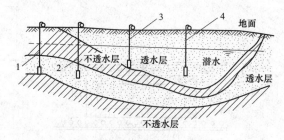

图 1-52　水井的分类

1—承压完整井；2—承压非完整井；

3—无压完整井；4—无压非完整井

4. 轻型井点的计算

井点系统的设计计算必须建立在可靠资料的基础上，如施工现场地形图、水文地质勘察资料、基坑的设计文件等。设计内容除井点系统的布置外，还需确定井点的数量、间距、井点设备的选择等。

(1) 井点系统的涌水量计算。井点系统所需井点管的数量，是根据其涌水量来确定的；而井点系统的涌水量，则是按水井理论进行计算的。根据井底是否达到不透水层，水井可分为完整井与不完整井；凡井底到达含水层下面的不透水层顶面的井称为完整井，否则称为不完整井。根据地下水有无压力，又分为无压井与承压井，如图 1-53 所示。各类井的涌水量计算方法不同，其中以无压完整井的理论较为完善。

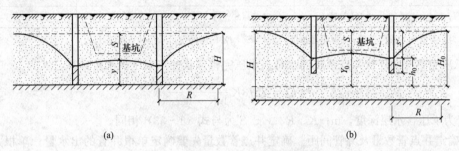

图 1-53 环状井点系统涌水量计算简图
(a) 无压完整井；(b) 无压非完整井

1) 无压完整井的环形井点系统涌水量。对于无压完整井 [图 1-32 (a)] 的环形井点系统，涌水量计算公式为

$$Q = 1.366K \frac{(2H-S)S}{\lg R - \lg x_0} \qquad (1-33)$$

式中：Q 为井点系统的涌水量，m^3/d；K 为土的渗透系数，m/d，可以由实验室或现场抽水试验确定；H 为含水层厚度，m；S 为基坑中心降水深度，m；R 为抽水影响半径，m；x_0 为井点管围成的大圆井半径或矩形基坑环形井点系统的假想圆半径，m。

应用式 (1-33) 计算涌水量时，需事先确定 x_0、R、K 值的数据。由于式 (1-33) 的理论推导是从圆形井点系统假设而来的，试验证明对于矩形基坑，当其长宽比不大于 5 时，可以将环状井点系统围成的不规则平面形状化成一个假想半径为 x_0 的圆井进行计算，计算结果符合工程要求，即

$$\pi x_0^2 = F \quad \rightarrow \quad x_0 = \sqrt{\frac{F}{\pi}} \qquad (1-34)$$

式中：F 为环状井点系统包围的面积，m^2。

注意当矩形基坑的长宽比大于 5，或基坑宽度大于 2 倍的抽水影响半径 R 时就不能直接利用现有的公式进行计算，此时需将基坑分成几小块使其符合公式的计算条件，然后分别计算每小块的涌水量，再相加即得总涌水量。

抽水影响半径 R 是指井点系统抽水后地下水位降落曲线稳定时的影响半径，与土的渗透系数、含水层厚度、水位降低值及抽水时间等因素有关。在抽水 2~5d 后，水位降落漏斗基本稳定，此时抽水影响半径可近似地按下式计算：

$$R = 1.95S \sqrt{HK} \qquad (1-35)$$

2) 无压非完整井的环状井点系统涌水量。在实际工程中往往会遇到无压非完整井的井点系统

[图 1-53（b）]，这时地下水不仅从井的侧面流入，还从井底渗入，因此涌水量要比完整井大。为了简化计算，仍可采用公式（1-33）。此时，仅将式中 H 换成有效含水深度 H_0，即

$$Q = 1.366K \frac{(2H_0 - S)S}{\lg R - \lg x_0} \tag{1-36}$$

同样式（1-35）换成

$$R = 1.95S \sqrt{H_0 K} \tag{1-37}$$

H_0 可查表 1-9 确定，当算得的 H_0 大于实际含水层的厚度 H 时，则仍取 H 值，视为无压完整井。

表 1-9 有效深度 H_0 值

$S'/(S'+l)$	0.2	0.3	0.5	0.8
H_0	1.2 $(S'+l)$	1.5 $(S'+l)$	1.7 $(S'+l)$	1.85 $(S'+l)$

注　S' 为井点管中水位降落值；l 为滤管长度。$S'/(S'+l)$ 的中间值可采用插入法求 H_0。

3）承压完整井的环状井点系统涌水量。承压完整环状井点系统涌水量计算公式为

$$Q = 2.73K \frac{MS}{\lg R - \lg x_0} \tag{1-38}$$

式中：M 为承压含水层深度，m；K、R、x_0、S 为与式（1-33）相同。

（2）确定井点管数量及井管间距。确定井点管数量先要确定单根井管的出水量。单根井点管的最大出水量为

$$q = 65\pi dl \sqrt[3]{K} \tag{1-39}$$

式中：d 为滤管直径，m；l 为滤管长度，m；K 为渗透系数，m/d。

井点管最少数量由下式确定：

$$n = 1.1 \times \frac{Q}{q} \tag{1-40}$$

式中：1.1 为考虑井点管堵塞等因素的放大备用系数。

井点管最大间距为

$$D = \frac{L}{n} \tag{1-41}$$

式中：L 为集水总管长度，m。

实际采用的井点管间距 D 应当与总管上接头尺寸相适应，即采用 0.8m、1.2m、1.6m 或 2.0m。

5. 轻型井点系统设计实例

【例 1-3】 某工程开挖一矩形基坑，基坑底宽 12m，长 16m，基坑深 4.5m，挖土边坡 1:0.5，基坑平、剖面如图 1-54 所示。经地质勘探，天然地面以下为 1.0m 厚的黏土层，其下有 8m 厚的中砂，渗透系数 $K = 12$m/d。再往下即离天然地面 9m 以下为不透水的黏土层。地下水位在地面以下 1.5m。采用轻型井点降低地下水位，试进行井点系统设计。

（1）井点系统的布置。为使总管接近地下水位和不影响地面交通，考虑到天然地面以下 1.0m 内的土质为有内聚力的黏土层，将总管埋设在地面下 0.5m 处，即先挖 0.5m 的沟槽，然后在槽底铺设总管。此时基坑上口平面尺寸（$A \times B$）为

$A \times B = [16 + 2 \times 0.5 \times (4.8 - 0.3 - 0.5)] \times [12 + 2 \times 0.5 \times (4.8 - 0.3 - 0.5)] = 20\text{m} \times 16\text{m}$

井点系统布置成环状，但为使反铲挖土机和运土车辆有开行路线，在地下水的下游方向一般布置成端部开口（本例开口 7m），另考虑总管距基坑边缘 1.0m，则总管长度为

$L_总 = [(16 + 2) + (20 + 2)] \times 2 - 7 = (18 + 22) \times 2 - 7 = 73\text{（m）}$

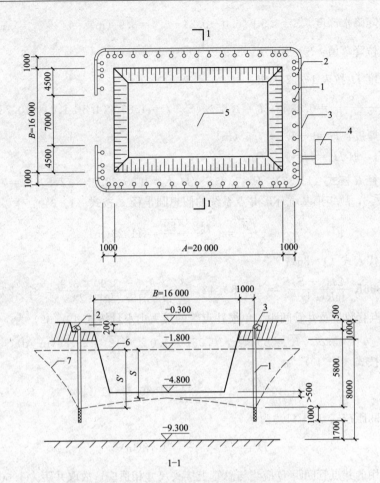

图 1-54　轻型井点布置计算实例示意图

1—井点管；2—弯联管；3—集水总管；4—真空泵房；

5—基坑；6—原地下水位线；7—降低后地下水位线

基坑短边井点管至基坑中心的水平距离为

$$L = \frac{12}{2} + 0.5 \times (4.8 - 0.3 - 0.5) + 1.0 = 9 \text{(m)}$$

基坑中心要求降水深度 $S = (4.8 - 0.3) - 1.5 + 0.5 = 3.5$ （m）

采用一级轻型井点，井点管的埋设深度 H（不包括滤管）按式（1.32）计算：

$$H \geqslant H_1 + h + iL = (4.8 - 0.3 - 0.5) + 0.5 + \frac{1}{10} \times 9 = 5.4 \text{(m)}$$

采用井点管长 6.0m，直径 51mm，滤管长度 1.0m。井点管露出地面 0.2m，以便与总管相连接。埋入土中 5.8m（不包括滤管），大于 5.4m。

此时基坑中心实际降水深度应修正为

$$S = 3.5 + (6.0 - 0.2) - 5.4 = 3.9 \text{(m)}$$

井点管及滤管总长 6.0+1.0=7.0 （m），滤管底部距不透水层为

$$(9.3 - 0.3) - (7.0 - 0.2) - 0.5 = 1.7 \text{ (m) } > 0$$

故可按无压非完整井环形井点系统计算。

（2）基坑涌水量计算。

基坑中心实际降水深度：$S=3.5+(6.0-0.2)-5.4=3.9$（m）

井点管中水位降落值：$S'=S+iL=3.9+\dfrac{1}{10}\times 9=4.8$（m）

有效含水深度 H_0 按表 1-12 求出：

由 $\dfrac{S'}{S'+l}=\dfrac{4.8}{4.8+1.00}=0.83$ 得 $H_0=1.85\times(S'+l)=1.85\times(4.8+1.0)=10.73$（m）

实际含水层厚度：$H=9-1.5=7.5$（m）

由于 $H_0>H$，取 $H_0=H=7.5$（m）

抽水影响半径 R 按式（1-37）：$R=1.95S\sqrt{H_0K}=1.95\times 3.9\times\sqrt{7.5\times 12}=72.15$（m）

由于 20/16≤5，故矩形基坑环形井点系统的假想圆半径 x_0 按式（1-34）：

$$x_0=\sqrt{\dfrac{F}{\pi}}=\sqrt{\dfrac{18\times 22}{\pi}}=11.23(\text{m})$$

将以上各值代入式（1-36）：

$$Q=1.366K\dfrac{(2H_0-S)S}{\lg R-\lg x_0}=1.366\times 12\times\dfrac{(2\times 7.5-3.9)\times 3.9}{\lg 72.15-\lg 11.23}=878.23(\text{m}^3/\text{d})$$

（3）确定井点管数量及井管间距。单根井点管的最大出水量按式（1-39）为

$$q=65\pi dl\sqrt[3]{K}=65\times\pi\times 0.051\times 1.0\times\sqrt[3]{12}=23.84(\text{m}^3/\text{d})$$

井点管数量按式（1-40）为

$$n=1.1\times\dfrac{Q}{q}=1.1\times\dfrac{878.23}{23.84}=40.5=41（\text{根}）$$

井点管最大间距按式（1-41）为

$$D=\dfrac{L_{总}}{n}=\dfrac{73}{41}=1.78(\text{m})$$

因为实际采用的井点管间距 D 应当与总管上接头尺寸相适应，故取井距为 1.60m。则井点管数量应为

$$n_{实}=\dfrac{L_{总}}{D_{实}}=\dfrac{73}{1.60}=45.6=46（\text{根}）$$

在基坑四角处井点管应加密，如考虑每个角加 2 根管，最后实际采用 46+8=54（根）。

（4）选择抽水设备。抽水设备所带动的总管长度为 80m，可选用 W5 型干式真空泵一套。

水泵所需流量：

$$\begin{aligned}Q_1&=1.1Q=1.1\times 878.23\\&=966.05(\text{m}^3/\text{d})=40.25(\text{m}^3/\text{h})\end{aligned}$$

水泵吸水扬程：

$$H_s\geqslant 6.0+1.0=7.0(\text{m})$$

根据 Q_1 及 H_s 查《施工手册》相关表格可得，选用 3B33 型离心泵。实际施工选用 2 台，1 台备用。

（5）井点管的埋设与使用。

1）井点管的埋设。轻型井点的施工，大致包括下列几个过程：准备工作、井点系统的埋设、使用及拆除。

准备工作包括井点设备、动力、水源及必要材料的准备，排水沟的开挖，附近建筑物的标高观测以及防止附近建筑物沉降措施的实施。

埋设井点的程序是：先排放总管，再埋设井点管，用弯联管将井点管与总管接通，然后安装抽水设备。

井点管的埋设一般用水冲法进行，并分为冲孔 ［图1-55（a）］与埋管 ［图1-55（b）］两个过程。

冲孔时，先用起重设备将冲管吊起并插在井点 的位置上，然后开动高压水泵，将土冲松，冲管则 边冲边沉。冲孔直径一般为300mm，以保证井管四 周有一定厚度的砂滤层，冲孔深度宜比滤管底深 0.5m左右，以防冲管拔出时，部分土颗粒沉于底 部而触及滤管底部。

井孔冲成后，立即拔出冲管，插入井点管，并 在井点管与孔壁之间迅速填灌砂滤层，以防孔壁塌 土。砂滤层的填灌质量是保证轻型井点顺利抽水的 关键。一般宜选用干净粗砂，填灌均匀，并填至滤 管顶上1～1.5m，以保证水流畅通。

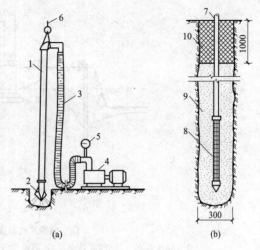

图 1-55　井点管的埋设
（a）冲孔；（b）埋管
1—冲管；2—冲嘴；3—胶皮管；4—高压水泵；
5—压力表；6—起重机吊钩；7—井点管；
8—滤管；9—填砂；10—黏土封口

井点填砂后，在地面以下0.5～1.0m范围内须 用黏土封口，以防漏气。

井点管埋设完毕，应接通总管与抽水设备进行 试抽水，检查有无漏水、漏气，出水是否正常，有 无淤塞等现象，如有异常情况，应检修好后方可使用。

2）井点管的使用。轻型井点管使用时，应保证连续不断抽水，并准备双电源。若时抽时停，滤网易于堵塞，更容易抽出土粒，使水混浊，并引起附近建筑物由于土粒流失而沉降开裂。正常出水规律是"先大后小，先混后清"。抽水时需要经常观测真空度以判断井点系统工作是否正常，真空度一般应不低于55.3～66.7kPa；造成真空度不够的原因较多，通常是由于管路系统漏气，应及时检查并采取措施。

井点管淤塞，一般可通过听管内水流声响；手扶管壁有振动感；夏、冬季手摸管子有夏冷、冬暖感等简便方法检查。如发现淤塞井点管太多而严重影响降水效果时，应逐根用高压水反向冲洗或拔出重埋。

地下构筑物竣工并进行回填土后，方可拆除井点系统。拔出井点管多借助于倒链、起重机等，所留孔洞用砂或土填实，对地基有防渗要求时，地面上2m应用黏土填实。

6. 回灌井点法

轻型井点降水有许多优点，在基础施工中广泛应用，但其影响范围较大，影响半径可达百米甚至数百米，而且会导致周围土壤固结而引起地面沉陷。特别是在弱透水层和压缩性大的黏土层中降水时，由于地下水流造成的地下水位下降、地基自重应力增加和土层压缩等原因，会产生较大的地面沉降；又由于土层的不均匀性和降水后地下水位呈漏斗曲线，四周土层的自重应力变化不一而导致不均匀沉降，使周围建筑基础下沉或房屋开裂。因此，在建筑物附近进行井点降水时，为防止降水影响或损害区域内的建筑物，就必须阻止建筑物下地下水的流失。除了在降水区域和原有建筑物之间的土层中设置一道固体抗渗屏幕（如水泥搅拌桩、灌注桩加压密注浆桩、旋喷桩、地下连续墙）外，较经济也比较常用的是用回灌井点补充地下水的办法来保持地下水位。回灌井点就是在降水井点与要保护的已有建（构）筑物之间打上一排井点，在井点降水的同时，向土层中灌入足够数量的水，形成一道隔水帷幕，使井点降水的影响半径不超过回灌井点的范围，从而阻止回灌井点外侧的建（构）筑物下的地下水流失（图1-56）。这样，就不会因降水而使地面沉降，或减少沉降值。

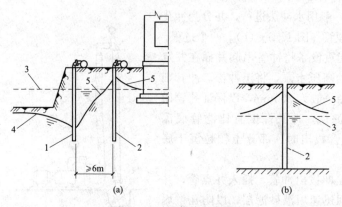

图 1-56　回灌井点布置

(a) 回灌井点布置；(b) 回灌井点水位图

1—降水井点；2—回灌井点；3—原水位线；4—基坑内降低后的水位线；5—回灌后水位线

　　为了防止降水井和回灌井相通，回灌井点与降水井点之间应保持一定的距离，一般不宜小于6m，否则基坑内水位无法下降，失去降水的作用。回灌井点的深度一般应控制在长期降水曲线下1m为宜，并应设置在渗透性较好的土层中。

　　为了观测降水及回灌后四周建筑物、管线的沉降情况及地下水位的变化情况，必须设置沉降观测点及水位观测井，并定时测量记录，以便及时调节灌、抽量，使灌、抽基本达到平衡，确保周围建筑物或管线等的安全。

　　7. 其他井点简介

　　(1) 喷射井点。当基坑开挖较深，采用多级轻型井点不经济时，宜采用喷射井点，其降水深度可达 20m。特别适用于降水深度超过 6m，土层渗透系数为 0.1～2m/d 的弱透水层。

　　喷射井点根据其工作时使用液体和气体的不同，分为喷水井点和喷气井点两种。其设备主要由喷射井管、高压水泵（或空气压缩机）和管路系统组成（图 1-57）。喷射井管由内管和外管组成，在内管下端装有喷射扬水器与滤管相连。当高压水（0.7～0.8MPa）经内外管之间的环形空间通过扬水器侧孔流向喷嘴喷出时，在喷嘴处由于过水断面突然收缩变小，使工作水流具有极高的流速（30～60m/s），在喷口附近造成负压形成一定真空，因而将地下水经滤管吸入混合室与高压水汇合；流经扩散管时，由于截面扩大，水流速度相应减小，使水的压力逐渐升高，沿内管上升经排水总管排出。

　　(2) 电渗井点。电渗井点适用于土的渗透系数小于 0.1m/d，用一般井点不可能降低地下水位的含水层中，尤其适用于淤泥排水。

　　电渗井点（图 1-58）的原理是在降水井点管的内侧打入金属棒（钢筋或钢管），连以导线，当通以直流电后，土颗粒会发生从井点管（阴极）向金属棒（阳极）移动的电泳现象，而地下水则会出现从金属棒（阳极）向井点管（阴极）流动的电渗现象，从而达到软土地基易于排水的目的。

　　电渗井点是以轻型井点管或喷射井点管作阴极，$\phi 20 \sim \phi 25$ 的钢筋或 $\phi 50 \sim \phi 75$ 的钢管为阳极，埋设在井点管内侧，与阴极并列或交错排列。当用轻型井点时，两者的距离为 0.8～1.0m；当用喷射井点时则为 1.2～1.5m。阳极入土深度应比井点管深 500mm，露出地面 200～400mm。阴、阳极数量相等，分别用电线联成通路，接到直流发电机或直流电焊机的相应电极上。

　　(3) 管井井点。管井井点（图 1-59），就是沿基坑每隔 20～50m 距离设置一个管井，每个管井单独用一台水泵（潜水泵、离心泵）不断抽水来降低地下水位。用此法可降低地下水位 5～10m，适用于土的渗透系数较大（$K=20 \sim 200m/d$）且地下水量大的砂类土层中。

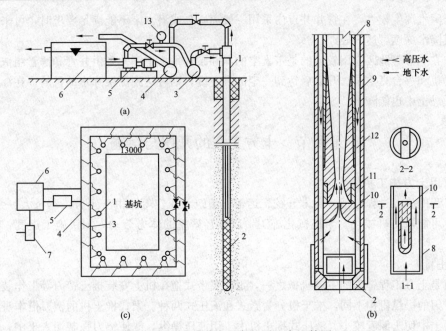

图 1-57 喷射井点设备及平面布置简图

（a）喷射井点设备简图；（b）喷射扬水器详图；（c）喷射井点平面布置

1—喷射井管；2—滤管；3—进水总管；4—排水总管；5—高压水泵；6—集水池；

7—水泵；8—内管；9—外管；10—喷嘴；11—混合室；12—扩散管；13—压力表

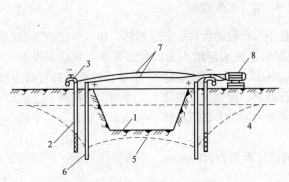

图 1-58 电渗井点降水示意图

1—基坑；2—井点管；3—集水总管；4—原地下水位；

5—降低后地下水位；6—钢管或钢筋；7—线路；

8—直流发电机或电焊机

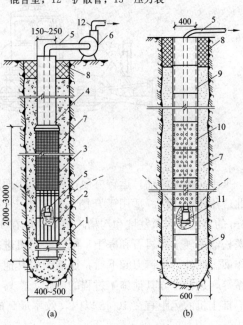

图 1-59 管井井点

（a）钢管管井；（b）混凝土管管井

1—沉砂管；2—钢筋焊接骨架；3—滤网；4—管身；

5—吸水管；6—离心泵；7—小砾石过滤层；

8—黏土封口；9—混凝土实管；10—混凝

土过滤管；11—潜水泵；12—出水管

如要求降水深度较大，在管井井点内采用一般离心泵或潜水泵不能满足要求时，可采用特制的深井泵，其降水深度可达 50m。

近年来在上海等地区应用较多的是带真空的深井泵，每一个深井泵由井管和滤管组成，单独配备一台电动机和一台真空泵，开动后达到一定的真空度，则可达到深层降水的目的，在渗透系数较小的淤泥质黏土中也能降水。

第四节　土方工程的开挖与运输

一、常用土方施工机械

土方工程的施工过程包括：土方开挖、运输、填筑与压实等。由于土方工程量大、劳动繁重，施工时应尽可能采用机械化、半机械化施工，以减轻繁重的体力劳动，加快施工进度、降低工程造价。

1. 推土机

推土机是土方工程施工的主要机械之一，是在履带式拖拉机上安装推土铲刀等工作装置而成的机械。按铲刀的操纵机构不同，推土机分为索式和液压式两种。索式推土机的铲刀借本身自重切入土中，在硬土中切土深度较小。液压式推土机由于用液压操纵，能使铲刀强制切入土中，切入深度较大。同时，液压式推土机铲刀还可以调整角度，具有更大的灵活性，是目前常用的一种推土机（图 1-60）。

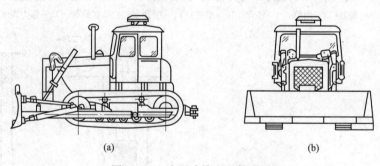

(a)　　　　　　　　　　　　　　(b)

图 1-60　液压式推土机外形图

推土机操纵灵活，运转方便，所需工作面较小、行驶速度快、易于转移，能爬 30°左右的缓坡，因此应用范围较广。适用于开挖一至三类土。多用于挖土深度不大的场地平整，开挖深度不大于 1.5m 的基坑，回填基坑和沟槽，堆筑高度在 1.5m 以内的路基、堤坝，平整其他机械卸置的土堆；推送松散的硬土、岩石和冻土，配合铲运机进行助铲；配合挖土机施工，为挖土机清理余土和创造工作面。此外，将铲刀卸下后，还能牵引其他无动力的土方施工机械，如拖式铲运机、松土机、羊足碾等，进行土方其他施工过程的施工。

推土机的运距宜在 100m 以内，效率最高的推运距离为 40～60m。为提高生产率，可采用下述方法。

（1）下坡推土（图 1-61）。推土机顺地面坡势沿下坡方向推土，借助机械往下的重力作用，可增大铲刀切土深度和运土数量，可提高推土机能力和缩短推土时间，一般可提高生产率 30%～40%。但坡度不宜大于 15°，以免后退时爬坡困难。

（2）槽形推土（图 1-62）。当运距较远，挖土层较厚时，利用已推过的土槽再次推土，可以减少铲刀两侧土的散漏。这样作业可提高效率 10%～30%。槽深以 1m 左右为宜，槽间土埂宽约 0.5m。在推出多条槽后，再将土埂推入槽内，然后运出。

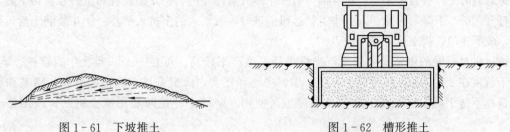

图 1-61 下坡推土　　　　　　　　图 1-62 槽形推土

此外，对于推运疏松土壤，且运距较大时，还应在铲刀两侧装置挡板，以增加铲刀前土的体积，减少土向两侧散失。在土层较硬的情况下，则可在铲刀前面装置活动松土齿，当推土机倒退回程时，即可将土翻松。这样，便可减少切土时阻力，从而提高切土运行速度。

（3）并列推土（图 1-63）。对于大面积的施工区，可用 2～3 台推土机并列推土。推土时两铲刀相距 15～30cm，这样可以减少土的散失而增大推土量，能提高生产率15％～30％。但平均运距不宜超过 50～75m，亦不宜小于 20m；且推土机数量不宜超过 3 台，否则倒车不便，行驶不一致，反而影响生产率的提高。

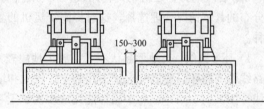

图 1-63 并列推土

（4）分批集中，一次推送。若运距较远而土质又比较坚硬时，由于切土的深度不大，宜采用多次铲土，分批集中，再一次推送的方法，使铲刀前保持满载，以提高生产率。

2. 铲运机

铲运机是一种能够独立完成铲土、运土、卸土、填筑、整平的土方机械。按行走机构可分为拖式铲运机（图 1-64）和自行式铲运机（图 1-65）两种。拖式铲运机由拖拉机牵引，自行式铲运机的行驶和作业都靠本身的动力设备。

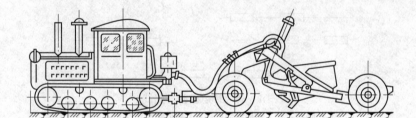

图 1-64　C_6-2.5 型拖式铲运机外形图

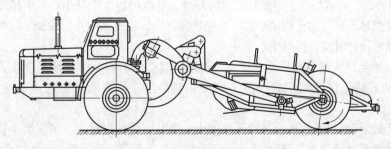

图 1-65　C_3-6 型自行式铲运机外形图

铲运机的工作装置是铲斗，铲斗前方有一个能开启的斗门，铲斗前设有切土刀片。切土时，铲斗门打开，铲斗下降，刀片切入土中。铲运机前进时，被切入的土挤入铲斗；铲斗装满土后，提起土斗，放下斗门，将土运至卸土地点。

铲运机对行驶的道路要求较低，操纵灵活，生产率较高。可在一～三类土中直接挖、运土，常用于坡度在20°以内的大面积土方挖、填、平整和压实，大型基坑、沟槽的开挖，路基和堤坝的填筑，不适于砾石层、冻土地带及沼泽地区使用。坚硬土开挖时要用推土机助铲或用松土机配合。

在土方工程中，常使用的铲运机的铲斗容量为 $2.5\sim8m^3$；自行式铲运机适用于运距 $800\sim3500m$ 的大型土方工程施工，以运距在 $800\sim1500m$ 的范围内的生产效率最高；拖式铲运机适用于运距为 $80\sim800m$ 的土方工程施工，而运距在 $200\sim350m$ 时，效率最高。如果采用双联铲运或挂大斗铲运时，其运距可增加到 $1000m$。运距越长，生产率越低，因此，在规划铲运机的运行路线时，应力求符合经济运距的要求。为提高生产率，一般采用下述方法。

（1）合理选择铲运机的开行路线。在场地平整施工中，铲运机的开行路线应根据场地挖、填方区分布的具体情况合理选择，这对提高铲运机的生产率至关重要。铲运机的开行路线，一般有以下几种。

1）环形路线。当地形起伏不大，施工地段较短时，多采用环形路线 [图1-66（a）、（b）]。环形路线每一循环只完成一次铲土和卸土，挖土和填土交替；挖填之间距离较短时，则可采用大循环路线 [图1-66（c）]，一个循环能完成多次铲土和卸土，这样可减少铲运机的转弯次数，提高工作效率。

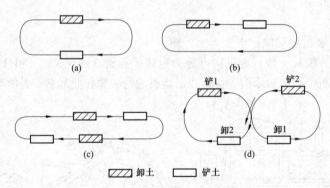

图1-66　铲运机开行路线
（a）环形路线；（b）环形路线；（c）大环形路线；（d）8字形路线

2）"8"字形路线。施工地段较长或地形起伏较大时，多采用"8"字形开行路线 [图1-66（d）]。这种开行路线，铲运机在上下坡时是斜向行驶，受地形坡度限制小；一个循环中两次转弯方向不同，可避免机械行驶时的单侧磨损；一个循环完成两次铲土和卸土，减少了转弯次数及空车行驶距离，从而缩短运行时间，提高生产率。

尚需指出，铲运机应避免在转弯时铲土，否则铲刀受力不均易引起翻车事故。因此，为了充分发挥铲运机的效能，保证能在直线段上铲土并装满土斗，要求铲土区应有足够的最小铲土长度。

（2）下坡铲土。铲运机利用地形进行下坡推土，借助铲运机的重力，加深铲斗切土深度。缩短铲土时间；但纵坡不得超过25°，横坡不大于5°，铲运机不能在陡坡上急转弯，以免翻车。

1）跨铲法（图1-67）。铲运机间隔铲土，预留土埂。这样，在间隔铲土时由于形成一个土槽，减少向外撒土量；铲土埂时，铲土阻力减小。一般土埂高不大于 300mm，宽度不大于拖拉机两履带间的净距。

2）推土机助铲（图 1-68）。地势平坦、土质较坚硬时，可用推土机在铲运机后面顶推，以加大铲刀切土能力，缩短铲土时间，提高生产率。推土机在助铲的空隙可兼作松土或平整工作，为铲运机创造作业条件。

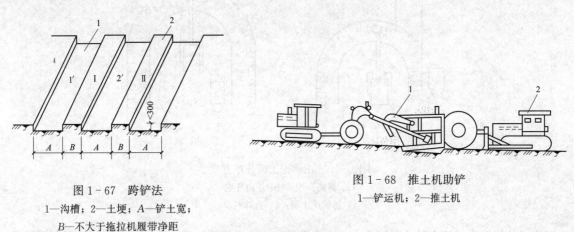

图 1-67 跨铲法

1—沟槽；2—土埂；A—铲土宽；

B—不大于拖拉机履带净距

图 1-68 推土机助铲

1—铲运机；2—推土机

3）双联铲运法（图 1-69）。当拖式铲运机的动力有富余时，可在拖拉机后面串联两个铲斗进行双联铲运。对坚硬土层，可用双联单铲，即一个土斗铲满后，再铲另一土斗；对松软土层，则可用双联双铲，即两个土斗同时铲土。

图 1-69 双联铲运法

4）挂大斗铲运。在土质松软地区，可改挂大型铲土斗，以充分利用拖拉机的牵引力来提高工效。

3. 单斗挖土机施工

单斗挖土机是基坑（槽）土方开挖常用的一种机械。按其行走装置的不同，分为履带式和轮胎式两类。根据工作的需要，其工作装置可以更换。依其工作装置的不同，分为正铲、反铲、拉铲和抓铲 4 种。

（1）正铲挖土机。正铲挖土机的挖土特点是：前进向上，强制切土。它适用于开挖停机面以上的一～三类土，且需与运土汽车配合完成整个挖运任务，其挖掘力大，生产率高。开挖大型基坑时需设坡道，挖土机在坑内作业，因此适宜在土质较好、无地下水的地区工作；当地下水位较高时，应采取降低地下水位的措施，把基坑土疏干。正铲挖土机外形如图 1-70 所示。

1）正铲挖土机的作业方式。根据挖土机的开挖路线与汽车相对位置不同，其卸土方式有侧向卸土和后方卸土两种。

① 正向挖土，侧向卸土 [图 1-70 (a)]。即挖土机沿前进方向挖土，运输车辆停在侧面卸土（可停在停机面上或高于停机面）。此法挖土机卸土时动臂转角小，运输车辆行驶方便，故生产效率高，应用较广。

② 正向挖土，后方卸土 [图 1-70 (b)]。即挖土机沿前进方向挖土，运输车辆停在挖土机后

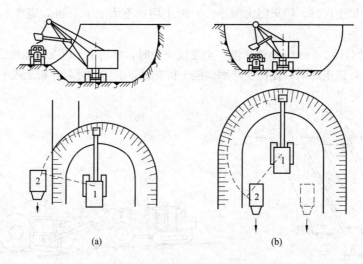

图 1-70　正铲挖土机开挖方式

（a）侧向开挖；（b）正向开挖

1—正铲挖土机；2—自卸汽车

方装土。此法挖土机卸土时动臂转角大、生产率低，运输车辆要倒车进入。一般在基坑窄而深的情况下采用。

2）正铲挖土机的工作面。挖土机的工作面是指挖土机在一个停机点进行挖土的工作范围。工作面的形状和尺寸取决于挖土机的性能和卸土方式。根据挖土机作业方式不同，挖土机的工作面分为侧工作面与正工作面两种。

挖土机侧向卸土方式就构成了侧工作面，根据运输车辆与挖土机的停放标高是否相同又分为高卸侧工作面（车辆停放处高于挖土机停机面）及平卸侧工作面（车辆与挖土机在同一标高），高卸、平卸侧工作面的形状及尺寸分别如图 1-71（a）和图 1-71（b）所示。

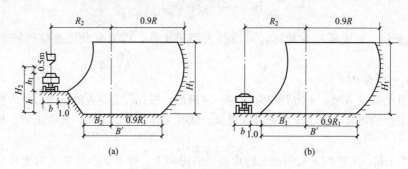

图 1-71　侧工作面尺寸

（a）高卸侧工作面；（b）平卸侧工作面

挖土机后向卸土方式则形成正工作面，正工作面的形状和尺寸是左右对称的，其中右半部与图 1-71（b）平卸侧工作面的右半部相同。

3）正铲挖土机的开行通道。在正铲挖土机开挖大面积基坑时，必须对挖土机作业时的开行路线和工作面进行设计，确定出开行次序和次数，称为开行通道。当基坑开挖深度较小时，可布置一层开行通道（图 1-72），基坑开挖时，挖土机开行三次。第一次开行采用正向挖土，后方卸土的作业方式，为正工作面；挖土机进入基坑要挖坡道，坡道的坡度为 1:8 左右。第二、三次开行时采

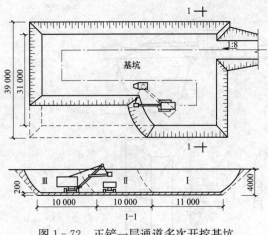

图 1-72　正铲一层通道多次开挖基坑

Ⅰ、Ⅱ、Ⅲ—通道断面及开挖顺序

用侧方卸土的平侧工作面。

当基坑宽度稍大于正工作面的宽度时，为了减少挖土机的开行次数，可采用加宽工作面的办法，挖土机按"Z"字形路线开行［图 1-73（a）］。

当基坑的深度较大时，则开行通道可布置成多层［图 1-73（b）］，即为三层通道的布置。

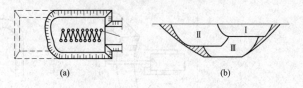

图 1-73　正铲开挖基坑

（a）一层通道 Z 字形开挖；（b）三层通道布置

（2）反铲挖土机。反铲挖土机的挖土特点是：后退向下，强制切土。其挖掘力比正铲小，能开挖停机面以下的一～三类土（机械传动反铲只宜挖一～二类土）。不需设置进出口通道，适用于一次开挖深度在 4m 左右的基坑、基槽、管沟，也可用于地下水位较高的土方开挖；在深基坑开挖中，依靠止水挡土结构或井点降水，反铲挖土机通过下坡道，采用台阶式接力方式挖土也是常用方法。反铲挖土机可以与自卸汽车配合，装土运走，也可弃土于坑槽附近。履带式机械传动反铲挖土机的工作性能如图 1-74 所示，履带式液压反铲挖土机的工作性能如图 1-75 所示。

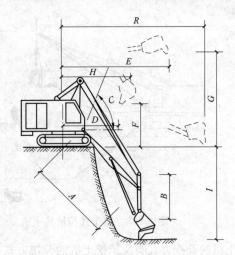

图 1-74　履带式机械传动反铲挖土机

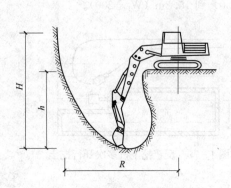

图 1-75　液压反铲挖土机工作尺寸

反铲挖土机的作业方式可分为沟端开挖［图 1-76（a）］和沟侧开挖［图 1-76（b）］两种。

沟端开挖，挖土机停在基坑（槽）的端部，向后倒退挖土，汽车停在基槽两侧装土。其优点是挖土机停放平稳，装土或甩土时回转角度小，挖土效率高，挖的深度和宽度也较大。基坑较宽时，可多次开行挖土（图 1-77）。

沟侧开挖，挖土机沿基槽的一侧移动挖土，将土弃于距基槽较远处。沟侧开挖时开挖方向与挖土机移动方向相垂直，所以稳定性较差，而且挖的深度和宽度均较小，一般只在无法采用沟端开挖或挖土不需运走时采用。

（3）拉铲挖土机。拉铲挖土机（图 1-78）的土斗用钢丝绳悬挂在挖土机长臂上，挖土时土斗

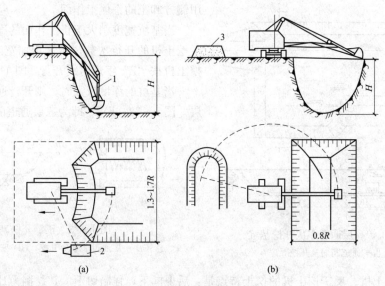

图 1-76 反铲挖土机开挖方式

（a）沟端开挖；（b）沟侧开挖

1—反铲挖土机；2—自卸汽车；3—弃土堆

在自重作用下落到地面切入土中。其挖土特点是：后退向下，自重切土；其挖土深度和挖土半径均较大，能开挖停机面以下的一～二类土，但不如反铲动作灵活准确。适用于开挖较深较大的基坑（槽）、沟渠，挖取水中泥土以及填筑路基，修筑堤坝等。

履带式拉铲挖土机的挖斗容量有 $0.35m^3$、$0.5m^3$、$1m^3$、$1.5m^3$、$2m^3$ 等数种。其最大挖土深度由 7.6m（$W_3 - 30$）到 16.3m（$W_1 - 200$）。

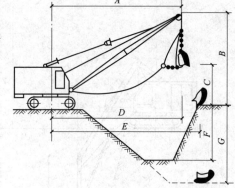

图 1-78 履带式拉铲挖土机

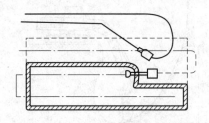

图 1-77 反铲挖土机多次开行挖土

拉铲挖土机的开挖方式与反铲挖土机的开挖方式相似，可沟侧开挖也可沟端开挖。

（4）抓铲挖土机。机械传动抓铲挖土机（图 1-79）是在挖土机臂端用钢丝绳吊装一个抓斗。其挖土特点是：直上直下，自重切土。其挖掘力较小，能开挖停机面以下的一～二类土。适用于开挖软土地基基坑，特别是其中窄而深的基坑、深槽、深井采用抓铲效果理想；抓铲还可用于疏通旧有渠道以及挖取水中淤泥等，或用于装卸碎石、矿渣等松散材料。抓铲也有采用液压传动操纵抓斗作业，其挖掘力和精度优于机械传动抓铲挖土机。

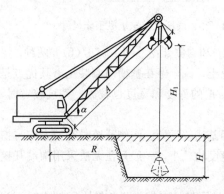

图 1-79 履带式抓铲挖土机

(5) 挖土机和运土车辆配套计算。基坑开挖采用单斗（反铲等）挖土机施工时，需用运土车辆配合，将挖出的土随时运走。因此，挖土机的生产率不仅取决于挖土机本身的技术性能，而且还应与所选运土车辆的运土能力相协调。为使挖土机充分发挥生产能力，应配备足够数量的运土车辆，以保证挖土机连续工作。

1）挖土机数量的确定。挖土机的数量 N，应根据土方量大小和工期要求来确定，可按下式计算

$$N = \frac{Q}{P} \times \frac{1}{TCK} (台) \tag{1-42}$$

式中：Q 为土方量，m^3；P 为挖土机生产率，m^3/台班；T 为工期（工作日）；C 为每天工作班数；K 为时间利用系数，为 $0.8 \sim 0.9$。

单斗挖土机的生产率 P，可查定额手册或按下式计算

$$P = \frac{8 \times 3600}{t} q \frac{K_c}{K_s} K_B \tag{1-43}$$

式中：t 为挖土机每斗作业循环延续时间（s），如 W100 正铲挖土机为 $25 \sim 40s$；q 为挖土机斗容量，m^3；K_c 为土斗的充盈系数，为 $0.8 \sim 1.1$；

K_s 为土的最初可松性系数（查表 $1-2$）；

K_B 为工作时间利用系数，为 $0.7 \sim 0.9$。

在实际施工中，若挖土机的数量已经确定，也可利用公式来计算工期。

2）运土车辆配套计算。运土车辆的数量 N_1，应保证挖土机连续作业，可按下式计算

$$N_1 = \frac{T_1}{t_1} \tag{1-44}$$

$$T_1 = t_1 + \frac{2l}{V_c} + t_2 + t_3 \tag{1-45}$$

式中：T_1 为运土车辆每一运土循环延续时间（min）。l 为运土距离，m；V_c 为重车与空车的平均速度（m/min），一般取 $20 \sim 30km/h$；t_2 为卸土时间，一般为 1min；t_3 为操纵时间（包括停放待装、等车、让车等），一般取 $2 \sim 3min$；t_1 为运土车辆每车装车时间（min）：$t_1 = nt$。

其中，n 为运土车辆每车装土次数，其计算公式为

$$n = \frac{Q_1}{q \frac{K_c}{K_s} r} \tag{1-46}$$

式中：Q_1 为运土车辆的载重量，t；r 为实土重度（t/m^3），一般取 $1.7t/m^3$。

【例 $1-4$】 某工程基坑土方开挖，土方量为 $9640m^3$，现有 WY100 反铲挖土机可租，斗容量为 $1m^3$，为减少基坑暴露时间挖土工期限制在 7 天。挖土采用载重量 8t 的自卸汽车配合运土，要求运土车辆数能保证挖土机连续作业，已知 $K_c = 0.9$，$K_s = 1.15$，$K = K_B = 0.85$，$t = 40s$，$l = 1.3km$，$V_c = 20km/h$。

试求：（1）试选择 WY100 反铲挖土机数量；

（2）运土车辆数 N。

【解】（1）准备采取两班制作业，则挖土机数量 N 按公式（$1-42$）计算

$$N = \frac{Q}{PCKT}$$

式中挖土机生产率 P 按公式（$1-43$）求出

$$P = \frac{8 \times 3600}{t} \cdot q \cdot \frac{K_c}{K_s} \cdot K_B = \frac{8 \times 3600}{40} \times 1 \times \frac{0.9}{1.15} \times 0.85 = 479 (\text{m}^3 / \text{台班})$$

则挖土机数量

$$N = \frac{9640}{479 \times 2 \times 0.85 \times 7} = 1.69 (\text{台}), \text{取 2 台}$$

（2）每台挖土机运土车辆数 N_1 按公式（1-44）求出：$N_1 = \frac{T_1}{t_1}$。

每车装土次数 $n = \frac{Q_1}{q \dfrac{K_c}{K_s} r} = \frac{8}{1 \times \dfrac{0.9}{1.15} \times 1.7} = 6.0$ （取 6 次）

每次装车时间 $t_1 = nt = 6 \times 40 = 240(\text{s}) = 4$ （min）

运土车辆每一个运土循环延续时间按公式（1-45）求出：

$$T_1 = t_1 + \frac{2l}{V_c} + t_2 + t_3 = 4 + \frac{2 \times 1.3 \times 60}{20} + 1 + 3 = 15.8(\text{min})$$

则每台挖土机运土车辆数量 N_1：$N_1 = \frac{15.8}{4} = 3.95$ （辆），取 4 辆。

2 台挖土机所需运土车辆数量 N：$N = 2N_1 = 2 \times 4 = 8$ （辆）。

二、土方挖运机械选择和机械挖土的注意事项

（1）机械开挖应根据工程地下水位高低、施工机械条件、进度要求等合理地选用施工机械，以充分发挥机械效率，节省机械费用，加速工程进度。一般深度 2m 以内、基坑不太长时的土方开挖，宜采用推土机或装载机推土和装车；深度在 2m 以内长度较大的基坑，可用铲运机铲运土或加助铲铲土；对面积大且深的基坑，且有地下水或土的湿度大，基坑深度不大于 5m 可采用液压反铲挖掘机在停机面一次开挖；深 5m 以上，通常采用反铲分层开挖并开坡道运土。如土质好且无地下水也可开沟道，用正铲挖土机下入基坑分层开挖，多采用 0.5m³、1.0m³ 斗容量的液压正铲挖掘。在地下水中挖土可用拉铲或抓铲，效率较高。

（2）使用大型土方机械在坑下作业，如为软土地基或在雨期施工，进入基坑行走需铺垫钢板或铺路基箱垫道。所以对大型软土基坑，为减少分层挖运土方的复杂性，还可采用"接力挖土法"（图 1-80）。它是利用两台或三台挖土机分别在基坑的不同标高处同时挖土。一台在地表，两台在基坑不同标高的台阶上，边挖土边向上传递到上层由地表挖土机装车，用自卸汽车运至弃土地点。如上部可用大型反铲挖土机，中、下层可用反铲液压中、小型挖土机，以便挖土、装车均衡作业，机械开挖不到之处，再配以人工开挖修坡、找平。在基坑纵向两端设有道路出入口，上部汽车开行单向行驶。用本法开挖基坑，可一次挖到设计标高，一次完成，一般两层挖土可挖到 −10m，三层挖土可挖到 −15m 左右。这种挖土方法与通常开坡道运输汽车运土相比，土方运输效率受到影响。但对某些面积不大、深度较大的基坑，本身开坡道有困难，此法可避免将载重汽车开进基坑装土、运土作业，工作条件好，效率也较高，并可降低成本。最后用搭枕木垛的方法，使挖土机开出基坑（图 1-81）或牵引拉出；如坡度过陡也可用吊车吊运出坑。

（3）土方开挖应绘制土方开挖图，确定开挖路线、顺序、范围、基底标高、边坡坡度、排水沟、集水井位置以及挖出的土方堆放地点。绘制土方开挖图应尽可能使机械多挖。

（4）由于大面积基础群基坑底标高不一，机械开挖次序一般采取先整片挖至一平均标高，然后再挖个别较深部位。当一次开挖深度超过挖土机最大挖掘高度（5m 以上）时，宜分二～三层开挖，并修筑 10%～15% 坡道，以便挖土及运输车辆进出。

（5）基坑边角部位，即机械开挖不到之处，应用少量人工配合清坡，将松土清至机械作业半径范围内，再用机械掏取运走。人工清土所占比例一般为 1.5%～4%，修坡以厘米作限制误差。大

基坑宜另配一台推土机清土、送土、运土。

（6）挖土机、运土汽车进出基坑的运输道路，应尽量利用基础一侧或两侧相邻的基础以后需开挖的部位，使它互相贯通作为车道，或利用提前挖除土方后的地下设施部位作为相邻的几个基坑开挖地下运输通道，以减少挖土量。

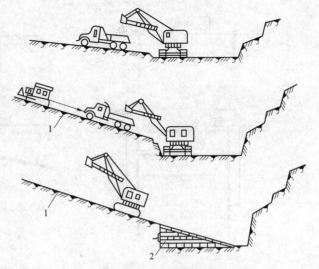

图1-81 搭枕木垛方式挖土示意图
1—坡道；2—枕木垛

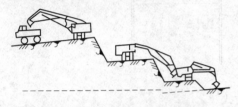

图1-80 接力式挖土示意图

（7）由于机械挖土对土的扰动较大，且不能准确地将地基抄平，容易出现超挖现象。所以要求施工中机械挖土只能挖至基底以上20～30cm，其余20～30cm的土方采用人工或其他方法挖除。

（8）机械挖土施工工艺流程如下：

$$\boxed{\text{确定开挖的顺序和坡度}} \longrightarrow \boxed{\text{分段分层平均下挖}} \longrightarrow \boxed{\text{修边和清底}}$$

三、基坑土方开挖方式

基坑开挖分为两种情况：一是无支护结构基坑的放坡开挖，二是有支护结构基坑的开挖。

1. 无支护结构基坑放坡开挖工艺

采用放坡开挖时，一般基坑深度较浅，挖土机可以一次开挖至设计标高，所以在地下水位高的地区，软土基坑采用反铲挖土机配合运土汽车在地面作业。如果地下水位较低，坑底坚硬，也可以让运土汽车下坑，配合正铲挖土机在坑底作业。当开挖基坑深度超过4m时，若土质较好，地下水位较低，场地允许，有条件放坡时，边坡宜设置阶梯平台，分阶段、分层开挖，每级平台宽度不宜小于1.5m。

在采用放坡开挖时，要求基坑边坡在施工期间保持稳定。基坑边坡坡度应根据土质、基坑深度、开挖方法、留置时间、边坡荷载、排水情况及场地大小确定。放坡开挖应有降低坑内水位和防止坑外水倒灌的措施。若土质较差且基坑施工时间较长，边坡坡面可采用钢丝网喷浆进行护坡，以保持基坑边坡稳定。

放坡开挖基坑内作业面大，方便挖土机械作业，施工程序简单，经济效益好。但在城市密集地区施工，条件往往不允许采用这种开挖方式。

2. 有支护结构基坑的开挖工艺

支护结构基坑的开挖按其坑壁结构可分为直立壁无支撑开挖、直立壁内支撑开挖和直立壁拉锚（或土钉、土锚杆）开挖（图1-82）。有支护结构基坑开挖的顺序、方法必须与设计工况相一致，并遵循"开槽支撑，先撑后挖，分层开挖，严禁超挖"和"分层、分段、对称、限时"的原则。

（1）直立壁无支撑开挖工艺。这是一种重力式坝体结构，一般采用水泥土搅拌桩作坝体材料，也可采用粉喷桩等复合桩体作坝体。重力式坝体既挡土又止水，给坑内创造宽敞的施工空间和可降水的施工环境。

基坑深度一般在5～6m，故可采用反铲挖土机配合运土汽车在地面作业。由于采用止水重力坝

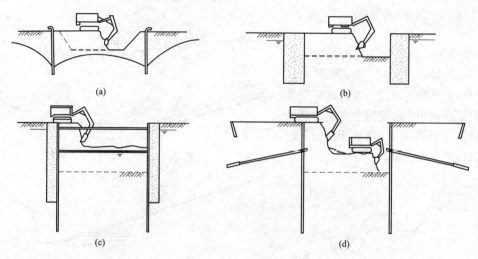

图 1-82 基坑挖土方式

(a) 放坡开挖；(b) 直立壁无支撑开挖；(c) 直立壁内支撑开挖；(d) 直立壁土锚开挖

的基坑，地下水位一般都比较高，因此很少使用正铲下坑挖土作业。

（2）直立壁内支撑开挖工艺。在基坑深度大、地下水位高、周围地质和环境又不允许做拉锚和土钉、土锚杆的情况下，一般采用直立壁内支撑开挖形式。基坑采用内支撑，能有效控制侧壁的位移，具有较高的安全度，但减小了施工机械的作业面，影响挖土机械、运土汽车的效率，增加施工难度。

采用直立壁内支撑的基坑，深度一般较大，超过挖土机的挖掘深度，需分层开挖。在施工过程中，土方开挖和支撑施工需交叉进行。内支撑是随着土方的分层、分区开挖，形成支撑施工工作面，然后施工内支撑，结束后待内支撑达到一定强度以后进行下一层（区）土方的开挖，形成下一道内支撑施工工作面，重复施工，从而逐步形成支护结构体系。所以，基坑土方开挖必须和支撑施工密切配合，根据支护结构设计的工况，先确定土方分层、分区开挖的范围，然后分层、分区开挖基坑土方。在确定基坑土方分层、分区开挖范围时，还应考虑土体的时空效应、支撑施工的时间、机械作业面的要求等。

当有较密内支撑或为了严格限制支护结构的位移，常采用盆式开挖顺序，即在尽量多挖去基坑下层中心区域的土方后，架设十字对撑式钢管支撑并施加预紧力，或在挖去本层中心区域土方后，浇筑钢筋混凝土支撑，并逐个区域挖去周边土方，逐步形成对围护壁的支撑。这时使用的机械一般为反铲和抓铲挖土机。必要时，还可对挡墙内侧四周的土体进行加固，以提高内侧土体的被动土压力，满足控制挡墙变形的要求。图 1-83 为某广场基坑盆式开挖及支撑施工顺序示意图。

（3）直立壁土钉（或土锚杆或拉锚）开挖。当周围的环境和地质可以允许进行拉锚或采用土钉和土层锚杆时，应选用此方式，因为直壁拉锚开挖使坑内的施工空间宽敞，挖土机械效率较高。在土方施工中，需进行分层、分区段开挖，穿插进行土钉（或土锚杆）施工。土方分层、分区段开挖的范围应和土钉（或土锚杆）的设置位置一致，满足土钉（土锚杆）施工机械的要求，同时也要满足土体稳定性的要求。

为了利用基坑中心部分土体搭设栈桥以加快土方外运，提高挖土速度，设直立壁土钉（或土锚杆）的基坑开挖或者采用周边桁架空间支撑系统的基坑开挖有时采用岛式开挖顺序（图 1-84 为某工程采用岛式开挖及支撑的施工顺序示意图），即先挖除挡墙内四周土方，待周边支撑形成后再开挖中间岛区的土方。由于中间环形桁架空间支撑系统形成一定强度后即可穿插开挖中间岛区土（图 1-84 中 4 部分），同时钢筋混凝土支撑继续养护缩短了挖土时间。缺点是由于先挖挡墙内四周的土方，挡墙的受荷时间长，在软黏土中时间效应显著，有可能增大支护结构的变形量，所以在软黏土

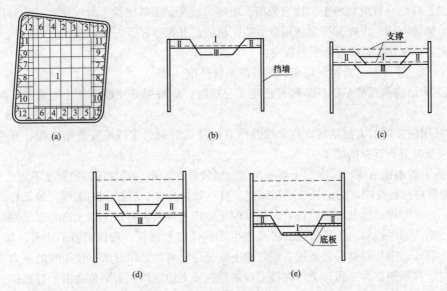

图 1-83 某广场基坑盆式开挖及支撑施工顺序示意图
(a) 每层分块示意图; (b) 第一道支撑工况; (c) 第二道支撑工况;
(d) 第三道支撑工况; (e) 坑底挖土及底板施工

中应用较少。

3. 基坑土方开挖中应注意的事项

(1) 土方开挖的顺序、方法必须与设计工况相一致,并遵循"开槽支撑,先撑后挖,分层开挖,严禁超挖"的原则。《建筑基坑支护技术规程》(JGJ 120)已明确规定如下:

① 当支护结构构件强度达到开挖阶段的设计强度时,方可向下开挖,对采用预应力锚杆的支护结构,应在施加预应力后,方可开挖下层土方;对土钉墙,应在土钉、喷射混凝土面层的养护时间大于 2d 后,方可开挖下层土方。当基坑开挖面上方的锚杆、土钉、支撑未达到设计要求时,严禁向下超挖土方。

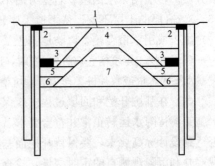

图 1-84 岛式开挖及支撑的
施工顺序示意图

② 应按支护结构设计规定的施工顺序和开挖深度分层开挖。

③ 开挖至锚杆、土钉施工作业面时,开挖面与锚杆、土钉的高差不宜大于 500mm。

④ 当开挖揭露的实际土层性状或地下水情况与设计依据的勘察资料明显不符,或出现异常现象、不明物体时,应停止挖土,在采取相应措施后方可继续挖土。

⑤ 挖至坑底时,应避免扰动基底持力层土层的原状结构。

⑥ 开挖时,挖土机械不得碰撞或损害锚杆、腰梁、土钉墙墙面、内支撑及其连接件等构件,不得损害已施工的基础桩。

⑦ 挖土与坑内支撑安装要密切配合,每次开挖深度不得超过将要加支撑位置以下 500mm,防止立柱及支撑失稳。每次挖土深度与所选用的施工机械有关。当采用分层分段开挖时,分层厚度不宜大于 5m(如支撑竖向设计间距小于 5m 必须按竖向设计间距),分段的长度不大于 25m,并应快挖快撑,时间不宜超过 1～2d,以充分利用土体结构的空间作用,减少支护结构的变形。为防止地

基一侧失去平衡而导致坑底涌土、边坡失稳、坍塌等情况，深基坑挖土时应注意对称分层开挖的方法。另外，如前所述，土方开挖宜选用合适施工机械、开挖程序及开挖路线。

（2）软土基坑开挖尚应符合下列规定：

① 应按分层、分段、对称、均衡、适时的原则开挖。

② 当主体结构采用桩基础且基础桩已施工完成时，应根据开挖面下软土的性状，限制每层开挖厚度。

③ 对采用内支撑的支护结构，宜采用开槽方法浇筑混凝土支撑或安装钢支撑，开挖到支撑作业面后，应及时进行支撑的施工。

④ 对重力式水泥土墙，沿水泥土墙方向应分区段开挖，每一开挖区段的长度不宜大于40m。

（3）要重视打桩效应，防止桩位移和倾斜。对一般先打桩、后挖土的工程，如果打桩后紧接着开挖基坑，由于开挖时地基卸土，打桩时积聚的土体应力释放，再加上挖土高差形成侧向推力，土体易产生一定的水平位移，使先打设的桩易产生水平位移和倾斜，所以打桩后应有一段停歇时间，待土体应力释放、重新固结后再开挖，同时挖土要分层、对称，尽量减少挖土时的压力差，保证桩位正确。对于打预制桩的工程，必须先打工程桩再施工支护结构，否则也会由于打桩挤土效应，引起支护结构位移变形。

（4）注意减少坑边地面荷载，防止开挖完的基坑暴露时间过长。基坑开挖过程中，不宜在坑边堆置弃土、材料和工具设备等，尽量减轻地面荷载，严禁超载。基坑开挖完成后，应立即验槽，并及时浇筑混凝土垫层，封闭基坑，防止暴露时间过长。如发现基底土超挖，应用素混凝土或砂石回填夯实，不能用素土回填。若挖方后不能立即转入下道工序或雨期挖方时，应在坑槽底标高上保留15～30cm厚的土层不挖，待下道工序开工前再挖掉。冬期挖方时，每天下班前应挖一步（30cm左右）虚土或用草帘覆盖，以防地基土受冻。

（5）当挖土至坑槽底50cm左右时，应及时抄平。一般在坑槽壁各拐角处和坑槽壁每隔2～4m处测设一水平小木桩或竹片桩，作为清理坑槽底和打基础垫层时控制标高的依据（图1-20和图1-21）。

（6）在基坑开挖和回填过程中应保持井点降水工作的正常进行。土方开挖前应先做好降水、排水施工，待降水运转正常并符合要求后，方可开挖土方。开挖过程中，要经常检查降水后的水位是否达到设计标高要求，要保持开挖面基本干燥，如坑壁出现渗漏水，应及时进行处理。通过对水位观察井和沉降观测点的定时测量，检查是否对邻近建筑物等产生不良影响进而采取适当措施。

（7）基坑开挖和支护结构使用期间，应按下列要求对基坑进行维护：

① 雨期施工时，应在坑顶、坑底采取有效的截排水措施；排水沟、集水井应采取防渗措施。

② 基坑周边地面宜作硬化或防渗处理。

③ 基坑周边的施工用水应有排放系统，不得渗入土体内。

④ 当坑体渗水、积水或有渗流时，应及时进行疏导、排泄、截断水源。

⑤ 主体地下结构施工时，结构外墙与基坑侧壁之间应及时回填。

⑥ 采用锚杆或支撑的支护结构，在未达到设计规定的拆除条件时，严禁拆除锚杆或支撑。

（8）支护结构或基坑周边出现基坑监测规定的报警情况或其他险情时，应立即停止开挖，并应根据危险产生的原因和可能进一步发展的破坏情况，采取控制或加固措施。危险消除后，方可继续开挖。必要时，应对危险部位采取基坑回填、地面卸土、临时支撑等应急措施。当危险由地下水管道渗漏、坑体渗水造成时，尚应及时采取截断渗漏水水源、疏排渗水等措施。

（9）开挖前要编制包含周详安全技术措施的基坑开挖施工方案，以确保施工安全。

4. 基坑支护工程的现场监测

（1）监测项目。

在深基坑施工、使用过程中，出现荷载、施工条件变化的可能性较大，设计计算值与支护结构的实际工作状况往往不是很一致。因此在基坑开挖过程中必须有系统地进行监控以防不测。根据基坑工程事故调查表明，在发生重大事故前，或多或少都有预兆，如果能切实做好基坑监测工作，及时发现事故预兆并采取适当措施，则可避免许多重大基坑事故的发生，减少基坑事故所带来的经济损失和社会影响。目前，开展基坑现场监测可以避免基坑事故的发生已形成共识。《建筑基坑支护技术规程》已明确规定，在基坑开挖过程中，必须开展基坑工程监测，对于基坑工程监测项目，规定要结合基坑工程的具体情况，如工程规模大小、开挖深度、场地条件、周边环境保护要求等，可按表1-10进行选择。

表 1-10　　　　　　　　　　　　　基 坑 监 控 项 目 表

监测项目	支护结构的安全等级		
	一级	二级	三级
支护结构顶部水平位移	应测	应测	应测
基坑周边建（构）筑物、地下管线、道路沉降	应测	应测	应测
坑边地面沉降	应测	应测	宜测
支护结构深部水平位移	应测	应测	选测
锚杆拉力	应测	应测	选测
支撑轴力	应测	宜测	选测
挡土构件内力	应测	宜测	选测
支撑立柱沉降	应测	宜测	选测
支护结构沉降	应测	宜测	选测
地下水位	应测	应测	选测
土压力	宜测	选测	选测
孔隙水压力	宜测	选测	选测

注　表内各监测项目中，仅选择实际基坑支护形式所含有的内容。

由于基坑开挖到设计深度以后，土体变形、土压力和支护结构的内力仍会继续发展、变化，因此基坑监测工作应从基坑开挖以前制订监控方案开始，直至地下工程施工结束的全过程进行监测。基坑监控方案应包括监控目的、监控项目、监控报警值、监控方法及精度要求、监控点的布置、检测周期、工序管理和记录制度以及信息反馈系统等。

从表1-10中可以看出，不管何种基坑侧壁安全等级，支护结构水平位移均属于应测项目。实际上，在深基坑开挖施工监测中支护结构水平位移一般有两个测试项目，即围护桩（墙）顶面水平位移监测和围护桩（墙）的侧向变形，而在不同深度上各点的水平位移监测，称为围护桩（墙）的测斜监测。

围护桩（墙）的顶面水平位移监测，是深基坑开挖施工监测的一项基本内容，通过围护桩（墙）顶面水平位移监测，可以掌握围护桩（墙）的基坑挖土施工过程顶面的平面变形情况，并与设计值进行比较，分析其对周围环境的影响，另外，围护桩（墙）顶面水平位移数值可以作为测斜、测试孔口的基准点。围护桩（墙）顶面水平位移测试一般选用精度为2″级的经纬仪。围护桩（墙）顶面水平位移监测点应沿其结构体延伸方向布设，水平位移观测点间距宜为10~15m，其测试方法有准直线法、控制线偏离法、小角度法、交会法等。

围护桩（墙）在基坑外侧水土压力作用下，会发生变形。要掌握围护桩（墙）的侧向变形，即在不同深度处各点的水平位移，可通过对围护桩（墙）的测斜监测来实现。

（2）监控值与报警值。

1）监控值。基坑变形的监控值，若设计有指标规定，以设计要求为依据；如无设计指标，可按表1-11的规定执行（GB 50202第7.1.7条）。

表1-11　　　　　　　　　　　基坑变形的监控值　　　　　　　　　　　　cm

基坑类别	围护结构墙顶位移监控值	围护结构墙体最大位移监控值	地面最大沉降监控值
一级基坑	3	5	3
二级基坑	6	8	6
三级基坑	8	10	10

注　1. 符合下列情况之一者，为一级基坑：
　　　① 重要工程或支护结构做主体结构的一部分；
　　　② 开挖深度大于10m；
　　　③ 与邻近建筑物、重要设施的距离在开挖深度以内的基坑；
　　　④ 基坑范围内有历史文物、近代优秀建筑、重要管线等需严加保护的基坑。
　　2. 三级基坑为开挖深度小于7m，且周围环境无特别要求的基坑。
　　3. 除一级和三级外的基坑属二级基坑。
　　4. 当周围已有的设施有特殊要求时，尚应符合这些要求。

2）报警值。险情预报是一个极其严肃的技术问题，必须根据具体情况，认真综合考虑各种情况，及时作出决定。虽然报警标准目前尚未统一，但一般比规范规定的基坑变形监控值要小得多且范围也大得多，在实际操作中有设计容许值和变化速率两个控制指标。例如，当出现下列情形之一者，应考虑报警：

① 支护结构水平位移速率连续几天急剧增大，如达到5mm/d或连续三天3mm/d。

② 支护结构水平位移累积值达到设计容许值。如最大位移与开挖深度的比值达到0.35%～0.70%，其中周边环境复杂时取较小值。

③ 任一项实测应力达到设计容许值。

④ 邻近地面及建筑物的沉降达到设计容许值。如地面最大沉降与开挖深度的比值达到0.5%～0.7%，且地面裂缝急剧扩展。建筑物的差异沉降达到有关规范中的沉降限值。例如，某开挖基坑邻近的六层砖混结构，当差异沉降达到20mm左右时，墙体出现了十余条长裂缝。

⑤ 煤气管、水管等设施的变位达到设计容许值。例如，某开挖基坑邻近的煤气管局部沉降大于30mm时，出现了漏气事故。

⑥ 肉眼巡视检查到的各种严重不良现象，如桩顶圈梁裂缝过大，邻近建筑物的裂缝不断扩展，严重的基坑渗漏、管涌等。

5. 基坑土方开挖实例

【基坑背景】绍兴中国轻纺城中心广场工程基坑设计，见基坑设计平面图（图1-85）。

（1）钻孔灌注桩。本工程基坑支护采用ϕ1000@1300钻孔灌注桩，有效桩长24m，桩身混凝土等级为C25，灌注桩顶部钢筋锚入压顶梁的长度为800mm。

（2）止水帷幕水泥搅拌桩。在钻孔桩外侧施工一排ϕ600@400水泥搅拌桩止水，有效桩长14m；水泥掺入量为15%，外加水泥重量0.15%的SN-201A早强剂，水泥搅拌桩采用两上两下，两次喷浆复搅。在钻孔桩坑内侧施工5排格构式ϕ600@450水泥搅拌桩进行被动土体加固，桩长约6m。

注：被动土体加固可以大力约束围护桩基坑底脚位移，减少围护桩与支撑之间的节点内力，保证基坑安全，是基坑设计工程师常用的设计手段。

（3）压顶圈梁、围檩及支撑。压顶圈梁、围檩及支撑采用现浇混凝土结构，混凝土等级为C25，

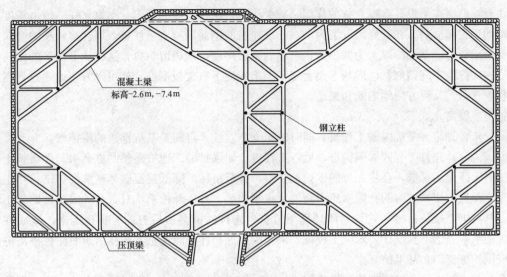

图1-85 绍兴中国轻纺城中心广场工程基坑支护平面图

压顶梁为1500mm×400mm，面标高－0.60m；混凝土主梁为1000mm×800mm，混凝土次梁为600mm×800mm，在坑内形成上下两道支撑（上下两道支撑的梁底标高分别位于－7.4m，－2.6m，如图1-86所示），用于支撑灌注桩，减小坑体侧移。

（4）立柱及立柱桩（图1-87）。竖向立柱上部为钢结构格构柱，下部为钻孔灌注桩。钢格构立柱伸入桩内至少2m，钻孔灌注桩尽量利用工程桩，当其下无工程桩时，再在其下设置专用灌注桩。钢构柱穿过地下室底板处，应加焊止水钢板。挖土施工时应避免机械碰撞钢构柱。竖向立柱搁混凝土梁支撑处应加焊钢托架。

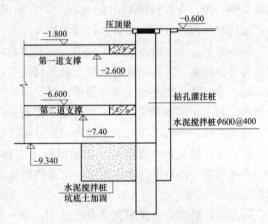

图1-86 绍兴中国轻纺城中心
广场工程基坑支护剖面图

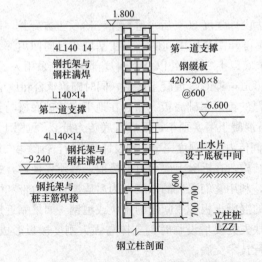

图1-87 支撑立柱（上部钢格构柱下部钻孔灌注桩）与现场照片

注意：内支撑下设置支撑立柱的作用是减少跨距，保持支撑的稳定。支撑立柱一般沿深度采用两种不同形式和材料。在基底面以下为 1000mm 左右的钢筋混凝土灌注桩，以获得较高的竖向承载力和受拉承载力；基坑面以上为四根角钢组成的钢格构柱，四边留洞口，这样从上而下的钢筋混凝土多道内支撑的中间钢筋、以后从下而上施工上来的地下室楼板钢筋，就可以方便地通过；当拆除支撑和立柱时，又可方便地割断和搬运。

施工步骤简介如下。

第一步：先施工基坑内的工程桩，同时施工支撑立柱；再施工基坑周边的围护桩。

原因说明：先打工程四周围护桩，后打工程桩。如果打的工程桩是预制桩会引起严重挤土，打工程桩时土体无法扩散，会将先打的围护桩挤斜，甚至挤坏，降低甚至破坏基坑围护结构挡土、止水效果；而且会使基坑内的孔隙水压力陡增且很难消散，日后开挖基坑时，会导致基坑四周土体及基桩往基坑中心倾斜；再在这种封闭环境下打桩，先打的桩会被后打的管桩挤上来，造成桩体上浮，桩的承载力达不到设计要求。工程桩如果和围护桩一样是灌注桩，同样由于灌注桩桩机进出基坑造成围护桩挤斜，甚至挤坏。

第二步：施工钻孔桩坑内侧 5 排格构式 ϕ600@450 水泥搅拌桩，进行被动土体加固；再施工钻孔桩外侧一排，有效桩长 14m 的 ϕ600@400 水泥搅拌桩；最后施工有效桩长 24mϕ1000@1300mm 钻孔灌注桩，同时埋设测斜管，打设水位井。

原因说明：由于灌注桩施工成型后桩径误差较大，会妨碍以后深层搅拌水泥土桩的施工搭接精度从而导致渗水，故深层搅拌水泥土桩先行施工，待养护到设计强度后再进行灌注桩施工。

第三步：钻孔灌注桩强度达到设计强度的 80% 以上，同时水泥搅拌桩强度达设计值 80% 以上，方可侧边挖土至压顶梁底，浇筑 C25 钢筋混凝土压顶梁。

注意：压顶梁的工程叫法比较多，如冠梁、帽梁、锁口梁、顶圈梁。

第四步：挖至第一道桁架式钢筋混凝土支撑底标高 −2.62m，在第一道支撑底浇筑 20mm 厚 1:3 水泥砂浆，然后绑扎支撑钢筋，支设侧模板，埋设用于施工监测的钢筋应力表，浇筑第一道支撑混凝土。

第五步：必须严格按照先撑后挖原则，第一道支撑结构混凝土强度达设计强度 80% 后，进行第一阶段土方开挖，基坑开挖应分层分段分块进行：先开挖基坑四角的土，再开挖基坑中间的土。

第六步：挖土至第二道支撑底标高以下 20mm，即 −7.42m，在第二道支撑底浇筑 20mm 厚 1:3 水泥砂浆，然后绑扎支撑钢筋，支设侧模板，埋设用于施工监测的钢筋应力表，浇筑第二道支撑混凝土。

第七步：第二道支撑结构混凝土强度达设计强度 80% 后，进行第三阶段土方开挖，基坑开挖应分层分段分块进行：先开挖基坑四角的土，再开挖基坑中间的土。在基坑东西向回填部分土方形成运输通道，便于土方外运。在基坑开挖到坑底以上 30cm 处以及承台局部深处应采用人工开挖修整，开挖完毕即挖土至 −9.34m 后应及时浇筑 100mm 厚 C15 混凝土垫层，同时砌筑承台和地梁的砖胎模。

第八步：浇筑承台、地梁和 1140mm 厚的筏形基础底板。然后在地下室基础底板与钻孔桩之间的空隙，用 400mm 厚 C20 素混凝土或毛石混凝土灌实顶牢，形成坑底传力带 2（见图 1-88）。

第九步：待地下室基础底板与钻孔桩之间传力带 2 强度完全达到设计要求后，拆除第二道内支撑。

换撑说明：对于有内支撑的基坑支护结构，在拆除上面一道支撑前，必须先换撑，换撑位置一般选择已浇筑的基础上表面和楼板标高处，利用它们强大的刚度作为后盾通过传力带和围护桩形成可靠连接，材料多采用达到设计规定强度的混凝土板带或间断的条块或型钢。如果靠近地下室外墙附近楼板有缺失时，为便于传力，在楼板缺失处要增设临时钢支撑与强大刚度楼板形成可靠对接。具体换撑由设计单位设计并向施工单位进行技术交底。

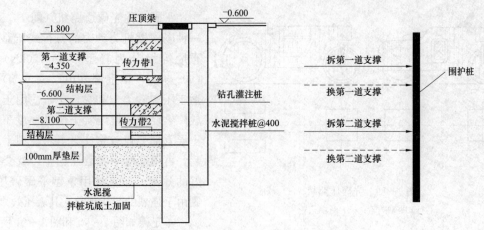

图 1‑88 工程实际换撑图与示意图

第十步：同理，施工地下一层楼板及该层楼板与围护桩之间的传力带 1，并达到其设计强度后，拆除第一道内支撑，进而施工以上部分并浇筑地下室顶板。

第十一步：土方填筑与压实。

第五节 土方填筑与压实

一、土料选择与填筑要求

为了保证填土工程的质量，必须正确选择土料和填筑方法。

对填方土料应按设计要求验收后方可填入。如设计无要求，一般按下述原则进行。

碎石类土、砂土（使用细、粉砂时应取得设计单位同意）和爆破石碴可用作表层以下的填料；含水量符合压实要求的黏性土，可用作各层填料；碎块草皮和有机质含量大于 8％ 的土，仅用于无压实要求的填方。含有大量有机物的土，容易降解变形而降低承载能力；含水溶性硫酸盐大于 5％ 的土，在地下水的作用下，硫酸盐会逐渐溶解消失，形成孔洞影响密实性；因此前述两种土以及淤泥和淤泥质土、冻土、膨胀土等均不应作为填土。

填土应分层进行，并尽量采用同类土填筑。如采用不同土填筑时，应将透水性较大的土层置于透水性较小的土层之下，不能将各种土混杂在一起使用，以免填方内形成水囊。

碎石类土或爆破石碴作填料时，其最大粒径不得超过每层铺土厚度的 2/3，使用振动碾时，不得超过每层铺土厚度的 3/4，铺填时，大块料不应集中，且不得填在分段接头或填方与山坡连接处。

当填方位于倾斜的山坡上时，应将斜坡挖成阶梯状，以防填土横向移动。

回填基坑和管沟时，应从四周或两侧均匀地分层进行，以防基础和管道在土压力作用下产生偏移或变形。

回填以前，应清除填方区的积水和杂物，如遇软土、淤泥，必须进行换土回填。在回填时，应防止地面水流入，并预留一定的下沉高度（一般不得超过填方高度的 3％）。

二、填土压实方法

填土的压实方法一般有：碾压、夯实、振动压实以及利用运土工具压实。对于大面积填土工程，多采用碾压和利用运土工具压实。对较小面积的填土工程，则宜用夯实机具进行压实。

1. 碾压法

碾压法是利用机械滚轮的压力压实土壤，使之达到所需的密实度。碾压机械有平碾、羊足碾和气胎碾。

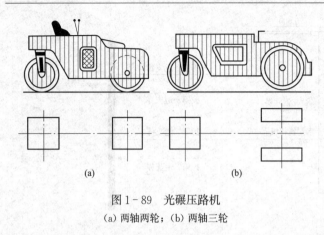

图 1-89　光碾压路机
(a) 两轴两轮；(b) 两轴三轮

平碾又称光碾压路机（图 1-89），是一种以内燃机为动力的自行式压路机。按重量等级分为轻型（30～50kN）、中型（60～90kN）和重型（100～140kN）三种，适于压实砂类土和黏性土，适用土类范围较广。轻型平碾压实土层的厚度不大，但土层上部变得较密实，当用轻型平碾初碾后，再用重型平碾碾压松土，就会取得较好的效果。如直接用重型平碾碾压松土，则由于强烈的起伏现象，其碾压效果较差。

羊足碾如图 1-90 和图 1-91 所示，一般无动力靠拖拉机牵引，有单筒、双筒两种。根据碾压要求，又可分为空筒及装砂、注水等三种。羊足碾虽然与土接触面积小，但对单位面积的压力比较大，土的压实效果好。羊足碾只能用来压实黏性土。

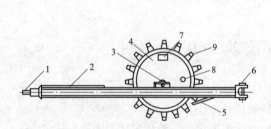

图 1-90　单筒羊足碾构造示意图
1—前拉头；2—机架；3—轴承座；4—碾筒；5—铲刀；
6—后拉头；7—装砂口；8—水口；9—羊足头

图 1-91　羊足碾

气胎碾又称轮胎压路机（图 1-92），它的前后轮分别密排着四个、五个轮胎，既是行驶轮，也是碾压轮。由于轮胎弹性大，在压实过程中，土与轮胎都会发生变形，而随着几遍碾压后铺土密实度的提高，沉陷量逐渐减少，因而轮胎与土的接触面积逐渐缩小，但接触应力则逐渐增大，最后使土料得到压实。由于在工作时是弹性体，其压力均匀，填土质量较好。

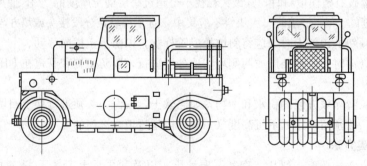

图 1-92　轮胎压路机

碾压法主要用于大面积的填土，如场地平整、路基、堤坝等工程。

用碾压法压实填土时，铺土应均匀一致，碾压遍数要一样，碾压方向应从填土区的两边逐渐压向中心，每次碾压应有 15～20cm 的重叠；碾压机械开行速度不宜过快，一般平碾不应超过 2km/h,

羊足碾控制在 3km/h 之内，否则会影响压实效果。

2. 夯实法

夯实法是利用夯锤自由下落的冲击力来夯实土壤，主要用于小面积的回填土或作业面受到限制的环境下。夯实法分为人工夯实和机械夯实两种。人工夯实所用的工具有木夯、石夯等；常用的夯实机械有夯锤、内燃夯土机、蛙式打夯机和利用挖土机或起重机装上夯板后的夯土机等，其中蛙式打夯机（图 1-93）轻巧灵活，构造简单，在小型土方工程中应用最广。

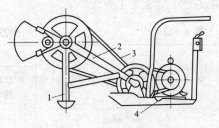

图 1-93 蛙式打夯机
1—夯头；2—夯架；3—三角胶带；4—底盘

3. 振动压实法

振动压实法是将振动压实机放在土层表面，借助振动机构使压实机振动土颗粒，土的颗粒发生相对位移而达到紧密状态。用这种方法振实非黏性土效果较好。

近年来，又将碾压和振动法结合起来而设计和制造了振动平碾、振动凸块碾等新型压实机械。振动平碾适用于填料为爆破碎石碴、碎石类土、杂填土或轻亚黏土的大型填方；振动凸块碾则适用于亚黏土或黏土的大型填方。当压实爆破石碴或碎石类土时，可选用重 8~15t 的振动平碾，铺土厚度为 0.6~1.5m，先静压，后振动碾压，碾压遍数由现场试验确定，一般为 6~8 遍。

三、填土分层厚度与压实遍数

压实机械在碾压或夯实中，土压应力随深度增加而逐渐减小，其影响深度与压实机械、土的性质和含水量等有关。若每层铺土厚度过大，下部的土对上面压实机械的碾压就没有反应，因而不能被压实。根据长期施工经验最优的铺土厚度及压实遍数可参考表 1-12。

表 1-12　　　　　填方每层的铺土厚度和压实遍数

压实机具	每层铺土厚度（mm）	每层压实遍数
平碾	200~300	6~8
羊足碾	200~350	8~16
振动压实机	200~350	3~4
蛙式打夯机	200~250	3~4
人工打夯	<200	3~4

第六节　土方工程质量标准与安全技术要求

一、土方开挖、回填质量标准

（1）平整场地的表面坡度应符合设计要求，如设计无要求时，排水沟方向的坡度不应小于 2‰。平整后的场地表面应逐点检查。检查点为每 100~400m² 取 1 点，但不应少于 10 点；长度、宽度和边坡均为每 20m 取 1 点，每边不应少于 1 点。

（2）施工过程中应检查平面位置、水平标高、边坡坡度、压实度、排水、降低地下水位系统，并随时观测周围的环境变化。

（3）土方开挖工程的质量检验标准应符合表 1-13 的规定（GB 50202 第 6.2.4 条）。

（4）柱基、基坑、基槽和管沟基底的土质，必须符合设计要求，并严禁扰动。

（5）填方的基底处理，必须符合设计要求或建筑地基基础工程施工质量验收规范规定。

（6）填方柱基、坑基、基槽、管沟回填的土料应按设计要求验收后方可填入。

（7）填方施工结束后，应检查标高、边坡坡度、压实程度等，检验标准应符合表 1-14 的规定（GB 50202 第 6.3.4 条）。

表 1-13　　　　　　　　　　土方开挖工程质量检验标准　　　　　　　　　　mm

项目	序	项目	允许偏差或允许值					检验方法
			柱基基坑基槽	挖方场地平整		管沟	地（路）面基层	
				人工	机械			
主控项目	1	标高	−50	±30	+50	−50	−50	水准仪
	2	长度、宽度（由设计中心线向两边量）	+200 −50	+300 −100	+500 −150	+100	—	经纬仪，用钢尺量
	3	边坡	设计要求					观察或用坡度尺检查
一般项目	1	表面平整度	20	20	50	20	20	用 2m 靠尺和楔形塞尺检查
	2	基底土性	设计要求					观察或土样分析

注　地（路）面基层的偏差只适用于直接在挖、填方上做地（路）面的基层。

表 1-14　　　　　　　　　　填土工程质量检验标准　　　　　　　　　　mm

项目	序	检查项目	允许偏差或允许值					检查方法
			桩基基坑基槽	场地平整		管沟	地（路）面基础层	
				人工	机械			
主控项目	1	标高	−50	±30	±50	−50	−50	水准仪
	2	分层压实系数	设计要求					按规定方法
一般项目	1	回填土料	设计要求					取样检查或直观鉴别
	2	分层厚度及含水量	设计要求					水准仪及抽样检查
	3	表面平整度	20	20	30	20	20	用靠尺或水准仪

（8）密实度检验中的分层压实系数。填方压实后，应具有一定的密实度。密实度应按设计规定控制干密度 ρ_{cd} 作为检查标准。土的控制干密度与最大干密度之比称为压实系数 D_y。对于一般场地平整，其压实系数为 0.9 左右，对于地基填土（在地基主要受力层范围内）为 0.93～0.97。

填方压实后的干密度，应有 90% 以上符合设计要求，其余 10% 的最低值与设计值的差，不得大于 0.08g/cm³，且应分散，不宜集中。

检查土的实际干密度，一般采用环刀取样法，或用小轻便触探仪直接通过锤击数来检验。其取样组数为：基坑回填每 30～50m³ 取样一组（每个基坑不少于一组）；基槽或管沟回填每层按长度20～50m 取样一组；室内填土每层按 100～500m² 取样一组；场地平整填方每层按 400～900m² 取样一组。取样部位应在每层压实后的下半部。试样取出后，先称出土的湿密度并测定含水量，然后用式（1-47）计算土的实际干密度 ρ_d

$$\rho_d = \frac{\rho}{1+\omega} \tag{1-47}$$

式中：ρ 为土的湿密度，g/cm³；ω 为土的湿含水量。

如用式（1-4）算得的土的实际干密度 $\rho_d \geqslant \rho_{cd}$，则压实合格；若 $\rho_d < \rho_{cd}$，则压实不够，应采取相应措施，提高压实质量。

二、安全技术

（1）基坑开挖时，两人操作间距大于 2.5m，多台机械开挖，挖土机间距应大于 10m。挖土应由上而下，逐层进行，严禁采用先挖底脚（挖神仙土）的施工方法。

（2）基坑开挖应严格按要求放坡。操作时应随时注意土壁变动情况，如发现有裂纹或部分坍塌现象，应及时进行支撑或放坡，并注意支撑的稳固和土壁的变化。

（3）基坑（槽）挖土深度超过 3m 以上，使用吊装设备吊土时，起吊后，坑内操作人员应立即离开吊点的垂直下方，起吊设备距坑边一般不得少于 1.5m，坑内人员应戴安全帽。

（4）用手推车运土，应先平整好道路。卸土回填，不得放手让车自动翻转。用翻斗汽车运土，运输道路的坡度、转弯半径应符合有关安全规定。

（5）深基坑上下应先挖好阶梯或设置靠梯，或开斜坡道，采取防滑措施，禁止踩踏支撑上下。坑四周应设安全栏杆或悬挂危险标志。

（6）基坑（槽）设置的支撑应经常检查是否有松动变形等不安全迹象，特别是雨后更应加强检查。

（7）回填管沟时，应采用人工先在管子周围填土夯实，并应从管道两边同时对称进行，高差不超过 0.3m。管顶 0.5m 以上，在不损坏管道的情况下，方可采用机械回填和压实。

第七节 工程实践案例

【案例1】 杭州天工艺苑工程地下室围护综合施工实录

1. 工程概况

天工艺苑工程位于杭城主要街道解放街南侧、金鸡岭巷口以西，是一幢集购物、娱乐、停车于一体的综合性大型商场建筑。商场地下一层，基础为梁式满堂基础，地上 5～7 层，无梁板结构，总面积 22 500m²。其中，地下室面积 3226m²，工程桩为长 6～6.5mϕ377 夯扩桩，地下室底板长 66m、宽 56.5m，板厚为 0.8m，挖深为 5.3m。该工程由杭州市工业设计院设计，杭州市建筑工程公司施工。

本工程地处杭州闹市区，人流繁杂，四周情况各异。工程北面为解放街，距人行道侧石 16m，其间埋设有电缆、电讯、污水管道；距西侧 9.5m 处为无桩基的四层框混结构的杭州市少儿图书馆和浅桩基的七层砖混结构住宅楼；南面紧靠地坑边 2.7m，是二层框混结构建筑；东邻人车穿梭的金鸡岭巷，距地坑边 3m 处有大口径自来水管和电缆管，在金鸡岭巷口与解放街交界处埋设有杭城污水总干管（图 1-94）。

根据地质勘测报告资料，常年地下水位在自然地坪下 1.2m，土的主要物理力学指标见表 1-15。其中，砂质粉土（a）东厚西薄，砂质粉土（b）西厚东薄，渗透系数为 4.6×10⁻⁴。

2. 基坑围护体系

根据地质资料及周围环境，本着安全经济、施工可行、速度快的原则，基坑围护结构选择深层水泥搅拌桩作为重力式挡土墙体，设计为 ϕ600 搅拌桩 4 排，横向搭接 150mm，纵向搭接 100mm（搅拌桩的连接如图 1-95 所示），桩长为 10.6m，内、外两侧桩配 3ϕ12，$L=7.5$m（上部 0.5m 作锚筋）插筋，中间桩配 3ϕ12，$L=2$m 插筋。搅拌桩水泥掺量为 15%，掺石膏及早强剂木质素磺酸钙等。它既作挡土结构又作止水帷幕，确保邻近道路、建筑物、电讯、电缆、上下水管道的安全。

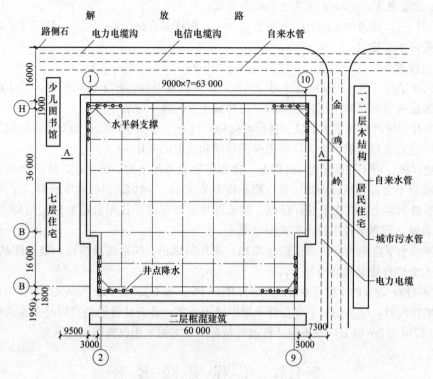

图 1-94 地下室围护结构平面图

表 1-15　　　　　　　　　　　　土的主要物理力学指标

土层名称	重度（kN/m³）	快剪试验值		层厚（m）
		内摩擦角 ϕ（°）	内聚力（kPa）	
杂填土	18.31	8	4	1.2～4.9
砂质粉土（a）	19.6	23.6	18.2	7.6～11.20
砂质粉土（b）	19.7	27.25	14	3.4～6.5

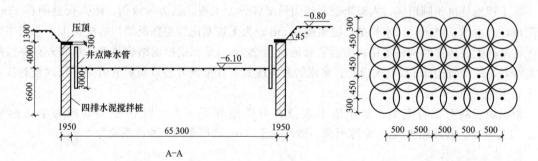

图 1-95 搅拌桩连接方法

3. 基坑围护工程和挖土工程施工

（1）搅拌桩施工。

1）深层搅拌桩施工的关键是必须保证桩基施工的连续性，保证桩的垂直度，并使相邻两桩相互搭接 100mm，达到止水效果。根据场内实际情况，确定施工顺序如下：场地驳土 1.3m → 定位 →

打钢钎探桩→挖除大石块（老基础）→搅拌桩→搅拌桩中插 φ 12 钢筋→浇捣盖梁。

2）清除搅拌桩施打位置上大石块及原老建筑的基础是实施搅拌桩的关键，也是保证桩身质量的关键，在实施时清除了 2m 内的障碍物后开始施打就比较顺利，但也有原建筑的老桩基无法清除。当碰到原建筑的沉管桩，无法将其挖除时，采用绕开桩身，加密四周搅拌桩搭接的办法，达到止水目的，效果较好。

3）深层搅拌桩的工艺流程：搅拌机到位→预搅下沉（同时制备灰浆）→喷浆提升搅拌→复搅下沉→复搅提升→试块制作→移位。

4）技术要求：深层搅拌桩采用一次喷浆、二次搅拌工艺，必须做到注浆搅拌均匀，搅拌桩水泥掺量为 15%，控制好提升速度与注浆速度之间的关系，并严格控制水灰比（0.45）。由于该搅拌桩既是止水帷幕又是挡土墙体，因此必须搭接可靠，搭接时间一般不超过 12h，如超过 12h 应在搭接处加桩或增加注浆量。施工中不可出现断浆，如因设备故障出现断浆，则应重新注浆。

（2）搅拌桩压顶板及挖土施工。

1）根据设计在搅拌桩完成以后浇捣混凝土压顶板，板厚 300mm，C20 混凝土内配 φ 12@200 构造筋。

2）地下室分两次挖土，使土体应力逐步释放，保护围护桩安全，减少位移量。第一次挖土深度为 2m，采用 1.2m³ 反铲式挖土机与载重 5t 的自卸汽车配合直接由坡道进入坑内挖土，经计算 5 辆自卸汽车能保证挖土机连续作业。

3）基坑四周沿搅拌桩边设四组 5m 深的轻型井点管，专人值班，日夜抽水。

4）第二次挖土也由反铲挖土机配合自卸汽车从东挖到西，挖一块，清一块。此时应注意在围护桩边预留三角土，最后用人工挖除三角土，此时迅速将块石垫层做下去，避免挖出的基底暴露时间过长。

5）当块石垫层完成后，立即浇捣 100mm 厚的 C15 混凝土垫层。

（3）支护监测。

（1）为了确保基坑在开挖过程中围护结构的安全，在基坑开挖期间进行了工程环境监测，以实现信息管理，指导施工。

（2）首先，在基坑围护结构顶梁上，每面设 4 个控制点，标上红漆三角，共计 16 个，定期进行监测。监测内容主要是水平位移和沉降，监测时间安排第一次为土方开挖前；第二次上皮挖土时；第三次挖土快接近基底时，此时是监测的重点，要密切注意墙体的动向，测工需要跟班作业，观察次数根据需要增加；最后一次为地下室完成时。其次，在基坑四周建筑上设沉降观测点，做好动态监测，并且在原有建筑裂缝处做好石膏饼标记，进行观察记录。

（3）通过实践证明，本工程采用水泥搅拌桩围护技术，墙体相对位移较少，经实测最大的位移量为 20mm，沉降几乎为 0，四周的建筑包括地下的上下水管、电缆均未发生异常变化。

（4）真空井点降水。本基坑根据地质条件和地下水的实际情况，布置了四套轻型井点降水装置，滤管插入深度为基坑下 3m，实际降水效果正好在基坑底以下 200mm，未出现管涌现象。为了确保工程顺利进行，准备了一台柴油发电机，准备在停电时应急使用。

【案例 2】 **某工程基坑支护施工失败案例**

某工程平面框图和支护、放坡等布置如图 1-96、图 1-97 所示。在图中表明施工分为 2 个施工段，第 1 施工段一侧因场地较空旷，采用放坡（1:1.5）开挖的做法（图中点画线表示的部分）；第 2 施工段因离道路较近，管线较多，采用 φ600@750 长 10.8m 的钢筋混凝土钻孔灌注桩开口支护，外加 1 排 φ600 水泥搅拌桩止水帷幕，混凝土支护桩至基础外边缘间距为 800mm，支护平面总长为 68m。支护桩的设计和实际施工的开挖剖面及桩身、压顶配筋如图 1-97 所示。由图 1-97 可知，原设计意图在自然地面挖去 2m 范围内深 1.5m 的地表土，而实际施工时不知何故省略。

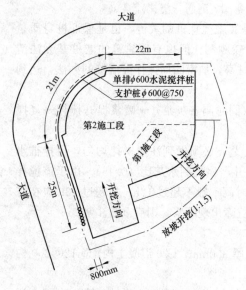

图 1-96　支护平面布置图

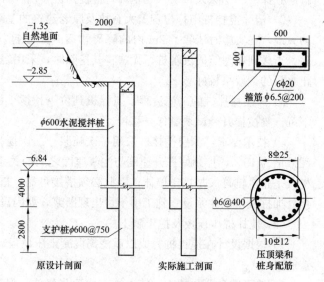

图 1-97　支护桩设计和实际施工的开挖
剖面及桩身、压顶配筋图

　　基坑开挖分两个施工段施工。在开挖第 1 施工段及周围土方时，采用放坡开挖，工程进行得很顺利；继而进行第 2 施工段的土方开挖，开挖方向如图 1-96 所示，从开口桩端开始并直接开挖到底，在开挖一开始（1997 年 12 月底），当即发现支护桩及附近的工程桩向基坑内侧有不同程度的倾斜。支护桩的水平位移最大时，每小时达 3cm。因施工进度要求，仍然继续开挖，并在第 2 施工段开挖方向左侧边采取支护外侧挖土卸荷及管井降水措施；在支护内侧采用临时支撑和堆放砂包等综合措施，经 1 个月的努力，终于使支护桩和工程桩稳定；经检查，支护桩向内侧作两个方向的位移（向内及向开口端方向），最大水平位移约 1.0m，工程桩（空心预制桩）最大水平位移为 70cm，支护桩外侧土体垂直下沉最大为 60cm，未发现工程桩隆起现象。

　　此次开口支护施工虽经抢险成功，但由于施工不当已酿成事故。当然设计方因为在支护桩开口两端没有设计围护加强也负有一定责任。

　　（1）试从施工角度分析酿成事故的原因（提示：一般来说除极少数抗拔桩外，工程桩均受压；而围护桩主要受弯，受力模型与转 90° 的梁基本一致；在均布荷载作用下，围护桩所受弯矩与桩长的平方成正比，而土侧压力与挖土深度也成正比，即围护桩所受弯矩与桩长的立方成正比，对基坑挖深极其敏感。因此，放坡卸荷是基坑支护设计工程师为了减少围护桩桩径并节约造价的常用手段）。

　　（2）如果你是现场施工技术员，在查阅相关工程施工方案资料的基础上，谈谈准备采取什么样的开挖手段和施工监测措施来保证施工的顺利进行。（提示：第 2 施工段一挖到底和没有施工监测是事故扩大的另一原因）

复习思考题

1. 土按开挖的难易程度分几类？各类的特征是什么？
2. 试述土的可松性及其对土方施工的影响。
3. 试述用方格网法计算土方量的步骤和方法。
4. 土方调配应遵循哪些原则？调配区如何划分？

5. 试分析土壁塌方的原因和预防塌方的措施。

6. 试述一般基槽、一般浅基坑和深基坑的支护方法和适用范围。

7. 试述常用中浅基坑支护方法的构造原理、适用范围和施工工艺。

8. 试述流砂形成的原因以及因地制宜防治流砂的方法。

9. 试述人工降低地下水位的方法及适用范围，轻型井点系统的布置方案和设计步骤。

10. 试述推土机、铲运机的工作特点、适用范围及提高生产率的措施。

11. 试述单斗挖土机有哪几种类型？各有什么特点？

12. 正铲、反铲挖土机开挖方式有哪几种？挖土机和运土车辆配套如何计算？

13. 土方挖运机械如何选择？土方开挖注意事项有哪些？

14. 如何因地制宜选择基坑支护土方开挖方式？

15. 根据基坑支护结构的安全等级要求，具体有哪些基坑监测项目？其中哪些是应测项目？哪些是宜测和选测项目？

16. 试述填土压实的方法和适用范围。

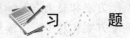 习 题

1. 某基坑底长 82m，宽 64m，深 8m，四边放坡，边坡坡度 1∶0.5。

(1) 画出平、剖面图，试计算土方开挖工程量。

(2) 若混凝土基础和地下室占有体积为 24 600m³，则应预留多少回填土（以自然状态的土体积计）？

(3) 若多余土方外运，问外运土方（以自然状态的土体积计）为多少？

(4) 如果用斗容量为 3m³ 的汽车外运，需运多少车？（已知土的最初可松性系数 $K_s=1.14$，最后可松性系数 $K'_s=1.05$）

2. (1) 按场地设计标高确定的一般方法（不考虑土的可松性）计算图示场地方格中各角点的施工高度并标出零线（零点位置需精确算出），角点编号与天然地面标高如图 1-98 所示，方格边长为 20m，$i_x=2‰$，$i_y=3‰$。

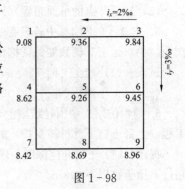

图 1-98

(2) 分别计算挖填方区的挖填方量。

(3) 以零线划分的挖填方区为单位计算它们之间的平均运距［提示：利用公式 $X_0=\dfrac{\sum(x_iV_i)}{\sum V_i}$，$Y_0=\dfrac{\sum(y_iV_i)}{\sum V_i}$］。

3.* 已知某场地的挖方调配区 W_1、W_2、W_3，填方调配区 T_1、T_2、T_3。其土方量和各调配区的运距见表 1–16。

表 1–16 土 方 量 及 运 距

挖方区 \ 填方区	T_1		T_2		T_3		挖方量（m³）
W_1		50		80		40	350
W_2		100		70		60	550
W_3		90		40		80	700
填方量（m³）	250		800		550		1600

（1）用"表上作业法"求土方的初始调配方案和总土方运输量。

（2）用"表上作业法"求土方的最优调配方案和总土方运输量，并与初始方案进行比较。

4. 某基坑底面积为 22m×34m，基坑深 4.8m，地下水位在地面下 1.2m，天然地面以下 1.0m 为杂填土，不透水层在地面下 11m，中间均为细砂土，地下水为无压水，渗透系数 k=15m/d，四边放坡，基坑边坡坡度为 1：0.5。现有井点管长 6m，直径 38mm，滤管长 1.2m，准备采用环形轻型井点降低地下水位，试进行井点系统的布置和设计，包含以下两项：

（1）轻型井点的高程布置（计算并画出高程布置图）；

（2）轻型井点的平面布置（计算涌水量、井点管数量和间距并画出平面布置图）。

5. 本章［例题 4］中若只有一台液压 WY100 反铲挖土机且无挖土工期限制，准备采取两班制作业，要求运土车辆数能保证挖土机连续作业，其他条件不变。

试求：（1）挖土工期 T；

（2）运土车辆数 N_1。

6. 请模仿绍兴中国轻纺城中心广场工程基坑案例施工步骤，写出图 1–41 武汉清江大厦深基坑工程（上部土钉下部桩锚支护）的施工步骤。

提示：（1）土钉开挖深度一般按照土钉设计的竖向间距，但要留出一定的施工操作深度且不得超过该道土钉以下 0.3m。

（2）根据复合土钉墙基坑支护技术规范（GB 50739—2011）6.4.3 的规定：上一层土钉注浆完成后的养护时间应满足设计要求，当设计未提出具体要求时，应至少养护 48h 后，再进行下层土方开挖。预应力锚杆应在张拉锁定后，再进行下层土方开挖。

（3）上部土钉和下部桩锚支护均无需换撑、拆撑。

第二章 地基与基础

理解地基加固的原理，掌握典型地基处理的方法和适用范围。

掌握钢筋混凝土预应力管桩的施工工艺流程和施工方法，熟悉主控项目验收。

掌握钻孔灌注桩和沉管灌注桩的施工工艺流程和施工要点，熟悉主控项目验收。

掌握地下室筏板式基础的施工方法和施工要点。

第一节 地基处理施工

地基即指建筑物基础以下的土体，其主要作用是承托建筑物的基础；地基虽不是建筑物本身的一部分，但与建筑物的关系非常密切。地基问题处理恰当与否，不仅影响建筑物的造价，而且直接影响建筑物的安危。

基础直接建造在未经加固的天然土层上时，这种地基称为天然地基。若天然地基不能满足地基强度和变形的要求，则必须事先经过人工处理后再建造基础，这种地基加固称为地基处理。

地基加固处理的原理是：将土质由松变实，将水的含水量由高变低，即可达到地基加固的目的。常用的人工地基处理方法有换填法、复合地基法和夯实法。换填法主要有砂和砂石地基；复合地基法常用有水泥土桩和振冲复合地基。

一、换填法

当建筑物的地基土比较软弱、不能满足上部荷载对地基强度和变形的要求时，常采用换填来处理。在具体实践中，可分为以下几种情况。

（1）挖：就是挖去表面的软土层，将基础埋置在承载力较大的基岩或坚硬的土层上，此种方法主要用于软土层不厚、上部结构的荷载不大的情况。

（2）填：当软土层很厚，而又需要大面积进行加固处理时，则可在原有的软土层上直接回填一定厚度的好土或砂石、矿石等。

（3）换：就是将挖与填相结合，即换土地基法，施工时先将基础下一定范围内的软土挖去，而用人工填筑的垫层作为持力层，按其回填的材料不同可分为砂地基、砂石地基、灰土地基等。

换填法适用于淤泥、淤泥质土、膨胀土、冻胀土、素填土、杂填土及暗沟、暗塘、古井、古墓或拆除旧基础后的坑穴等的地基处理。

换土地基的处理深度应根据建筑物的要求，由基坑开挖的可能性等因素综合决定，一般多用于上部荷载不大，基础埋深较浅的多层民用建筑的地基处理工程中，开挖深度不超过 3m。

1. 砂和砂石地基

砂和砂石地基（图 2-1）是采用级配良好、质地坚硬的中粗砂和碎石、卵石等，经分层夯实，作为基础的持力层，提高基础下地基强度。并通过此层的压力扩散作用，减少变形量，同时此层可起排水作用，下层地基土中孔隙水可通过此层快速排出，能加速下部土层的沉降和固结。

砂石垫层应用范围广泛，施工工艺简单，用机械和人工都可以使地基密实，工期短，造价低；适用于 3.0m 以内的软弱、透水性强的土地基，不适用加固湿陷性黄土和不透水的黏性土地基。

（1）材料要求。砂石垫层材料，宜采用级配良好、质地坚硬的中砂、粗砂、石屑和碎石、卵石等，含泥量不应超过 5%，且不含植物残体、垃圾等杂质。若用作排水固结地基的，含泥量不应超过 3%；在缺少中、粗砂的地区，若用细砂或石屑，因其不容易压实，而强度也不高，因此在用作换填材料时，应掺入粒径不超过 50mm，不少于总重 30%的碎石或卵石并拌和均匀。若回填在碾压、夯、振地基上时，其最大粒径不超过 80mm。

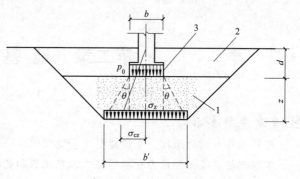

图 2-1　砂和砂石地基示意图
1—砂或砂石地基；2—填土；
3—条形基础底土；θ—扩散角

（2）施工技术要点。

1）铺设垫层前应验槽，将基底表面浮土、淤泥、杂物等清理干净，两侧应设一定坡度，防止振捣时坍方。基坑（槽）内如发现有孔洞、沟和墓穴等，应将其填实后再做垫层。

2）垫层底面标高不同时，土面应挖成阶梯或斜坡，并按先深后浅的顺序施工，搭接处应夯压密实。分层铺实时，接头应做成斜坡或阶梯搭接，每层错开 0.5～1.0m，并注意充分捣实。

3）人工级配的砂石材料，施工前应充分拌匀，再铺夯压实。

4）砂石垫层压实机械首先应选用振动碾和振动压实机，其压实效果、分层填铺厚度、压实次数、最优含水量等应根据具体的施工方法及施工机械现场确定。如无试验资料，砂石垫层的每层填铺厚度及压实边数可参考表 2-1。分层厚度可用样桩控制。施工时，下层的密实度应经检验合格后，方可进行上层施工。一般情况下，垫层的厚度可取 200～300mm。

表 2-1　　　　　　　　砂和砂石垫层每层铺筑厚度及最优含水量

振捣方式	每层铺筑厚度（mm）	施工时最优含水量（%）	施工说明	备注
平振法	200～250	15～20	用平板式振捣器往复振捣	不宜使用细砂或含泥量较大的砂所铺筑的砂垫层
插振法	振捣器插入深度	饱和	（1）插入式振捣器 （2）插入间距可根据机械振幅大小决定 （3）不应插入下卧黏性土层 （4）插入式振捣器插入完毕后所留的孔洞，应用砂填实	不宜使用细砂或含泥量较大的砂所铺筑的砂垫层
水撼法	250	饱和	（1）注水高度应超过每次铺筑面 （2）钢叉摇撼捣实，插入点间距为 100mm，钢叉分四齿，齿的间距 800mm，长 300mm，木柄长 90mm，重 40N	湿陷性黄土、膨胀土地区不得使用
夯实法	150～200	8～12	（1）用木夯或机械夯 （2）木夯重 400N，落距 400～500mm （3）一夯压半夯，全面夯实	适用于砂石地基
碾压法	250～350	8～12	60～100kN 压路机往复碾压	（1）适用于大面积砂垫层 （2）不宜用于地下水位以下的砂垫层

5）砂石垫层的材料可根据施工方法的不同控制最优含水量。最优含水量由工地试验确定，也可参考表2-1选择。对于矿渣应充分洒水，湿透后进行夯实。

6）当地下水位高出基础底面时，应采取排、降水措施，要注意边坡稳定，以防止塌土混入砂石垫层中影响质量。

7）当采用水撼法施工或插振法施工时，应在基槽两侧设置样桩，控制铺砂厚度，每层为250mm。铺砂后，灌水与砂面齐平，以振动棒插入振捣，依次振实，以不再冒气泡为准，直至完成。垫层接头应重复振捣，插入式振动棒振完所留孔洞应用砂填实。在振动首层垫层时，不得将振动棒插入原土层或基槽边部，以避免使软土混入砂垫层而降低砂垫层的强度。

8）垫层铺设完毕，应及时回填，并及时施工基础。

9）冬期施工时，砂石材料中不得夹有冰块，并应采取措施防止砂石内水分冻结。

（3）质量检验。砂石垫层的施工质量检验，应随施工分层进行。检验方法主要有环刀法和贯入法。

1）环刀取样法。用容积不小于200cm³的环刀压入垫层的每层2/3深处取样，测定其干密度，以不小于通过试验所确定的该砂料在中密状态时的干密度数值为合格。如是砂石地基，可在地基中设置纯砂检验点，在相同的试验条件下，用环刀测其干密度。

2）贯入测定法。检验前先将垫层表面的砂刮去30mm左右，再用贯入仪、钢筋或钢叉等以贯入度大小来定性地检验砂垫层的质量，以不大于通过相关试验所确定的贯入度为合格。钢筋贯入法所用的钢筋的直径为20mm，长1.25m，垂直举起距砂垫层表面700mm时自由下落，测其贯入深度。

2. 灰土垫层

灰土垫层是将基础底面以下一定范围内的软弱土挖去，用按一定体积配合比的灰土在最优含水量情况下分层回填夯实（或压实）。

灰土垫层的材料为石灰和土，石灰和土的体积比一般为3：7或2：8。灰土垫层的强度是随用灰量的增大而提高，当用灰量超过一定值时，其强度增加很小。

灰土地基施工工艺简单，费用较低，是一种应用广泛、经济、实用的地基加固方法。适用于加固处理1～3m厚的软弱土层。

（1）材料要求。

1）土。土料可采用就地基坑（槽）挖出的黏性土或塑性指数大于4的粉土，但应过筛，其颗粒直径不大于15mm，土内有机含量不得超过5％。不宜使用块状的黏土和粉土、淤泥、耕植土、冻土。

2）石灰。应使用达到国家三等石灰标准的生石灰，使用前生石灰消解3～4天并过筛，其粒径不应大于5mm。

（2）施工技术要点。

1）铺设垫层前应验槽，基坑（槽）内如发现有孔洞、沟和墓穴等，应将其填实后再做垫层。

2）灰土在施工前应充分拌匀，控制含水量，一般最优含水量为16％左右，如水分过多或不足时，应晾干或洒水湿润。在现场可按经验直接判断，方法是：手握灰土成团，两指轻捏即碎，这时即可判定灰土达到最优含水量。

3）灰土垫层应选用平碾和羊足碾、轻型夯实机及压路机，分层填铺夯实。每层虚铺厚度可见表2-2。

表2-2 灰土最大虚铺厚度

夯实机具种类	重量（t）	虚铺厚度（mm）	备 注
石夯、木夯	0.04～0.08	200～250	人力送夯，落距400～500mm，一夯压半夯，夯实后80～100mm厚

夯实机具种类	重量（t）	虚铺厚度（mm）	备 注
轻型夯实机械	0.12～0.4	200～250	蛙式打夯机、柴油打夯机，夯实后 100～150mm 厚
压路机	6～10	200～300	双轮

4）分段施工时，不得在墙角、柱基及承重窗间墙下接缝，上下两层的接缝距离不得小于500mm，接缝处应夯压密实。

5）灰土应当日铺填夯压，入槽（坑）的灰土不得隔日夯打，如刚铺筑完毕或尚未夯实的灰土遭雨淋浸泡时，应将积水及松软灰土挖去并填补夯实，受浸泡的灰土，应晾干后再夯打密实。

6）垫层施工完后，应及时修建基础并回填基坑，或作临时遮盖，防止日晒雨淋，夯实后的灰土 30 天内不得受水浸泡。

7）冬期施工，必须在基层不冻的状态下进行，土料应覆盖保温，不得使用夹有冻土及冰块的土料，施工完的垫层应加盖塑料面或草袋保温。

（3）施工质量检验。质量检验宜用环刀取样，测定其干密度。质量标准可按压实系数 λ_c 鉴定，一般为 0.93～0.95。

$$\lambda_c = \frac{\rho_d}{\rho_{dmax}}$$

式中：ρ_d 为实际施工达到的干密度；ρ_{dmax} 为室内击实试验得到的最大干密度。

如用贯入仪检查灰土质量，应先在现场进行试验，以确定贯入度的具体要求。

如无设计要求，可按表 2-3 取值。

表 2-3   **灰 土 质 量 要 求**   t/m³

土料种类	灰土最小密度	土料种类	灰土最小密度
粉土	1.55	黏土	1.45
粉质黏土	1.50		

二、复合地基

复合地基是一种在天然地基中设置一定比例的增强体（桩体），由原土和增强体共同承担由基础传来的建筑物荷载的人工地基。它具有密实和置换的效应。通常复合地基的面积置换率一般在3%～25%。个别方法，如碎石桩用到过 40%。应用比较广泛的有：深层搅拌水泥土桩复合地基；振冲碎石桩复合地基；振动沉管挤密碎石桩复合地基；石灰桩复合地基；粉喷桩或旋喷桩复合地基；CFG 桩复合地基等。复合地基与桩基是有明显区别的，区别：复合地基中的增强体（桩体）均没有钢筋笼，而后面讲的桩基中的桩均有钢筋笼；在受力机理上，复合地基中的土与增强体（桩体）共同承重，而且分担的力大小在一个数量级，而桩基中的桩与土刚度比悬殊，设计上一般不考虑土的承重，认为完全由桩承担荷载，即使摩擦桩承台下的土也承担了一小部分荷载。下面介绍深层搅拌水泥土复合地基施工法（简称深层搅拌法）。

1. 深层搅拌水泥土桩复合地基

深层搅拌法是利用水泥或水泥砂浆作为固化剂，通过特制的搅拌机械，在地基深处就地将软土和固化剂（浆液或粉体）强制搅拌，由固化剂和软土间所产生的一系列物理—化学反应，使软土硬结成具有整体性、水稳定性和一定强度的优质地基，从而提高地基的强度和增大变形模量，是用于加固饱和黏性土地基的一种新方法。

深层搅拌法适用于处理淤泥、淤泥质土、粉土和含水量较高且地基承载力标准值不大于120kPa的黏性土等地基，对超软土效果更为显著。当用于处理泥炭土或地下水具有侵蚀性时，宜通过试验确定其适用性。冬季施工时应注意负温对处理效果的影响。

深层搅拌法具有设备简单、操作方便，加固过程中无振动、无噪声、无泥浆废水污染环境，加固费用也低，对土体无侧向挤压，对邻近建筑物影响很小，以及大幅度提高地基强度（一般比原天然地基强度提高40～110倍）等特点。

(1) 搅拌桩布置形式和适用范围。

1) 柱状：每隔一定距离打设一根搅拌桩，即成为柱状加固形式（图2-2）。适合于单层工业厂房独立柱基础和多层房屋条形基础下的地基加固。搅拌桩作为复合地基一般均用柱状布置。

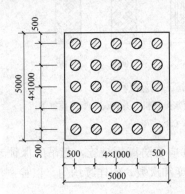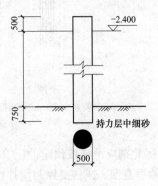

图2-2 深层搅拌水泥土桩柱状布置平面图与单桩剖面图

2) 壁状（格栅状）：将相邻搅拌桩部分重叠搭接成为壁状加固形式（见图1-22）。适用于基坑开挖深5m以内的边坡加固以及建筑物长高比较大、刚度较小，对不均匀沉降比较敏感的多层砖混结构房屋条形基础下的地基加固。

3) 块状：对上部结构单位面积荷载大，对不均匀下沉控制严格的构筑物地基进行加固时可采用这种布桩形式。它是纵横两个方向的相邻桩全部重叠搭接而形成的。如在软土地区开挖深基坑时，为防止坑底隆起在基坑底下被动区也可采用块状加固形式（见图1-86）。

(2) 施工工艺。

1) 深层搅拌法的施工工艺流程，如图2-3所示。

2) 深层搅拌法的施工程序为：深层搅拌机定位→预搅下沉→制配水泥浆（或砂浆）→喷浆搅拌、提升→重复搅拌下沉→重复搅拌提升直至孔口→关闭搅拌机、清洗→移至下一根桩，重复以上工序。

3) 场地应先整平，清除桩位处地上、地下一切障碍物（包括大块石、树根和生活垃圾等），场地低洼处用黏性土料会填夯实，不得用杂填土回填。

4) 施工前应标定搅拌机械的灰浆泵输送量、灰浆输送管到达搅拌机喷浆口的时间和起吊设备提升速度等施工工艺参数，并根据设计要求通过试验确定搅拌桩的配合比。

5) 施工时，先将深层搅拌机用钢丝绳吊挂在起重机上，用输浆胶管将储料罐砂浆泵与深层搅拌机接通，开动电动机，搅拌机叶片相向而转，借设备自重，以0.38～0.75m/min的速度沉至要求加固深度；再以0.3～0.5m/min的均匀速度提起搅拌机，与此同时，开动砂浆泵将砂浆从深层搅拌中心管不断压入土中，由搅拌叶片水泥浆与深层处的软土搅拌，边搅拌边喷浆直到提至地面（近地面开挖部位可不喷浆，便于挖土），即完成一次搅拌过程。用深层搅拌法再一次重复搅拌下沉和重复搅拌喷浆上升，即完成一根柱状加固体，外形呈"8"字形，一根接一根搭接，相搭接宽度宜大于100mm，以增强其整体性，即成壁状加固体，几个壁状加固体连成一片，即成块状。

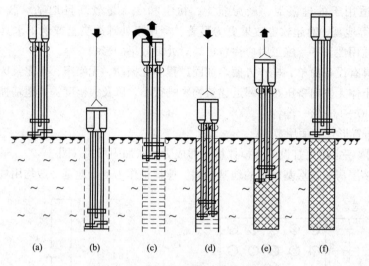

图 2-3　深层搅拌法施工工艺流程
(a) 深层搅拌机定位；(b) 预搅下沉；(c) 喷浆搅拌机上升；(d) 重复搅拌下沉；
(e) 重复搅拌上升；(f) 完毕

6）施工中固化剂应严格按预定的配合比拌制，并应有防离析措施，起吊应保证起吊设备的平整度和导向架的垂直度。成桩要控制搅拌机的提升速度和次数，使连续均匀，以控制注浆量，保证搅拌均匀，同时泵送必须连续。

7）搅拌机预搅下沉时，不宜冲水；当遇到较硬土层下沉太慢时，方可适量冲水，但应考虑冲水成桩对桩身强度的影响。

8）每天加固完毕，应用水清洗储料罐、砂浆泵、深层搅拌机及相应管道，以备再用。

（3）质量控制与验收。

1）施工前应检查水泥及外掺剂的质量、桩位、搅拌机工作性能、各种计量设备完好程度（主要是水泥流量计及其他计量装置）。

2）为保证水泥土搅拌桩的垂直度，要注意起吊搅拌设备的平整度和导向架的垂直度，水泥土搅拌桩的垂直度控制在≤1.5%范围内，桩位布置偏差不得大于 50mm，桩径偏差不得大于 4D%（D 为桩径）。

3）施工中应检查机头提升速度、水泥浆或水泥注入量、搅拌桩的长度及标高。水泥土搅拌桩施工过程中，为确保搅拌充分，桩体质量均匀，搅拌机头提升不宜过快，否则会使搅拌桩体局部水泥量不足或水泥不能均匀地拌和在土中，导致桩体强度不一。

4）施工中因故停浆，应将搅拌头下沉至停浆点以下 0.5m 处，待恢复供浆时再喷浆提升。若停机 3h 以上，应拆卸输浆管路，清洗干净，防止恢复施工时堵管。

5）壁状加固时桩与桩的搭接长度一般在 150mm 或 200mm，搭接时间不大于 24h，如因特殊原因超过 24h 时，应对最后一根桩先进行空钻留出榫头以待下一个桩搭接；间隔时间过长，与下一根桩无法搭接时，应在设计和业主方认可后，采取局部补桩或注浆措施。

6）拌浆、输浆、搅拌等均应有专人记录，桩深记录误差不得大于 100mm，时间记录误差不得大于 5s。

7）施工结束后，应检查桩体强度、桩体直径及地基承载力。进行强度检验时，对应用于地基处理的承重水泥土搅拌桩应取 90 天后的试件；对支护水泥土搅拌桩应取 28 天后的试件。试件可钻孔取芯或采用其他规定方法取样。

8）对不合格的桩应根据其位置和数量等具体情况，分别采取补桩或加强邻桩等措施。

9）深层搅拌桩地基质量检验标准见《建筑地基基础工程施工质量验收规范》（GB 50202—2002）。

2. 振冲复合地基

振冲复合地基主要是用沉管、冲击或爆炸等方法在地基中挤土，形成一定直径的桩孔，然后向桩孔内夯填灰土、砂石、石灰和水泥粉煤灰等，形成灰土挤密桩、砂石挤密桩、石灰挤密桩和水泥粉煤灰挤密桩。成孔时，桩孔部分的土被横向挤开，形成横向挤密，与换土地基相比，不需大量开挖和回填，施工的工期短，费用低，处理深度较大，桩体与挤密土共同组成人工复合地基，此种地基是一种深层地基加密处理方法。

振冲地基（图2-4）就是典型的用挤手段来进行地基改良的方法。它是以起重机吊起振冲器，起动潜水电机带动偏心块，使振冲器产生高频振动，同时开动水泵通过喷嘴喷射高压水流。在振动和高压水流的联合作用下，振冲器沉到土中的预定深度，然后经过清孔工序，用循环水带出孔中稠泥浆后，从地面向孔中逐段添加填料（碎石或其他粒料），每段填料均在振动作用下被挤密实，达到所要求的密实度后提升振冲器，再于第二段重复上述操作，如此直至地面，从而在地基中形成一根大直径（1m左右）的密实桩体，与原地基构成复合地基，提高地基承载力并形成土体排水通道。

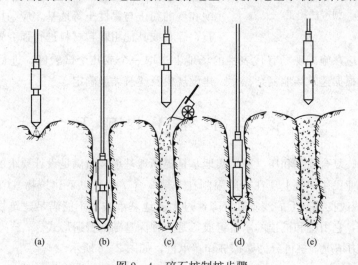

图2-4 碎石桩制桩步骤

（a）定位；（b）振冲下沉；（c）加填料；（d）振密；（e）成桩

在砂性土中，振冲起密实作用，故称为振冲密实法。它一方面依靠振冲器的强力振动使饱和砂层发生液化，砂颗粒重新排列，孔隙减少，另一方面依靠振冲器的水平振动力，在加回填料情况下还通过填料使砂层挤压加密。在黏性土中，振冲主要起置换作用，故称为振冲置换法。它是利用一个在产生水平方向振动的管装设备在高压水流下边振边冲在软弱黏性土地基中成孔，再在孔内分批填入碎石等坚硬材料制成一根根桩体，桩体和原来的黏性土构成所谓复合地基。

振冲加固可提高地基承载力，减少沉降和不均匀沉降，达到地基抗液化能力的效果。一般经振冲加固后，地基承载力可提高一倍以上。振冲置换法适用于处理不排水抗剪强度不小于20kPa的黏性土、粉土、饱和黄土和人工填土等地基。振冲密实法适用于处理砂土和粉土等地基。不加填料的振冲密实法仅适用于处理黏粒含量小于10%的粗砂、中砂地基。

振冲法可节省三材，施工简单，加固期短，可因地制宜、就地取材，取碎石、卵石等填料，费用低廉，是一种快速、经济加固地基的方法。目前，我国应用振冲法加固地基的加固深度一般为 14m，而最大达 18m；置换率一般在 10%～30%，每米桩的填料量为 0.3～0.7m³，直径为 0.7～1.2m。

三、夯实地基

夯实地基的代表就是强夯地基。强夯法是将很重的锤（一般为 8～30t，最重达 200t），从高处自由落下（一般为 6～30m，最高达 40m），给地基以强大冲击能量的夯击，使土中出现冲击波和很大应力，迫使土体中孔隙压缩，排除孔隙中的气和水，使土粒重新排列，迅速固结，从而提高地基土的强度并降低其压缩性的地基加固方法（图 2-5）。它是 20 世纪 60 年代末由法国 Menard 公司首创，由于方法简单、快速和经济，在实践中已被证实为一种较好的地基处理方法而得到广泛应用。如工业与民用建筑、仓库、油罐、储仓、公路和铁路路基、废机场跑道及码头等，但在城市密集地区严禁使用。

图 2-5　强夯法施工

强夯法适用于处理碎石土、砂土、低饱和度的粉土与黏性土、湿陷性黄土、杂填土和素填土等地基。对高饱和度的粉土与黏性土等地基，应采用在夯坑内回填块石、碎石或其他粗颗粒材料进行强夯置换。

强夯施工前，应在施工现场有代表性的场地上选取一个或几个试验区，进行试夯或试验性施工。试验区数量应根据建筑场地复杂程度、建设规模及建筑类型确定。

第二节　桩基工程施工

前述换土地基、复合地基和压（夯）实地基是提高地基承载力满足设计要求的三大地基改良方法。它单独用在工业民用建筑上现在一般限制在 7 层（含 7 层）以下建筑物（CFG 桩复合地基除外），当天然地基或改良地基上的浅基础沉降量过大或地基承载力不能满足建筑物的设计规范要求时，常采用桩基础，它由桩和桩顶的承台组成，是一种深基础的普遍形式。

（1）按桩的受力情况，桩可分为摩擦桩和端承桩，如图 2-6 所示。

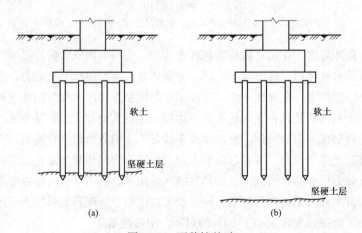

图 2-6　两种桩基础
(a) 端承桩；(b) 摩擦桩

端承桩是由桩的端部阻力承担全部或主要桩顶荷载，桩尖进入岩层或硬土层；摩擦桩是指桩顶荷载全部由桩侧摩擦力或主要由桩侧摩擦力承担，桩尖进入软土层。

（2）按桩的施工方法可分成预制桩和灌注桩。预制桩是在构件预制厂或施工现场制作，如木桩、钢筋混凝土方桩、预应力混凝土管桩等，施工时用沉桩设备将其沉入土中，灌注桩是在施工现场的桩位上用机械或人工成孔，然后在孔内灌注钢筋混凝土而成。

（3）按成桩方式可分成挤土桩（挤土灌注桩、挤土预制桩），非挤土桩（人工挖孔桩、干作业法桩、泥浆护壁法桩、套筒护壁法桩），部分挤土桩（部分挤土灌注桩、预钻孔打入式预制桩、螺旋成孔桩等）。

一、预制桩施工

钢筋混凝土预制桩主要有实心方桩和预应力管桩两种，实心方桩沉桩方式有锤击法、振动法和静压桩，预应力管桩常用的有静压法（又分顶压式和抱压式）、锤击法、预钻孔法和振动沉桩法，其中锤击法常用的是液压锤和柴油锤。

（一）钢筋混凝土预制方桩

预制方桩较短的（10m内）可在预制厂加工，较长的因不便运输，一般在施工现场露天制作（长桩可分节制作）。方形桩边长通常为 200～450mm，在现场预制时采用重叠法预制，重叠层数不宜超过 4 层。预制方桩在 20 世纪 90 年代前一直大量使用，随着 90 年代后预应力管桩的引进使用，预制方桩的使用已遽然减少。

由于现阶段预应力管桩在预制桩施工中占绝大多数，这里重点介绍预应力管桩，如图 2-7 所示。

图 2-7 带钢套箍管桩

（二）先张法预应力管桩

1. 先张法预应力管桩制作

先张法预应力管桩是工厂化生产，计算机配料，电子秤计量，机械搅拌、布料，钢筋机械定长切断墩头，并通过滚焊机自动碰焊编笼，钢模具长 7～15m（图 2-8），采用先张法预应力工艺和离心成型法制成空心圆筒体细长混凝土预制构件（图 2-9），它主要由管形桩身、桩端板和钢套箍等组成。目前生产的预应力混凝土管桩（PC）和预应力混凝土薄壁管桩（PTC），桩身混凝土强度等级不低于 C60，一般常压蒸汽养护，脱模后吊入水池继续养护，经过 28d 才能施打或施压。预应力高强混凝土管桩（PHC），桩身混凝土强度等级不低于 C80，脱模后吊入高压釜蒸养，经 10 个大气压，180℃左右蒸汽养护，从成型、养护到使用的最短时间只需要 3～4d。管桩按外径分为 300mm、350mm、400mm、450mm、500mm、550mm、600mm、800mm 等 8 种规格。管壁厚 70～130mm，常用节长 7～15m，以 1m 模数递增。管桩按桩身抗裂弯矩的大小分为 A 型、AB 型、B 型和 C 型，各类型的管桩各有一个有效预压应力值的设计要求，A 型为 4MPa，AB 型为 6MPa，B 型为 8MPa，C 型为 10MPa，制作各类管桩时应确保此预应力值，以免沉桩时产生裂缝。管桩一般应焊有预制桩尖，其形式有 3 种：十字形、圆锥形（统称闭口形）和开口形，沿江沿海的城市，地下水位高的地区，管桩用闭口形的预制桩尖尤为重要。

先张法预应力管桩的特点如下。

（1）单桩承载力高，穿透力强，先张法预应力管桩混凝土强度高达 80MPa，比普通混凝土预制桩的承载力高 2～4 倍，能穿透 5～6m 厚密实砂层。

图 2-8　制作桩的钢模具　　　　　　　图 2-9　离心法生产管桩

（2）抗弯性和抗裂性好，选用高强度的预应力用钢棒，采用先张法预应力工艺，提高管桩的抗弯能力和沉桩的抗压能力。

（3）对持力层起伏变化大的地质条件适应性强。工厂化生产的成品桩，桩节长短不一，可根据现场的地质条件的变化调整接桩长度，节省用桩量，不会像预制方桩在基坑中出现余桩林立的现象。

（4）节约材料，降低成本。先张法预应力管桩与钻孔灌注桩相比可节省投资 30%。预应力混凝土薄壁管桩（PTE）与普通预制方桩相比钢筋用量仅为方桩的 30%，混凝土用量仅为方桩的 45%。

（5）施工速度快、工期短、工效高。1 台桩机，日成桩可达 300～400m，施工速度快。

（6）检测管桩的质量简便。管桩采用闭口形（即十字形和圆锥形）预制桩尖，当预应力管桩进入持力层后，通过管桩内腔，借助低压照明，可直接目测成桩质量和长度，深受业主欢迎。

（7）现场易保洁，利于文明施工。

2. 预应力管桩适用范围

预应力管桩适用于软土、填土及一般黏性土层中，也可用于地层中有较厚砂夹层和较厚硬土层。管桩基础宜用于桩端持力层为较厚的强风化或全风化岩层，坚硬黏性土层，密实碎石土、砂土、粉土层的场地；不宜用于下列场地：土层中含有较多难以清除的孤石、障碍物或石灰岩地区；含有不适宜作持力层且管桩又难以贯穿的坚硬夹层；管桩难以贯入的岩面上无适合作桩端持力层的土层；持力层较薄且持力层的上覆土层较松软；管桩难以贯入，岩面埋藏较浅且倾斜较大。另外，对于持力层为软质岩的，如泥岩等遇水容易崩解软化，不宜用管桩基础。

3. 预应力管桩施工前的准备工作

（1）监理与业主对先张法预应力管桩生产厂家进行实地考察，审查厂方的资质证书、营业执照和生产许可证；检查厂家生产和养护设施、设备以及生产流程和工艺；检验混凝土原材料质量、混凝土配合比、水灰比；审核试验室设施、设备和计量鉴定书以及原始记录。

（2）审查桩基施工单位资质证书、营业执照和质保体系、安全生产体系以及管理人员和操作人员的职称和上岗证；检查施工机械设备，检测仪表性能，应具有合格证和检验鉴定书。

（3）熟悉建筑场地的工程地质和水文地质，切实掌握该地区地质水文情况，地下管网、障碍物和周边建筑物情况。

（4）做好管桩基础工程图纸会审，签发会议纪要，并做好操作人员安全技术交底。

（5）桩基施工单位应及时报送《预应力管桩的施工方案》，同时填《施工方案报审表》一并送项目监理部审查，项目总监签批。

（6）现场监理工程师对桩基施工单位报送的《工程测量放线控制成果表》及其保护措施进行实地复查。审查测量人员岗位证书和测量仪器的检验鉴定书，复查测量设置坐标、高程控制点和轴线定位点。

（7）预应力管桩进场时，应有出厂合格证和检验报告，强度应达设计值的100%。首先由施工单位自检合格后，填报《工程构件报审表》，现场监理工程师对成品桩的质量进行复查，合格签证使用，不合格严禁使用于工程上。

进场的成品桩质量必须达到质量检验标准（表2-4）。

表2-4　　　　　　　　　　　预应力管桩质量检验标准

检验项目	允许偏差（mm）	检查方法
外观	无蜂窝、露筋、裂缝，色感均匀、桩顶处无孔隙	直观
桩径	±5	用钢尺量
管壁厚度	±5	用钢尺量
桩尖中心线	<2	用钢尺量
顶面平整度	10	用水平尺量
桩体弯曲	<1/1000L	用钢尺量，L为桩长

（8）改造好场地，现场的坡度不得大于1/100，地耐力应不小于140kN/m²，如土质软弱达不到要求，则应采取铺宕渣或换土地基处理措施。当桩机上坡时，坡度应控制在10%，上坡时卸掉桩机配重。对桩位处的地面有混凝土地坪及旧有建筑物基础，应予凿除。桩机最小工作半径：桩位中心距周边建（构）筑物应大于1/2压桩机宽度+1.0m，且对建（构）筑物有保护措施。

（9）管桩现场堆放不得超过4层。管桩应堆放在坚实平整的场地上，以防不均匀沉降造成损桩，并采取可靠的防滚、防滑措施。

（10）做好桩位测量定位。施工现场轴线控制点位置应设在不受打桩作业影响的地方，并加以保护。根据基准点进行放样，将轴线控制点引出做好测量控制网。桩位可打短钢筋并撒白石灰醒目标识。桩位测量允许偏差值：单桩10mm，群桩20mm。施工区附近设4个以上不受桩影响的水准点，以便控制送桩时桩顶标高，每根桩送桩后均须作标高记录。

（11）对设计等级高且缺乏经验的地区，为了获得既经济又可靠的设计、施工参数，施工前打试桩尤为重要。在相同施工工艺和相近地质条件下，试桩数量不应少于3根，并进行单桩竖向抗压静载试验；如果施工时桩的参数发生了较大变动或施工工艺发生了变化，应重新试桩。

4. 静压预应力管桩施工

预应力管桩施工有静压沉桩法和锤击法两种常用施工方法，由于预应力管桩采用静压法沉桩（图2-10），无噪声、无振动、无泥浆、无污染，特别适用于城市居民区桩基施工，又利于开展文明施工，在大中型城市建筑工程中普遍应用。这里重点介绍预应力管桩静压沉桩法，可适用于软土、填土及一般黏性土层中，当地层中有较厚砂夹层和较厚硬土层时应慎用。

随着建筑业的蓬勃发展，预应力管桩由原来的低压桩力（800~1600kN）、小规格管桩（300mm、400mm）发展到目前高强度（C80）、大压桩力（6000~10000kN甚至10000kN以上）、大规格的管桩。目前静压管桩直径一般为300、400、500、600mm，壁厚为70、95、100、105、125mm，类型为A型（抗压）、AB型（抗拔），桩身混凝土强度多采用C80，桩长一般为8~12m，5~7m短桩根据施工需要向厂家订货。

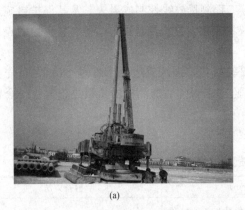

(a)   (b)

图 2-10　静力压桩机与接桩图

(a) 静力压桩机；(b) 接桩图

桩尖形式主要有封口形及开口形，其中封口形又分为十字形（图 2-11）及圆锥形（图 2-12），应根据地质条件和设计要求进行选用。开口形桩尖（图 2-13）穿越砂层能力强，挤土效应较其他桩尖形式低，但价格较高，一般用于桩径较大、桩长较长且布桩较密的场地。圆锥形和十字形桩尖均为封口桩尖，成桩后管桩内孔不进土，可通

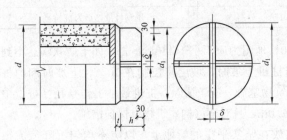

图 2-11　十字形桩尖

过低压照明用直观法检查成桩质量。圆锥形桩尖穿越砂层能力较强，但遇地下障碍物或软硬不均的地层时容易倾斜；十字形桩尖破岩能力强，且加工容易，价格便宜，过去 10 年中，各地大多数管桩工程采用这种桩尖。在较软弱土中沉桩经试桩和设计单位同意，也可不用桩尖直接沉桩。

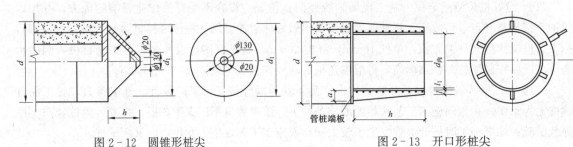

图 2-12　圆锥形桩尖　　　　　　　　　图 2-13　开口形桩尖

（1）施工准备（见前述）。

（2）压桩顺序和机械选择。压桩行走路线以先中心后四周，先密后稀为原则，具体压桩顺序在施工时根据桩位编号制订详细作业计划。如对多于 30 根的群桩承台应考虑压桩时的挤土效应，应先施压，然后施压群桩周边较少桩的承台；不同深度的桩基，应先深后浅，先大后小；对于施工段内密集群桩（纵横间距 4D 以下）特别是核心筒下的承台群桩，应采取由中部向外间隔逐排的压桩方法。

压桩机的选型一般按 1.2～1.5 倍管桩极限承载力取值，静压桩机一般采用抱压式。桩机的压力仪表按规定送检，以确保夹桩及压力控制准确。送桩杆的长度根据压桩机和送桩长度确定，应考虑施工中有超深送桩，送桩一般宜按理论送桩长度加 3m。

（3）工艺流程（部分压桩程序见示意图2-14）。桩位测量定位→桩机就位→吊桩→对中、调直→焊桩尖→压第一节桩→焊接接桩→压第 n 节桩→（送桩）→终压→（截桩）。

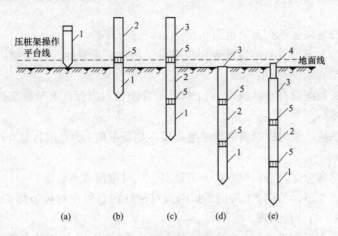

图2-14 压桩程序示意图

（a）准备压第一段桩；（b）接第二段桩；（c）接第三段桩；

（d）整根桩压平至地面；（e）采用送桩压桩完毕

1—第一段桩；2—第二段桩；3—第三段桩；4—送桩；5—接头

（4）压桩技术要点。

1）桩机就位。桩机移至压桩位置，将桩机调平，并使其夹持器的中心对正桩位中心。

2）管桩就位。用桩机上的吊车吊起就近的管桩，管桩在插入桩机的夹持箱内时，压桩机上的司机应配合打开夹持箱的夹口，指挥员指令吊车慢慢把管桩放入夹持箱内。当管桩下放至地面10cm处停住，夹持器把管桩夹紧，吊车的吊钩放松。夹桩的压力不大于5MPa，并应逐次加压。

管桩对中方法：将钢筋制成的 $\phi500$ 的模具放置在地面上，模具的中心对桩位中心，而管桩周边与模具的周边对齐。管桩对中后，提起管桩少许进行桩尖焊接。

3）压桩。

① 压好第1节桩是保证整根压桩质量的关键，定位和垂直度应严格控制，压入时，先应根据机上水平仪调平机台，同时在通视的安全处，一般距桩机15m，在成90°的2个方向各设置经纬仪1台或吊线锤，以控制下桩垂直度，桩身垂直度偏差不大于0.5％时方可施压。若桩身垂直度偏大，须拔出已压入部分，并根据经纬仪指示调整机台水平度使桩身垂直，同时记录此时机上水平仪的偏差量作为下次调平的修正值，再行压入。

② 应合理调配管节长度，尽量避免接桩时桩尖处于或接近硬持力层，管桩接头数不宜超过4个。同一承台桩的接头位置应相互错开。

③ 由于强风化岩面起伏变化大，管桩终压后会造成桩长不一，有砍桩与超送（后接桩），露出地面的管桩应及时截桩，截至地面以下300～500mm，以免桩机行走损坏管桩；对送桩遗留的孔洞，应立即回填做好覆盖，否则桩机行走后地面会沉陷；对超送桩的，待以后土方开挖后再进行接桩，视超送的长度可采取人工挖孔、四周挖土接桩，或直接降低承台垫层标高，但应确保桩顶嵌入承台100mm。

④ 现场测量员对压桩过程进行全程测点测量，以保证桩的垂直度。

⑤ 遇下列情况之一时应暂停压桩，并及时与设计、监理等有关人员研究处理：a. 压力值突然下降，沉降量突然增大；b. 桩身混凝土剥落、破碎；c. 桩身突然倾斜、跑位，桩周涌水；d. 地面

明显隆起，邻桩上浮或位移过大；e. 按设计图上要求的桩长压桩，压桩力未达到设计值；f. 单桩承载力已满足设计值，压桩长度不能达到设计要求。

4）接桩。

① 管桩入土部分桩段的桩头高出地面 0.5～1m 时进行接桩。

② 管桩对接前，上下桩节的桩端板表面应平整、清洁，无浮锈、无污物；特别是桩端板的坡口处应彻底清除干净，露出金属的光泽。

③ 下节桩的桩头处应设有对称的 4～6 个焊孔的导向箍，以保证上节桩准确就位，又使上下桩段保持顺直。

④ 管桩焊接成整桩，采用桩端板饱满连续焊接，焊条采用 E43，应具有合格证和检验报告，焊接质量不得低于二级。

⑤ 焊工必须经培训考试合格，检查其上岗证书、认可范围和有效期。

⑥ 为了减少焊接变形，2 名焊工应沿坡口圆周对准导向箍焊孔对称施焊 4～6 点，待上下桩节固定后，拆除导向箍，再分层施焊。

⑦ 每根管桩焊接头不宜超过 4 个，焊接层数不得少于 2 层，内层焊渣必须清理干净后，方能施焊外层；焊缝应饱满连续、厚度均匀，焊缝表面不得有气孔、夹渣、裂纹、焊瘤和擦伤等缺陷。

⑧ 电焊结束后，停歇时间＞6min，焊缝质量必须经监理工程师检验合格签证后，再继续沉桩，焊缝严禁用水冷却。

5）送桩。静压桩的送桩作业可利用现场预制桩段代替送桩器来进行。施压预制桩最后一节桩时，当桩顶面到达地面以上 1.5m 左右时，应再吊一节桩放在被压桩顶面代替送桩器（但不要将接头连接），一直下压，将被压桩的桩顶压入土层中直至符合终压控制条件为止，然后将最上这节桩拔出来即可。但对于大吨位压桩机（压力大于 4000kN），由于最后的压桩力及夹桩力很大，有可能将桩身混凝土夹碎，所以不宜用预制桩段代替送桩器，而应用专用钢质送桩器送桩。

6）终压。终压值由设计确定。一般来说，对纯摩擦桩，终压时以设计桩长为控制条件。

长度大于 21m 的端承摩擦桩，应以设计桩长为主，终压力值为对照；对设计承载力较高的桩，终压力值应尽量接近压桩机满载值；对长 14～21m 的静压桩，应以终压力达满载值为条件；对桩周土质较差而设计承载力较高的桩，宜复压 1～2 次为佳；对长度小于 14m 的桩，宜连续多次复压。

（5）截桩。桩头截除应采用锯桩器截割，严禁用大锤横向敲击或强行扳拉截桩。桩顶标高偏差不得大于 10cm。锯桩器分为自制抱箍和电动切割机 2 个部分，抱箍为 2 块钢板和横向短筋连接，钢板上均布钻孔，以固定切割机用；电动切割机通过螺栓连接固定在抱箍上，通过手柄进行割桩工作，割桩时需加水，操作时需更换几个方向。

（6）管桩顶与承台连接。土方开挖后，当挖到基坑底时，要立即浇筑素混凝土垫层。随后开始浇筑承台，浇筑承台前首先必须对管桩进行处理并实现有效连接，一般施工步骤如下。

1）浇灌填芯混凝土前，应先将管桩内壁浮浆清理干净，宜采用内壁涂刷水泥净浆、混凝土界面剂或采用微膨胀混凝土等措施，以提高填芯混凝土与管桩桩身混凝土的整体性。

2）对于图 2-15（a）所示预应力管桩不截桩桩顶与承台连接情形（一般用在摩擦型桩）。

A. 锚固钢筋①号筋和构造钢筋②号筋应沿桩圆周均匀分布。①号筋应与连接钢板焊牢，焊缝长度不得小于①号钢筋直径的 5 倍。连接钢板采用厚度 $t \geqslant 10$ 的钢板，且应与端板满焊。将加工好的托板（4～5mm 厚圆薄钢板）焊上②号筋置于管桩中孔内，并与端板焊牢，托板尺寸宜略小于管桩内径。

B. 锚固钢筋①按配筋表选用，锚入承台的长度 l_a 按现行规范取值；有抗震要求时，取 l_{aE}。

C. 桩填芯混凝土应采用与承台或基础梁同强度等级混凝土，宜与承台或基础梁一起浇灌。

D. 管桩顶填芯混凝土的高度 H，当为承压桩时不小于 $3D$，且不小于 $1.5m$。

3）对于图 2-15（b）所示预应力管桩截桩桩顶与承台连接情形（一般用在端承桩）。

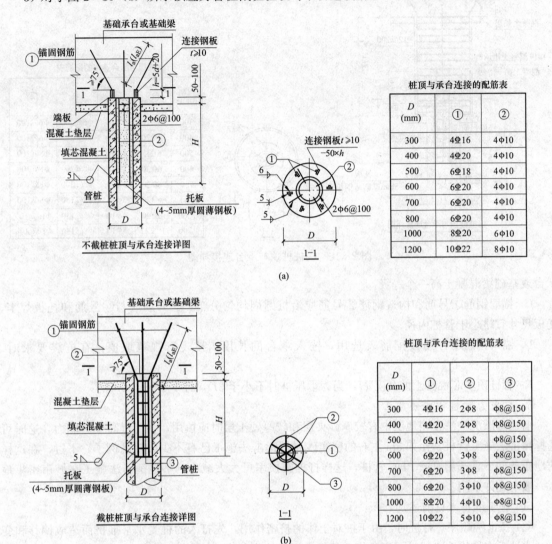

图 2-15　预应力管桩桩顶与承台连接图

（a）预应力管桩不截桩桩顶与承台连接详图；（b）预应力管桩截桩桩顶与承台连接详图

A. 桩顶内应设置托板及放入钢筋骨架，桩顶填芯混凝土采用与承台或基础梁相同混凝土等级。

B. 锚固钢筋①号筋和构造钢筋②号筋应沿桩圆周均匀分布，①号筋应与②号筋和托板焊牢，托板尺寸宜略小于管桩内径。

C. 锚固钢筋①号筋按配筋表选用，锚入承台的长度 l_a 按现行规范取值；有抗震要求时，取 l_{aE}。

D. 管桩顶填芯混凝土的高度 H，当为承压桩时不小于 $3D$，且不小于 $1.5m$。

4）对于图 2-16 所示预应力管桩接桩桩顶与承台连接情形（一般用在端承型桩）。

A. 桩顶标高低于承台设计标高时，应优先考虑降低承台的设计标高。当两者标高相差少于 2 倍桩径时，按图 2-16 施工。

B. 桩顶内应设置托板及放入钢筋骨架，浇灌桩顶填芯混凝土及接桩混凝土，其强度等级应比

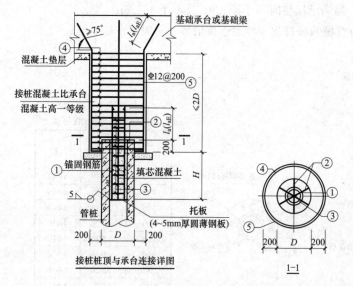

桩顶与承台连接的配筋表

D (mm)	①	②	③	④
300	4Φ16	2Φ10	Φ6@200	Φ6@100
400	4Φ20	2Φ10	Φ6@200	Φ6@100
500	6Φ18	3Φ10	Φ8@200	Φ8@100
600	6Φ20	3Φ10	Φ8@200	Φ8@100
700	6Φ20	3Φ10	Φ8@200	Φ8@100
800	6Φ20	3Φ10	Φ8@150	Φ8@100
1000	8Φ20	4Φ10	Φ8@150	Φ10@100
1200	10Φ22	5Φ10	Φ8@150	Φ10@100

图 2-16　接桩桩顶与承台连接详图

承台或基础梁混凝土高一个等级。

C. 锚固钢筋①号筋和构造钢筋②号筋应沿桩圆周均匀分布，①号筋应与②号筋和托板焊牢，托板尺寸宜略小于管桩内径。

D. 锚固钢筋①号筋按配筋表选用，锚入承台的长度 l_a 按现行规范取值；有抗震要求时，取 l_{aE}。

E. 管桩顶填芯混凝土的高度 H，当为承压桩时不小于 $3D$，且不小于 $1.5m$。

5. 预应力管桩锤击法施工

前述静压沉桩法在当地层中有较厚砂夹层和较厚硬土层时应慎用，为了提高穿透能力，这时可选择锤击法施工管桩，比如 5m 左右的密实砂层用锤击法施工已有不少成功的例子，不过，在这样的地质条件下宜选用厚壁 PHC 管桩，这样打桩破损率可大大减小。不过锤击法施工在城市密集地区一般不允许采用。

(1) 施工准备（见前述）。

(2) 锤击桩顺序。打桩时，由于桩对土体的挤密作用，先打入的桩受水平推挤而造成偏移和变位，或被垂直挤拔造成浮桩；而后打入的桩由于土体隆起或挤压很难达到设计标高或入土深度，造成截桩过大。所以施打群桩时，为了保证质量和进度，防止周围建筑物被破坏，应根据桩基平面位置、桩的尺寸、密集程度、深度等实际情况来正确选择打桩顺序。图 2-17 为几种常见打桩顺序对土体的挤密状况，其中（a）、（b）为错误打法。

当基坑不大时，打桩应逐排打设或从中间开始分头向周边或两边进行；对于密集群桩（桩中心距小于等于 4 倍桩边长），应由中间向两个方向或四周对称施打，当一侧毗邻建筑物时，应由毗邻建筑物处向另一方向施打；当桩较稀疏时（桩中心距大于 4 倍桩边长），可采用上述方法或采用由一侧向单一方向施打的方法，这样逐排打设，桩架单方向移动，打桩效率高，但打桩一侧不宜有防侧移、防振动的建筑物、构筑物或地下管线等，以防土体挤压破坏。当基坑较大时，应将基坑分成数段，而后在各段内分别进行，但打桩时应避免自外向内，或由周边向中间进行，以避免中间土体被挤密而使桩难以打入。

实际施工中，由于移动打桩架的工作繁重，因此，除了考虑以上因素外，有时还考虑打桩架移动的方便与否来确定打桩顺序。

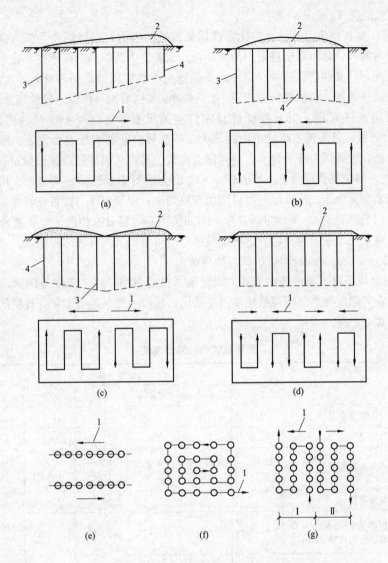

图 2 - 17　打桩顺序对土体的挤密状况

(a) 逐排单向打设；(b) 两侧向中心打设；(c) 中部向两侧打设；

(d) 分段相对打设；(e) 逐排打设；(f) 自中部向边缘打设；(g) 分段打设；

1—打设方向；2—土的挤密情况；3—沉降量大；4—沉降量小

当桩的规格、埋深、程度不同时，宜先大后小、先深后浅、先长后短施打。

前述静压桩施工由于同样的挤土问题，其具体的压桩顺序可参考锤击桩顺序。

打桩顺序确定后，为了便于桩的布置和运输，还要考虑打桩机是"顶打"还是"退打"。

当打桩地面标高接近桩顶设计标高时（现场地势较低且无地下层时），打桩后，许多桩的顶端还会高出地面，这主要是因为桩尖持力层标高不可能完全一致，而预制桩又不可能设计成不同长度。在这种情况下，打桩机只能采用向后退打的方法，这样就不可能事先将桩全部布置在地面上，只能边打边运；实际上由于地下层的设计或正常地势下，桩顶实际标高一般均在地面以下，打桩机则可以向前"顶打"。这时，只要现场许可，所有桩均可事先布置在桩位上，避免场内二次搬运，"顶打"时地面所留桩孔应在移动打桩机前铺平。

（3）锤击桩机械选择。

1）桩锤选择。施打预应力管桩，应优先选用柴油锤。因为柴油锤爆发力强，锤击能力大，工效高，锤击作用时间长，落距可随桩阻力的大小自动调整，人为掺杂的因素少，比较适合于管桩的施打。柴油锤分为导杆式和筒式两种，导杆式柴油锤由于性能较筒式柴油锤差，所以逐渐被淘汰。近几年生产的筒式柴油锤，供油油门分四档，1 档最小，4 档最大，打桩一般启用 2～3 档。合理选择和正确使用对预制桩顺利下沉及保证桩身完好至关重要。比如用 D35 柴油锤施打 40m 直径 500mm 的预应力管桩，桩头被击碎的可能性较大，桩身被打断的事故也会发生。因为用小锤打大桩，锤芯跳动太高，桩头锤击应力过大；同时锤击次数过多，一根桩的总捶击数可达到 2000 多击，甚至超过 3000 击，易使桩头混凝土疲劳破坏，另外也会缩短柴油锤的使用寿命。所以，应用"重锤低击"的原则来指导施工，这样做还可以增加打桩频率，便于预应力管桩在较密实的土层能顺利通过。例如，选用 D50 锤开 3～4 档进行作业，不如选用 D62 锤开 2 档进行作业更合适。

选择合适桩锤是一个重要的问题。选择柴油锤型号可根据下列方法之一确定。

① 根据有高应变动测法配合测试的试打结果选用。

② 根据工程地质条件、单桩竖向承载力设计值、桩的规格、入土深度等因素，并遵循前述重锤低击的原则综合考虑后在柴油锤规格性能表中选用。也可参考各单位多年打管桩的筒式柴油锤选择经验总结表（表 2-5）。

表 2-5　　　　　　　　　　　　选择筒式柴油锤参考表

锤　型		柴 油 锤						
		D25	D35	D45	D60	D72	D80	D100
锤的动力性能	冲击部分质量（t）	2.5	3.5	4.5	6.0	7.2	8.0	10.0
	总质量（t）	6.5	7.2	9.6	15.0	18.0	17.0	20.0
	冲击力（kn）	2000～2500	2500～4000	4000～5000	5000～7000	7000～10000	>10000	>12000
	常用冲程（m）	1.8～2.3						
	预制方桩、预应力管桩的边长或直径（mm）	350～400	400～450	450～500	500～550	550～600	600mm以上	600mm以上
	钢管桩直径（mm）	400	600	900	900～1000	900mm以上	900mm以上	
持力层	黏性土粉土 一般进入深度（m）	1.5～2.5	2.0～3.0	2.5～3.5	3.0～4.0	3.0～5.0		
	黏性土粉土 静力触探比贯入阻力 p_s 平均值（MPa）	4	5	>5	>5	>5		
	砂土 一般进入深度（m）	0.5～1.5	1.0～2.0	1.5～2.5	2.0～3.0	2.5～3.5	4.0～5.0	5.0～6.0
	砂土 标准贯入击数 $N_{63.5}$（未修正）	20～30	30～40	40～45	45～50	50	>50	>50
锤的常用控制贯入度（cm/10 击）		2～3		3～5		4～8	5～10	7～12
设计单桩极限承载力（kN）		800～1600	2500～4000	3000～5000	5000～7000	7000～10 000	>10 000	>10 000

注　1. 本表仅供选锤用；
　　2. 本表适用于桩端进入硬土层一定深度的长度为 20～60m 的钢筋混凝土预制桩及长度为 40～60m 的钢管桩。

2）柴油打桩机选择。柴油打桩机是指采用柴油锤为锤击能量的打桩设备，由桩架、行走机构及柴油锤构成。打桩架有万能打桩架、三点支撑桅杆式打桩架和重机桅杆式打桩架等形式，也有采用落锤式打桩机的桩架改装的，这种改装应保证桩架的稳定性。行走机构分为走管式、轨道式、液压步履式及履带式 4 种方式。三点支撑履带自行式柴油打桩机行走调头方便，垂直度调整快捷，打桩效率高，应优先选用。柴油锤与打桩架不匹配时，容易发生倾倒架事故。打桩架与锤的匹配要求，一般在打桩机说明书中列出。

3）桩帽及垫层的选择。在锤击沉桩中，桩帽主要起传递锤击力、固定和保护桩头的作用。所以桩帽结构要牢固，耐打性要好，尤其桩帽顶板要有一定的厚度，能经受长期锤击而不变形。若桩顶较薄，经反复锤击成锅底状，施工时容易破坏桩头。45 号型及其以下型号柴油锤的桩帽，一般用钢板焊接而成，顶板钢板厚度宜为 6～8cm，60 号型及其以上型号柴油锤的桩帽，一般用铸钢铸成，顶板厚度宜大于 10cm。预应力管桩的桩帽，现在常做成圆形，其抗锤击性能优于其他形状，而且可以使桩自由转动，防止扭曲破坏。

桩帽的尺寸应与桩头相配合，套桩头用的筒体深度宜取 400mm 左右，过深易磕坏桩头混凝土，过浅宜造成桩头脱离桩帽而发生倾倒桩身的事故。筒体内径或边长不可过大或过小，过大则喂桩套帽时宜偏位，过小则喂桩困难。一般来说，桩帽或送桩与桩身之间的间隙应为 5～10mm。

桩帽上部与桩锤之间的衬垫称为锤垫，主要起保护桩头作用。锤垫的厚度应该适中，锤垫太薄，锤击时有效作用时间短，锤击应力过大，桩头易被击碎；锤垫过厚，锤击能量损失较大，桩不下沉或反回弹。一般宜取 150～200mm，锤垫材料可用橡木、桦木等硬木按纵纹受压使用，有时也采用盘圆层叠的旧铁心钢丝绳。对重型桩锤尚可采用压力箱式的结构桩锤。

桩帽与桩头之间要设置弹性垫层，称桩垫。可采用麻袋、硬纸板、水泥纸袋、胶合板等材料制作，软硬要适度，厚度要平均且经锤击压实后保持 120～150mm 为宜。在打桩期间应经常检查，及时更换或补充，以便有效地防止桩头被击碎，提高桩身贯入能力。锤垫与桩垫经过多次锤击后，会因压缩减小厚度，使得硬度和刚度增加，从而提高锤击效率。

（4）工艺流程。桩位测量定位→打桩机就位→喂桩→对中、调直→焊桩尖→锤击法沉桩→焊接接桩→再锤击→打至持力层（送桩）→收锤→（截桩）。

（5）锤击桩技术要点。

1）对中、调直。打桩运桩时，应用导板夹具或桩箍将桩嵌固在桩架的两导柱中，桩位置及垂直度经校正后，在桩顶安上桩帽，然后放下桩锤轻轻压住桩帽，在桩的自重及锤重作用下，桩沉入土中一定深度而到达稳定位置，这时再校正一次桩身的垂直度，即可进行打桩。

打直桩时，要求桩身自始至终保持垂直，并使桩锤、桩帽和桩身中心线保持在同一铅锤线上，这不仅可以保证成桩的垂直度，也可防止预制管桩桩顶受偏心锤击而破碎。因为桩身倾斜时，桩帽与桩顶接触面积减少，使锤击应力集中而易打碎桩头混凝土。另外，第一节桩的垂直度关系到整根桩的质量好坏。底桩偏斜，以后接的桩就难以垂直，且纠偏越来越难，因此规范规定，桩插入土层时的垂直度偏差不得超过 0.5%。如桩顶不平，应用厚纸板垫平或用环氧树脂砂浆补抹平整。

2）锤击法沉桩。开始沉桩时，应起锤轻击数锤，确认桩身、桩架及桩锤等垂直一致，方可用正常落距打桩。在较厚的黏土、粉质土层中，每根桩要连续施工，中间停歇时间不可太久。因为在这类土中打桩，桩周围土体受振动迅速破坏，桩的贯入相当容易，但一旦停歇下来，桩周围土体迅速固结，且原来游离出来的孔隙水压力消失，桩身很容易和土体固结成直径较大的土桩统一体，停歇时间越久，固结力越大，要想打动这根桩需要增加许多锤击数，甚至根本打不动，硬打就会将桩头或桩身打碎。

3）收锤标准。当预制管桩不以桩身长度为控制标准时，应考虑停止锤击的问题。停打过早，桩的承载力可能达不到设计要求；停打过晚，可能将桩打坏。桩停止锤击的控制原则如下：

① 桩端（指桩全断面）位于一般土层时，以控制桩端设计标高为主，贯入度作参考。

② 桩段达到坚硬、硬塑的黏土、中密以上粉土、砂土、碎石类土、风化岩时，以贯入度控制为主，桩端标高可作参考。

③ 贯入度已到达而桩端标高未达到时，应继续锤击三阵，按每阵 10 击的贯入度不大于设计规定的数值加以确定，必要时施工控制贯入度应通过试验与有关单位会商确定。

上述所指贯入度，为最后贯入度，即最后一击进桩的入土深度。实际施工中一般是采用最后 10 击的平均入土深度作为其最后贯入度。最后贯入度不能定得过小，否则锤击次数太多，对桩身的质量没有好处，而且会有损柴油锤的使用寿命。当遇见贯入度剧变，桩身突然发生倾斜、移位或有严重回弹，桩顶、桩身出现严重裂缝、破碎等情况时，应暂停打桩并分析原因，采取相应措施后继续施工。

总之，停锤标准应根据场地工程地质情况、单桩承载力设计值、桩的规格和长短、锤的大小和冲击能量等因素，综合考虑贯入度、入土深度、总锤击数、每米沉桩锤击数及最后一米沉桩锤击数、桩端持力层的岩土类别及桩尖进入持力层深度、桩土弹性压缩量等指标后给出。

6. 抗拔桩的设置

抗拔桩主要靠桩身与土层的摩擦力来受力。以抵抗轴向拉力为主的桩，如锚桩、抗浮桩等。承受竖向抗拔力的桩称为抗拔桩。抗拔桩广泛应用于大型地下室抗浮、高耸建（构）筑物抗拔、海上码头平台抗拔、悬索桥和斜拉桥的锚桩基础、大型船坞底板的桩基础和静荷载试桩中的锚桩基础等。在地下水位较高的地区，当上部结构荷重不能平衡地下水浮力的时候，结构的整体或局部就会受到向上力的作用。如地下水池、建筑物的地下室结构、污水处理厂的生化池等必须设置抗拔桩。

（1）预应力管桩的抗拔桩。对于预应力管桩的抗拔桩，其与承台连接的填芯混凝土高度和锚固钢筋要求与抗压桩是不同的。

1）如图 2-15（a）和 图 2-15（b）预应力管桩不截桩或截桩桩顶与承台连接情形。

① 对于抗拔桩均宜采用桩顶填芯区插筋与承台连接方式，如图 2-15（b）所示。

② 对于抗拔桩，管桩顶填芯混凝土的高度 H 应按设计计算，且不小于 3m。

③ 对于抗拔桩，①号筋的总面积应按公式 $A_s \geqslant Q_{ct}/f_y$ 计算，且配筋不小于配筋表内数值，Q_{ct} 为单桩竖向抗拔承载力设计值。抗拔桩还宜将全部预应力钢筋锚入承台，同时需验算②号筋。

2）对于图 2-16 所示预应力管桩接桩桩顶与承台连接情形。

① 对于抗拔桩，管桩顶填芯混凝土的高度 H 应按设计计算，且不小于 3m。

② 对于抗拔桩，①号筋的总面积应按公式 $A_s \geqslant Q_{ct}/f_y$ 计算，且配筋不小于配筋表内数值，同时需验算②号和⑤号钢筋。

（2）钻孔灌注桩的抗拔桩：

1）坡地岸边的桩、抗拔桩及嵌岩端承桩应通长配筋且通过计算配置。

2）对于以竖向受压荷载为主，在施工、使用过程中可能承受因地下水浮力、地震、风力以及土的膨胀作用等引起拔力的钻孔灌注桩配筋，应通过计算配置通长钢筋和非通长钢筋。

3）桩主筋锚入承台内的锚固长度，承压桩不小于钢筋直径的 35 倍，抗拔桩不小于钢筋直径的 40 倍。

7. 预应力管桩施工质量问题

预应力管桩成桩质量较稳定，质量问题相对下面讲述的灌注桩要少得多，但也有一些质量问题，见表2-6，其中多数是锤击法施工不当引起的，也有的是因预应力管桩制作养护不当产生的。

表 2-6　　　　　　　　　　预应力管桩施工中常见工程质量问题与防治措施

序号	工程质量问题或错误施工方法	现象、原因或危害性	防治措施
1	先打围护桩，后打工程桩	先打工程四周围护桩，后打工程桩。由于打桩会引起严重挤土，打工程桩时土体无法扩散，会将先围护桩挤斜，甚至挤坏，降低甚至破坏基坑围护结构挡土、止水效果；还会使基坑内的孔隙水压力陡增且很难消散，日后开挖基坑时，会导致基坑四周土体及基桩往基坑中心倾斜；再在这种封闭环境下打桩，先打的桩被后打的管桩挤上来，造成桩体上浮，桩的承载力达不到设计要求	（1）围护结构深基坑中的管桩工程，宜先打工程桩，后打基坑周围的围护桩。 （2）如果深基坑四周是采用自然放坡形式，不设围护桩，采取先挖土后打工程桩也是可行的，但应加强对边坡的监测并采取有效措施保护边坡的稳定，以防引起边坡倒塌，危害基坑附近的建筑物及市政设施安全
2	多节管桩不连续施打一次完成	在较厚的黏土、粉质黏土中施打多节管桩，每根（批）桩如不连续施打，一气呵成，间歇一段时间以后再打，很难打入，甚至将桩头或接头打坏。因为在这类土层中打桩，桩周土体会被迅速破坏，孔隙水压力剧烈上升，土的抗剪强度大幅降低，桩身贯入相当容易，如若中间停歇下来，土中超孔隙水压力逐渐消散，桩周土体重新固结，停歇时间越长，固结力越大	（1）在较厚的黏土、粉质黏土层中施打多节管桩，每根桩应连续施打，一次完成。 （2）如采用流水打桩施工法作业，必须有一定停歇时，也应在本台班内将这批流水作业的桩全部打至设计持力层
3	桩接头焊接质量差，接头松脱、开裂	桩接头处焊接质量不良，经锤击后，出现松脱、开裂。产生原因是：焊接连接处的表面未清理干净，留有杂质、油污等，连接铁件不平，有较大间隙，造成焊接不牢；焊接质量不好，焊缝不连续、不饱满，焊肉中夹有焊渣等杂物；焊缝未冷却就施打；桩对接时，上下桩不在同一直线上，在接桩处产生弯折，锤击时接桩处局部产生应力集中而破坏连接；或在挤土效应等因素作用下造成松脱开裂；当桩管较密集，且桩接头松脱开裂严重时，打桩引起的土体上涌，有可能将桩接头拉断；桩接头存在松脱开裂，会大幅度降低桩的承载力	（1）桩接头质量好坏关系到整根桩质量的好坏。接桩前，对桩连接部位上的杂质油污等清除干净；两桩间的缝隙应用薄铁片垫实、点焊牢；焊接时电流强度应与所用的焊机和焊条相匹配，施焊应对称、分层、均匀连续进行，一气呵成，焊缝应连续饱满。冬期焊接，应采取防风和预热措施，预热可用氧乙炔火焰均匀烘烤使母材温度达到36℃以上才进行施焊；焊接后应进行垂直度、外观检查，焊缝不得有夹碴、裂缝等缺陷，垂直度应小于0.5%，焊缝应经自然冷却6min后才能继续施打。 （2）接桩时，两节桩应在同一轴线上，并作严格的平面直角双向垂直度校正，焊接预埋件应平整服帖，焊接后应锤击几下再检查一遍，如有松脱、开裂等情况，应立即采取补焊措施。接桩时，桩尖处尽量避开坚硬土层。 （3）已施打完毕的管桩，可用手把灯放入空心管中检查桩的接头松脱、开裂情况，发现问题，可在空心管中放入钢筋骨架，浇筑混凝土进行补强，也可用其他方法补救
4	桩顶出现偏位	在沉桩过程中，相邻的桩产生横向位移。产生的原因有：测量放线有误，或插桩对中工作马虎，或打桩顺序不当，受挤压，引起桩顶偏位；在软土层中，先打的桩易被挤动；或遇孤石或其他障碍物将桩挤向一旁；或桩尖沿基岩倾斜而滑移等；上述均会导致桩的垂直度和承载力达不到设计要求	（1）测量放线应经复测后使用；插桩应认真对中；打桩应按规定顺序进行；避免打桩期间同时开挖基坑。 （2）施工前，用洛阳铲探明地下孤石、障碍物，较浅的挖除，深的用钻钻透或暴碎；接桩应用吊线锤找正，垂直度偏差应控制在0.5%以内。 （3）桩顶偏差过大应拔出，移位再打；偏位不大，可用木架顶正再慢锤打入；障碍物不深，可挖出后填土后再打

序号	工程质量问题或错误施工方法	现象、原因或危害性	防治措施
5	桩身出现倾斜	桩身倾斜度超过规范规定。产生原因有：打桩机导杆弯曲或场地不坚实平整；插桩不正或桩身弯曲度过大；施打时桩锤、桩帽、桩身中心线不在同一直线上，受力偏心；或锤垫不平或桩帽太大引起锤击偏心而使桩身倾斜；或打桩顺序不当先打的桩被挤斜；遇孤石或坚硬障碍物使桩尖倾斜产生滑移等，从而降低桩承载力	(1) 打桩机导杆应纠正；打桩场地应整平夯压坚实；插桩要用吊线锤检查，桩帽、桩身和桩尖必须在一条垂直线上方可施打；桩弯曲度应不大于1‰，过大的不宜使用。 (2) 打桩时应使桩锤、桩帽和桩身在同一直线上，防止受力偏心；桩垫、锤垫应平整，桩帽与桩周围的间隙应为5～10mm，不宜过大；接桩应用吊线锤找直，垂直度偏差应控制在0.5%以内；打桩顺序应按规定进行；遇孤石、障碍物按照第4条"桩顶出现偏位"相同防治措施处理
6	桩顶碎裂、破碎	沉桩时，桩顶出现混凝土掉角、碎裂或被打破碎，桩顶钢筋局部或大部分外露。造成原因有：桩的制作质量差，混凝土强度未达到设计要求，或桩头严重跑浆，存在蜂窝孔洞；或蒸养制度不当，引起脆性碎裂；或桩锤选用不当，锤过重，锤击应力太大将桩头击碎；或锤太轻，锤击次数增多，使桩顶产生疲劳破坏；或桩帽太小或太大、太深或接头尺寸偏差太大；或遇孤石、硬岩面继续猛打，或贯入度要求太小或总锤击数过多，或每米锤击数过多；或在厚黏土层中停歇时间过长，再重新施打时易将桩头打坏等，导致桩头不能使用，影响继续成桩	(1) 加强桩制作质量控制，保证桩头混凝土密实，强度达到设计要求。 (2) 合理选用桩锤，不宜过重或过轻；桩帽宜做成圆筒形，套桩头的筒体深度宜为35～40cm，内径应比管径大2～3cm，不使空隙过大。 (3) 遇孤石可采用小钻孔再插管桩的方法施打；合理确定贯入度或总锤击数，不宜过小或过多；在厚黏性土层中停歇时间控制不超过24h
7	桩身断裂	桩身出现断裂，包括桩尖破损、接头开裂，桩身出现横向、竖向裂缝或断裂等。产生原因有：在砂土层中施打开口管桩，下端桩身有时被挤产生劈裂；或遇孤石和岩石仍硬打，易将桩尖击碎；接桩质量差，引起接头开裂或接头电焊时自然冷却时间不够，焊后立即施打，焊缝遇水脆裂或接头间隙大，锤击时应力集中，引起接头开裂；管桩制作严重跑浆或管壁太薄，桩身强度不够或养护制度不当，桩身混凝土变脆；或打桩时未加桩垫或桩垫太薄；或桩身预应力值不够，不足以抵抗锤击时的拉应力而产生横向裂缝；或桩身自由段长细比过大，沉入时遇坚硬土层，易使桩断裂；或桩在堆放、吊装和搬运过程中已经出现裂缝断裂，未认真检查或加固就使用等，导致严重降低桩的强度和承载力	(1) 在砂土层中沉桩，桩端应设桩靴，避免采用开口管桩；遇孤石和基岩面避免硬打；接桩要保持上、下节桩在同一轴线上，焊接焊缝应饱满，填塞钢板应紧密；焊后自然冷却8～10min方可施打。 (2) 管桩制作严格控制漏浆、管壁厚度和桩身强度。桩身制作预应力值符合设计要求。 (3) 打桩时要设合适桩垫，厚度不宜小于12cm；沉桩桩身自由段长细比不宜超过40。 (4) 桩在堆放、吊装和搬运过程中避免碰冲产生裂缝或断裂；沉桩前要认真检查，已严重裂缝或断裂的桩，避免使用
8	沉桩达不到设计的控制要求	沉桩未达到设计标高或最后贯入度及锤击数控制指标要求。造成原因是：勘察资料太粗或有误；设计选择持力层不当或设计要求过严；或沉桩时遇到地下障碍物或厚度较大的硬夹层；或选用桩锤太小，或柴油锤破旧，跳动不正常；或桩尖遇到密实的粉土或粉细砂层时打桩会产生"假凝"现象，但间隔一段时间后，又可继续打下去；或桩头被击碎或桩身被打断，无法继续施打；布桩密集或打桩顺序不当，使后打的桩难以达到设计深度，并使先打的桩上升涌起；或打桩间隔时间过长，摩阻力加大等，导致桩入土深度、承载力达不到设计要求	(1) 详细探明工程地质情况，必要时应作补勘，合理选择持力层或标高，使其符合地质实际情况；探明地下障碍物和硬夹层，并清除掉或钻透或暴碎。 (2) 选用合适桩锤，不宜太小；旧柴油锤应检修合格方可使用；桩头被打碎、桩被打断应停止施打，或处理后再施打。 (3) 打桩应注意顺序，减少向一侧挤密；打桩应连续进行。不宜间歇时间过长，必须间歇时，控制不超过24h

二、灌注桩施工

混凝土灌注桩是在现场用机械或人工成孔，在孔内放钢筋笼，灌注混凝土成桩。与预制桩相比，具有适应各种地质条件（特别是能适应前述预应力管桩不适宜土层）、施工噪声低，振动小、挤土影响小、无需接桩、直径范围大（300～2500mm）、深度范围大（10～100m甚至以上）等优点。但成桩工艺复杂，施工速度较慢，造价高得多，质量影响因素也较多。根据成孔工艺的不同，分为泥浆护壁钻孔灌注桩、沉管灌注桩、干作业成孔灌注桩、爆扩成孔灌注桩和人工挖孔灌注桩。

1. 泥浆护壁钻孔灌注桩

泥浆护壁钻孔灌注桩是指用钻孔机械进行贯注桩成孔时，为防止塌孔，在孔内用相对密度大于1的泥浆进行护壁的一种成孔施工工艺，此种成孔方式不论地下水位高低的土层都适用。

泥浆护壁钻孔灌注桩按成孔工艺和成孔机械的不同，可分为回旋钻成孔灌注桩（图2-18）、冲击成孔灌注桩（图2-19）、冲抓成孔灌注桩和潜水钻成孔灌注桩。建筑工程中一般均采用回旋钻成孔灌注桩，施工时用适合某岩土层钻头（图2-20）回转切削、泥浆循环排土、泥浆保护孔壁，是一种湿作业方式，可用于各种地质条件，为国内应用范围较广的成桩方式，直径范围为600～2500mm，深度可达100m；对于较厚的较硬岩层则采用冲击成孔灌注桩，成孔时将冲锥式钻头提升一定高度后以自由下落的冲击力来破碎岩层，然后用掏渣筒来掏取孔内的渣浆。近5年来，在市政工程中发展的旋挖钻机正开始在城市建筑工程桩基施工。它是一种多功能、高效率的灌注桩桩孔的成孔设备，可以实现桅杆垂直度的自动调节和钻孔深度的计量；旋挖钻孔施工是利用钻杆和钻斗的旋转，以钻斗自重并加液压作为钻进压力，使土屑装满钻斗后提升钻斗出土。通过钻斗的旋转、挖土、提升、卸土和泥浆置换护壁，反复循环而成孔。吊放钢筋笼、灌注混凝土、后压浆等同其他水下钻孔灌注桩工艺。此方法自动化程度和钻进效率高，钻头可快速穿过各种复杂地层，在桩基施工特别是城市桩基施工中具有非常广阔的前景。它可在水位较高、卵石较大等用正、反循环及长螺旋

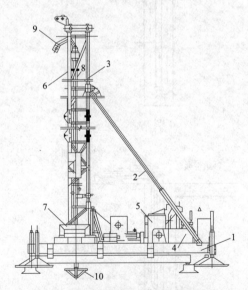

图2-18 回旋钻机工作示意图
1—座盘；2—斜撑；3—塔架；4—电机；5—卷扬机；
6—塔架；7—转盘；8—钻杆；
9—泥浆输送管；10—钻头

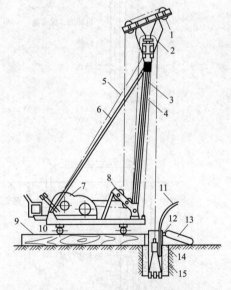

图2-19 冲击钻成孔示意图
1—副滑轮；2—主滑轮；3—主杆；4—前拉索；
5—后拉索；6—斜撑；7—双滚筒卷扬机；8—导向轮；
9—垫木；10—钢管；11—供浆管；12—溢流口；
13—泥浆溜槽；14—护筒回填土；15—钻头

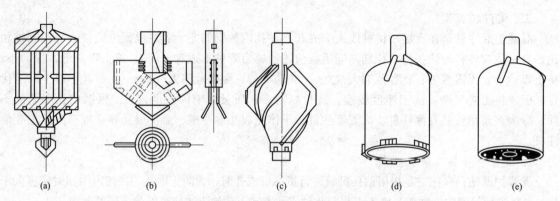

图 2-20　正循环钻机钻头类型示意图
（a）双腰带翼状钻头；（b）鱼尾钻头；（c）合金扩孔钻头；
（d）筒状肋骨合金取芯钻头；（e）钢粒全面钻进钻头

钻无法施工的地层中施工；自动化程度高、成孔速度快、质量高；该钻机为全液压驱动，电脑控制，能精确定位钻孔、自动校正钻孔垂直度和自动量测钻孔深度，最大限度地保证钻孔质量。其工效是循环钻机的 20 倍。旋挖钻机使用的泥浆仅仅用来护壁，而不用于排碴。

　　回旋钻成孔灌注桩的泥浆具有排渣和护壁作用，根据泥浆循环方式，分为正循环和反循环（图 2-21）两类施工方法，其中反循环又有泵举反循环、泵吸反循环和压缩空气反循环三种施工方法。

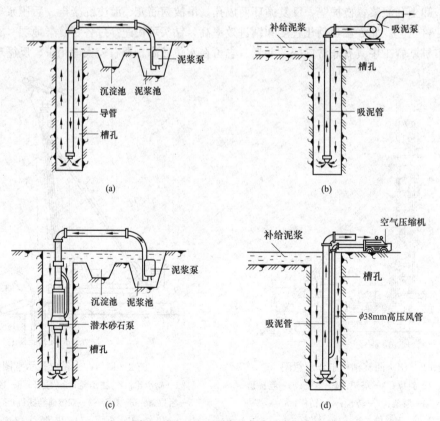

图 2-21　正、反循环成孔示意图
（a）正循环；（b）泵举反循环；（c）泵吸反循环；（d）压缩空气反循环吸泥排渣

正循环回转钻机成孔的工艺原理是由空心钻杆内部通入泥浆或高压水,从钻杆底部喷出,携带钻下的土渣沿孔壁向上流动,由孔口将土渣带出流入泥浆池。正循环具有设备简单,操作方便,费用较低等优点;适用于小直径孔(Φ≤1.0m)。但排渣能力较弱。

从反循环回转钻机成孔的工艺原理中可以看出,泥浆带渣流动的方向与正循环回转钻机成孔的情况相反。反循环工艺泥浆上流的速度较高,能携带大量的土渣。反循环成孔是目前大直径桩成孔的有效的一种施工方法。适用于大直径孔(Φ>1.0m)。

(1)施工场地准备。

1)场地内无水时,可稍作平整、碾压以满足机械行走移位的要求。

2)场地为浅水且水流较平缓时,采用筑岛法施工。桩位处的筑岛材料优先使用黏土或砂性土,不宜回填卵石、砾石土,禁止采用大粒径石块回填。筑岛高度应高于最高水位1.5m,筑岛面积应按采用的钻孔机械、混凝土运输浇筑等的要求决定。

3)场地为深水时,可采用钢管桩施工平台、双壁钢围堰平台等固定式平台,也可采用浮式施工平台。平台须牢靠稳定,能承受工作时所有静、动荷载,并能满足机械施工、人员操作的空间要求。

(2)施工工艺流程。泥浆护壁钻孔灌注桩的施工工艺流程框图如图2-22所示,主要工艺流程示意图如图2-23所示。

(3)施工操作要点。

1)埋设护筒。

① 护筒一般由钢板卷制而成,钢板厚度视孔径大小采用4~8mm,护筒内径宜比设计桩径大100mm,其上部宜开设1~2个溢流孔。

② 护筒埋置深度一般情况下,在黏性土中不宜小于1m;砂土中不宜小于1.5m;其高度尚应满足护筒内泥浆面高度大于地下水位高度1m的要求。淤泥等软弱土层应增加护筒埋深;护筒顶面宜高出地面300mm。护筒内径应比钻头直径大100mm。

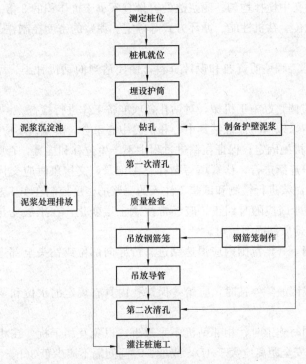

图2-22 泥浆护壁钻孔灌注桩的施工工艺流程

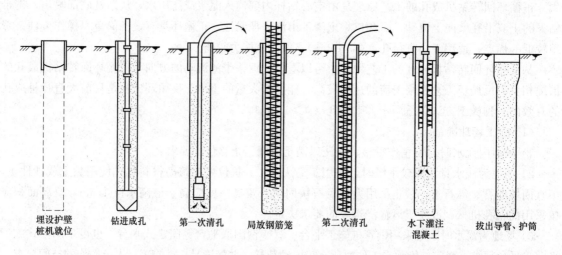

图 2-23 泥浆护壁钻孔灌注桩主要工艺流程示意图

③ 旱地、筑岛处护筒可采用挖坑埋设法，护筒底部和四周回填黏性土并分层夯实；水域护筒设置应严格注意平面位置、竖向倾斜，护筒沉入可采用压重、振动、锤击并辅以护筒内取土的方法。

④ 护筒埋设完毕后，护筒中心竖直线应与桩中心重合，除设计另有规定外，平面允许误差为50mm，竖直线倾斜不大于1%。

⑤ 护筒连接处要求筒内无突出物，应耐拉、压、不漏水。应根据地下水位涨落影响，适当调整护筒的高度和深度，必要时应打入不透水层。

2）制备护壁泥浆。护壁泥浆一般由水、黏土（或膨润土）和添加剂按一定比例配制而成，可通过机械在泥浆池、钻孔中搅拌均匀。泥浆池的容量宜不小于桩体积的3倍。泥浆的配制应根据钻孔的工程地质情况、孔位、钻机性能、循环方式等确定。泥浆的密度控制在1.1左右。

3）钻孔施工。

① 钻孔前，应根据工程地质资料和设计资料，使用适当的钻机种类、型号，并配备适用的钻头，调配合适的泥浆。

② 钻机就位前，应调整好施工机械，对钻孔各项准备工作进行检查。

③ 钻机就位时，应采取措施保证钻具中心和护筒中心重合，其偏差不应大于20mm。钻机就位后应平整稳固，并采取措施固定，保证在钻进过程中不产生位移和摇晃，否则应及时处理。

④ 钻孔作业应分班连续进行，认真填写钻孔施工记录，交接班时应交代钻进情况及下一班注意事项。应经常对钻孔泥浆进行检测和试验，注入的泥浆的密度控制在1.1左右，排出的泥浆密度宜为1.2~1.4，不合要求时应随时纠正。应经常注意土层变化，在土层变化处均应捞取渣样，判明后记入记录表中并与地质剖面图核对。

⑤ 开钻时，在护筒下一定范围内应慢速钻进，待导向部位或钻头全部进入土层后，方可加速钻进。

⑥ 在钻孔、排渣或因故障停钻时，应始终保持孔内具有规定的水位和要求的泥浆相对密度和黏度。

⑦ 采用多台钻机同时施工时，相邻钻机不宜过近，以免互相干扰，在相邻混凝土刚灌注完毕的邻桩旁成孔施工，其安全距离应大于4D，或最少时间间隔不应少于36h。

4）清孔：清孔分两次进行。

① 第一次清孔。在钻孔深度达到设计要求时，对孔深、孔径、孔的垂直度等进行检查，符合要求后进行第一次清孔；清孔根据设计要求，施工机械采用换浆、抽浆、掏渣等方法进行。以原土造浆的钻孔，清孔可用射水法，同时钻机只钻不进，待泥浆相对密度降到 1.1 左右即认为清孔合格；如注入制备的泥浆，采用换浆法清孔，至换出的泥浆密度小于 1.15～1.25 时方为合格。

② 第二次清孔。由于在吊装钢筋笼进入钻好的洞口时，会发生刮擦、撞击洞壁泥土；其后在吊放导管时也会被钢筋笼钩住，扯震落部分虚土；泥土沉入桩底导致沉渣厚度过大影响桩基承载力的发挥。因此钢筋骨架（或钢筋笼）、导管安放完毕，混凝土浇筑之前必须进行第二次清孔，清孔完毕，检查沉渣厚度合格后立即进行混凝土浇筑。第二次清孔根据孔径、孔深、设计要求采用正循环、气举反循环（图 2-24）、泵吸反循环（图 2-25）等方法进行。用正循环清孔的第二次清孔是在安放钢筋笼和灌浆导管后进行，安放前钢筋笼应每隔 1～1.5m 设置定位钢筋环或绑垫块来保证混凝土保护层厚度；导管就位后在导管上装上配套盖头，以大泵量向导管内压入相对密度 1.1 左右的泥浆，把孔底部在下钢筋笼和灌浆导管过程中再次沉淀的钻渣和仍然悬有钻渣的相对密度较大的泥浆换出，孔底沉渣厚度和孔内泥浆相对密度均达到清孔标准后清孔结束，立即开始灌注水下混凝土。

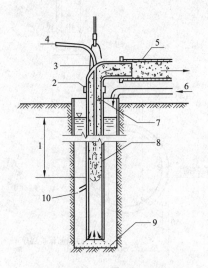

图 2-24 内风管吸泥清孔
1—高压风管入水深；2—弯管和导管接头；
3—焊在弯管上的耐磨短弯管；4—压缩空气；
5—排渣软管；6—补水；7—输气软管；
8—钢管；9—孔底沉渣；10—风嘴

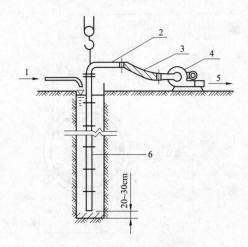

图 2-25 吸泥泵导管清孔
1—补水；2—特制弯管；3—软管；
4—离心吸泥泵；5—排渣；
6—灌注水下混凝土导管

③ 第二次清孔后的沉渣厚度和泥浆性能指标应满足设计要求，一般应满足下列要求：a. 沉渣厚度：摩擦（型）桩≤150mm，端承（型）桩≤50mm，用沉渣仪或重锤测量；b. 泥浆性能指标在浇筑混凝土前，孔底 500mm 以内的相对密度≤1.20，黏度≤28s，含砂率≤8%。

④ 不论采用何种清孔方法，在清孔排渣时，必须注意保持孔内水头，防止塌孔。

⑤ 不应采取加深钻孔深度的方法代替清孔。

5）钢筋笼安装与起吊。

① 钢筋笼（图 2-26）应采用环形模制作，钢筋笼的外形尺寸应符合设计要求，其质量检验标准应符合表 2-7 的规定；主筋的混凝土保护层厚度为 50mm。

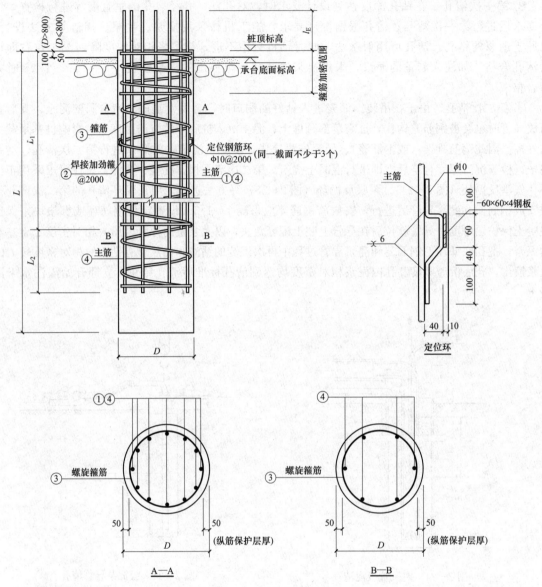

图 2-26　桩身配筋图

注：图中 l_a 表示桩主筋锚入承台内的锚固长度。承压桩不小于钢筋直径的 35 倍，抗拔桩不小于钢筋直径的 40 倍。

表 2-7　　　　　　　　　　　　　　　钢筋笼质量检验标准　　　　　　　　　　　　　　　　mm

项目	序号	检查项目	允许偏差	检查方法
主控项目	1	主筋间距	±10	用钢尺量
	2	钢筋笼长度	±100	用钢尺量
一般项目	3	钢筋材质检验	按设计要求	抽样送检
	4	箍筋间距或螺旋筋螺距	±20	用钢尺量
	5	钢筋笼直径	±10	用钢尺量

　　② 钢筋笼可整段或分段制作，视钢筋笼的长度、整体刚度、起吊设备等而定。分段制作的钢筋笼，其接头应采用电弧焊焊接，在同一截面内的钢筋接头不得超过主筋总数的 50%，两批接头的竖向间距为 35d（d 为主筋直径）且不小于 500mm，焊接长度为双面焊 5d、单面焊 10d，并应符

合 GB 50204 的规定。

③ 钢筋笼在起吊、运输和安装过程中应采取措施防止变形，钢筋笼顶端应设 2～4 个起吊点，起吊点宜设在加强筋部位，校正并就位后应立即固定。

④ 分段制作的钢筋笼，每节钢筋笼的保护垫块或定位环，不得少于 2 组，每组不少于 3 个，在同一截面的圆周上均匀布置。相邻组应交错放置。

⑤ 钢筋笼主筋的保护层允许偏差应符合下列规定：水下浇筑混凝土桩：±20mm；非水下浇筑混凝土桩：±10mm。

⑥ 钢筋笼安装深度应符合设计要求，其允许偏差 ±100mm。

6）灌注水下混凝土。

① 第二次清孔完毕，检查合格后应立即进行水下混凝土灌注，其时间间隔不宜大于 30min。

② 水下浇筑混凝土的强度等级不得低于 C20，混凝土开始灌注时，漏斗下的封水塞可采用预制混凝土塞（中小直径桩）、木塞或充气球胆（大直径）。

③ 混凝土运至灌注地点时，应检查其均匀性和坍落度，水下浇筑混凝土的坍落度为 160～220mm，如不符合要求应进行第二次拌和，两次拌和后仍不符合要求时不得使用。

④ 水下混凝土必须连续灌注，每根桩的灌注时间按初盘混凝土的初凝时间控制，对浇筑过程中的一切故障均应记录备案。

⑤ 在灌注过程中，导管埋在混凝土中的深度应控制在 2～6m，因为如插入深度不够，混凝土面会出现"脖子"面（图 2-27），压出管底的混凝土容易卷进混凝土面上的泥浆形成夹泥。因此严禁导管提出混凝土面，并由专人测量导管埋深及管内外混凝土面的高差，同时写水下混凝土灌注记录。

⑥ 在灌注过程中，应时刻注意观测孔内泥浆返出情况，倾听导管内混凝土下落声音，如有异常必须采取相应处理措施。

⑦ 在灌注过程中宜使导管在一定范围内上下蹿动，防止混凝土凝固，增加灌注速度。

⑧ 为防止钢筋骨架上浮，当灌注的混凝土顶面距钢筋骨架底部 1m 左右时，应降低混凝土

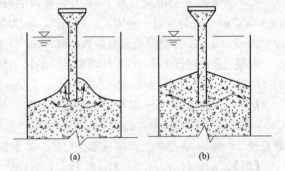

图 2-27 导管插入深度不同时混凝土拌和物的扩散情况
(a) 插入深度不够时；(b) 正常深度时

的灌注速度，当混凝土拌和物上升到骨架底口 4m 以上时，提升导管，使其底口高于骨架底部 2m 以上，即可恢复正常灌注速度。

⑨ 灌注的桩顶标高应比设计高出一定高度，一般为 1～2m，以保证桩头混凝土强度，多余部分接桩前必须凿除，桩头应无松散层。

说明：规范规定灌注桩必须有超灌高度，超灌高度至少 1m，具体数值由设计定。这是由于灌注桩的混凝土是自流密实的，越靠近桩顶自流混凝土压力越小导致混凝土越疏松，而以后桩顶承受的压力恰恰是最大的，需要超灌一定高度进行压实保证质量。

⑩ 在灌注将近结束时，应核对混凝土的灌入数量，以确保所测混凝土的灌注高度正确无误。桩身混凝土灌注充盈系数不应小于 1.0，宜大于 1.1，具体数据由设计人员根据单体工程情况确定。

7）混凝土初灌量计算。因为清孔以后灌注以前，在孔底会有一定量的泥浆沉淀，混凝土初灌量就是为了保证灌入的混凝土能将导管置一定的深度，从而保证整根桩混凝土的连续性，这样

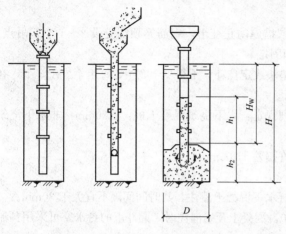

图 2-28 混凝土初灌量计算简图

在整根桩之间就不会出现泥浆夹层，也就是所说的断桩情况的发生。简单地说，就是为了防止断桩。所以第一批灌入的混凝土量必须经过计算，以保证将孔底泥浆翻起并将导管埋置一定深度，这在自拌混凝土中尤其要引起注意。

混凝土浇灌时，导管应全部安装放孔，安装位置应居中，隔水塞采用铁丝悬挂于内。然后再灌入混凝土，等初灌混凝土足量后，导管埋入混凝土深度为不少于 0.8～1.3m，导管内混凝土柱和管外泥浆桩压力平衡。混凝土初灌量可以按下式计算（图 2-28）。

$$V \geqslant \frac{\pi d^2}{4} h_1 + K \frac{\pi D^2}{4} h_2 \qquad (2-1)$$

其中

$$h_1 = H_W \gamma_W / \gamma_C$$
$$H_W = H - h_2$$

式中：V 为混凝土初灌量，m³；h_1 为导管内混凝土高度；H 为桩孔深度，m；γ_W 为泥浆密度，1～13kN/m³，γ_C 为混凝土密度，24kN/m³；h_2 为导管外混凝土面高度（m），取 1.3～1.8m；d 为导管内径，m；K 为混凝土充盈系数，取 1.2；D 为桩孔直径，m。

混凝土灌注过程中导管应始终埋在混凝土中，严格控制导管不能提出混凝土面。导管埋入混凝土面的深度以 3～10m 为宜，最小埋入深度不得小于 2m，导管应勤提勤拆，一次提留拆管不得超过 6 m。

【例 2-1】 Φ800mm 泥浆护壁钻孔灌注桩，桩孔深度 42m，有效桩长 31m，混凝土强度等级 C30，泥浆密度 12kN/m³，混凝土充盈系数取 1.2。导管外混凝土面高度 $h_2 = 0.5 + 1 = 1.5$（m），导管直径 250mm。求混凝土初灌量至少要多少体积？

【解】 $h_1 = H_W \gamma_W / \gamma_C = (H - h_2) \gamma_W / \gamma_C = (42 - 1.5) \times 12 / 24 = 20.25$（m）

$$V \geqslant \frac{\pi d^2 h_1}{4} + \frac{K \pi D^2 h_2}{4} = \pi \times \frac{0.25^2}{4} \times 20.25 + 1.2 \times \pi \times \frac{0.8^2}{4} \times 1.5$$
$$= 0.99 + 0.90 = 1.89 (\text{m}^3)$$

因为导管加单斗内的可充满混凝土量：

$$V = \frac{\pi \times 0.25^2}{4} \times (42 - 0.5) + 1.2 = 2.04 + 1.20 = 3.24 \text{m}^3 > 1.89 (\text{m}^3)$$

因此，导管上加单斗（容量一般 1.2m³）即可，否则要加大斗容积或者用双斗灌注。

（4）泥浆护壁钻孔灌注桩常见工程质量问题与防治措施见表 2-8。

表 2-8 　　　　　　　　　　　　**泥浆护壁钻孔灌注桩常见工程质量问题与防治措施**

序号	工程质量问题或错误施工方法	现象、原因或危害性	防治措施
1	钻进时钻头脱落	产生原因有：钢丝绳在转向装置连接处被磨断，或在靠转向装置处被扭断或绳卡松脱，或转向装置与顶锥的连接处脱开，导致成孔不能进行	用打捞活套打捞，或用打捞钩打捞，注意勤检易损部位和机构

序号	工程质量问题或错误施工方法	现象、原因或危害性	防治措施
2	钻孔出现偏移、倾斜	成孔后不直，出现较大的垂直偏差。产生原因有：桩架不稳，钻杆导架不垂直，钻机磨损，部件松动，或钻杆弯曲，接头不直，或土层软硬不均；钻机成孔时，遇到大孤石或探头石，或基岩倾斜未处理，或在粒径悬殊的砂、卵石层中钻进，钻头所受阻力不匀，使钻头偏离方向等，导致桩孔倾斜、垂直度超偏	（1）安装钻机时，要对导杆进行水平和垂直校正；事先要认真检修钻孔设备，如钻杆弯曲要及时更换；遇软硬土层、倾斜岩层或砂卵石层应控制进尺，低速钻进。 （2）桩孔偏斜过大时，可填入石子、黏土重新钻进，控制钻速、慢速上下提升、下降，往复扫孔纠正；如遇探头石，宜用钻机钻透；用冲击钻时，宜用低锤密击，把石块击碎；遇倾斜基岩时，可投入块石，使表面略平，再用冲锤密打
3	钻进中不定时检测孔深和孔径，成孔后出现缩孔	成孔时，只管钻进，不定时检测孔深和孔径、桩孔直径和垂直度偏差，在成孔后深度已很深的情况下就难以纠正。特别是成孔后出现孔径小于设计桩孔径。产生原因有：塑性土膨胀造成缩孔；或选用成孔机具不合理，导致桩直径达不到设计要求	（1）桩成孔每钻进 4～5m，应检验一次孔径、垂直度和孔深，发现超偏及时纠正。 （2）遇到容易缩孔、坍孔的地段或更换钻头时，要加强检孔。 （3）遇到缩孔要采用上下反复扫孔的方法，以扩大孔径。 （4）根据不同土层，选用相应的机具和工艺
4	成孔时出现孔壁坍塌	土质松软层处孔壁大片坍塌，无法成孔；造成钢筋笼放不到底，桩底部有很厚的泥夹层。产生原因有：在软弱土层钻进时，进尺和钻速过快，泥浆密度低，停置空转时间过长，结果扩壁泥浆密度过低；或孔水头高度不够或孔内出现承压水，降低了静水压力；或护筒埋置太浅，下端孔坍塌；冲击（抓）锤或掏渣筒倾倒撞击孔壁，导致孔底存在很厚的泥渣，扩孔率增大，降低桩承载力	（1）在流沙、软淤泥、破碎地带及松散砂层等软弱地层中钻进作业时，应适当加大护壁泥浆密度，缓慢进尺、低速钻进或投入黏土掺片石、卵石，低锤密击，使黏土膏、片卵石挤入孔壁。 （2）避免停留一处不进尺空转或尽量缩短空转时间，以保持孔壁稳定；如地下水位变化过大，应采取增高泥浆面，增大水头。 （3）复杂地质应加密探孔，以便预先制定出技术措施，施工中发现坍孔时应停止钻进，采取相应措施后继续钻进，如加大泥浆密度稳定孔壁，也可投入黏土、泥膏，使钻机空钻不进尺进行固壁。 （4）如发现孔口坍塌，应查明原因，将砂和黏土（或砾砂和黄土）混合物回填到坍孔位置以上 1～2m，如坍孔严重，应全部回填，待沉积密实后再进行钻孔。 （5）在稳定性差的土层中，不能采用空气吸泥机清孔，应用泥浆泵吸正循环、泵举反循环或抽渣筒清孔
5	钻孔排渣不畅，泥浆密度过大	钻进成孔时，排渣不通畅，大量泥块、沉渣不能及时排出，使泥浆密度过大，在钻头周围糊满了黏土（俗称黏钻），使刀具钻进时碰不到孔壁，土体切削不下来，导致钻机钻进不进尺	从孔壁切削下来的土块沉渣要用正反循环及时排除孔外，并补充新鲜泥浆，降低孔内泥浆密度。施钻时，注意控制钻进速度，不宜过快或过慢。已糊的钻头，可提出孔外，清除钻头上的泥块后重新继续钻进

续表

序号	工程质量问题或错误施工方法	现象、原因或危害性	防治措施
6	在成孔过程中或成孔后，泥浆大量向孔外漏失	由于遇到透水性强或有地下水流动的土层；或护筒埋设太浅，回填土不密实或护筒接缝不严密，导致护筒刃脚或接缝处漏浆；或孔内泥浆面过高使孔壁渗漏等。孔内泥浆向孔外流失，会造成孔内泥浆的标高低于孔外的地下水位，使内外水头不平衡而引发坍孔	(1) 加稠泥浆或倒入黏土，慢速钻进；或在回填土内掺片石、卵石，反复冲击，增强护壁。 (2) 在有护筒范围内，接缝处可用棉絮堵塞，封闭接缝，稳住水头。 (3) 在容易产生泥浆渗漏的土层中应采取维持孔壁稳定的措施。 (4) 护筒埋设，在黏性土中埋深，不小于1.0m，在砂性土中埋深不小于1.5m；护筒周围用含水量保持在最佳范围内的黏性土分层夯击密实，使不漏浆不漏水
7	钢筋笼偏位、变形、上浮	钢筋笼变形，保护层不够，深度、位置不符合设计要求；混凝土浇筑时，钢筋笼上浮。产生原因有：钢筋笼过长，未设加劲箍，刚度不够，造成变形；钢筋笼未设垫块或耳环控制保护层厚度；或桩孔本身倾斜或偏位；钢筋笼吊放未垂直缓慢放下，而是斜插入孔内；孔底沉渣未清理干净，使钢筋笼达不到设计深度；当混凝土面至钢筋笼底时，混凝土导管埋深不够，混凝土冲击力使钢筋笼被顶托上浮等，导致影响桩的承载力；处理费工费时	(1) 钢筋笼过长，应分2～3节制作，分段吊放，分段焊接或设加劲箍加强；在钢筋笼部分主筋上，应每隔一定距离设置混凝土垫块或加焊耳环控制保护层厚度。 (2) 桩孔本身倾斜、偏位应在下钢筋笼前往复扫孔纠正；孔底沉渣应置换清水或适当密度泥浆清除。 (3) 浇筑混凝土时，应将钢筋笼固定在孔壁上或压住；混凝土导管应埋入钢筋笼底面以下1.5m以上
8	钢筋脱落，不及时处理	混凝土灌注过程中，发生钢筋脱落吊入混凝土内被掩埋，桩顶没有钢筋。造成原因有：钢筋笼顶部未在孔口支承锚固牢靠，浇灌混凝土时，由于钢筋自重和混凝土下料，导管捣捣荷载的作用，使钢筋脱落沉入桩下部混凝土内	(1) 发现钢筋笼脱落，应立即报告，如仅桩上部有钢筋笼，可挖桩用倒链将钢筋笼提起，在孔口固定牢固后，重新浇筑振捣混凝土。 (2) 如钢筋笼很长，挖桩提起困难，可抢扎一个下小上大的钢筋笼，其长度应保持与原已下沉钢筋笼顶部搭接长度不少于1m，从导管外将钢筋笼套入桩孔，插入已浇的混凝土内，继续浇捣完毕
9	导管连接不严密，出现渗漏水	导管与导管之间接头连接不严密，产生向管内渗透水情况。造成桩孔内护壁泥浆渗漏入导管内，污染混凝土，增大水灰比，降低混凝土强度，导致水下灌注混凝土失败	(1) 新导管使用前，要试拼装，并通过试压（压力0.6～1.0MPa）合格，才可下孔使用。 (2) 旧导管使用，导管连接要严密，导管与密封圈的型号要匹配，每次接导管前要检查密封圈的完好程度，损坏的应更换。 (3) 拆卸下来的导管应及时将管口和内壁全部清洗干净，严防用后不清洗，用时再敲打除去水泥浆渣，损坏导管接口造成渗漏
10	灌注导管底口距桩底距离过小	混凝土灌注导管安装，管底口距桩孔底距离过小，灌注混凝土时，隔水栓（塞）不能顺利从导管底部排出，或刚勉强排出，但混凝土不能顺利排出即不能将导管底部埋入混凝土内，而导致初灌失败	(1) 可在控制隔水栓不下落的情况下适当地把导管上提，使隔水栓和混凝土快速排出，将导管下端埋入混凝土内，然后转入正常操作。 (2) 安装导管底口必须保持离开桩孔底部有300～500mm的距离，太低排出混凝土有困难，太高有可能卷进泥浆而造成混凝土夹泥

序号	工程质量问题或错误施工方法	现象、原因或危害性	防治措施
11	用混凝土泵车出料管直接与导管连接灌注混凝土	用商品混凝土灌注桩混凝土时，如用混凝土泵车的出料管直接与导管连接下料，由于泵车出料管一般直径为150mm，导管最小直径为200mm，直接下料会造成混凝土初灌量不足，导管埋入混凝土深度不足，使导管内混凝土柱与管外泥浆柱压力不平衡，会导致混凝土夹泥或堵管	在导管口上加设一个初灌储料斗，混凝土装满初灌储料斗后，放松隔水栓塞和泵车输送混凝土同时动作，使初灌储料斗内混凝土下完前，泵管混凝土已连续供应下料
12	提升拆除导管时，不测量导管内外混凝土面标高	提升、拆卸混凝土导管时不测量管内外混凝土面的实际标高，就不知桩孔内已浇筑的混凝土面标高，无法计算出导管需提升拆除的高度，盲目随意拔动会使导管提升拆除不足，下料困难，或脱离混凝土面而造成断桩	(1) 升拆除导管前，应仔细测定导管内外混凝土面的标高，计算出导管埋入混凝土内实际长度，再拔动卸除导管。 (2) 导管埋入混凝土内的长度要始终保持不小于2.0m，以确保桩身混凝土连续
13	出现吊脚桩	成孔后，桩身下部局部没有混凝土或夹有泥土。产生原因有：清孔后泥浆密度过小，孔壁坍塌或孔底涌进泥浆或未立即灌注混凝土；或清渣未净，残留沉渣过厚；或吊放导管碰撞孔壁使泥土坍落	(1) 做好清孔工作，达到要求立即灌注桩混凝土，控制间歇不超过4h。 (2) 注意控制泥浆密度，同时使孔内水位经常保持高于孔外水位1m以上以防止坍孔。 (3) 施工中注意保持孔壁，不让钢筋笼或导管等碰撞，造成孔壁坍塌
14	出现断桩	水下灌注混凝土，桩截面上存在泥夹层，造成断桩。产生原因有：首批混凝土浇筑不成功，再灌上层出现一层夹泥层而造成断桩；或孔壁坍方将导管卡住，强力拔管时，使泥水混入混凝土内；导管接头不良，泥水进入管内；或施工时突然下雨，泥浆冲入桩孔，将泥浆带入混凝土中造成夹层	(1) 争取首批混凝土一次浇灌成功；钻孔选用较大密度和黏度、胶体率好的泥浆护壁；控制进尺速度，保持孔壁稳定。 (2) 导管接头应用方螺纹连接，并设橡皮圈密封严密；孔口护筒不使埋置太浅；下钢筋笼骨架过程中，不使碰撞孔壁；施工时突然下雨，要力争一次性灌注完成。 (3) 灌注桩孔壁严重塌方或导管无法拔出形成断桩，可在一侧补桩；深度不大可挖出，对断桩处做适当处理后，支模重新浇筑混凝土。 (4) 桩径600mm时，应用直径200mm的灌注导管输送混凝土以保证浇筑质量，不能用大直径导管
15	混凝土灌注桩实际桩顶标高等于设计桩顶标高	由于最后冲出导管的混凝土受到管外已浇筑混凝土压强的抵抗，冲出压力差大为减弱，桩顶顶部的混凝土一般都不密实都夹有沉渣和泥浆及混凝土因骨料下沉产生的水泥砂浆层，强度比设计强度低较多，而桩顶所受压应力恰恰又是最大的，如直接锚入承台严重影响承载力	混凝土灌注桩桩顶浇筑标高应高于设计桩顶标高。桩基技术规范规定：当0.05倍设计桩长小于2m时，实际浇捣桩长按等于设计桩长加2m；当0.05倍设计桩长大于2m时，实际浇捣桩长度等于设计桩长加5%设计桩长予以控制。一般结构设计首页具体规定了保护桩长，一般为1.0～2.0m

2. 套管成孔灌注桩

套管成孔灌注桩又称打拔管灌注桩，有振动沉管灌注桩和锤击沉管灌注桩两种。是目前建筑工程常用的一种灌注桩。主要应用于黏性土、淤泥、淤泥质土、稍密的沙土及杂填土。

　　（1）锤击沉管灌注桩。图2-29为锤击沉管灌注桩施工过程图。它是用锤击打桩机（图2-29），将带活瓣桩尖或设置钢筋混凝土预制桩靴（图2-30）的钢套管锤击沉入土中，然后边浇筑混凝土边用卷扬机拔管成桩。

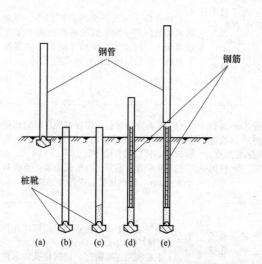

图2-29　锤击沉管灌注桩施工程序

（a）就位；（b）沉套管；（c）开始灌注混凝土；
（d）安放钢筋笼继续浇混凝土；（e）拔管成形

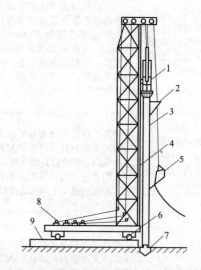

图2-30　锤击套管成孔灌注桩桩机设备

1—桩锤；2—混凝土漏斗；3—桩管；4—桩架；
5—混凝土吊斗；6—行驶用钢管；7—预制桩靴；
8—卷扬机；9—枕木

　　（2）振动沉管灌注桩。振动沉管灌注桩采用激振器或振动冲击锤沉管，其设备如图2-31和图2-32所示。

　　施工先安装好桩机，将桩管下活瓣合起来，对准桩位，徐徐放下桩管压入土中，即可开动振动器沉管。桩管在激振力作用下以一定的频率和振幅产生振动，减少了桩管与周围土体间的摩擦阻力，钢管在加压作用下而沉入土中。其施工过程如图2-33所示。

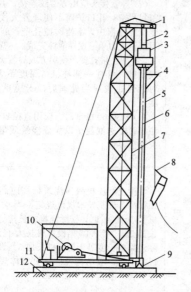

图2-31　振动套管成孔灌注桩桩机设备

1—导向滑轮；2—滑轮组；3—振动桩锤；4—混凝土漏斗；
5—桩管；6—加压用钢丝绳；7—桩架；8—混凝土吊斗；
9—活瓣桩靴；10—卷扬机；11—行驶用钢管；12—枕木

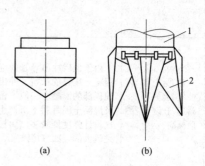

图2-32　桩靴示意图

（a）钢筋混凝土桩靴；（b）钢活瓣桩靴

1—桩管；2—活瓣

振动沉管灌注桩可采用单振法、复振法和反插法施工。

1) 单振法。即一次拔管法，在管内灌满混凝土后，先振动 5~10s，再开始拔管，应边振边拔，每提升 0.5m 停拔，振 5~10s 后再拔管 0.5m，再振 5~10s，如此反复进行直至地面。

2) 复打法。在同一桩孔内进行两次单打，或根据需要进行局部复打。复打施工必须在第一次浇筑的混凝土初凝之前完成，同时前后两次沉管的轴线必须重合。

3) 反插法。在套管内灌满混凝土后，先振动再拔管，每次拔管高度 0.5~1.0m，再把钢管下沉 0.3~0.5m。在拔管时分段添加混凝土，如此反复进行并始终保持振动，直到钢管全部拔出地面。反插法能使桩的截面增大，从而提高桩的承载力，宜在较差的软土地基上应用。施工时应严格控制拔管速度不得大于 0.5m/min。

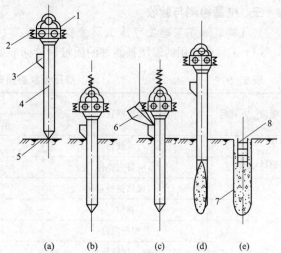

图 2-33　振动套管成孔灌注桩成桩过程

(a) 桩机就位；(b) 沉管；(c) 上料；(d) 拔出钢管；

(e) 在顶部混凝土内插入短钢筋并浇满混凝土

1—振动锤；2—加压减振弹簧；3—加料口；4—桩管；

5—活瓣桩尖；6—上料口；7—混凝土桩；8—短钢筋骨架

(3) 套管成孔灌注桩易产生的质量问题及处理。

1) 断桩。断桩一般发生在地面以下 1~3m 的不同软硬土层的交接处，并多数发生在黏性土，砂石和松土中很少出现。断桩的裂缝是水平的或略带倾斜，一般都贯通整个截面。

产生断桩的主要原因有：桩距过小，受邻桩施打时挤土所产生的水平横向推力和隆起上拔力作用；软硬土层间传递水平力大小不同，对桩产生剪应力；混凝土终凝不久，强度弱，受振动和外力扰动；拔管时速度过快，混凝土来不及下落，周围的土迅速回缩，形成断桩。

避免断桩的措施有：布桩不宜过密，桩间距宜大于 3.5 倍桩径；合理制定打桩顺序和桩架行走路线以减少振动的影响；采用跳打法施工，跳打应在相邻成形的桩达到设计强度的 60% 以上进行；认真控制拔管速度，一般以 1.2~1.5m/min 为宜。

断桩检查，在 2~3m 以内，可用木槌敲击桩头侧面，同时用脚踏在桩头上，如桩已断会感到浮振，进一步常采用开挖的办法检查。如已查出断桩，应将断桩段拔出，将孔清理干净后，略增大面积或加上铁箍连接，再重新浇筑混凝土补做桩身。

2) 缩颈。缩颈的桩又称瓶颈桩，桩身局部直径小于设计直径。产生的主要原因有：在含水率很高的软土层中沉桩管时，土受挤压产生很高的空隙水压，拔管后挤向新灌的混凝土而造成桩径截面缩小；拔管速度过快，混凝土流动性差或混凝土装入量少，混凝土出管时扩散差也造成缩颈现象。

预防措施：施工中应经常测定混凝土下落情况，发现问题及时纠正，一般可设计统一规定复打法施工预防；施工时每次应向桩管内尽量多装混凝土，使之有足够的扩散压力；严格控制拔管速度。处理方法是：若桩轻度缩颈，可采用反插法，局部缩颈可采用半复打法，桩身多处缩颈可采用复打法。

3) 吊脚桩。是指桩底部混凝土隔空或混凝土中混进泥沙而形成松软层。其形成的原因是预制桩尖质量差，沉管时被破坏，泥沙、水挤入桩管。处理方法：将桩管拔出，纠正桩尖或将砂回填桩孔后重新沉管。

三、桩基检测与验收

1.《建筑地基基础工程施工质量验收规范》（GB 50202）规定的桩基验收项目

（1）工程中常用的静压预制桩的质量检验标准见表 2-9。

表 2-9 静压预制桩质量检验标准

项目	序号	检查项目	允许值或允许偏差		检查方法
			单位	数值	
主控项目	1	承载力	不小于设计值		静载试验、高应变法等
	2	桩身完整性	—		低应变法
一般项目	1	成品桩质量	见表 2-4		查产品合格证
	2	桩位	见表 2-11		全站仪或用钢尺量
	3	电焊条质量	设计要求		查产品合格证
	4	接桩：焊缝质量	见标准中表 5.10.4		见标准中表 5.10.4
		电焊结束后停歇时间	min	≥6（3）	用表计时
		上下节平面偏差	mm	≤10	用钢尺量
		节点弯曲矢高	同桩体弯曲要求		用钢尺量
	5	终压标准	设计要求		现场实测或查沉桩记录
	6	桩顶标高	mm	±50	水准测量
	7	垂直度	≤1/100		经纬仪测量
	8	混凝土灌芯	设计要求		查灌注量

注 电焊结束后停歇时间项括号中为采用二氧化碳气体保护焊时的数值。

（2）工程中常用的泥浆护壁成孔灌注桩的质量检验标准见表 2-10。

表 2-10 泥浆护壁成孔灌注桩质量检验标准

项目	序号	检查项目		允许值或允许偏差		检查方法
				单位	数值	
主控项目	1	承载力		不小于设计值		静载试验
	2	孔深		不小于设计值		用测绳或井径仪测量
	3	桩身完整性		—		钻芯法，低应变法，声波透射法
	4	混凝土强度		不小于设计值		28d 试块强度或钻芯法
	5	嵌岩深度		不小于设计值		取岩样或超前钻孔取样
一般项目	1	垂直度		表 2-12		用超声波或井径仪测量
	2	孔径		表 2-12		用超声波或井径仪测量
	3	桩位		表 2-12		全站仪或用钢尺量开挖前量护筒，开挖后量桩中心
	4	泥浆指标	比重（黏土或砂性土中）	1.10～1.25		用比重计测，清孔后在距孔底 500mm 处取样
			含砂率	%	≤8	洗砂瓶
			黏度	s	18～28	黏度计
	5	泥浆面标高（高于地下水位）		m	0.5～1.0	目测法

续表

项目	序号	检查项目		允许值或允许偏差		检查方法
				单位	数值	
一般项目	6	钢筋笼质量	主筋间距	mm	±10	用钢尺量
			长度	mm	±100	用钢尺量
			钢筋材质检验	设计要求		抽样送检
			箍筋间距	mm	±20	用钢尺量
			笼直径	mm	±10	用钢尺量
	7	沉渣厚度	端承桩	mm	≤50	用沉渣仪或重锤测
			摩擦桩	mm	≤150	
	8	混凝土坍落度		mm	180～220	坍落度仪
	9	钢筋笼安装深度		mm	+100 0	用钢尺量
	10	混凝土充盈系数		≥1.0		实际灌注量与计算灌注量的比
	11	桩顶标高		mm	+30 -50	水准测量，需扣除桩顶浮浆层及劣质桩体
	12	后注浆	注浆终止条件	注浆量不小于设计要求		查看流量表
				注浆量不小于设计要求80%，且注浆压力达到设计值		查看流量表，检查压力表读数
			水胶比	设计值		实际用水量与水泥等胶凝材料的重量比
	13	扩底桩	扩底直径	不小于设计值		井径仪测量
			扩底高度	不小于设计值		

2. 桩基检测

(1) 承载力检验。《建筑地基基础工程施工质量验收规范》(GB 50202) 规定：工程桩应进行承载力检验。

承载力检验有两种基本方法：一种是静载试验法（或称破损试验），另一种是大应变动测法（或称无破坏试验）。静载试验是根据模拟实际荷载情况，通过对单根桩进行竖向抗压（抗拔或水平）试验，得出一系列关系曲线，综合评定确定其容许承载力的一种试验方法。它能较好地反映单桩的实际承载力。工程桩的荷载试验通常采用的是单桩竖向抗压静载试验，如果有抗拔桩还要做单桩抗拔静载试验。一般静荷载试验可直观地反映桩的承载力和混凝土的浇筑质量，数据可靠。但其装置较复杂笨重，装、卸操作费工费时，成本高，测试数量有限。

《建筑地基基础工程施工质量验收规范》(GB 50202) 规定：对于地基基础设计等级为甲级或地质条件复杂，应采用静载荷试验的方法进行检验，检验桩数不应少于总桩数的1%，且不少于3根，当总桩数少于50根时，不应少于2根。由于数据可靠，目前设计单位对于规范规定的上述情形以外的桩基，一般也规定用静载试验进行承载力检验。

由于在打桩后经过一定的时间，待桩身与土体的结合趋于稳定，摩擦力真正发挥才能进行试验，所以静载试验需要一个休止期。对于预制桩，土质为砂类土，打桩完后与试验的时间应不少于10天，如是粉土或黏性土，则不应少于15天，对于淤泥或淤泥质土，不应少于25天。灌注桩在桩

身混凝土强度达到设计等级的前提下，对砂类土不少于10天，黏性土不少于20天，淤泥或淤泥质土不少于30天。

用静载试验进行承载力检验的方法，对于预应力管桩一般采用静力压桩机，因为压桩机选型一般按1.2～1.5倍管桩极限承载力取值，可以满足静载试验要求。对于灌注桩，单桩竖向抗压极限承载力在3000kN以下且旁边无锚桩可以提供反力的一般采用堆载试验法（图2-34）；单桩竖向抗压极限承载力在3000kN以上，为了节省费用，一般采用锚杆压桩法（图2-35）。

图2-34　堆载试验法

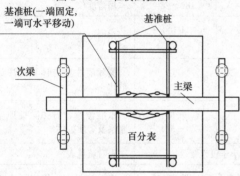

图2-35　锚杆压桩法

所谓堆载试验法，就是在桩顶使用钢梁设置一承重平台，上堆重物，依靠放在桩头上的千斤顶将平台逐步顶起，从而将力施加到桩身。反力装置的主梁可以选用型钢，也可以用自行加工的箱梁，平台形状可以根据需要设置为方形或矩形，堆载用的重物可以选用砂袋、混凝土预制块等。

所谓锚杆压桩法，就是将被测桩周围对称的几根锚桩用锚筋与反力架连接起来，依靠桩顶的千斤顶将反力架顶起，由被连接的锚桩提供反力，提供反力的大小由锚桩数量、反力架强度和被连接锚桩的抗拔力决定。锚桩反力装置一般不会受现场条件和加载吨位数的限制，当条件允许，采用工程桩作锚桩是最经济的，但在试验过程中需要观测锚桩的上拔量，以免拔断，造成工程损失。

根据检测规范要求，静载试验法的加载过程一般为：每级加载为预估极限的$1/15～1/10$，第一级可按2倍分级荷载加荷。每级加载后间隔5min、10min、15min各测读一次，以后每隔15min测读一次，累计1h以后每隔30min测读一次。每次测读值记入试验记录表。每一小时的沉降不超过0.1mm，并连续出现两次（由1.5h内连续三次观测值计算），认为已达到相对稳定，可加一级荷载。

单桩竖向极限承载力可按下列方法综合分析确定。

1）根据沉降随荷载的变化特征确定极限承载力：对于陡降型Q-s曲线，取Q-s曲线发生明显陡降的起始点。①某级荷载作用下，桩的沉降量为前一级荷载作用下沉降量的5倍，立即终止加载，前一级荷载直接确定为单桩竖向极限承载力；②某级荷载作用下，桩的沉降量大于前一级荷载作用下沉降量的2倍，且经24h尚未达到相对稳定，前一级荷载直接判定为单桩竖向极限承载力（如图2-36的圈点约1000kN）。

2）根据沉降量确定极限承载力：对于缓变型Q-s曲线一般可取s=40～60mm对应的荷载，对于大直径桩可取s=0.03～0.06D（D为桩端直径，大桩径取低值，小桩径取高值）所对应的荷载；对于细长桩（$l/d > 80$）可取 $s = 60 \sim 80$mm 对应的荷载。

3）根据沉降随时间的变化特征确定极限承载力，取 $s - \lg t$ 曲线尾部出现明显向下弯曲的前一级荷载值。

另一种检测方法是动测法（也称动力无损检测法），是检测桩基承载力的一项技术，作为静载试验的补充。动测法是相对于静载试验而言，它是对桩土体系进行适当的简化处理，建立起数学—力学模型，借助现代电子技术与量测设备采集桩、土体系在给定的动荷载作用下所产生的振动参数，结合实际桩土条件进行计算，所得结果与相应的静载试验结果进行比较，在积累一定数量的动静试验对比结果的基础上，找出两者之间的某种相关关系，并以此作为标准来确定桩基承载力。

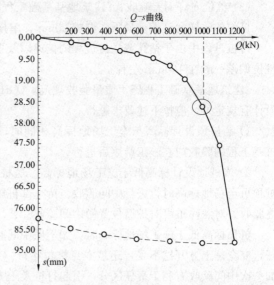

图 2-36 s1 试桩 $Q-s$ 曲线

动测法具有仪器轻便灵活，检测快速（单桩检测时间仅为静载试验的 1/50），不破坏桩基，相对也较准确，费用低，可进行普查。不足之处是需要做大量的测试数据，需静载试验来充实完善、编写电脑软件，所测的极限承载力有时与静载荷值离散性较大等，因此现场应用较少。

单桩承载力的动测方法很多，国内有代表性的方法有：动力参数法、锤击贯入法、水电效应法、共振法、机械阻抗法、波动方程法等，最常用的是动力参数法和锤击贯入法两种大应变动测法。

（2）桩体质量检验。在桩基动态无损检测中，国内外广泛使用应力波反射法，又称低（小）应变法（图 2-37）来判别桩身质量。其原理是在桩顶采用锤击振动的方法，在仪器中观察应力波在混凝土介质内的传播速度、传播时间和反射情况，用来检验、判定桩身是否存在断裂、夹层、颈缩、空洞等质量缺陷。应力波反射法（小应变）检测桩身完整性因具有仪器轻便灵活、检测快速和准确的优点，现场使用普遍。如果灌注桩的混凝土试块强度不合格，还必须做这根桩的钻芯取样以进一步检验桩体质量。

图 2-37 小应变动测法检测桩身质量和动测仪器

《建筑地基基础工程施工质量验收规范》（GB 50202）规定：工程桩的桩身完整性的抽检数量不应少于总桩数的 20%，且不应小于 10 根。每根柱子承台下的桩抽检数量不应少于 1 根。

（3）桩位允许偏差验收。《建筑地基基础工程施工质量验收规范》（GB 50202）5.1.1条规定：桩位的放样允许偏差如下：群桩20mm，单排桩10mm。

打桩过程中由于钻孔或送桩过程的偏离以及挖土等因素的影响，误差是不可避免的，最终实际桩位偏差一般在100mm左右。

《建筑地基基础工程施工质量验收规范》（GB 50202）5.1.2条规定：桩基工程的桩位验收，除设计有规定外，应按下述要求进行。

1）当桩顶设计标高与施工场地标高相同时，或桩基施工结束后，有可能对桩位进行检查时，桩基工程的验收应在施工结束后进行。

2）当桩顶设计标高低于施工场地标高，送桩后无法对桩位进行检查时，对打入桩可在每根桩桩顶沉至场地标高时，进行中间验收，待全部桩施工结束，承台或底板开挖到设计标高后，再做最终验收。对灌注桩可对护筒位置做中间验收。

桩顶标高低于施工场地标高时，如不做中间验收，在土方开挖后如有桩顶位移发生不易明确责任，究竟是土方开挖不妥，还是本身桩位不准（打入桩施工不慎，会造成挤土，导致桩体位移），加一次中间验收有利于责任区分，引起打桩及土方承包商的重视。

桩位最终允许偏差验收既不是桩位的放样允许偏差，也不是中间偏差验收，指的是承台或底板开挖到设计标高并凿桩后的最终桩位允许偏差。

1）预制桩。预制混凝土方桩、先张法预应力管桩、钢桩的桩位允许偏差见表2-11。

表2-11　　　　　　　　　　　　预制桩（钢桩）的桩位允许偏差

序号	检查项目		允许偏差（mm）
1	带有基础梁的桩	垂直基础梁的中心线	≤100+0.01H
		沿基础梁的中心线	≤150+0.01H
2	承台桩	桩数为1～3根桩基中的桩	≤100+0.01H
		桩数大于或等于4根桩基中的桩	≤1/2桩径+0.01H 或1/2边长+0.01H

注　H为桩基施工面至设计桩顶的距离（mm）。

2）灌注桩。灌注桩的桩位偏差必须符合表2-12规定，灌注桩混凝土强度检验的试件应在施工现场随机抽取。来自同一搅拌站的混凝土，每浇筑50m³必须至少留置1组试件；当混凝土浇筑量不足50m³时，每连续浇筑12h必须至少留置1组试件。对单柱单桩，每根桩应至少留置1组试件。

表2-12　　　　　　　　　　　灌注桩的桩径、垂直度及桩位允许偏差表

序号	成孔方法		桩径允许偏差（mm）	垂直度允许偏差（%）	桩位允许偏差（mm）
1	泥浆护壁钻孔桩	D<1000mm	≥0	≤1/100	≤70+0.01H
		D≥1000mm			≤100+0.01H
1	套管成孔灌注桩	D<500mm	≥0	≤1/100	≤70+0.01H
		D≥500mm			≤100+0.01H
3	干成孔灌注桩		≥0	≤1/100	≤70+0.01H
4	人工挖孔桩		≥0	≤1/200	≤50+0.005H

注　1. H为桩基施工面至设计桩顶的距离（mm）；

　　2. D为设计桩径（mm）。

第三节 桩承台与筏形基础施工

桩基础施工已全部完成，并按设计要求挖完土，而且办完桩基施工验收记录后，即可进行桩承台和基础施工。施工前先修整桩顶混凝土，剔完桩顶疏松混凝土，如桩顶低于设计标高时，须用同级混凝土接高，在达到桩强度的50%以上，再将埋入承台梁内的桩顶部分剔毛、冲净。如桩顶高于设计标高时，应预先剔凿，使桩顶伸入承台梁深度完全符合设计要求。

筏形基础又称筏板、筏片基础（简称筏基），分为由钢筋混凝土底板、梁组成的梁板式筏基〔图2-38（a）〕和仅由整板式底板浇筑而成的平板式筏基〔图2-38（b）〕两种类型。

梁板式筏基又有两种形式：一种是梁在板的上面，如图2-38所示，主要用在浅基础，另一种是梁在板的底下埋入土内（图2-40），此形式筏形基础底板直接作为地下室地坪使用，减少挖填土方量，应用较多。筏形基础的选型应根据工程地质、上部结构体系、柱距、荷载大小以及施工条件等因素确定。平板式基础一般用于荷载不是很大，柱网较均匀且间距较小的情况；梁板式基础多用于荷载很大的情况。这类基础整体性好，抗弯刚度大，可充分利用地基承载力，调整上部结构的不均匀荷载和地基的不均匀沉降。适用于有地下室或地基承载力较低而上部荷载较大的基础，其外形和构造类似倒置的钢筋混凝土楼盖，又像"船筏"而得名，筏形基础在多层和高层建筑中被广泛采用。

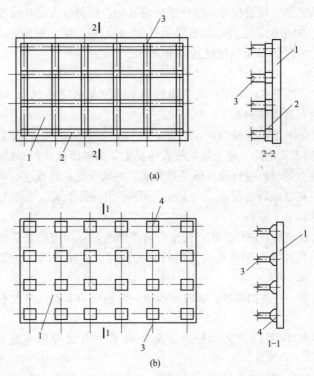

图2-38 筏形基础形式

（a）梁板式；（b）平板式

1—底板；2—梁；3—柱；4—支墩

一、筏形基础构造要求

（1）基础一般采用等厚的钢筋混凝土平板；平面应大致对称，尽量使整个基底的形心与上部结构传来的荷载合力点相重合，使基础处于中心受压，减少基础所受的偏心力矩。

（2）底板下宜铺设厚度≥100mm 的不小于 C15 的素混凝土垫层，每边伸出基础底板不小于100mm；筏板混凝土强度等级不宜低于 C30；当有防水要求时，抗渗等级不低于 P6。

（3）筏板厚度应根据抗冲切、抗剪切要求确定，梁板式筏形基础底板厚不应小于 300mm 且板厚与板格的最小跨度之比不宜小于 1/20；平板式筏形基础板最小厚度不宜小于 400mm。

（4）梁截面按计算确定，高出底板的顶面，一般不小于 300mm，梁宽不小于 250mm。筏板悬挑墙外的长度，从轴线起算，横向不宜大于 1500mm，纵向不宜大于 1000mm，边端厚度不小于 200mm。

（5）筏板配筋由计算确定，按双向配筋。板厚小于 300mm，构造要求可配置单层钢筋；板厚大于或等于 300mm 时，底配置双层钢筋。受力钢筋直径不宜小于 12mm，间距为 100～200mm；分布钢筋直径一般不宜小于 8～10mm；间距 200～300mm。钢筋保护层厚度不宜小于 35mm。

（6）底板配筋除符合计算要求外，纵横方向支承钢筋尚应分别有 0.15%、0.1%配筋率连通，跨中钢筋按实际配筋率全部连通。在筏板基础周边附近的基底及四角反力较大，配筋应予加强。当采用墙下不埋式筏板，四周必须设置向下边梁，其埋入室外地面下不得小于 500mm，梁宽不宜小于 200mm，上下钢筋可取最小配筋率，并不少于 2Φ10，箍筋及腰筋一般采用 Φ8@150～250，与边梁连接的筏板上部要配置受力钢筋，底板四角应布置放射状附加钢筋。

（7）当高层建筑筏形基础下天然地基承载力或沉降变形不能满足要求时，可在筏形基础下加设各种桩（如预制桩、灌注桩、钢管桩等）组合成桩筏基础。桩顶嵌入筏基底板上的长度，对于大直径桩不宜小于 100mm；对于中、小直径桩不宜小于 50mm。桩的纵向钢筋锚入筏基底板内的长度不宜小于 35d（d 为钢筋直径）；对于抗拔桩基，不应小于 45d。

二、施工要点

（1）地基开挖，如有地下水，应采用人工降低地下水位至基坑底 50cm 以下部位，保持在无水的情况下进行土方开挖和基础结构施工。

（2）基坑土方开挖应注意保持基坑底土的原状结构，如采用机械开挖时，基坑底面以上 20～30cm 厚的土层，应采用人工清除，避免超挖或破坏基土。如局部有软弱土层或超挖，应进行换填，采用与地基土压缩性相近的材料进行分层回填并夯实。基坑开挖应连续进行，如基坑挖好后不能立即进行下一道工序，应在基底以上留置 15～30cm 一层不挖，待下道工序施工时再挖至设计基坑底标高，以免基土被扰动。

（3）基坑施工完成后应及时进行验槽，验槽后清理槽底，立即进行垫层施工；当垫层混凝土达到一定强度后，使用引桩和龙门架在垫层上进行基础放线、绑扎钢筋，支立模板、固定柱或墙的插筋。

（4）筏形基础浇筑前，应清扫基坑、验收完模板、钢筋分项工程；注意木模板要浇水湿润，钢模板要涂隔离剂。

（5）混凝土浇筑方向应平行于次梁长边方向，对于平板式筏形基础则应平行于基础长边方向。

（6）应用较少的上翻梁筏板基础施工，可根据结构情况和施工具体条件及要求采用以下两种方法之一。

1）先在垫层上绑扎底板梁的钢筋和上部柱插筋，现浇筑底板混凝土，待达到 25%以上强度后，再在底板上支梁侧模板，浇筑完梁部分混凝土。

2）采取底板和梁钢筋、模板一次同时支好，梁侧模板用混凝土支墩或钢支承架支承，并用钢管脚手架固定牢固，混凝土一次连续浇筑完成保证整体性（图 2-39）。

前法可降低施工强度，支梁模方便，但处理施工缝较麻烦；后法一次完成施工质量易于保证，整体性好并可缩短工期，但模板支设较复杂。两种方法都应注意保证梁位置和柱插筋位置正确，混凝土应一次连续浇筑完成。

（7）大多数情况下，梁板式筏形基础的梁在底板下部，这时通常采取梁板同时浇筑混凝土。此时梁的侧模板是无法拆除的，一般梁侧模采取在垫层上两侧砌砖墙代替钢（或木）侧模，与垫层形成一个砖壳子模，也叫砖胎膜（图2-40）。

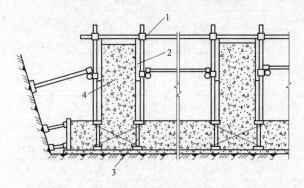
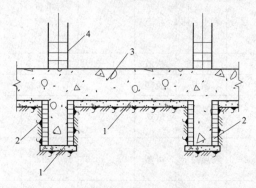

图 2-39　上翻梁板式筏形基础钢管支架一次性支模
1—钢管支架；2—组合钢模板；3—钢支承架；4—地梁

图 2-40　下翻梁板式筏形基础中的砖侧模板
1—垫层；2—砖侧模板；3—底板；4—柱钢筋

承台的砖胎模厚度取决于砖墙的高度，当砖墙高度小于60cm时，砌120mm厚墙；当砖墙高度大于60cm且小于180cm时，采用240mm厚墙；当砖墙高度大于180cm以上时，应当砌370mm厚墙。

（8）当筏板基础长度很长（40m以上）时，结构设计应考虑在中部适当部位留设贯通后浇带，以避免出现温度收缩裂缝和便于进行施工分段流水作业；对超厚的筏形基础应考虑采取降低水泥水化热和浇筑入模温度措施，以避免出现过大温度收缩应力，导致基础底板裂缝。

（9）基础浇筑完毕，表面应覆盖和洒水养护，并不少于7d，必要时应采取保温养护措施，并防止浸泡地基。

（10）在基础底板上埋设好沉降观测点，定期进行观测、分析，做好记录。

（11）当混凝土基础达到设计强度的30%时，应进行基坑回填。基坑回填应在四周同时进行，并按基底排水方向由高到低分层进行。

第四节　工程实践案例

【案例1】　先张法预应力混凝土管桩施工案例

1. 工程简介

广东顺德嘉信城市花园是由新加坡和中国香港建筑师规划和设计的顺德市新城区的大型住宅区，区内兴建有多期不同风格的花园住宅小区及幼儿园、学校、商场等配套设施。本工程实例为第二期住宅小区，总建筑面积22.3万m²，包括15栋17～22层的高层住宅及会所、停车场等建筑物。

高层住宅的结构形式采用短肢剪力墙—筒体结构，其他建筑物采用框架结构。工程的抗震设防烈度为7度。

2. 工程地质概况

建设场地位于城市花园第一期住宅小区南侧，西邻龙盘北路。场地共布置工程地质勘察钻探孔

131 个，其他控制钻孔 15 个，技术孔 27 个。

场地地貌为河流堆积地貌，原为鱼塘耕地，经人工填土而成，施工场地大致平整。

场地岩土层由第四系素填土、冲坡积土、残积突击前震旦系花岗片麻岩组成，自上而下分 4 大层 8 亚层。其主要特征及物理力学指标见表 2-13。

表 2-13　　　　　　　　　　　各土层特征及主要物理力学性质指标

层号	岩土名称	状态	层厚(m)	标准贯入击数($N_{63.5}$)	f_k (kPa)	预制桩		钻孔桩		备注
						q_{sik} (kPa)	q_{pk} (kPa)	q_{sik} (kPa)	q_{pk} (kPa)	
1	素填土	松散	2.1~5.0	1.0~11.0	70					
2-1	淤泥	流塑	4.0~27.3	1.0~5.6	55			16		
	粉质黏土夹层	软塑		1.5~20.5	140			47		
2-2	粉质黏土	可塑	0.4~8.6	1.0~28.5	190	73	1850			桩长＜15m
							2300			桩长≥15m
3	粉质黏土	硬塑	1.6~25.0	7.5~36.0	280	95	4400	80	1300	桩长＜30m
							5100		1500	桩长≥30m
4-1	花岗片麻岩	全风化	1.1~18.1	28.5~56.5	360	105	5300	88	1650	桩长＜30m
							6000		1900	桩长≥30m
4-2	花岗片麻岩	土状强风化	0.6~17.2	50.0~74.0	700	150	6000	130	1900	桩长＜30m
							7000		2200	桩长≥30m
4-3	花岗片麻岩	岩状强风化	0.4~7.6	49.5~65.0	1000	250	10 000	200	3000	
4-4	花岗片麻岩	中风化	顶板埋深 23.3~47.0		1800	10 000	F_{rc}取 15MPa			

3. 分析选型

（1）地表土层为新近填土，堆填时间较短，尚未完成自重固结，其下的淤泥层较厚且不均匀，含水量大，压缩性高，呈流塑状。7 度地震设防区，基础设计应充分考虑这部分软土的地震震陷影响，若采用桩基，承载力取值应留有足够的余地。

（2）各个风化岩层的厚薄不均且性状相差较大，全风化层厚 1.1~18.1m，土状强风化岩层厚 0.6~17.2m，岩状强风化层厚 0.4~7.6m；全风化和土状强风化都有遇水变软崩解的特性。预制预应力管桩基础若以此类岩土作桩岩端持力层，应特别注意避免桩基渗漏水软化持力层的问题发生。

（3）在少部分地质钻探孔中，土状强风化或岩状强风化都较薄或缺失。从软弱土层直接过渡到中风化岩硬层，中间缺乏缓冲层，或缓冲层过薄，属于那种"上软下硬，软硬突变"的岩层。若无法避免这类岩层作桩端持力层时，设计和施工方面都需要妥当的应对措施。

通过上述对场地地基土层性状的分析可知，本工程若采用钻孔灌注桩基础，虽也能取得较高的单桩竖向承载力，但成桩质量较难控制，而且由于桩底沉渣的存在和钻孔时土壁应力释放，单位面积桩端阻力 q_{pk} 和桩侧阻力 q_{sik} 发挥均明显低于预制桩，即不利于发挥岩土层的承载能力，特别是钻孔灌注桩施工速度慢得多且造价高得多；而采用锤击预应力高强混凝土管桩（PHC）基础，则能充分发挥该桩型桩身强度高（C80混凝土）、质量可靠稳定、桩的锤击贯入能力强、单桩承载力高、施工速度快、价格便宜的特点，是合理而经济的选择。

4. 锤击预应力管桩的设计与施工

本工程基础采用锤击预应力高强混凝土管桩，结合上部结构荷载、受力性能和地质构造特点，着重对以下几个方面的设计和施工问题进行分析和探讨。

（1）桩端持力层的选择。比较理想的桩端持力层应是较厚的4-3岩状强风化层。这种地质构造能充分发挥锤击管桩桩身强度高、耐施打的优点，入岩深度和最后贯入度容易控制、方便施工，故设计要求以4-3岩状强风化层为锤击预应力管桩的桩端持力层。但各个风化岩层厚薄不均的复杂地质构造特点决定了有另外两种情况发生：根据典型的工程地质钻孔柱状图分析，一是管桩桩尖落在较厚的4-2土状强风化层上即达到收锤标准；二是有的管桩桩尖落在较薄或缺失的土状和岩状强风化层后直接从3粉质黏土层进入中风化层，形成"上软下硬，软硬突变"。

桩端土若是土状强风化层，由于其具有遇水变软崩解的特性，锤击管桩成桩后，地下水可能通过三种途径进入空心管桩内：桩的上开口；管桩的端头板与混凝土面的分离裂缝；桩身壁的裂缝。然后水从桩端渗漏出桩外进入土状强风化层，造成持力层软化崩解，严重影响成桩质量，造成事故隐患。因此结合现场施工实际，对管桩底端采用掺有膨胀剂的细石混凝土填芯封底，构造如图2-41所示。

当管桩桩尖穿过很薄的土状或岩状强风化层或从粉质黏土层直接进入中风化层时，由于软硬突变，缺少一层"缓冲层"，锤击管桩施工时，很容易产生桩的倾斜率过大、破损率高的现象。为了保证锤击管桩成桩质量，增强桩尖的破岩和嵌岩能力，本工程针对不同的地质构造情况，采用了两种不同的桩尖构造，分别如图2-42所示。实际效果良好，基本上没有因桩端持力层岩土太硬而造成管桩反弹过大，导致桩身的倾斜率超规范或破损率高的现象发生。

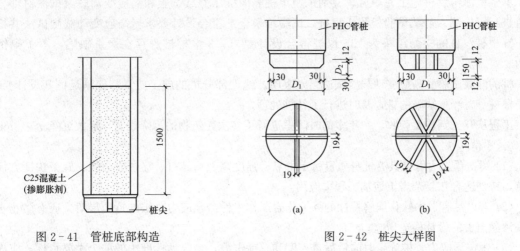

图2-41 管桩底部构造　　　　　　　　图2-42 桩尖大样图

（2）锤击管桩的施工质量控制。

1）最后贯入度和锤击数：对于复杂岩土地基锤击管桩基础工程来说，施工中要解决的重点问题是收锤标准问题，应根据场地地质条件、单桩承载力的取值、桩的规格和长短、锤的大小和落距（冲程）等因素，综合考虑最后贯入度、桩的入土深度、总锤击数、最后1m沉桩锤击数、桩端持力层的岩土类别及桩尖进入持力层深度等指标后给出。当桩端持力层确定后，锤击管桩的最后贯入度、总锤击数则是主要控制指标。

本工程针对不同的地质构造特点，通过试打桩确定了不同的锤击管桩最后三阵贯入度和总锤击数的控制指标。

① 桩端持力层为土状或岩状强风化层，总锤击数为 1000～1500 击，最后三阵贯入度在 20～25mm/10 击时即可收锤；总锤击数多于 1500 击，最后三阵贯入度在 25～30mm/10 击时即可收锤。

② 当桩尖可能穿过较薄的强风化层或直接从粉质黏土进入中风化层时，总锤击数可能不到 1000 击，最后三阵贯入度应控制在 15～20mm/10 击的范围，一般不小于 15mm/10 击。

2）锤击管桩的焊接接头：许多锤击管桩基础工程实例的动测检验结果表明有相当数量的不合格或有缺陷的桩是因焊接接头有裂缝造成的，说明焊接质量不过关。在施工过程中，焊接接头要经受成百上千次锤击及相当大的拉力作用，容易开裂。因此，本工程要求现场施工人员应认真操作，使两端板间无间隙、错位，保证焊接饱满、无气孔；施焊要对称进行，焊接时间控制得当，不宜太短也不宜太长，焊接完成后宜自然冷却 10min 后方可施打，否则高温焊缝遇水后，焊缝变脆，锤击次数多了容易开裂。同时，还要求焊接过程保证桩身垂直，以免打桩时因偏心受力而使桩身破坏，同时成桩后的垂直度也能得到保证。

3）打桩顺序与沉桩工艺：本工程地表填土以下平均 15m 左右深度的淤泥层，受锤击沉桩挤压时，排水不易，颗粒间较难挤密实，导致隆土现象出现，桩易偏位倾斜。同一单体建筑物要求先施打中间的桩，后施打周边的桩；先施打持力层较深的桩，后施打持力层较浅的桩。

沉桩速度也要求得到严格控制，速度过快会使土体产生很大的孔隙水压，深土层产生水平移位。如不加以控制而超过临界状态，土体隆起时对桩产生上浮力，还会对四周的桩产生水平挤压力，易导致桩倾斜偏位。

另外，锤击管桩施工时要求对桩身的垂直度、桩位及桩顶标高进行监控，发现问题及时采取相应措施予以调整。沉桩应连续进行，避免中途停歇。

5. 工程桩的质量检测

本工程锤击管桩施工完毕后，分别采用单桩竖向抗压静载试验和高应变动载测试法对部分工程桩进行了检测。静载试验检测 4 根桩，试验结果全部符合设计要求。高应变动载测试法共检测了 138 根桩，桩的检测结果为 135 根桩符合设计要求，3 根桩桩身存在严重缺陷，不予提供承载力。

桩的静载试验和高应变动载测试法结果表明，绝大部分桩的施工质量都能满足桩基设计要求，对 3 根桩身有严重缺陷的桩，及时进行了补桩处理。

工程从开工到竣工验收，一年多的时间里进行了多次建筑物的沉降观测，最大沉降 $\delta \leqslant 18mm$。

6. 小结

(1) 锤击预应力管桩具有桩身质量稳定可靠、强度高、耐施打、穿透能力强、施工快捷方便等优点，特别适合在复杂岩土地基工程中应用。

(2) 若以具有遇水软化崩解特性的强风化岩层作为锤击预应力管桩的持力层时，应有防止水从桩底渗漏出去的设计构造措施。

(3) 锤击预应力管桩施工时的最后贯入度和总锤击数，是收锤标准中的两个主要指标，应根据不同的地质构造条件，通过试打桩确定。

(4) 锤击预应力管桩接头的焊接与桩身垂直度的控制，是保证成桩质量、避免桩身缺陷的重要环节。

【案例 2】　泥浆护壁钻孔灌注桩施工案例

某拟建的多层公寓二号地块，工程位于××区西山桥阮家桥村，东邻西塘中路，北靠花园路，南邻市机电公司用地。共有 5 幢 16～24 层高层建筑及少量附属建筑，1 个一层大型地下停车库。本工程由××房产公司开发，×××设计研究院设计，××市勘测设计研究院完成岩土勘察工作。某施工企业中标工期 70 天。

1. 工程桩数量

某钻孔灌注桩工程数量见表 2-14。

表 2-14　　　　　　　　　　　　　某钻孔灌注桩工程数量

编号	子项名称	桩型φ（mm）	桩长（m）	桩数（根）	地质资料上的成孔深度（m）
1	1 号楼	800	50	296	55
		600	24	24	32
2	2 号楼	800	40	80	43
3	3 号楼	800	50	244	58
		600	40	6	43.5
4	4 号楼	800	40	62	37
5	5 号楼	600	40	55	47.5

桩身混凝土强度等级 C30，为预拌混凝土，混凝土坍落度 18～20cm，混凝土灌注前孔底沉渣 ≤50mm，桩身混凝土加灌高度 1.5m。

2. 地貌，地基土工程地质特征

工程地质情况详细有某勘测设计研究院提供的岩土工程勘测报告。拟建工程场地复杂程度为中等复杂，地基复杂程度为中等复杂地基。

3. 施工准备

（1）技术资料准备并制定相应的保证措施。

（2）施工中要投入的仪器，如经纬仪、水准仪等送计量局检验，合格后送工地使用。

（3）进行技术交底。

（4）清理现场，清除施工现场地上和地下全部障碍物。

（5）复核规划红线，进行桩基轴线放样及桩位布置，将桩基定位点、水准点引出施工影响范围外，确保基准点、水准点不受施工影响，并加以保护。

（6）配合施工总承包方进行施工场地平整，合理安排好施工场地和材料堆场，布置好泥浆循环系统，挖好泥浆池并用砖块砌好。

（7）打试桩：全场施工前将开打的第一根工程桩作为试桩，邀请建设单位、设计、质检、监理、勘测等有关部门的人员参加，对试桩成孔的孔径、垂直度、孔壁稳定、沉渣、岩样和嵌岩深度、充盈系数等检测能否满足设计要求进一步核对地质资料，检验施工工艺是否符合设计、施工规范要求，以确定工程桩施工中有关参数，为工程桩全面开打做好准备。

（8）编制施工劳动力安排表、施工机具及配套设备表、材料计划安排表（此处略）。

（9）进行临时设施设置，引入施工用水、电。

4. 技术准备

（1）做好建筑物位置定位放线：定位放线以规划部门指定的红线为准，以总平面图为依据，定出标准轴线，并绘制测量定位记录。

（2）做好高程引进。

（3）设置坐标点并进行复测、监理复查。在测量放线时应注意以下几个方面。

1）核验标准轴线桩的位置。

2）对照施工平面图检查建筑物各轴线尺寸。

3）校验基准点和龙门桩标高。

4）填写工程定位测量记录和绘制定位测量图，并在图上注明方向，测量起始点，测量顺序，测量结果，并由复测人和监理签字。

5. 大口径钻孔灌注桩施工

（1）施工工艺流程图参见本章图 2-22。

（2）桩位放样：桩位测量放线，应与设计提供的桩位平面图一致，并有放线控制点夹角和距离，以便检验校核数据，桩位放样用 $\phi14mm$ 钢筋全部打入至高出地面 20～30cm，顶部涂上红漆做标志，及时通知监理、业主复核，保证桩位的正确性。

（3）护筒及其埋设：本工程使用的护筒由钢板制成，厚 4mm，上部留有出溢浆口，并焊有吊环，每节护筒长 1.2～1.5m，护筒内径大于钻头直径 100mm，埋设完毕后其平面偏差不大于 20mm。

（4）钻机移位对中，钻机就位时，必须校对桩位中心、轴线及水平位置。桩机就位必须正确水平稳固，确保在施工中不发生倾斜和移动。垂直度必须符合规范要求（≤1%）。

（5）成孔施工要点：钻点回转中心对准护筒中心，其偏差不大于 20mm，开动泥浆泵使泥浆循环 2～3min，然后再开动钻机，慢慢将钻头放至孔底，在护筒刃脚处低挡慢速钻进，钻至刃脚下1m 后，再根据土质情况以正常速度钻进。

根据土质情况、孔径大小、钻孔深度确定相应的钻进速度：淤泥质土，最大钻速不大于 1m/min，其他土层以钻机不超负荷为准；在风化岩或其他硬土层中的钻进速度以钻机不产生跳动为准。

（6）泥浆护壁和排渣：泥浆的稠度应适当控制，应根据地层情况经常测定泥浆的比重、黏度、含砂率的技术指标，造孔中泥浆比重应控制在 1.23～1.35，排出泥浆比重随地层条件而定（见表 2-15）。

表 2-15　　　　　　　　　　　　　泥 浆 技 术 指 标

地质条件	比重 G（g/cm³）	黏度 S	含砂量（%）	胶体率（%）	pH 值
粉土、粉质黏土，一般黏土	1.10～1.25	16～20	4～8	≥95	7～9
黏土	1.10～1.30	18～22	4～8	≥95	7～9
砂砾（卵）石基岩	1.25～1.35	20～22	4～8	≥95	7～9

废浆处理：本工程安排 6 辆汽车，从现场拉运废浆，按环保条例定点进行排放，并办理有关手续。

（7）进行第一次清孔，清孔是桩基施工的关键所在。

（8）钢筋笼制作安放。

（9）下导管，第二次清孔。

（10）桩身混凝土灌注。

复习思考题

1. 地基处理方法一般有哪三类？请说出它们的原理和典型代表地基。
2. 简述砂石垫层的适用情况与施工要点。
3. 深层搅拌桩有哪三种布置形式？说出其适用范围。
4. 简述强夯的地基加固机理。
5. 挤密桩的构造要求及施工要点有哪些？

6. 先张法预应力管桩有哪些特点？预应力混凝土管桩有哪三类？

7. 预应力管桩的适用范围是什么？其桩尖有哪三种形式？

8. 静压预应力管桩的施工工艺流程是怎样的？

9. 预应力管桩接桩施工要注意哪些问题，预应力管桩桩顶如何实现与承台的连接？

10. 预应力管桩锤击法施工的打桩顺序应如何规划？桩锤如何选择？收锤的标准如何定？

11. 请说出三个预应力管桩施工中常见工程质量问题与防治措施。

12. 在建筑工程中常用的泥浆护壁钻孔灌注桩有哪三种？

13. 请说出正反循环回转钻机成孔的工艺原理，泥浆反循环有哪三种施工方法？

14. 护筒的作用是什么？护筒埋设有什么要求？

15. 请画出泥浆护壁钻孔灌注桩的施工工艺流程框图。

16. 泥浆护壁钻孔灌注桩的第二次清孔是在什么时候？为什么要第二次清孔？沉渣厚度要达到什么要求？用什么仪器测定？

17. 请说出灌注水下混凝土的施工技术要点。

18. 常见易发生的泥浆护壁钻孔灌注桩质量问题有哪些？如何防止？

19. 什么叫抗拔桩？预应力管桩抗拔桩和钻孔灌注桩抗拔桩在构造与承压桩有什么区别？

20. 梁板式筏形基础有哪两种形式？它们是如何支模浇筑的？

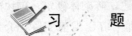 习 题

1. 某房地产开发公司开发的住宅小区，1~8 号楼为 11 层的小高层，9~20 号楼为 21 层的高层住宅。小高层采用钢筋混凝土框架结构，先张法预应力管桩，桩径为 500mm，钢筋混凝土条形基础，施工现场地面标高为 -0.3m，桩顶设计标高为 -2.3m。高层住宅采用钢筋混凝土框架剪力墙结构，设地下停车场，采用桩径为 1200mm 泥浆护壁钻孔灌注桩，桩顶设计标高为 -5.0m。

问题一：预应力管桩进场该如何验收？进场的成品桩质量必须达到什么质量检验标准？

问题二：经抽检，1 号楼中 55 号桩的桩顶标高为 -2.35m，桩位沿基础梁中心线方向偏移 142mm，垂直基础梁中心线方向偏移为 132mm，当其余验收内容均符合要求时，该桩是否符合验收标准？

问题三：经对 15 号楼一边桩进行检查时，实际桩径为 1170mm，桩顶标高为 -4.97m，桩位偏移 141mm。当其余验收内容均符合要求时，该桩是否符合验收标准？

2. Φ1200mm 泥浆护壁钻孔灌注桩，桩孔深度 46m，有效桩长 35m，混凝土强度等级 C30，泥浆密度 $12kN/m^3$，混凝土充盈系数取 1.1。导管外混凝土面高度 $h_2 = 0.5 + 0.8 = 1.3m$，导管直径 250mm。求混凝土初灌量至少要多少体积？

第三章 砌 筑 工 程

本章学习要求

掌握砌筑工程常见的术语。

熟悉各种砌体材料和砌筑砂浆的材性和适用范围。

掌握砖墙砌筑的组砌形式和施工工艺。

掌握配筋砌体的构造、施工顺序、施工要点和质量要求。

熟悉砌块砌体的施工工艺、施工要点和质量要求。

掌握蒸压加气混凝土砌块等填充墙的施工技术要点、施工工艺流程和质量要求。

熟悉砌筑工程施工质量通病及防治。

砌筑工程，是一个综合性的过程，包括材料准备、运输、砌筑施工等施工过程；是土建施工中的重要环节，也是房屋建筑工程中的重要子分部工程。本章编写采用国家最新颁发的规范、标准和规定，并结合工程实际介绍了砌体工程概述，砖砌体砌筑，砌块砌体砌筑，填充墙砌筑，砌筑工程施工质量通病及防治，工程实践案例分析。结合当前实际，介绍了新型墙体材料在工程中的应用等。

第一节 砌 体 工 程 概 述

一、砌体工程基本概念

砌体结构是建筑物的主要结构形式之一，由块体和砂浆砌筑而成的墙、柱作为建筑物主要受力构件的结构，是砖砌体、砌块砌体和石砌体结构的统称。砌筑工程是指砖石块体和各种类型砌块的施工。砖石砌体在我国有着悠久的历史，早在三四千年前就已经出现了用天然石料加工成的砌体结构，大约两千多年前又出现了由烧制的黏土砖砌筑的砌体结构。虽然这种砖石结构取材方便、技术简单、耐火性能良好、造价低廉，且可以节约大量钢材和水泥，但是砖石砌体工程生产效率低、劳动强度高，且烧制黏土砖需要占用大量农田，难以适应现代建筑工业化的需要。所以，发展新型墙体材料代替普通黏土砖，改善砌体施工工艺已经成为砌筑工程改革的重要发展方向。

砌筑工程常见的术语有以下几种。

1. 混水墙

混水墙是指墙体砌筑完成之后，墙面需进行装饰处理才能满足使用要求的墙体（图3-1）。

2. 清水墙

清水墙是指墙体表面不需要覆盖其他装饰面层，只作勾缝处理，保持砖（砌块）本身质地的一种做法（图3-2）。混水墙与清水墙的砌筑施工工艺和方法基本相似，但清水墙的技术要求及质量要求相对要高。

3. 瞎缝

瞎缝是指砌体中相邻块体间无砌筑砂浆，又彼此接触的水平缝或竖向缝。

4. 通缝

通缝是指砌体中上下皮块体搭接长度小于规定数值（小于或等于25mm）的竖向灰缝。

图 3-1 混水墙做法　　　　　图 3-2 清水墙做法

5. 假缝

假缝是指为掩盖砌体灰缝内在质量缺陷，砌筑砌体时仅在靠近砌体表面处抹有砂浆，而内部无砂浆的竖向灰缝。

6. 配筋砌体

配筋砌体是指由配置钢筋的砌体作为建筑物主要受力构件的结构。是网状配筋砌体柱、水平配筋砌体墙、砖砌体和钢筋混凝土面层或钢筋砂浆面层组合砌体柱（墙）、砖砌体和钢筋混凝土构造柱组合墙和配筋小砌块砌体剪力墙结构的统称。

7. 芯柱

芯柱是指在小砌块墙体的孔洞内浇灌混凝土形成的柱，有素混凝土芯柱和钢筋混凝土芯柱。

8. 螺丝墙

组砌层数不一致会造成螺丝墙，又称"打楔子"。螺丝墙问题反映在内外墙交接处将无法处理，造成大量返工。其原因是升线时左右不一致或标高测定出现错误。防治办法是认真做好抄平弹线工作，采取立皮数杆、挂线等方法砌筑，升线时左右施工人员相互通知并统一层数。

9. 原位检测

原位检测是指采用标准的检验方法，在现场砌体中选样进行非破损或微破损检测，以判定砌筑砂浆和砌体实体强度的检测。

10. 百格网

百格网用铁丝编制锡焊而成，也有在有机玻璃上划格而成，用于检测墙体水平灰缝砂浆饱满度的工具。

11. 薄层砂浆砌筑法

薄层砂浆砌筑法是指采用蒸压加气混凝土砌块黏结砂浆砌筑蒸压加气混凝土砌块墙体的施工方法，水平灰缝和竖向灰缝宽度为 2~4mm，简称薄灰砌筑法。

二、砌体材料

（一）块材

块材是砌体结构的主要组成部分，包括砖、砌块和石材。

1. 砖

（1）烧结类砖。烧结类砖包括烧结普通砖、烧结多孔砖和烧结空心砖。其分为 MU30、MU25、MU20、MU15 和 MU10 5 个强度等级。

烧结普通砖是指以页岩、煤矸石、粉煤灰或黏土为主要原料，经过焙烧而成的实心或孔洞率不大于规定值且外形尺寸符合规定的砖。根据主要原料的不同，又可分为：烧结黏土砖、烧结页岩砖、烧结煤矸石砖和烧结粉煤灰砖等。其外观尺寸为 240mm×115mm×53mm，习惯上称标准砖。每立方米砌体的标准砖块数量为 512 块。

烧结多孔砖是指以页岩、煤矸石、粉煤灰或黏土为主要原料，经焙烧而成、孔洞率不大于 35%，孔的尺寸小而数量多，主要用于承重部位的砖，简称多孔砖。其外观尺寸为 290mm×240（190）mm×180mm 和 175mm×140（115）mm×90mm 两种，其抗压强度同烧结普通砖也分为五个强度等级（图 3-3）。

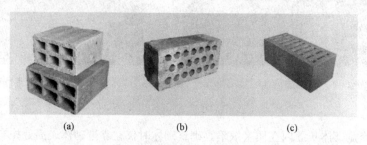

图 3-3　烧结空心、多孔砖
（a）烧结空心砖；（b）烧结多孔砖（圆形孔）；（c）烧结多孔砖（矩形孔）

烧结空心砖，外形为矩形体，在与砂浆的结合面上设有增加结合力的深度为 1mm 以上的凹线槽。其外观尺寸为 290mm×190（140）mm×90mm 和 240mm×180（175）mm×115mm 两种，根据密度又可分为 800、900、1100 三个级别。其抗压强度同烧结普通砖也分为 5 个强度等级。

（2）非烧结类砖。为了节约能源，保护土地资源，非烧结类砖已成为墙材发展的新方向。非烧结类砖有：混凝土普通砖、混凝土多孔砖、蒸压灰砂普通砖、蒸压粉煤灰普通砖。

混凝土多孔砖是指以水泥为胶结材料，以砂、石为主要骨料，加水搅拌成型、养护制成的。多孔砖是一种多排小孔的混凝土砖，主要规格尺寸为 240mm×115mm×90mm（图 3-4）。普通砖规格尺寸为 240mm×115mm×53mm 及 240mm×115mm×90mm。混凝土普通砖和混凝土多孔砖均分为 MU30、MU25、MU20、MU15 4 个强度等级。

蒸压灰砂砖是指以石灰和砂为主要原料，经坯料制备、压制排气成型、高压蒸汽养护而制成的空心砖（孔洞率大 15%）或实心砖。蒸压灰砂砖分为 MU25、MU20、MU15 三个强度等级（图 3-5）。

图 3-4　混凝土多孔砖、空心砖
（a）混凝土多孔砖；（b）混凝土多孔砖（七分砖）；（c）混凝土空心砖

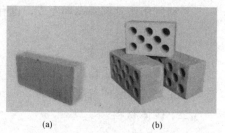

图 3-5　蒸压灰砂实心砖、空心砖
（a）蒸压灰砂实心砖；（b）蒸压灰砂空心砖

蒸压灰砂实心砖外观尺寸为 240mm×115mm×53mm；蒸压灰砂空心砖外观尺寸见表 3-1。

蒸压粉煤灰砖是指以石灰、消石灰（电石渣）或水泥等钙质材料与粉煤灰等硅质材料及集料（砂等）为主要原料，掺以适量石膏，经坯料制备、压制排气成型、高压蒸汽养护而成的实心砖，简称粉煤灰砖。蒸压粉煤灰砖分为 MU25、MU20、MU15 三个强度等级。

表3-1   **蒸压灰砂空心砖规格及公称尺寸**

规格代号	公称尺寸（mm）		
	长	宽	高
NF	240	115	53
1.5NF	240	115	90
2NF	240	115	115
3NF	240	115	175

蒸压灰砂砖、蒸压粉煤灰砖不得用于长期受热200℃以上、受急冷急热和有酸性介质侵蚀的建筑部位。

2. 砌块

砌块主要发展方向是朝着轻质、保温、隔热并具有一定强度的新型砌块，只有符合节能、绿色建筑的新型墙体砌块材料需求才有真正的应用价值。

砌块是指主规格中的长度、宽度或高度中有一项或一项以上分别大于365mm、240mm或115mm，但高度不大于长度或宽度的6倍、长度不超过高度3倍的人造墙体材料。

砌块按用途可以分为承重砌块与非承重砌块；按有无孔洞可以分为实心砌块与空心砌块；按所用材料的不同分为水泥混凝土砌块、粉煤灰硅酸盐砌块、加气混凝土砌块、轻骨料混凝土砌块等；按生产工艺分为烧结砌块和蒸压砌块等；按产品的规格大小不同可分为大型砌块、中型砌块和小型砌块等。常用的砌块是普通混凝土小型空心砌块、轻骨料混凝土小型空心砌块、蒸压加气混凝土砌块、普通混凝土中型空心砌块、粉煤灰硅酸盐密实中型砌块和废渣混凝土空心中型砌块等。

（1）混凝土小型空心砌块。简称混凝土砌块或砌块，是指以水泥、砂、碎石或卵石、水等预制而成。主规格尺寸为390mm×190mm×190mm，空心率在25%～50%的空心砌块。有两个方形孔，最小外壁厚应不小于30mm，最小肋厚度应不小于25mm（图3-6）。其强度等级为：MU20、MU15、MU10、MU7.5、MU5。与其配套的专门材料有砌块专用砂浆（用Mb××表示）和砌块灌孔混凝土（用Cb××表示），专用施工机具有铺灰器、小直径混凝土振捣棒（直径≤30mm）和小型注芯混凝土泵。

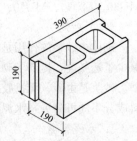

图3-6 普通混凝土
小型空心砌块

（2）轻骨料混凝土小型空心砌块。是以浮石、火山渣、煤渣、自然煤矸石、陶粒等为粗骨料制作的混凝土小型空心砌块。主规格尺寸为390mm×190mm×190mm。按其孔的排数有单排孔、双排孔、三排孔和四排孔4类。单排轻骨料混凝土砌块对孔砌筑砌体的砌块强度等级为MU20、MU15、MU10、MU7.5、MU5；双排孔或多排孔的砌块强度等级为MU10、MU7.5、MU5、MU3.5。

（3）蒸压加气混凝土砌块。是以水泥、矿渣、砂、石灰等为主要原料，加入发气剂，经搅拌成型、蒸压养护而成的实心砌块（图3-7）。蒸压加气混凝土砌块按其抗压强度分为A1、A2、A2.5、A3.5、A5、A7.5、A10 7个强度等级；按其干密度级别分为B03、B04、B05、B06、B07、B08。按其砌块尺寸偏差与外观质量、干密度、抗压强度和抗冻性分为：优等品（A）和合格品（B）两个等级。如强度级别为A3.5、干密度为B05、优等品、规格尺寸为600mm×200mm×250mm的蒸压加气混凝土砌块，其标记为：ACB A3.5 B05 600×200×250A GB11968。蒸压加气混凝土砌块的规格尺寸见表3-2。适用于低层建筑的承重墙、多层建筑的隔墙和框架结构的填充墙、各种围护墙，也可作为保温隔热材料等。

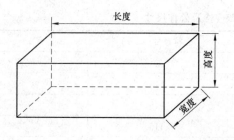

图 3-7　蒸压加气混凝土砌块示意图

表 3-2　　　　　　　　　　　　蒸压加气混凝土砌块规格尺寸　　　　　　　　　　　　　mm

长度 L	宽度 B			高度 H	
600	100	120	125	200	240
	150	180	200	250	300
	240	250	300		

注　如需要其他规格，可由供需双方协商解决。

（4）中型砌块。是指砌块高度在 380～980mm 的砌块，常用的中型砌块有普通混凝土中型砌块、粉煤灰硅酸盐密实中型砌块和废渣混凝土空心中型砌块等。

3. 石材

石材是指无明显风化的天然岩石经过人工开采和加工后的外形规则建筑用材。按其加工后的外形规则程度可分为料石和毛石，料石又可分为细料石、半细料石、粗料石和毛料石。因其抗压强度高、耐久性好，多用于房屋基础、勒脚和挡土墙部位。石材的强度等级有 MU100、MU80、MU60、MU50、MU40、MU30 和 MU20。

（二）砂浆

砌体中砂浆的作用是将块材连成整体并使应力均匀分布，同时因砂浆填满了块材间的缝隙，也减少了透气性，提高了砌体的隔热性能及抗冻性等。

砂浆是由砂、无机胶凝材料（水泥、石灰、石膏等）与水按合理配比，经搅拌而制成。按其配料成分不同可分为：水泥砂浆、混合砂浆和石灰砂浆。

1. 水泥砂浆

水泥砂浆是指由砂与水泥加水拌和而成的不掺任何塑性掺和料的纯水泥砂浆。强度高、耐久性好，但保水性和流动性较差，在潮湿环境中硬化，一般多用于含水量较大地基中的地下砌体。在强度等级相同的条件下，采用水泥砂浆砌筑的砌体强度要比用混合砂浆低。

2. 混合砂浆

混合砂浆是指由水泥、石灰膏、砂和水拌和而成。强度高，耐久性、保水性和流动性较好，便于施工，质量容易保证，是砌体结构中常用的砂浆。

3. 石灰砂浆

石灰砂浆是由石灰、砂和水拌和而成。强度低、耐久性差，但砌筑方便，不能用于地面以下和潮湿环境的砌体，通常只能用于临时建筑或受力不大的简易建筑。

砂浆的强度等级是按龄期为 28d 的边长为 70.7mm 立方体试块所测得的抗压强度极限值来确定。砂浆强度等级一般有 M30、M25、M20、M15、M10、M7.5、M5，单位为 MPa（N/mm²）。

除上述几种砂浆外，还有专用于砌筑混凝土砌块的砌筑砂浆，是由水泥、砂、水以及根据需要掺入的掺和料和外加剂等组成，按一定比例，采用机械拌和制成，简称砌块专用砂浆。其强度等级有 Mb20、Mb15、Mb10、Mb7.5 和 Mb5。用于砌筑蒸压灰砂普通砖和粉煤灰普通砖砌体采用的专用砌筑砂浆强度等级为 Ms15、Ms10、Ms7.5 和 Ms5。

4. 砂浆的要求

砂浆使用时必须满足设计要求的种类和强度等级，并满足施工时的砂浆稠度要求，见表 3-3。同时，砂浆应具有良好的保水性能，其分层度不应大于 30mm。

表 3-3　　　　　　　　　　　砌筑砂浆的施工稠度

砌体种类	砂浆稠度（mm）	砌体种类	砂浆稠度（mm）
烧结普通砖砌体 蒸压粉煤灰砖砌体	70～90	烧结多孔砖、空心砖砌体 轻骨料小型空心砌块砌体 蒸压加气混凝土砌块砌体	60～80
混凝土实心砖、混凝土多孔砖砌体 普通混凝土小型空心砌块砌体 蒸压灰砂砖砌体	50～70	石砌体	30～50

砂浆的原材料主要是水泥、砂、水和塑化剂。水泥应保持干燥，如标号不明或出厂日期超过三个月，应经过试验鉴定后按试验结果使用。水泥砂浆的水泥使用量 ≥200kg/m³，强度等级≤32.5 级。混合砂浆中水泥和掺加料总量宜为 300～350kg/m³，强度等级≤42.5 级。砂宜采用中砂，并应过筛，不得含有草根等杂物，当拌和水泥砂浆或强度等级大于和等于 M5 的混合砂浆时，含泥量不应超过 5%；当拌和强度等级小于 M5 的混合砂浆时，含泥量不应超过 10%。水宜采用饮用水。塑化剂包括石灰膏、黏土膏、电石膏、生石灰粉等无机掺和料和微沫剂等有机塑化剂，其作用是提高砂浆的可塑性和保水性。当采用块状生石灰熟化成石灰膏时，应用孔洞不大于 3mm×3mm 的网过滤，并要求其充分熟化，熟化时间不少于 7d；如采用磨细生石灰粉，熟化时间不少于 2d。

砂浆应机械搅拌，水泥砂浆和水泥混合砂浆的搅拌时间从开始加水算起不得少于 2min；水泥粉煤灰砂浆和掺用外加剂的砂浆搅拌时间不得少 3min。掺用有机塑化剂的砂浆必须机械搅拌，搅拌时间为 3～5min，干混砂浆及加气混凝土砌块专用砂浆宜按掺用外加剂的砂浆确定搅拌时间或按产品说明书采用。砂浆应随拌随用，在拌成后和使用时，应用贮灰器盛装。现场拌制的砂浆应随拌随用，拌制的砂浆应 3h 内使用完毕；当施工期间最高气温超过 30℃时，应在 2h 内使用完毕。预拌砂浆及蒸压加气混凝土砌块专用砌筑砂浆的使用时间应按照厂方提供的说明书确定。

施工中不应采用强度等级小于 M5 水泥砂浆替代同强度等级水泥混合砂浆，如需替代，应将水泥砂浆提高一个强度等级。

在工程施工中应抽样检查砌筑砂浆的强度等级。砌筑砂浆试块强度验收时其强度合格标准应符合下列规定。

(1) 同一验收批砂浆试块强度平均值应大于或等于设计强度等级值的 1.10 倍。

(2) 同一验收批砂浆试块抗压强度的最小一组平均值应大于或等于设计强度等级值的 85%。

上述合格标准尚应符合：①砌筑砂浆的验收批，同一类型、强度等级的砂浆试块应不少于 3 组；同一验收批砂浆只有一组或两组试块时，每组试块抗压强度的平均值应大于或等于设计强度等级值的 1.1 倍；对于建筑结构的安全等级为一级或设计使用年限为 50 年及以上的房屋，同一验收批砂浆试块的数量不得少于 3 组，每组试块为 3 块。②砂浆强度应以标准养护，28d 龄期的试块抗压强度为准。③制作砂浆试块的砂浆稠度应与配合比设计一致。

(3) 抽检数量：每一检验批且不超过 250m³ 砌体的各类、各强度等级的普通砌筑砂浆，每台搅拌机应至少抽检一次。验收批的预拌砂浆、蒸压加气混凝土砌块专用砂浆，抽检可分为 3 组。

5. 砂浆试块的制作与立方体抗压强度计算

(1) 砂浆试块的制作。

1）采用立方体试件，每组 3 个试件。

2）试模：尺寸为 70.7mm×70.7mm×70.7mm 的带底试模，材质规定参照 JG 3019 第 4.1.3 及 4.2.1 条，应具有足够的刚度并拆装方便。试模的内表面应机械加工，其不平度应为每 100mm 不超过 0.05mm，组装后各相邻面的不垂直度不应超过±0.5°；钢制捣棒直径为 10mm，长为 350mm，端部应磨圆。

3）应用黄油等密封材料涂抹试模的外接缝，试模内涂刷薄层机油或脱模剂，将拌制好的砂浆一次性装满砂浆试模，成型方法根据稠度而定。当稠度≥50mm 时采用人工振捣成型，当稠度＜50mm时采用振动台振实成型。

① 人工振捣：用捣棒均匀地由边缘向中心按螺旋方式插捣 25 次，插捣过程中如砂浆沉落低于试模口，应随时添加砂浆，可用油灰刀插捣数次，并用手将试模一边抬高 5～10mm 各振动 5 次，使砂浆高出试模顶面 6～8mm。

② 机械振动：将砂浆一次装满试模，放置到振动台上，振动时试模不得跳动，振动 5～10s 或持续到表面出浆为止；不得过振。

4）待表面水分稍干后，将高出试模部分的砂浆沿试模顶面刮去并抹平。

5）试件制作后应在室温为（20±5）℃的环境下静置（24±2）h，当气温较低时，可适当延长时间，但不应超过两昼夜，然后对试件进行编号、拆模。试件拆模后应立即放入温度为（20±2）℃，相对湿度为 90％以上的标准养护室中养护。养护期间，试件彼此间隔不小于 10mm，混合砂浆试件上面应覆盖以防有水滴在试件上。

(2) 砂浆立方体抗压强度计算

$$f_{m,cu} = \frac{N_u}{A} \tag{3-1}$$

式中：$f_{m,cu}$ 为砂浆立方体试件抗压强度，MPa；N_u 为试件破坏荷载 N；A 为试件承压面积 mm²。

砂浆立方体试件抗压强度应精确至 0.1MPa。

以三个试件测值的算术平均值的 1.3 倍（f2）作为该组试件的砂浆立方体试件抗压强度平均值（精确至 0.1MPa）。

当三个测值的最大值或最小值中有一个与中间值的差值超过中间值的 15％时，则把最大值及最小值一并舍除，取中间值作为该组试件的抗压强度值；如有两个测值与中间值的差值超过中间值的 15％时，则该组试件的试验结果无效。

砂浆强度计算实例：

某工程采用 M5 混合砂浆砌筑，同一检验批共留 3 组试块，经过试压，其中各组试块的试压强度分别为：第一组，5.5MPa、6.1MPa、4.8MPa；第二组，5.7MPa、6.9MPa、5.4MPa；第三组，6.5MPa、6.0MPa、5.8MPa。请对所留置砂浆试块的强度进行评定。

根据本工程试块的立方体抗压强度的试压数据，计算每组的砂浆立方体抗压强度并进行评定。

第一组：$f_{m,cu}$=1.3×(5.5+6.1+4.8)/3=7.1（MPa）。

其中，中间值为 5.5MPa，本组中最小值、最大值与中间值的差值均在 15％以内，所以本组的抗压强度值为 7.2MPa。

第二组：$f_{m,cu}$=1.3×(5.7+6.9+5.4)/3=7.8MPa。

其中，中间值为 5.7MPa，本组中最大值与中间值的差值为 21％，大于 15％，所以本组的抗压强度值取 5.7×1.3=7.41（MPa）。

第三组：$f_{m,cu}$=1.3×(6.5+6.0+5.8)/3=7.9MPa。

其中，中间值为 6.0MPa，本组中最小值、最大值与中间值的差值均在 15％以内，所以本组的抗压强度值为 7.9MPa。

经上述计算，本验收批砂浆试块强度平均值大于设计强度等级值的 1.10 倍；本验收批砂浆试块抗压强度的最小一组平均值大于设计强度等级值的 85％。强度为合格。

三、砌体种类

砌体分为无筋砌体和配筋砌体两大类。

1. 无筋砌体

无筋砌体不配置钢筋，仅由块材和砂浆组成，包括砖砌体、砌块砌体和石砌体。无筋砌体抗震性能和抵抗不均匀沉降的能力较差。

(1) 砖砌体。由砖和砂浆砌筑而成的砌体称为砖砌体。在房屋建筑中，砖砌体可用作内外墙、柱、基础等承重结构以及围护墙和隔墙等非承重结构。墙体的厚度是根据强度和稳定的要求确定的，对于房屋的外墙，还须考虑保温、隔热的要求。砖砌体包括实心砖砌体和空斗砖砌体。一般采用实心砖砌体，空斗砖砌体由于整体性差而较少采用。

(2) 砌块砌体。由砌块和砂浆砌筑而成的砌体称为砌块砌体。我国目前应用较多的主要是混凝土小型空心砌块砌体、蒸压加气混凝土砌块砌体等。以减轻劳动强度、提高生产率，而且还能起到保温、隔热的作用。

(3) 石砌体。由天然石材和砂浆或天然石材和混凝土砌筑而成的砌体称为石砌体，分为料石砌体、毛石砌体和毛石混凝土砌体三类。石砌体可用作一般民用建筑的承重墙、柱和基础，还可用作建造挡土墙、石拱桥、石坝和涵洞等构筑物。在石材产地可就地取材，比较经济，应用较广泛。

2. 配筋砌体

配筋砌体是指配置适量钢筋或钢筋混凝土的砌体，它可以提高砌体强度、减少截面尺寸、增加整体性。配筋砌体分为网状配筋砖砌体、组合砖砌体、砖砌体和钢筋混凝土构造柱组合墙及配筋砌块砌体。

(1) 网状配筋砖砌体（横向配筋砌体）。网状配筋砖砌体是在砌体的水平灰缝中每隔几皮砖放置一层钢筋网。钢筋网主要用方格网形式（图 3-8）。方格网一般采用直径为 3～4mm 的钢筋，钢筋间距不应大于 120mm，并不应小于 30mm。钢筋网间距不应大于五皮砖，并不应大于 400mm。砂浆强度不应低于 M7.5，水平灰缝厚度应保证钢筋上下至少有2mm 厚的砂浆层。

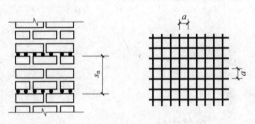

图 3-8 方格网式网状配筋砖砌体

(2) 组合砖砌体。组合砖砌体是由砖砌体和钢筋混凝土面层或钢筋砂浆面层组合而成（图 3-9）。适用于荷载偏心距较大，或进行增层、改造的原有墙、柱，增大其承载力。

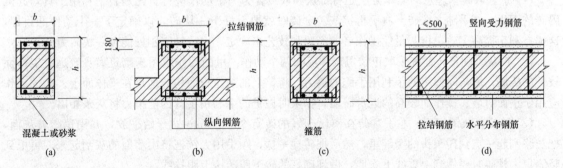

图 3-9 组合砖砌体

(a)、(b)、(c) 组合砖砌体构件截面；(d) 混凝土或砂浆面层组合墙

（3）砖砌体和钢筋混凝土构造柱组合墙。砖砌体和钢筋混凝土构造柱组合墙是由砖砌体与钢筋

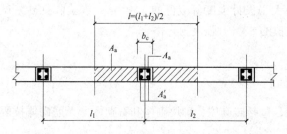

图 3-10　砖砌体和钢筋混凝土构造柱组合墙

混凝土构造柱共同组成（图3-10）。工程实践表明，在砌体墙的纵横墙交接处、墙端部和较大洞口边缘，在墙中间距不宜大于4m，设置钢筋混凝土构造柱不但可以提高墙体的承载力，而且构造柱与房屋圈梁连接组成钢筋混凝土空间骨架，增强了房屋的变形与抗倒塌能力。这种墙体施工时必须先砌墙，后浇注钢筋混凝土构造柱。

（4）配筋砌块砌体。配筋砌块砌体是在混凝土小型空心砌块的竖向孔洞中配置钢筋，在砌块横肋凹槽中配置水平筋，然后浇灌混凝土，或在水平灰缝中配置水平钢筋，所形成的砌体（图3-11）。常用于中高层或高层房屋中起剪力墙作用，所以又称配筋砌块剪力墙结构，也可用作配筋砌块砌体柱。这种砌体具有抗震性能好、造价较低、节能的特点。

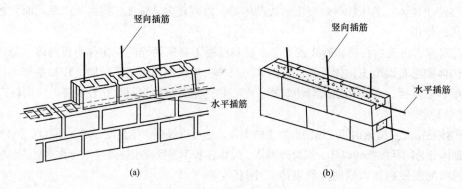

图 3-11　配筋砌块砌体

第二节　砖砌体砌筑

一、砌筑方法

（一）"三·一"砌筑法

"三·一"砌筑法是指"一铲灰、一块砖、一挤揉"这三个"一"的动作过程，并随手用大铲尖将挤出墙面的灰浆刮掉、放入墙中缝或灰桶中的砌筑方法。操作的三个步骤如下。

（1）铲灰取砖。理想的操作方法是将铲灰和取砖合为一个动作进行。先是右手利用工具勾起侧码砖的丁面，左手随之取砖，右手再铲灰。拿砖时就要看好下一块砖，以确定下一个动作的目标，这样有利于提高工效。铲灰量凭操作者的经验和技艺来确定，以一铲灰刚好能砌一块砖为准。

（2）铺灰。砌条砖铺灰采取正铲甩灰和反扣两个动作。甩的动作应用于砌筑离身较远且工作面较低的砖墙，甩灰时握铲的手利用手腕的挑力，将铲上的灰拉长而均匀地落在操作面上。扣的动作应用于正面对墙、操作面较高的近身砖墙，扣灰时握铲的手利用手臂的前推力将灰条扣出。

（3）挤揉。灰铺好后，左手拿砖在离已砌好的砖有30～40mm处开始平放，并稍稍蹭着灰面，把灰浆刮起一点到砖顶头的竖缝里，然后把砖揉一揉，顺手用大铲把挤出墙面的灰刮起来，再甩到竖缝里。揉砖时要做到上看线下看墙，做到砌好的砖下跟砖棱上跟挂线。

"三·一"砌筑法可分解为铲灰、取砖、转身、铺灰、挤揉和将余灰甩入竖缝6个动作，（图3-12）。

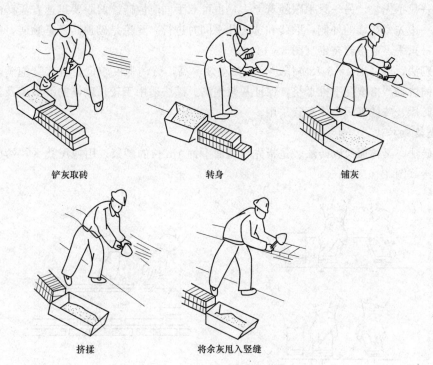

铲灰取砖　　　　　　　转身　　　　　　　　铺灰

挤揉　　　　　　　　将余灰甩入竖缝

图 3-12 "三·一"砌筑法的动作分解

（二）铺浆挤砌法

铺浆法是采用铺灰工具，先在墙面上铺砂浆，然后将砖压紧砂浆层，并推挤黏结的一种砌砖方法。

当采用铺浆法砌筑时，铺浆长度不得超过 750mm，施工期间气温超过 30℃时，铺浆长度不得超过 500mm。

铺浆挤砌法分为单手和双手两种挤浆方法。

1. 单手挤浆法

一般铺灰器铺灰，操作者应沿砌筑方向退着走。砌顺砖进，左手拿砖距前面的砖块 5~6cm 处将砖放下，砖稍稍蹭灰面，沿水平方向向前推挤，把砖前灰浆推起作为立缝隙处砂浆（俗称挤头缝），（图 3-13），并用瓦刀将水平灰缝挤出墙面的灰浆刮清甩填于立缝内。

当砌顶砖时，将砖擦灰面放下后，用手掌横向往前挤，挤浆的砖口略倾斜，用手掌横向往前挤，到将接近一指缝时，砖块略向上翘，以便带起灰浆挤入立缝内，将砖压到与准线平齐为止，并将内外挤出的灰浆刮清，甩填于立缝内。

当砌墙的内侧顺砖时，应将砖由外向里靠，水平向前挤准，这样立缝处砂浆容易饱满，同时用瓦刀将反面墙水平缝挤出的砂浆刮起，甩填在挤砌的立缝内。

挤浆砌筑时，手掌要用力，使砖与砂浆密切结合。

2. 双手挤浆法

双手挤浆法的操作方法基本与单手挤浆法相同，但要求与难度要更高一些。砌墙时，无论向哪个方向砌，都要把靠墙的一只脚固定站稳，脚尖稍稍偏向墙边，另一只脚同后斜方向踏好约半步，使两脚很自然地成丁字形，人体略向一侧倾斜，这样转身拿砖挤砌和看棱角都较灵活方便。拿砖

图 3-13 单手挤浆法

时，靠墙的一只手先拿，另一只手跟随着上去，也可双手同时取砖。两眼要迅速查看砖的边角，将棱角整齐的一边先砌在墙的外侧。取砖和选砖几乎同时进行。无论是砌顶砖还是顺砖，靠墙的一只手先挤，另一只手迅速跟着挤砌（图 3-14）。

铺浆挤砌法，可采用 2~3 人协作进行，劳动效率高，劳动强度较低，且灰缝饱满，砌筑质量较高，但快铺快砌严格掌握平推平挤，保证灰浆饱满。该法适用于较长砌体的混水墙及清水墙；对于窗间墙、砖垛、砖柱等短砌体不宜采用。

（三）坐浆砌砖法

坐浆砌砖法，又称摊尺砌砖法，是指先在墙面上铺 1m 长的砂浆，用摊尺找平，然后在铺设好的砂浆上砌砖（图 3-15）。

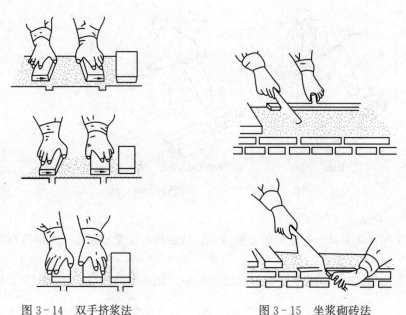

图 3-14　双手挤浆法　　　　　　　图 3-15　坐浆砌砖法

坐浆砌砖法的步骤为：通常使用瓦刀，操作时用灰斗和大铲舀砂浆，并均匀地倒在墙上，然后左手拿摊尺刮平。砌砖时左手拿砖，右手用瓦刀在砖的头缝处打上砂浆，随即砌砖并压实。砌完一段铺灰长度后，将瓦刀放在最后砌完的砖上，转身再舀灰，如此挨段铺砌。每次砂浆摊铺长度应看气温高低、砂浆种类及砂浆稠度而定，不宜超过 1m，否则会影响砂浆与砖的黏结力。

在砌筑时应注意，砖块头缝的砂浆另外用瓦刀抹上去，不允许在铺平的砂浆上刮取，以免影响水平灰缝的饱和程度。摊尺铺灰砌筑时，当砌一砖墙时，可一人铺灰砌筑，墙较厚时可组成两人小组，一人铺灰，一人砌墙，分工协作密切配合，这样会提高工效。该法灰缝均匀，墙面清洁美观，适用于砌筑门窗洞口较多的墙身。

二、砖墙砌筑施工

（一）砖墙砌体的组砌形式

1. 普通实心黏土砖的组砌形式

普通实心黏土砖墙体厚度有：半砖墙 115mm；3/4 砖墙 178mm；一砖墙 240mm；一砖半墙 365mm，二砖墙 490mm；个别的有 $1\frac{1}{4}$ 砖墙 300mm。普通砖墙立面的组砌形式有以下 6 种。

（1）一顺一丁。一顺一丁，又称满条满顶，是指一皮全部顺砖与一皮全部丁砖竖向交替叠砌而成的墙面，上下皮竖缝相互错开 1/4 砖长（图 3-16）。

此种形式尚可分为顺砖层上下对齐的十字缝和顺砖层上下错开半砖的骑马缝两种形式。一顺一丁砌筑形式，适合于砌筑一砖、一砖半及二砖墙。

优点：各皮砖间错缝搭接牢靠，墙体整体性较好，操作时变化小，易于掌握，砌筑时墙面也容易控制平直。

缺点：当砖的规格不一致时，竖缝不易对齐，在墙的转角、丁字接头、门和窗动口等处都要砍砖，因此砌筑效率受到一定限制。

（2）三顺一丁。三顺一丁的组砌形式是指三皮全部顺砖与一皮全部丁砖相互交替叠砌而成（图 3-17），上下皮顺砖之间搭接 1/2 砖长，顺砖与丁砖之间搭接 1/4 砖长。适用于砌筑一砖和一砖半墙。

优点：在转角处，十字与丁字接头、门窗洞口等处可减少打"七分头"，使操作较快，可提高工作效率。

缺点：顺砖层较多，不易控制墙面的平整；当砖较湿或砂浆较稀时，顺砖层不易砌平，而且容易向外挤出，影响质量。

（3）梅花丁。梅花丁，又称沙包式和十字式，是指每皮砖中顶砖与顺砖间隔砌筑，上皮顶砖坐中于下皮顺砖，上下皮间竖缝相互错开 1/4 砖长（图 3-18）。适用于砌筑一砖或一砖半的清水墙或砖的规格不一致的墙体。该法砌筑效率较低。

 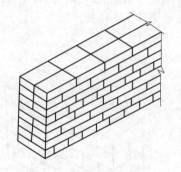 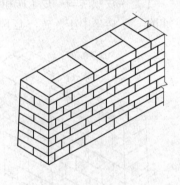

图 3-16 一顺一丁   图 3-17 三顺一丁   图 3-18 梅花丁

优点：灰缝整齐，美观，尤其适合于清水外墙。

缺点：由于顺砖与丁砖交替砌筑，影响操作速度，工效较低。

（4）两平一侧。两平一侧是指由二皮顺砖和旁砌一块侧砖相隔砌成。当墙厚为 3/4 时，平砌砖均为顺砖，上下皮平砌顺砖间竖错开 1/2 砖长；上下皮平砌顺砖与侧砌顺砖间竖缝相互错开 1/2 砖长，上下皮顶砖与侧砌顺砖间竖缝相互错开 1/4 砖长（图 3-19）。

这种砌筑形式费工，但节约用砖，适合于 3/4 砖墙和 1¼ 砖墙。

（5）全顺。全顺，又称条砌法，是指各皮均为顺砖，上下两皮竖缝相互错开 1/2 砖长，适合于砌半砖墙（图 3-20）。

（6）全丁。全丁是指各皮砖全部用丁砖砌筑，上下皮间竖缝搭接为 1/4 砖长，适用于砌圆弧形的烟囱、水塔、圆仓等（图 3-21）。

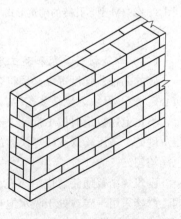

图 3-19 两平一侧

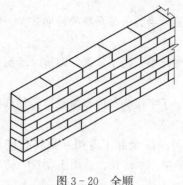

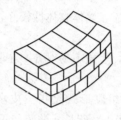

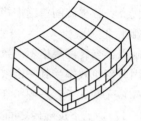

图 3-20　全顺   图 3-21　全丁

2. 多孔砖组砌形式

常用 M 型模数多孔砖墙体和 P 型多孔墙体两种。

M 型模数多孔砖的外墙厚度为 200mm、250mm、300mm、350mm、400mm，复合夹心墙厚度为 360mm、390mm；非承重内墙厚度为 100mm、150mm，承重墙内墙厚度为 120mm、240mm。

（1）M 型多孔砖的砌筑形式。M 型多孔砖的砌筑形式只有全顺，即每皮均为顺砖，其抓孔平行于墙面，上下皮竖缝相互错开 1/2 砖长（图 3-22）。

（2）P 型多孔砖的砌筑形式。P 型多孔砖的砌筑形式有一顺一丁及梅花丁两种砌筑形式，一顺一丁是一皮顺砖与一皮丁砖相隔砌筑，上下皮竖缝相互错开 1/4 砖长；梅花丁是每皮中顺砖与丁砖相隔，丁砖坐中于顺砖，上下皮竖缝错开 1/4 砖长（图 3-23）。

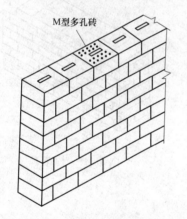

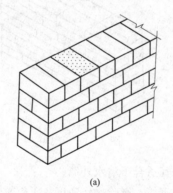

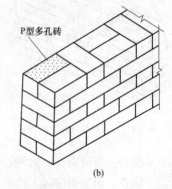

(a)   (b)

图 3-22　M 型多孔砖的砌筑形式   图 3-23　P 型多孔砖的砌筑形式
                                       (a) 一顺一丁；(b) 梅花丁

（二）砌筑材料要求和施工准备

砖的品种、强度等级必须符合设计要求，并应规格一致；每一生产厂家，烧结普通砖、混凝土实心砖每 15 万块，烧结多孔砖、混凝土多孔砖、蒸压灰砂砖及蒸压粉煤灰砖每 10 万块各为一验收批，不足上述数量时按 1 批计，抽检数量为 1 组。砌体砌筑时，混凝土多孔砖、混凝土实心砖、蒸压灰砂砖、蒸压粉煤灰砖等块体的产品龄期不应小于 28d。用于清水墙、柱表面的砖，应边角齐、色泽均匀。

砌筑烧结普通砖、烧结多孔砖、蒸压灰砂砖、蒸压粉煤灰砖砌体时，砖应提前 1～2d 适度湿润，严禁采用干砖或处于吸水饱和状态的砖砌筑，块体湿润程度宜符合下列规定。

（1）烧结类块体的相对含水率为 60%～70%。

（2）混凝土多孔砖及混凝土实心砖不需要浇水湿润，但在气候干燥炎热的情况下，宜在砌筑前对其喷水湿润。其他非烧结类块体的相对含水率为40%～50%。

现场检验砖含水率的简易方法是断砖法，当砖截面四周融水深度为15～20mm时，视为符合要求的适宜含水率。

砂浆的种类和强度等级必须符合设计要求，砂浆的稠度符合规定要求。

（三）砖墙砌筑工艺

砖墙砌筑工艺流程一般为：抄平弹线 → 摆砖样→立皮数杆→ 砌筑、勾缝→楼层轴线引测→各层标高控制。

1. 抄平弹线

砌筑砖墙前，先在基础防潮层或楼面上用水泥砂浆找平，然后根据龙门板上的轴线定位钉或房屋外墙上（或内部）的轴线控制点弹出墙身的轴线、边线和门窗洞口位置。

2. 摆砖样

在放好线的基面上按选定的组砌方式用干砖试摆，核对所弹出的墨线在门洞、窗口、墙垛等处是否符合砖的模数，以便借助灰缝进行调整，尽可能减少砍砖，并使砖墙灰缝均匀，组砌得当（图3-24）。

3. 立皮数杆

皮数杆是用来保证墙体每皮砖水平、控制墙体竖向尺寸和各部件标高的木质标志杆。根据设计要求、砖的规格和灰缝厚度，皮数杆上标明皮数以及门窗洞口、过梁、楼板等竖向构造变化部位的标高。皮数杆一般立于墙的转角及纵横墙交接处，其间距一般不超过15m。立皮数杆时要用水准仪抄平，使皮数杆上的楼地面标高线位于设计标高处（图3-25）。

图3-24 摆砖样

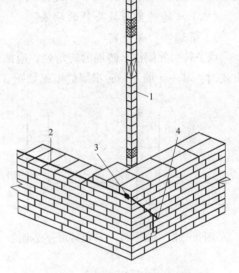

图3-25 皮数杆与水平控制线
1—皮数杆；2—水平控制线；3—转角水平控制
与固定铁钉；4—末端水平控制线与固定铁钉

4. 砌筑、勾缝

砌筑时为保证水平灰缝平直，要挂线砌筑。一般可在墙角及纵横墙交接处按皮数杆先砌几皮砖，然后在其间挂准线砌筑中间砖，厚度为370mm及其以上的墙体应双面挂线，其他可单面挂线。砌筑时宜采用"三·一"砌砖法。

勾缝是清水墙的最后一道工序，具有保护墙面和美观的作用。内墙面可以采用砌筑砂浆随砌随勾，即原浆勾缝；外墙面待砌体砌筑完毕后再用水泥砂浆或加色浆勾缝，称为加浆勾缝。

5. 楼层轴线引测

为了保证各层墙身轴线的重合和施工方便，在弹墙身线时，应根据龙门板上的标志将轴线引测到房屋的底层外墙面上（或在内部轴线设控制点）。二层及以上的各层墙的轴线，可用经纬仪或垂球引测到楼面上去，并根据施工图上尺寸用钢尺对轴线进行校核（图 3-26）。

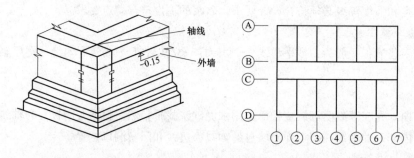

图 3-26　轴线引测

6. 各层标高控制

各层标高除皮数杆控制外，还应弹出室内水平线进行控制。底层砌到一定高度后，在各层的里墙角，用水准仪根据龙门板上的 ±0.000 标高，引出统一标高的测量点（一般比室内地坪高出 500mm），然后根据墙角二点弹出水平线，依次控制底层过梁、圈梁和楼板的标高。当第二层墙身砌到一定高度后，先从底层水平线用钢尺往上量第二层水平线的第一个标志，然后以此标志为准，用水准仪定出墙面的水平线，以此控制第二层标高。

（四）砖墙转角与接头处的砌法

1. 普通实心黏土砖

（1）转角处砌法。砖墙的转角处，应加砌七分头砖。当采用一顺一丁、梅花丁、三顺一丁组砌方式时，其一砖墙、一砖半墙的组砌如图 3-27～图 3-32 所示。

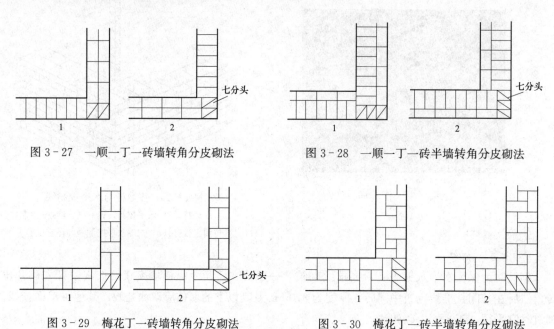

图 3-27　一顺一丁一砖墙转角分皮砌法　　　　图 3-28　一顺一丁一砖半墙转角分皮砌法

图 3-29　梅花丁一砖墙转角分皮砌法　　　　图 3-30　梅花丁一砖半墙转角分皮砌法

（2）砖墙丁字接头砌法。砖墙丁字按接头处，也应加砌七分头砖，当采用一顺一丁、梅花丁、三顺一丁组砌方式时，其一砖墙的组砌如图3-33～图3-35所示）。

（3）砖墙十字接头处砌法。砖墙十字按头处，应隔皮纵横砌通，交接处内角的竖缝应上下相互错开1/4砖长（图3-36）。

2. 多孔砖

（1）转角处砌法。多孔砖墙的转角处，为错缝需要，应加砌配砖（半砖或3/4砖），M型（正方形）多孔砖，采用全顺组砌形式（图3-37）。

P型（矩形）多孔砖，采用一顺一丁或梅花丁组砌形式（图3-38、图3-39）。

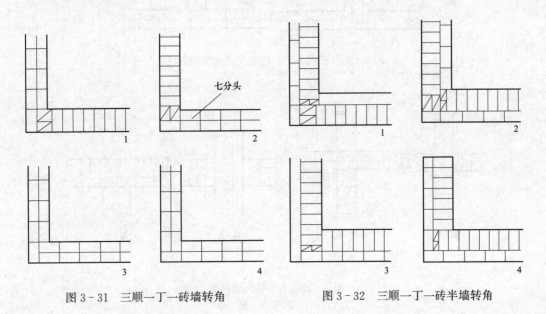

图3-31　三顺一丁一砖墙转角　　　　　图3-32　三顺一丁一砖半墙转角

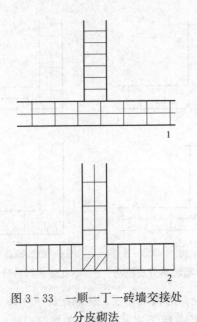

图3-33　一顺一丁一砖墙交接处
分皮砌法

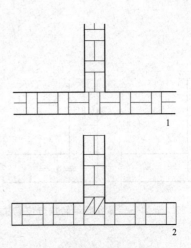

图3-34　梅花丁一砖墙交接处
分皮砌法

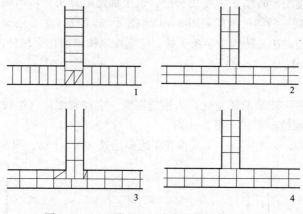

图 3-35　三顺一丁一砖墙交接处分皮砌法

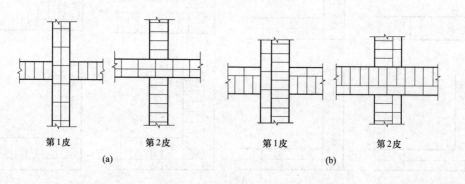

图 3-36　十字接头处砌法
（a）一砖墙；（b）一砖半墙

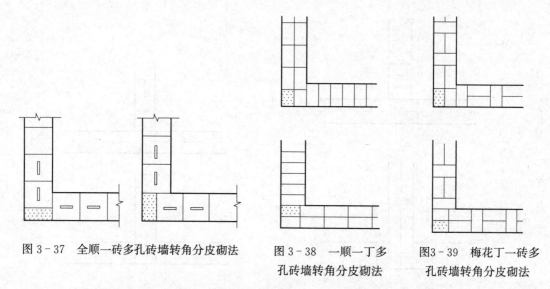

图 3-37　全顺一砖多孔砖墙转角分皮砌法　　图 3-38　一顺一丁多　　图3-39　梅花丁一砖多
　　　　　　　　　　　　　　　　　　　　　　孔砖墙转角分皮砌法　　　孔砖墙转角分皮砌法

　　（2）多孔砖丁字接头砌法。多孔砖墙的丁字交接处，为错缝需要，应砌配砖（半砖或 3/4 砖），
M 型多孔砖全顺一砖、P 型一顺一丁、梅花丁一砖多空砖丁字接头砌法如图 3-40、图 3-41、
图 3-42所示。

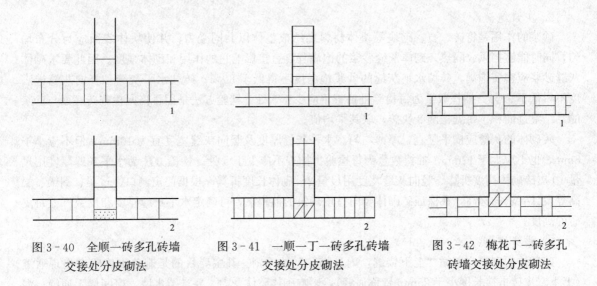

图 3 - 40 全顺一砖多孔砖墙　　图 3 - 41 一顺一丁一砖多孔砖墙　　图 3 - 42 梅花丁一砖多孔
　　　 交接处分皮砌法　　　　　　　　交接处分皮砌法　　　　　　　　砖墙交接处分皮砌法

多孔砖墙中所用的配砖应是工厂定型产品，不得用整砖砍成配砖。门窗洞口两侧在多孔砖墙中预埋木砖，应与多孔砖相同规格。

多孔砖不应与烧结普通砖混砌。多孔砖墙每天砌筑高度不宜超过 1.5m。

（五）砖墙砌体的质量要求及保证措施

砖砌体的质量要求可概括为十六个字：横平竖直、灰浆饱满、错缝搭接、接槎可靠。

1. 横平竖直

横平竖直，即要求砖砌体水平灰缝平直、表面平整和竖向垂直等，具体见表 3 - 4，为此，要求砌筑时必须立皮数杆、挂线砌砖，并应随时吊线、直尺检查和校正墙面的平整度和竖向垂直度。

表 3 - 4　　　　　　　　　　　　　砖砌体尺寸、位置的允许偏差及检验

项	项目			允许偏差（mm）	检验方法	抽检数量
1	轴线位移			10	用经纬仪和尺或用其他测量仪器检查	承重墙、柱全数检查
2	基础、墙、柱顶面标高			±15	用水准仪和尺检查	不应少于 5 处
3	墙面垂直度	每层		5	用 2m 托线板检查	不应少于 5 处
		全高	≤10m	10	用经纬仪、吊线和尺或其他测量仪器检查	外墙全部阳角
			>10m	20		
4	表面平整度	清水墙、柱		5	用 2m 靠尺和楔形塞尺检查	不应少于 5 处
		混水墙、柱		8		
5	水平灰缝平直度	清水墙		7	拉 5m 线和尺检查	不应少于 5 处
		混水墙		10		
6	门窗洞口高、宽（后塞口）			±10	用尺检查	不应少于 5 处
7	外墙下下窗口偏移			20	以底层窗口为准，用经纬仪或吊线检查	不应少于 5 处
8	清水墙游丁走缝			20	以每层第一皮砖为准，用吊线和尺检查	不应少于 5 处

2. 灰浆饱满

砂浆的作用是将砖、石、砌块等块体材料黏结成整体以共同受力，并使块体表面应力分布均匀，同时能够挡风、隔热。砌体灰缝砂浆的饱满程度直接影响它的作用和砌体强度。因此要求砌体灰缝砂浆应密实饱满，砖墙水平灰缝的砂浆饱满度不得低于80％；砖柱水平灰缝和竖向灰缝饱满度不得低于90％。抽检数量为每检验批抽查不应少于5处。检验方法是用百格网检查砖底面与砂浆的黏结痕迹面积。每处检测3块砖，取其平均值。

砖砌体的灰缝应横平竖直，厚薄均匀。水平灰缝厚度及竖向灰缝宽度宜为10mm，但不应小于8mm，也不应大于12mm。抽检数量为每检验批抽查不应少于5处。检验方法为水平灰缝厚度用尺量10皮砖砌体高度折算。竖向灰缝宽度用尺量2m砌体长度折算。根据门窗洞口、过梁、圈梁、层高等设计要求的标高，在保证砖砌体竖向整皮砌筑的前提下，可确定水平灰缝厚度和皮数杆上每皮砖的高度。

3. 错缝搭接

砖砌体的砌筑应遵循"上下错缝，内外搭砌"的原则。其主要目的是避免砌体竖向出现通缝（上下二皮砖搭接长度小于25mm皆称通缝），影响砌体整体受力。要求清水墙、窗间墙无通缝；混水墙中不得有长度大于300mm的通缝，长度200～300mm的通缝每间不超过3处，且不得位于同一面墙体上。砖柱不得采用包心砌法。抽检数量为每检验批抽查不应少于5处。检验方法为观察检查。砌体组砌方法抽检每处应为3～5m。

4. 接槎可靠

接槎是指砌体的转角处和交接处不能同时砌筑时，临时间断处先、后砌筑的砌体之间的接合。接槎处的砌体的水平灰缝填塞困难，如果处理不当，会影响砌体的整体性。接槎处砌筑质量，是保证砖砌体结构整体性能和抗震性能的关键之一。

（1）斜槎的留置。砖砌体的转角处和交接处应同时砌筑。严禁无可靠措施的内外墙分砌施工。在抗震设防烈度为8度及8度以上的地区，对不能同时砌筑而又必须留置的临时间断处应砌成斜槎，普通砖砌体斜槎水平投影长度不应小于高度的2/3。多孔砖砌体的斜槎长高比不应小于1/2。斜槎高度不得超过一步脚手架的高度。抽检数量为每检验批抽查不应少于5处。检验方法为观察检查（图3-43）。

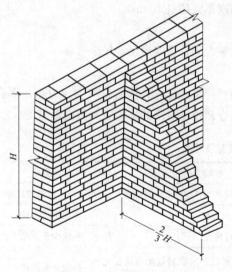

图3-43 斜槎的留置

（2）直槎的留置。非抗震设防及抗震设防烈度为6度、7度地区的临时间断处，当不能留斜槎时，除转角处外，可留直槎，但直槎必须做成凸槎。留直槎处应加设拉结钢筋，拉结钢筋的数量为每120mm墙厚放置1Φ6拉结钢筋（120mm厚墙放置2Φ6拉结钢筋），间距沿墙高不应超过500mm，且竖向间距偏差不应超过100mm；埋入长度从留槎处算起每边均不应小于500mm，对抗震设防烈度6度、7度的地区，不应小于1000mm；末端应有90°弯钩；抽检数量：每检验批抽查不应少于5处。检验方法为观察和尺量检查（图3-44）。

隔墙与承重墙不能同时砌筑，又不能留成斜槎时，可于承重墙中引出凸槎，并在承重墙的水平灰缝中预埋拉结筋，每道墙不得少于2Φ6钢筋，其构造同直槎。隔墙顶应用立砖斜砌挤紧。

（3）对于设置钢筋混凝土构造柱的墙体，构造柱与墙体的连接处应砌成马牙槎，从每层柱脚开始，先退后进，每一马牙槎沿高度方向的尺寸不宜超过300mm，沿墙高每500 mm设2根直径6mm

拉结钢筋，每边伸入墙内的长度不小于填充墙的 1/5，且不小于 700mm。施工时应先安装构造柱钢筋、再砌墙后支模板并浇构造柱的混凝土（图 3-45）。构造柱可不单独设置基础，但应伸入室外地坪下 500mm，或与埋深小于 500mm 的基础梁相连。

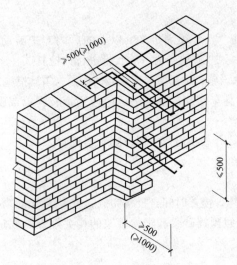

图 3-44 直槎的留置

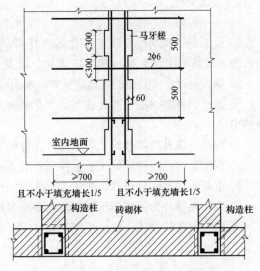

图 3-45 构造柱平、立面图

三、混凝土多孔砖砌筑要求

混凝土多孔砖具有墙面砌筑平整、抹灰层厚度小、施工时材料损耗低以及产品本身具有免烧、利废和产品制作过程中对环境无污染等优点，是一种环保、节能、节地的新型墙体材料，已被列入《混凝土多孔砖建筑技术规程》（CECS257）及《砌体结构设计规范》（BG 50003）中，使得混凝土实心砖和混凝土多孔砖的生产和应用得到了快速健康的发展。

1. 材料要求

主要规格尺寸为 240mm×115mm×90mm。砌筑时与主规格砖配合使用的砖有：半砖（120mm×115mm×90mm）、七分头砖（180mm×115mm×90mm）、240 混凝土实心砖（普通砖）（240mm×115mm×53mm）等。

（1）混凝土多孔砖的最小外壁厚不应小于 15mm，最小肋厚不应小于 10mm（图 3-46）。

（2）混凝土多孔砖和砌筑砂浆的强度等级，应按下列规定采用。

1）混凝土多孔砖的强度等级为 MU30、MU25、MU20、MU15。

2）砌筑砂浆的强度等级为 Mb20、Mb15、Mb10、Mb7.5 和 Mb5。用作承重砌体时，砂浆的最低强度等级为 Mb7.5。

（3）混凝土多孔砖砌体所用材料的最低强度等级，应符合下列规定。

1）±0.000 以下的基础砌体，应采用混凝土实心砖；混凝土实心砖的强度等级不应小于 MU15，砌筑用水泥砂浆的强度等级不应小于 Mb10。

2）±0.000 以上的承重砌体，可采用混凝

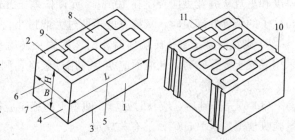

图 3-46 混凝土多孔砖各部位名称示意图

1—条面；2—坐浆面（外壁、肋的厚度较小的面）；
3—铺浆面（外壁、肋的厚度较大的面）；4—顶面；
5—长度（L）；6—宽度（B）；7—高度（H）；
8—外壁；9—肋；10—槽；11—手抓孔

土多孔砖；混凝土多孔砖的强度等级不应小于 MU15，砌筑用混合砂浆的强度等级不应小于 Mb7.5。

3）±0.000 以上的框架填充墙砌体，应采用混凝土多孔砖。

2. 施工要点

(1) 一般规定。

1）进入施工现场的混凝土多孔砖应具有产品合格证，且必须满足 28d 以上的厂内养护龄期。进入施工现场的混凝土实心砖每 15 万块、混凝土多孔砖每 10 万块各为一验收批进行抽检复试。

2）堆放混凝土多孔砖的场地应平整，周边应设置排水设施，顶部应采取适当的遮雨（雪）措施。

3）搬运、装卸混凝土多孔砖时，严禁碰撞、扔摔或翻车倾卸；垂直吊运应采用带有网罩或围栅的吊盘。

4）混凝土多孔砖墙体施工应采用双排外脚手架施工，严禁在墙体上留设脚手架孔洞。

5）混凝土多孔砖砌体施工质量控制等级不应低于 B 级。

6）混凝土多孔砖砌筑砂浆的稠度宜为 50～70mm。

7）当使用掺外加剂的砌筑砂浆时，必须采用机械搅拌，搅拌时间自投料完成起宜大于 6min。

8）采用预拌砂浆或干粉砂浆砌筑墙体时，应分别按照预拌砂浆和干粉砂浆的相关规程的规定施工。

(2) 施工技术要求。

1）混凝土多孔砖不应浇水砌筑。砌筑时对砖块的要求：砖块必须干砌，被雨淋湿和含水率高的砖块绝对不能上墙；表面粘着泥及杂物不清洁的砖块要清理干净才能用于砌筑；其他材料制作的砖块（如黏土砖等）不能与混凝土多孔砖混砌，不同材质的砖块收缩率不同，砌体容易产生裂缝；在高温干燥天气施工时，如果砖块过于干燥，可适当喷水湿润而不是浇水后再砌筑。

2）砌筑时，应将混凝土多孔砖的孔洞垂直于受压面砌筑，多孔砖的封底面应朝上砌筑。

3）混凝土多孔砖组砌方式应与黏土烧结多孔砖相同，砌筑 240mm 厚的砌体，应采用一顺一丁或梅花丁的组砌方式，水平和垂直灰缝应随砌随勾缝。

4）正常施工条件下，砌体的每日砌筑高度宜控制在 1.5m 或一步脚手架高度内。

5）外墙转角和内外墙交接处应同时砌筑。不能同时砌筑而又必须留置的临时间断处，应砌成斜槎，多孔砖砌体的斜槎长度一般小于其高度的 1/2。斜槎高度不得超过一步脚手架的高度。

6）构造柱与砌体连接处应砌成马牙槎，模板必须紧贴砌体，严禁板缝漏浆。

7）水平灰缝砂浆的饱满度不得低于 80%，竖缝砂浆的饱满度不得低于 70%；砌体的水平灰缝厚度和垂直灰缝宽度应控制在 10mm，允许偏差±2mm，并且要求横平、竖直。特别要注意在砌体与柱子的结合处砌筑时，灰缝宽度不能过大或过小，并且砌筑时要顶紧。

8）砌筑混凝土多孔砖墙体时，门樘两侧一砖宽范围可采用混凝土实心砖或者混凝土多孔砖。采用混凝土多孔砖时，孔洞面应朝上，用砂浆将孔洞填满灌实。

3. 安全措施

(1) 砌完基础后，应及时回填。回填土的施工应符合现行国家标准《建筑地基基础工程施工质量验收规范》(GB 5002) 的有关规定。

(2) 砌体相邻工作段的高度差，不得超过 3m 且不得超过一层楼的高度。工作段的分段位置，宜设在伸缩缝、沉降缝、防震缝、构造柱或门窗洞口处。

(3) 雨天施工时，砂浆的稠度应适当减小。每日砌筑的高度不应超过 1.2m，收工时，应覆盖砌体表面。

(4) 施工中在混凝土多孔砖墙中留的临时洞口，其侧边离交接处的墙面不应小于 0.5m；洞口顶部宜设置钢筋混凝土过梁。

四、配筋砖砌体施工

配筋砖砌体的形式主要有面层和砖组合砌体、构造柱和砖组合砌体、网状配筋砖砌体等几种形式。

（一）配筋砖砌体的构造

1. 面层和砖组合砌体

面层和砖组合砌体有组合砖柱、组合砖垛、组合砖墙等几种形式。

面层和砖组合砌体，所用砖一般为烧结普通砖；由砖墙、混凝土或砂浆面层，以及钢筋组成。当采用混凝土面层，面层的厚度大于 45mm 时，所用混凝土强度等级宜采用 C20。

砂浆面层的厚度为 30～45mm，面层水泥砂浆强度等级不宜低于 M10，砌筑砂浆的强度等级不宜低于 M7.5。

竖向受力钢筋宜采用 HPB300 级钢筋，采用混凝土面层时也可采用 HRB335 级钢筋。钢筋直径不应小于 8mm，钢筋的净间距不应小于 30mm。

箍筋的直径不宜小于 4mm 及 0.2 倍的受压钢筋直径，并不宜大于 6mm。箍筋的间距不应大于 20 倍受压钢筋直径及 500mm，并不应小于 120mm。

2. 构造柱和砖组合砌体

构造柱和砖组合砌体由钢筋混凝土构造柱、烧结普通砖及拉结钢筋组成。

钢筋混凝土构造柱的截面不应小于 240mm×240mm，厚度不应小于墙厚，边柱、角柱的截面宽度宜适当加大。混凝土强度等级不宜低于 C20，钢筋一般采用 HPB300 级。竖向受力钢筋不宜少于 4 根，中柱的钢筋直径为 12mm，边柱和角柱的钢筋直径不宜小于 14mm。构造柱的竖向受力钢筋直径不宜大于 16mm。竖向受力钢筋应在基础梁和楼层圈梁中锚固，并应满足受拉钢筋锚固长度的要求。一般部位箍筋应为 Φ6@200，楼层上下 500mm 范围内宜为 Φ6@100。

砖墙所用砂浆的强度不应低于 M5。构造柱与墙体的连接处应砌成马牙槎，马牙槎应先退后进，预留的拉结钢筋应位置正确，施工中不得任意弯折。每一马牙槎的高度不宜超过 300mm，并应沿墙高每隔 500mm 设置 2Φ6 的拉结钢筋，每边深入墙内不宜小于 600mm（图 3-45）。

构造柱和砖组合墙的房屋，应在纵横墙交接处、墙端部和较大洞口边设置构造柱，其间距不宜大于 4m。并应在基础顶面、有组合墙的楼层处设置现浇钢筋混凝土圈梁。

3. 网状配筋砌体的构造

网状配筋砌体实际是在烧结普通砖砌体的水平灰缝中配置钢筋网（图 3-47）。主要有配筋砖柱、配筋砖墙。

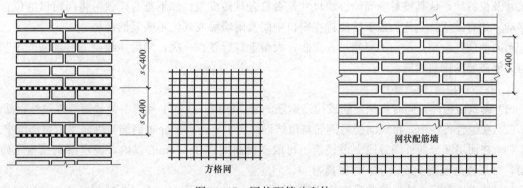

方格网　　　　网状配筋墙

图 3-47　网状配筋砖砌体

　　网状配筋砖砌体，所用烧结普通砖强度等级不应低于 MU10，砂浆强度等级不应低于 M7.5。钢筋网可采用方格网，方格网的钢筋直径宜采用 3～4mm；钢筋网中钢筋的间距，不应大于 120mm，并不应小于 30mm。钢筋网在砖砌体中的竖向间距，不应大于五皮砖高，并不应大于 400mm。

　　设置钢筋网的水平灰缝厚度，应保证钢筋上下各有 2mm 厚的砂浆层。

　　（二）配筋砖砌体材料要求

　　砌墙砖应选择棱角整齐，无弯曲、裂纹，颜色均匀规格一致的正火砖。

　　砌筑砂浆及浇筑混凝土的强度等级必须符合设计要求，用于配筋砖砌体的砂浆宜为水泥砂浆或水泥混合砂浆。

　　砂浆、混凝土用砂不得含有有害物质和草根等杂物，配置 M5 以上砂浆时，砂的含泥量不应超过 5％，配置混凝土时，砂的含泥量应小于 5％，并通过 5mm 的筛孔进行筛选。

　　石灰膏的熟化时间不应少于 7 天，严禁使用脱水硬化和冻结的石灰膏。

　　构造柱、圈梁用卵石或碎石的粒径为 5～40mm，组合砖砌体用的卵石或碎石的粒径宜为 5～20mm，含泥量小于 1％。

　　砂浆宜用机械搅拌，应随拌随用，一般水泥砂浆和水泥混合砂浆须在拌成后 3～4h 内使用完。不允许使用过夜砂浆。

　　构造柱的混凝土坍落度宜为 50～70mm，混凝土应随拌随用，拌和好的混凝土应在 1.5h 内浇灌完。

　　（三）配筋砖砌体施工准备

　　（1）编制配筋砖砌体的施工方案并经相关单位批准通过。并组织施工人员进行技术、质量、安全交底。

　　（2）砌筑用砖、钢筋已进场并有合格证和试验单；砌筑砂浆和混凝土由实验室作好试配。

　　（3）主要施工机械和工具及检测工具已准备齐全。

　　（4）弹好轴线、墙身线及门窗洞口位置线。

　　（5）按设计标高要求立好皮数杆，皮数杆的间距以 15～20m 为宜。皮数杆上应标明钢筋网片、箍筋或拉结筋的设置位置。

　　（四）配筋砖砌体施工工艺

　　配筋砖柱一般采用满丁满条，里外咬槎，上下层错缝。墙体一般采用一顺一丁、梅花丁或三顺一丁砌法。

　　砌筑前先撂底，一般外墙第一层砖撂底时，两山墙排丁砖，前后檐排条砖。根据弹好的门窗洞口尺寸及位置线，认真核对窗间墙、垛尺寸是否符合排砖模数，如不符合模数可将门窗口的位置左右移动。如有破活，七分头或丁砖应排在窗口中间及附墙垛或其他不明显的部位。

　　砌砖前应先盘角，盘角不要超过 5 皮砖，大角盘好后复查一次，然后挂线砌墙。砌墙的工艺要求与无筋砖墙的砌筑相同。

　　1. 组合砖砌体施工顺序

　　（1）砌筑砖砌体，同时按照箍筋或拉结钢筋的竖向间距，在水平灰缝中铺置箍筋或拉结钢筋。

　　（2）在组合砖墙中，将纵向受力钢筋与拉结钢筋绑牢，将水平分布钢筋与纵向受力钢筋绑牢。

　　（3）在面层部分的外围分段支设模板，每段支模高度宜在 500mm 以内，浇水湿润模板及砖砌体面，分层浇灌混凝土或砂浆，并振捣密实。

　　（4）待面层混凝土或砂浆的强度达到其设计强度的 30％以上时，方可拆除模板。有缺陷时应及时修整。

2. 构造柱和砖组合砌体的施工顺序

先绑扎构造柱钢筋，然后砌砖墙，墙体砌筑完后支模板，再浇注构造柱的混凝土。构造柱的竖向受力钢筋在绑扎前必须作调直除锈处理。钢筋末端应作弯钩。并把底层构造柱的竖向钢筋与基础圈梁进行锚固，锚固长度不应小于 35 倍钢筋的直径。钢筋的保护层厚度一般为 20mm。

砌砖墙时，从每层构造柱脚开始，砌马牙槎应先退后进，以保证构造柱脚为大断面。当马牙槎齿深为 120mm 时，其上口可采用一皮进 60mm，再一皮进 120mm 的方法，以保证浇注混凝土后上角密实。马牙槎内的灰缝砂浆应密实饱满。水平灰缝砂浆饱满度应不低于 80%。

在安装模板之前，必须根据构造柱轴线校正竖向钢筋的位置和垂直度。箍筋间距应准确，并与构造柱的竖筋和圈梁的纵筋相垂直，应绑扎牢靠。

构造柱的模板可用木模板或组合钢模板，应在每层砖墙砌筑完成后立即支设。应把模板与砖墙面两侧严密贴紧，支撑牢靠。为防止漏浆应把模板与墙体之间的缝隙塞实。

构造柱浇灌混凝土前，必须把马牙槎部位和模板浇水湿润，将模板内的落地灰、砖渣等杂物清理干净，并在结合面处注入适量的与构造柱混凝土相同的去石水泥砂浆。构造柱的底部应留 2 皮砖高的孔洞，以便于清除模板内的杂物，杂物清除后应立即用砖砌封闭洞口。

浇灌构造柱的混凝土时可以分段进行，每段高度不宜大于 2m，或每个楼层分两次浇注。在施工条件较好并能确保混凝土浇灌密实时，也可每层一次浇灌。

捣实构造柱混凝土时，要用插入式混凝土振捣器，并分层捣实。振动棒应随振随拔，每次振捣层的厚度不应超过振捣棒长的 1.25 倍。振捣棒应避免直接触碰钢筋和砖墙，严禁通过砖墙传振。在新老混凝土接槎处，需先用水冲洗、湿润，再铺 10~20mm 的与构造柱混凝土相同的去石水泥砂浆后，方可继续浇灌混凝土。

3. 网状配筋砌体在砌筑前应按设计规定先制作好钢筋网

在配置钢筋网的水平灰缝中，应先铺一半厚的砂浆层，放入钢筋网后再铺一半厚的砂浆层，以保证钢筋网居于砂浆层厚度中间。钢筋网四周应有砂浆保护层。

(五) 配筋砖砌体质量要求

(1) 钢筋的品种、规格、数量和设置部位应符合设计要求。

(2) 构造柱、组合砌体构件、配筋砌体构件的混凝土及砂浆的强度等级应符合设计要求。

(3) 构造柱与墙体的连接处应符合下列规定：构造柱的做法应符合构造要求。马牙槎应先退后进，对称砌筑；马牙槎尺寸偏差每一构造柱不应超过 2 处；预留拉结钢筋的规格、尺寸、数量及位置应正确，钢筋的竖向移位不应超过 100mm，且竖向移位每一构造柱不得超过 2 处；施工中不得任意弯折拉结钢筋。每检验批抽查不应少于 5 处。

(4) 配筋砌体中受力钢筋的连接方式及锚固长度、搭接长度应符合设计要求。

(5) 构造柱一般尺寸允许偏差及检验方法应符合表 3-5 的规定。

表 3-5　　　　　　　　　　构造柱一般尺寸允许偏差及检验方法

序号	项　　目			允许偏差（mm）	检验方法
1	中心线位置			10	用经纬仪和尺检查或用其他测量仪器检查
2	层间错位			8	用经纬仪和尺检查，或用其他测量仪器检查
3	垂直度	每层		10	用 2m 托线板检查
		全高	≤10m	15	用经纬仪、吊线和尺检查，或用其他测量仪器检查
			>10m	20	

（6）设置在砌体水平灰缝内的钢筋，应居中置于灰缝内。水平灰缝厚度应大于钢筋直径 4mm 以上。砌体外露面砂浆保护层的厚度不应小于 15mm。并且钢筋保护层完好，不应有肉眼可见裂纹、剥落和擦痕等缺陷。

（7）网状配筋砌体中，钢筋网及放置间距应符合设计规定。

（8）钢筋安装位置的允许偏差及检验方法应符合表 3-6 的规定。抽检数量，每检验批抽查不应小于 5 处。

表 3-6　　　　　　　　　　　　钢筋安装位置的允许偏差及检验方法

项　　目		允许偏差（mm）	检验方法
受力钢筋保护层厚度	网状配筋砌体	±10	检查钢筋网成品，钢筋网放置位置局部剔缝观察，或用探针刺入灰缝内检查，或用钢筋位置测定仪测定
	组合砖砌体	±5	支模前观察与尺量检查
	配筋小砌块砌体	±10	浇筑灌孔混凝土前观察检查与尺量检查
配筋小砌块砌体墙凹槽中水平钢筋间距		±10	钢尺量连续三档，取最大值

（六）配筋砖砌体安全要求

（1）在操作之前必须检查操作环境是否符合安全要求，道路是否通畅，机具是否完好无损，安全设施和防护用品是否齐全，经检查合格后方可施工。

（2）脚手架应经检查合格后方能使用。砌筑时不准随意拆除和改动脚手架，楼层屋盖上的盖板防护栏杆不得随意挪动拆除。

（3）在架子上砍砖时，操作人员应把碎砖打在架板上，严禁把砖头打向架外。挂线用的坠砖应绑扎牢固，以免坠落伤人。

（4）脚手架上堆砖不得超过三层（侧放）。采用砖笼吊砖时，砖在架子或楼板上要均匀分布，不应集中堆放。灰桶、灰斗应放置有序，使架子上保持通畅。

（5）采用里脚手架砌墙时，不得站在墙上勾缝或行走。

（6）起吊砖笼和砂浆料斗时，砖和砂浆不能过满。吊臂工作范围内不得有人停留。

（7）操作人员应戴好安全帽，高空作业时应挂好安全网。

（8）绑扎钢筋时，应戴好手套；浇注混凝土时应站在操作架上，不得站在砖墙上。

第三节　砌块砌体砌筑

一、混凝土小型空心砌块砌体施工

1. 材料要求

（1）小砌块、小砌块砌筑砂浆、小砌块灌孔混凝土的强度等级必须符合设计要求，其材料、配合比、制作等应符合现行国家标准《普通混凝土小型空心砌块》（GB 8239）；《混凝土小型空心砌块砌筑砂浆》（JC860）；《混凝土小型空心砌块灌孔混凝土》（JC861）的规定。

（2）小砌块的品种、规格应符合设计要求。进入施工现场的小砌块应具有出厂合格证，有复验要求的应在复验合格后方可使用；小砌块在进入施工现场前的产品养护龄期应控制在 28d 以上；砌筑承重墙时，严禁使用断裂小砌块。

（3）小砌块的有关参数应符合相应规定。

（4）灌孔混凝土的拌制宜优先采用强制式搅拌机，若采用自落式搅拌机时总搅拌时间不宜少于

5min。混凝土拌和物应均匀、颜色一致、不离析、不泌水。灌孔混凝土的原材料应采用质量计算。拌和水、水泥、掺和料和外加剂的计量精度应控制在±2%以内，集料的计量精度应控制在±3%以内。

2. 施工准备

(1) 小砌块工程的施工操作及技术、质量管理人员上岗前必须经有关的专业技术培训，持证上岗。

(2) 小砌块应按设计选用的规格，配套进入施工现场；施工时所用的砂浆，宜选用专用的小砌块砌筑砂浆。

(3) 小砌块的堆放场地应夯实、平整、坚实。进场的小砌块应按规格、强度等级分别堆放，并应设有标识，不合格的小砌块应及时清出施工现场。小砌块的堆放高度不宜超过1.6m，垛间应保持有循环的运输通道。雨期施工时应设防潮层（宜采用高出地面100mm的木制托板）及防雨遮盖措施。

(4) 绘制好小砌块的排列图。

(5) 小砌块砌体施工前，应做好交底工作，要在施工现场适当位置砌筑样板墙，进行实物交底。

(6) 小砌块砌体施工前，应对基础尺寸、预留钢筋位置等进行检查，符合要求后方可施工。应根据设计排块图在墙的阴、阳角或楼梯间处设置好皮数杆，皮数杆的间距不宜大于15m。

(7) 砌体砌筑前，应将砌筑部位的砂浆和杂物清除干净，并应清除小砌块表面污物和用于芯柱部位的小砌块孔洞底部的毛边，剔除外观质量不合格的小砌块。

3. 小型砌块砌体施工要求

(1) 小砌块砌体施工组砌前，应根据施工图及砌块排列组砌图放出墙体的轴线、外边线、洞口线等位置线，放线结束后应及时组织验线工作，并经监理单位复核无误后，方可施工。

(2) 普通混凝土小砌块不宜浇水，以避免砌筑时灰浆流失，使砌体产生滑移，也可避免砌体上墙干缩，造成砌体灰缝裂缝。如遇天气干燥炎热，宜在砌筑前对其喷水湿润；对轻骨料混凝土小砌块，应提前浇水湿润，块体的相对含水率宜为40%～50%。雨天及小砌块表面有浮水时，不得施工。

(3) 底层室内地面以下或防潮层以下的砌体，应采用强度等级不低于C20（或Cb20）的混凝土灌实小砌块的孔洞。

(4) 由于砌块在砌筑时不像普通砖可以随意砍凿，而且砌块的排列直接影响墙体的整体性，因此在施工前必须按以下原则、方法及要求进行砌块排列。

1) 砌块砌体在砌筑前，应根据工程设计施工图，结合砌块的品种、规格绘制砌体砌块组砌排列图（主要是交接节点处），同时根据砌块尺寸、垂直缝的宽度和水平缝厚度计算砌块砌筑皮数和排数，并经审核无误后，按组砌图和计算结果排列砌块。

2) 砌块排列时，应尽量采用主规格，以提高砌筑日产量。

3) 小砌块墙体应孔对孔、肋对肋错缝搭接。单排孔小砌块的搭接长度应为块体长度的1/2；多排孔小砌块的搭接长度可适当调整，但不宜小于小砌块长度的1/3，且不应小于90mm。当满足不了此规定时，应采取压砌钢筋片或设置拉结筋等措施，具体构造按设计规定。若设计无规定时，一般可配置$\phi^b 4$钢筋网片或$2\phi 6$墙拉结筋；钢筋网片每端均应超过该垂直灰缝，其长度不得小于300mm，拉结筋长度不小得于600mm（图3-48），竖向通缝仍不得超过两皮砌块。小砌块砌筑时应将生产时的底面朝上反砌于墙上，易于铺设砂浆和保证水平灰缝的饱满度。确保小砌块砌体的砌筑质量，归纳为六字：对孔、错缝、反砌。

4) 外墙转角及纵横墙交接处，应分皮咬槎，交错搭砌；如果不能

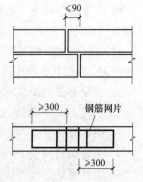

图3-48 灰缝中的拉结筋

咬槎时，按设计要求采取构造措施。

5）砌体的垂直缝应与门窗洞口的侧边线相互错开，不得同缝，错开间距应大于150mm，且不得用砖镶砌。

6）砌体水平灰缝厚度和垂直灰缝宽度一般为10mm，但不应大于12mm，也不应小于8mm。

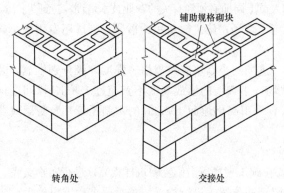

辅助规格砌块

转角处　　　　　交接处

图3-49　小砌块墙转角处及T字交接处砌法

（5）砌筑应该从外墙转角处或定位处开始，内外墙同时砌筑，纵横墙交错搭接，外墙转角处应使小砌块隔皮露端面，T字交接处应使横墙小砌块隔皮露端面。纵墙在交接处改砌两块辅助规格的小砌块（尺寸为290mm×190mm×190mm，一头开口），所有端露面用砂浆抹平（图3-49）。砌筑时应使小砌块底面朝上反砌于墙上，若使用一端有凹槽的砌块时，应将凹槽的一端接着平头的一端。

（6）砌块应逐块铺砌，采用满铺、满挤法。灰缝应做到横平竖直，厚薄均匀。全部灰缝均应填满砂浆。水平灰缝和竖向灰缝的砂浆饱满度不得低于90％。水平灰缝宜采用坐浆满铺法，垂直灰缝可先在砌块端头铺满砂浆（即将砌块铺浆的端面朝上依次紧密排列），然后将砌块上墙进行挤压，直至所需尺寸。砌筑中不得出现瞎缝、透明缝。当缺少辅助规格的小砌块时，砌体通缝不得超过两皮砌体。需要移动砌体中的小砌块或小砌块被撞动时，应重新铺砌。

（7）砌筑时严禁用水冲浆灌缝，也不得采用石子、木楔等物垫塞灰缝砌筑。砌筑时应随砌随清理灰缝表面，砌筑好的灰缝砂浆达到用手指能压出清晰指纹而砂浆不粘手时即刻进行原浆勾缝。缺砂浆处应补浆压平，并做成凹缝，应凹进墙面3～5mm。

（8）砌块砌筑时一定要跟线，做到"上跟线，下跟棱，左右相邻要对平"。同时应随时进行检查，做到随砌随查随纠正，以便及时返工。小砌块砌筑时应采用单面挂线，当通线过长时，应设几个支点。

（9）除了按设计要求留置的门、窗、洞口外，小砌块砌体不应留置施工缝。临时间断处应砌成斜槎，斜槎水平投影长度不应小于斜槎高度的1/2。接槎处应清扫干净并铺好砂浆，在砌块丁面和顶面打好碰头灰，补砌到接槎部位，确保接槎处砂浆饱满密实。施工洞口可预留直槎，但在洞口砌筑和补砌时，应在直槎上下搭砌的小砌块孔洞内用强度等级不低于C20（或Cb20）的混凝土灌实（图3-50）。可从砌体面伸出200mm砌成阴阳槎，并沿砌体高度每三皮砌块（600mm）设拉结筋或钢筋网片，接槎部位宜延至门窗洞口。

（10）常温条件下，普通混凝土小砌块的日砌筑高度应控制在1.8m内，轻骨料混凝土小砌块的日砌筑高度应控制在2.4m以内。相邻工作段的高度差不得大于一个楼层高度或4m。

（11）小砌块砌体内不宜设置脚手眼，如必须设置时，可用辅助规格190mm×190mm×190mm的小砌块侧砌，利用其孔洞作脚手眼，砌完后用C15混凝土灌实。但在砌体下列部位不宜设置脚手眼。

1）过梁上部与梁成60角的三角形范围内及过梁跨度1/2范围内。

2）宽度不大于800mm的窗间墙。

3）梁和梁垫下及左右各500mm的范围内。

4）门窗洞口两侧200mm内和砌体交接处400mm的范围内。

5）设计规定不允许设脚手眼的部位。

（12）混凝土芯柱的设置。混凝土小型砌块砌体的下列部位宜设置芯柱（图3-51）。

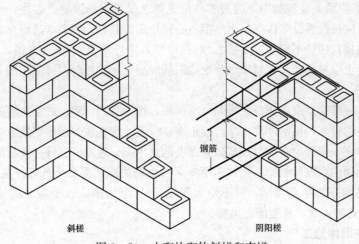

斜槎 阴阳槎

图 3-50 小砌块砌体斜槎和直槎

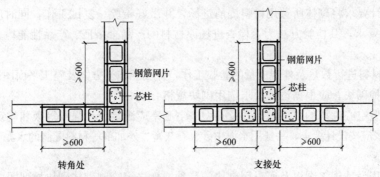

转角处 支接处

图 3-51 钢筋混凝土芯柱处拉筋构造

1）在外墙转角、楼梯间四角内外墙交接处，宜设置素混凝土芯柱，也可采用钢筋混凝土构造柱替代部分芯柱。

2）5 层及 5 层以上的房屋，应在上述部位设置钢筋混凝土芯柱，具体构造要求如下。

① 芯柱截面不宜小于 120mm×120mm，宜用不低于 C20 级的细石混凝土芯柱。

② 钢筋混凝土芯柱每孔内插竖向钢筋不应小于 1ϕ10，芯柱的底部应深入室内地面下 500mm 或与基础圈梁锚固，顶部应与屋盖圈梁锚固。

③ 在钢筋混凝土芯柱处，沿墙高每隔 600mm 应设置 ϕ4 钢筋网一道，每边伸入墙体不小于 600mm，使芯柱横向连接成整体。

④ 芯柱应沿房屋的全高贯通，并与各层圈梁整体现浇，可采用图 3-52 所示的做法。

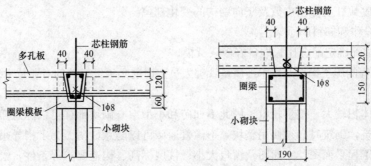

图 3-52 芯柱贯通楼板构造

在 6～9 度抗震设防的建筑物中，应按芯柱位置要求设置钢筋混凝土芯柱；对医院、教学楼等横墙较少的房屋，应按抗震设防区混凝土小型空心砌块房屋芯柱设置要求进行。芯柱竖向插筋应贯通墙身且与圈梁连接；插筋不应小于 1Φ12。芯柱应伸入室外地下 500mm 或锚入浅于 500mm 基础圈梁内。芯柱混凝土应贯通楼板，当采用装配式钢筋混凝土土楼板时，可采用图 3-52 的方式实施贯通措施。

每一楼层芯柱底部第一皮砌块应采用开口小砌块，作为清扫口用。必须先清除芯柱孔洞内的杂物及削掉孔内凸出的砂浆，用水冲洗干净。校正钢筋位置并绑扎或焊接固定后方可浇注混凝土。浇灌混凝土应在每砌完一个楼层高度后砌筑砂浆强度达到 1MPa 时方可进行，浇灌混凝土前先注入适量与芯柱混凝土相同的水泥砂浆。灌孔宜选用专用的小砌块灌孔混凝土。芯柱混凝土应连续浇灌，每次连续浇筑的高度宜为半个楼层，但不应大于 1.8m。采用插入式混凝土振捣器捣实。每浇灌 400～500mm 高度捣实一次，或边灌边捣实。

二、中型砌块砌体施工

1. 材料要求

（1）根据设计要求将砌体所选用材料提前进场，并做好检验、复试工作，同时应符合有关验收标准及施工图纸要求，其检验方法为：检查进场原材料的产品合格证、产品性能检验报告以及原材料的复试报告。

（2）对进场材料进行数量及外观质量的验收工作，并按照施工方案及施工平面图进行分类堆放。

（3）对于各种砌块，应根据设计要求选用砌块规格。

（4）各种中型空心砌块的规格、尺寸及孔型、空心率应满足设计强度等级和建筑热工要求。

（5）砌筑砂浆应按设计要求，一般用水泥中砂、石灰膏、外加剂等材料配制的水泥砂浆或混合砂浆。

2. 施工准备

（1）根据工程设计施工图以及所采用砌块的品种、规格等绘制砌体砌块排列图。

（2）根据图纸设计、规范、标准图集以及工程情况等内容，编制中型砌块砌体砌筑工程的施工方案或作业指导书。

（3）施工前做好安全技术交底工作。

（4）根据工程规模大小、结构形式以及施工现场等情况进行机械设备与操作工具的选用与配备；各种机械设备经试运转符合要求。

（5）中型砌块砌筑施工前，必须做好上道工序的隐、预检工作，办好上、下道工序交接手续，并经验收合格。

（6）将基层清理干净，放好砌体墙身轴线、边线、门窗洞口、第一皮分块线等位置线，并经验线符合设计图纸要求，预检合格。

（7）根据工程引测的水准点，进行标高的抄测工作，同时立好皮数杆，并根据设计要求砌块规格和灰缝厚度在皮数杆上标明皮数及竖向结构的变化部位。

（8）搭设好操作和卸料脚手架。

（9）砂浆经试配确定配合比，准备好砂浆试模。

（10）砌块工程的施工操作及技术、质量管理人员上岗前必须经有关的专业技术培训，持证上岗。

3. 砌块排列

由于砌块的体积较大，重量较重，因此不如砖和小型空心砌块那样可以随意搬动，多用专门的设备进行吊装砌筑，砌筑时必须使用整块，不像普通砖可以随意砍凿。为了指导吊装砌筑施工，在施工前必须根据工程平面图、立面图及窗口大小、楼层标高、构造要求等条件，绘制各墙的砌块排列图，举例说明如图 3-53 所示。

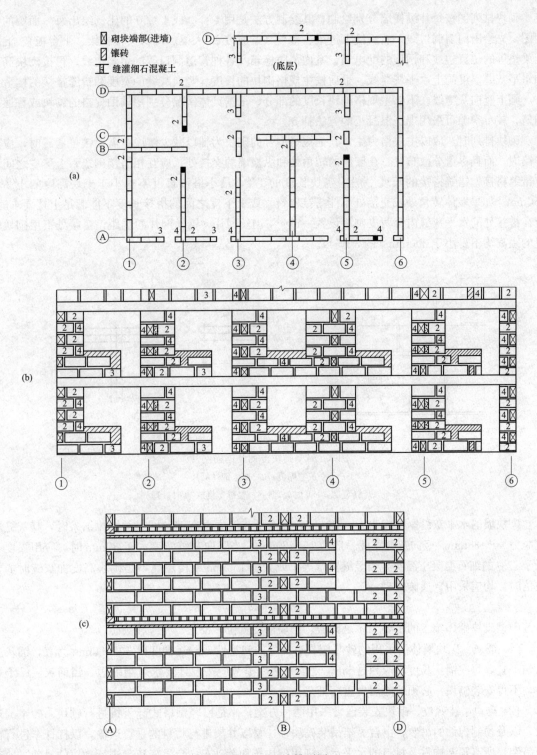

图 3 - 53　砌块排列图

(a) 二层（底层）第一皮砌块排列平面图；(b) 外墙 A 轴砌块排列立面图；(c) 外墙 1 轴砌块排列立面图

注：空号砌块（880mm×380mm×240mm）；2 号砌块（580mm×380mm×240mm）；

3 号砌块（430mm×380mm×240mm）；4 号砌块（280mm×380mm×240mm）。

砌块排列图按每片纵横墙分别绘制，其绘制方法是用1∶50或1∶30的比例绘出每一面墙的立面图，先绘出门窗洞口线，然后绘上过梁、楼板（屋面板）、大梁、楼梯（楼梯梁、平台板）、混凝土梁垫等的位置边线和预埋的配电箱、室内消防栓箱及各种管道洞口等的位置边线，再按砌块高度和水平灰缝厚度画上水平灰缝线。最后按主规格砌块的长度、竖向灰缝的宽度和错缝搭接的构造要求，画上竖向灰缝线。不够主规格砌块长度的部分，根据具体情况分别用辅助规格的砌块或普通砖砌筑，较小空隙可采用现浇混凝土的方法补齐。

砌块排列时，应以主规格为主，其他规格型号的砌块为辅以减少镶嵌。需要镶普通砖时，应整砖镶嵌，而且尽量分散布置。在墙体的转角处和纵横墙的交接处，应互相搭接砌筑，上下皮之间也应错缝搭接，错缝搭接的长度一般为砌块长度的1/2，最小搭接长度不得小于砌块高度的1/3和150mm。如果墙体转角处或交接处不能搭接砌筑，或上下皮之间的搭接长度不能满足上述要求时，应在搭接处的水平灰缝内每两皮砌块设置一道ϕ^b4钢丝网片，钢丝网片两端距该搭接处下层砌块竖缝的距离均不得小于300mm（图3-54）。

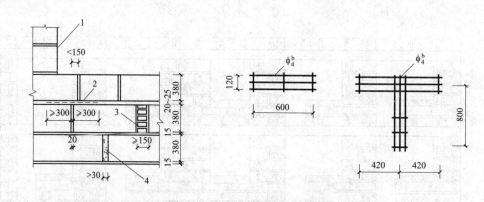

图3-54　砌块排列及钢筋网片

1—水平灰缝厚度；2—ϕ^b4钢丝网片；

3—竖缝宽度≥150时处理；4—竖缝宽度＞30时处理

砌块墙的水平灰缝厚度应为10～20mm，当水平灰缝中设有钢丝网或柔性拉结条时，其灰缝厚度应为20～25mm。竖向灰缝宽度一般为15～20mm，当竖向灰缝宽度大于30mm时，应用强度不低于C20的细石混凝土灌实。当竖缝宽度等于或大于150mm或楼层高不是砌块高度加灰缝时的整数倍时，均应采用普通砖镶砌。

4. 施工工艺

中型砌块砌体施工的主要工序是铺灰、砌块吊装就位、校正、灌缝和镶砖。

（1）铺灰。砌块墙体所采用的砂浆应具有良好的和易性，砂浆稠度以50～80mm为宜，铺灰应均匀平整，每次铺灰长度不应超过5m，夏季或寒冷季节应按设计要求适当缩短。当铺灰层已干燥时，不得安装砌块，必须铲除后再重新铺灰。

（2）砌块吊装就位。砌块安装通常采用两种方案：一是以轻型塔式起重机进行砌块、砂浆的运输，以及预制构件的吊装，由台灵架吊装砌块；二是以井架进行材料的垂直运输，以杠杆车进行楼板吊装，所有预制构件及材料的水平运输则用砌块车和劳动车，台灵架负责进行砌块的吊装。前者适用于工程量大或两栋房屋对翻流水的情况，后者适用于工程量小的房屋。

砌块的吊装一般按施工段依次进行，其次序为先外后内，先远后近，先下后上，在相邻施工段之间留阶梯形斜槎。吊装应从转角处或砌块定位处开始。吊装砌块时应采用摩擦式单块夹具，夹持点应在砌块重心垂直线的上方，避免砌块偏心倾斜，然后对准墙身的中心线徐徐下落放在铺好的砂浆层上，待砌块安稳后放开夹具。

（3）校正。砌块吊装就位后，用托线板或垂球检查砌块的垂直度，用拉线的方法检查墙面的平整度和砌块的水平度。校正时，可用人力轻推砌块或用撬棍轻轻撬动砌块进行调整。对于150kg以下的砌块，也可用木槌敲击偏高处进行调整。

（4）灌缝。竖缝可用夹板在墙体内外夹住，然后灌砂浆，用竹片或铁棒插捣使其密实。当砂浆失水干涸后，用挂缝板将竖缝和水平缝挂齐。灌缝后，一般不应再撬动砌块，以防损坏砂浆黏结力。

（5）镶砖。当砌块间出现较大竖缝或过梁找平时，应镶砖。砌块内镶嵌普通砖的工作应紧密配合砌块安装工作，并要在砌块校正后随即镶填与之相邻的普通砖。镶砖砌体的竖直缝与水平缝应控制在15～30mm以内。镶砖时应注意使砖的竖缝灌密实。如果砌块墙安装完顶皮砌块层后，如其上还需要镶砌普通砖时，则楼板、梁、梁垫、檩条等水平承重结构下的顶层镶砖，必须用丁砖镶砌。

三、砌块砌体质量要求

（1）小砌块和芯柱混凝土、砌筑砂浆的强度等级必须符合设计要求。抽检数量为每一生产厂家，每1万块小砌块为一验收批，不足1万块按一批计，抽检数量为1组；用于多层建筑的基础和底层的小砌块抽检数量不应少于2组。检验方法：检查小砌块和芯柱混凝土、砌筑砂浆试块试验报告。

（2）墙体转角处和纵横墙交接处应沿竖向每隔400～500mm设拉结钢筋，埋入长度从墙的转角或交接处算起，对多孔砖墙或砌块墙不小于700mm。

（3）砌块砌体应分皮错缝搭砌，上下皮搭砌长度不应小于90mm。当搭砌长度不满足上述要求时，应在水平灰缝内设置不小于2根直径不小于4mm的焊接钢筋网片（横向钢筋的间距不应大于200mm，网片每端应伸出该垂直缝不小于300mm）。

（4）砌块墙与后砌隔墙交接处，应沿墙高每400mm在水平灰缝内设置不少于2根直径不小于4mm、横筋间距不大于200mm的焊接钢筋网片（图3-55）。

（5）混凝土砌块房屋，宜将纵横墙交接处，距墙中线每边不小于300mm范围内的孔洞，采用不低于C20（Cb20）混凝土沿全墙高灌实。

（6）砌体水平灰缝和竖向灰缝的砂浆饱满度，按净面积计算不得低于90%。每检验批抽查不应少于5处。

（7）墙体转角处和纵横交接处应同时砌筑。临时间断处应砌成斜槎，斜槎水平投影长度不应小于斜槎高度。施工洞口可预留直槎，但在洞口砌筑和补砌时，应在直槎上下搭砌的小砌块孔洞内用强度等级不低于C20（或Cb20）的混凝土灌实。每检验批抽查不应少于5处。检验方法：观察检查。

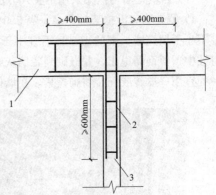

图3-55 砌块墙与后砌隔墙
交接处钢筋网片
1—砌块墙；2—焊接钢筋网片；
3—后砌隔墙

（8）小砌块砌体的芯柱在楼盖处应贯通，不得削弱芯柱截面尺寸；芯柱混凝土不得漏灌。每检验批抽查不应少于5处。

（9）砌体的水平灰缝厚度和竖向灰缝宽度宜为10mm，但不应小于8mm，也不应大于12mm。每检验批抽查不应少于5处。

第四节　填 充 墙 砌 筑

一、填充墙砌体施工技术要点

在框架结构、框架剪力墙结构的建筑中，砌筑墙体只起围护与分隔的作用，且填充墙体施工是先结构，后填充，故在施工时不得改变框架结构、框架剪力墙结构的传力路线。常用体轻、保温性能好的烧结空心砖或小型空心砌块、轻骨料混凝土小型砌块、加气混凝土砌块及其他工业废料掺水泥加工而成的砌块等。要求有一定的强度，轻质、隔音隔热等效果。

填充墙砌体施工除应满足一般砖砌体和各类砌块砌体等相应技术、质量、工艺标准外，还应注意以下几个方面的技术要点。

1. 与结构的连接问题

填充墙砌体应与主体结构可靠连接，其连接构造应符合设计要求，未经设计同意，不得随意改变连接构造方法。拉结钢筋或网片应置于灰缝中，埋置长度应符合设计要求，每一填充墙与柱的拉结筋的位置超过一皮块体高度的数量不得多于一处。填充墙与框架柱、梁的连接构造分为脱开方法和不脱开方法两类。有抗震设防要求时宜采用填充墙与框架脱开的方法连接。

（1）当填充墙与框架采用脱开方法连接时，宜符合下列要求。

1）填充墙两端与框架柱，填充墙顶面与框架梁之间留出不小于 20mm 的间隙。

2）填充墙两端与框架柱、梁之间宜用柔性连接，墙体宜卡入设在梁、板底及柱侧的卡口铁件内。

3）填充墙与框架柱、梁的缝隙可采用聚苯乙烯泡沫塑料板条或聚氨酯发泡充填，并用硅酮胶或其他弹性密封材料封缝。

（2）当填充墙与框架采用不脱开方法连接时，宜符合下列要求。

1）填充墙应沿框架柱全高每隔 500～600mm 设 $2\phi6$ 拉结筋（图 3-56），拉结筋伸入墙内的长度不小于填充墙长度的 1/5 且不宜小于 700mm，具体见附录 H 结构设计说明。在砌筑围护墙时，将柱中预留钢筋甩出，并嵌砌到砖墙灰缝中。填充墙墙顶应与框架梁紧密结合，顶面与上部结构接触处宜用一皮砖或配砖斜砌楔紧，在墙体砌筑 14 天后进行（图 3-57）。

图 3-56　承重结构上拉结筋布置图

图 3-57　填充墙砌全梁底构造处理

2）当填充墙有洞口时，宜在窗洞口的上端或下端、门洞口的上端设置钢筋混凝土带，钢筋混凝土带应与过梁的混凝土同时浇筑。当有洞口的填充墙尽端至门窗洞口边距离小于 240mm 时，宜采用钢筋混凝土门窗框。

（3）楼梯间和人流通道的填充墙，还应采用钢丝网砂浆面层加强。

（4）填充墙与承重墙、柱、梁的连接钢筋，当采用化学植筋的连接方式时，应进行实体检测。锚固钢筋拉拔试验的轴向受拉非破坏承载力检验值应为 6.0kN。抽检钢筋在检验值作用下应基材无裂缝、钢筋无滑移宏观裂损现象；持荷 2mim 期间荷载值降低不大于 5%。填充墙砌体植筋锚固力检测记录完整并按规范填写。

（5）施工注意事项。填充墙砌体砌筑，应待承重主体结构检验批验收合格后进行。填充墙与承重主体结构间的空（缝）隙部位施工，应在填充墙砌筑 14d 后进行。填充墙施工最好从顶层向下逐层砌筑，防止因结构变形力向下传递而造成早期下层先砌筑的墙体产生裂缝。特别是空心砌块，此裂缝的发生往往是在工程主体完成 3～5 个月后，通过墙面抹灰在跨中产生竖向裂缝。因而质量问题的滞后性给后期处理带来困难。

如果工期太紧，填充墙施工必须由底层逐步向顶层进行时，则墙顶的连接处理需待全部砌体完成后，从上层向下层施工，此目的是给每一层结构一个完成变形的时间和空间。

2. 与门窗框的连接

由于空心砌块与门窗框直接连接不易达到要求，特别是门窗较大时，施工中通常采用在洞口两侧做混凝土构造柱、预埋混凝土预制块及镶砖的方法。空心砌块在窗台顶面可做成混凝土压顶，以保证门窗框与砌体的可靠连接。加气混凝土砌块砌体和轻骨混凝土小砌块砌体的干缩较大，为防止或控制砌体干缩裂缝的产生，做出"不应混砌"的规定；但对于因构造需要的墙底部、墙顶部、局部门、窗洞口处，可酌情采用其他块材补砌。框架填充墙宜在窗洞口的上端或下端、门洞口的上端设置钢筋混凝土带，且与过梁的混凝土同时浇筑。

3. 防潮防水

空心砌块用于外墙面涉及防水问题。在雨季，墙的迎风迎雨面在风雨作用下易产生渗漏现象，主要发生在灰缝处。因此在砌筑中，就注意灰缝饱满密实，其竖缝应灌砂浆插捣密实。外墙面的装饰层采取适当的防水措施，如在抹灰层中加 3%～5% 的防水粉，面砖勾缝或表面刷防水剂等，确保外墙的防水效果。目前市场上有多种防水砂浆材料，其工艺特点是靠砂浆材料自身在养护条件下产生较好的防水效果，以满足外墙防水要求，特别是对高孔隙率的墙体材料。

用于室内隔墙时，在厨房、卫生间、浴室等处采用轻骨料混凝土小型空心砌块、蒸压加气混凝土砌块砌筑墙体时，墙底部宜现浇混凝土坎台等，其高度不应低于 200mm。浇筑一定高度混凝土坎台的目的，主要是考虑有利于提高多水房间填充墙墙底的防水效果。

4. 单片面积较大的填充墙施工

大空间的框架结构填充墙，应在墙体中根据墙体长度、高度需要设置构造柱和水平现浇混凝土带，以提高砌体的整体稳定性。当设计无要求时，墙长大于 5m 时，墙顶与梁宜有拉结；墙长超过 8m 或层高 2 倍时，宜设置钢筋混凝土构造柱；墙高超过 4m 时，墙体半高宜设置与柱连接且沿墙全长贯通的钢筋混凝土水平系梁；大面积墙体的转角处、T 形交接处或端部应设置构造柱，圈梁宜设在填充墙体高度中部。施工中注意预埋构造柱钢筋的位置应正确。

由于不同的块料填充墙做法各异，因此要求也不尽相同，实际施工时应参照相应设计要求及施工质量验收规范和各地颁布实施的标准图集、施工工艺标准等。

二、蒸压加气混凝土砌块填充墙砌筑施工

（一）材料要求

（1）蒸压加气混凝土砌块常用规格尺寸、强度等级等详见第一节砌体工程基本概念。

（2）蒸压加气混凝土砌块干密度等级见表 3-7。

（3）蒸压加气混凝土砌块的外观质量可分为优等品、一等品、合格品，其外观质量要求见表 3-8。

表 3-7   蒸压加气混凝土砌块干密度等级

体积密度级别		B03	B04	B05	B06	B07	B08
体积密度	优等品≤	300	400	500	600	700	800
	一等品≤	330	430	530	630	730	830
	不合格≤	350	450	550	650	750	850

表 3-8   蒸压加气混凝土砌块的外观质量

项 目			指 标		
			优等品	一等品	合格品
尺寸允许偏差不大于（mm）	长度	L_1	±3	±4	±5
	厚度	B_1	±2	±3	+3 -4
	高度	H_1	±2	±3	+3 -4
缺棱掉角	个数，不多于（个）		0	1	2
	最大尺寸不得大于（mm）		0	70	70
	最小尺寸不得大于（mm）		0	30	30
平面弯曲不得大于（mm）			0	3	5
裂纹	条数，不多于（条）		0	1	2
	在任何一面上的裂纹长度不得大于裂纹方向尺寸的		0	1/3	1/2
	贯穿一面两棱的裂纹长度不得大于裂纹所在面的裂纹方向尺寸总和的		0	1/3	1/3
爆裂、黏模和损坏深度不得大于（mm）			10	20	30
表面疏松、层裂			不允许		
表面油污			不允许		

（4）选择砌块时必须具有出厂合格证，其强度等级及干表观密度必须符合设计要求及施工规范的规定。

（5）蒸压加气混凝土砌块应符合《建筑材料放射性核素限量》的规定。

（6）施工用水泥采用强度等级为 42.5 级的普通硅酸盐水泥或 32.5 级的矿渣硅酸盐水泥，需新鲜，无结块。

（7）施工用砂宜采用中砂，砂中泥土含量不应超过 5%，并过 5mm 的密目筛网。

（二）施工工艺流程

蒸压加气混凝土砌块填充墙砌体施工工艺流程为：检验墙体轴线及门窗洞口位置→楼面找平→立皮数杆→凿出拉结筋→选砌块、摆砌块→撂底→按单元砌外墙→砌内墙→砌二步架外墙→砌内墙（砌筑过程中留槎、下拉结网片、安装混凝土过梁）→勾缝或斜砖砌筑与框架顶紧→检查验收。

（三）蒸压加气混凝土砌块填充墙施工

（1）蒸压加气混凝土砌块砌筑时，应向砌筑面适量喷水湿润（块体湿润程度为相对含水率 30% 左右），采用薄灰砌筑法施工的蒸压加气混凝土砌块，砌筑前不应对其浇（喷）水浸润，保证砌筑砂浆的强度及砌体的整体性。蒸压加气混凝土砌块的产品龄期不应小于 28d。

（2）砌筑前应先把砌筑基层楼地面的浮浆残渣清理干净并进行弹线，填充墙的边线、门窗洞口位置线尽可能准确，偏差控制在规范允许的范围内。皮数杆尽可能立在填充墙的两端或转角处，并拉通线。

(3) 蒸压加气混凝土砌块砌筑时，在厨房、卫生间、浴室等处采用轻骨料混凝土小型空心砌块、蒸压加气混凝土砌块砌筑墙体时，墙底部宜现浇混凝土坎台等，其高度宜为 150mm。

(4) 砌筑时应预先试排砌块，并优先使用整体砌块。必须断开砌块时，应使用手锯、切割机等工具锯裁整齐，并保护好砌块的棱角，锯裁砌块的长度不应小于砌块总长度的 1/3；长度小于等于 150mm 的砌块不得上墙。

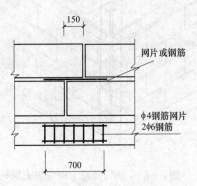

(5) 砌筑最底层砌块，当灰缝厚度大于 20mm 时应使用细石混凝土铺密实，上下皮灰缝应错开搭砌，搭砌长度不应小于砌块总长的 1/3。当搭砌长度小于 150mm 时，即形成的通缝，竖向通缝不应大于 2 皮砌块，否则应配 φ4 钢筋网片或 2φ6 钢筋，长度宜为 700mm（图 3-58）。

图 3-58 加气混凝土砌块砌筑搭砌
长度小于 150mm 时的构造图

(6) 砌块墙的转角处，应隔皮纵、横墙砌块相互搭砌。砌块墙的 T 字交接处，应使横墙砌块隔皮断面露头（图 3-59 和图 3-60）。

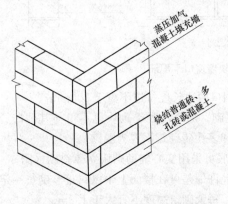

图 3-59 加气混凝土砌块转角砌法

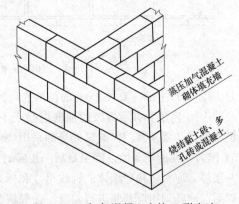

图 3-60 加气混凝土砌块 T 形砌法

(7) 加气混凝土砌块的砌筑方法为铺浆法，砂浆的铺设长度不应大于 2m，竖向灰缝宽度和水平灰缝厚度不应超过 15mm。灰缝应横平竖直、砂浆饱满，正、反手墙面均宜进行勾缝。砂浆的饱满度不得小于 80%。竖向灰缝应采用临时内外夹板夹紧后灌缝。砌筑时应经常检查墙体的垂直平整度，并应在砂浆初凝前用小木槌或撬杠轻轻进行修正。

(8) 加气混凝土砌体填充墙与结构或构造柱连接的部分，应预埋 2φ6 的拉结筋，拉结筋的竖向间距应为 500～1000mm，当有抗震要求时，拉结筋的末端应做 40mm 长 90°弯钩。

(9) 加气混凝土填充墙砌体在转角处及纵横墙交接处，应同时砌筑，当不能同时施工时，应留成斜槎。砌体每天的砌筑高度不应超过 1.8m。

(10) 有抗震要求的砌体填充墙按设计要求设置构造柱、圈梁时，圈梁、构造柱的插筋宜优先预埋在结构混凝土构件中或后植筋，预留长度符合设计要求。构造柱施工时按要求应留设马牙槎，马牙槎宜先退后进，进退尺寸不小于 60mm，高度为 300mm 左右。当设计无要求时，构造柱应设置在填充墙的转角处、T 形交接处或端部（图 3-61）；当墙长大于 5m 时，应间隔设置。圈梁宜设在填充墙高度中部。

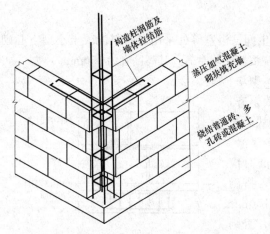

图 3-61　加气混凝土砌块填充墙构造柱

（11）加气混凝土砌块填充墙砌体与后塞口门窗的连接：后塞口门窗与砌体间通过木砖与门窗框连接，具体可用 100mm 长的铁钉把门框与木砖钉牢。木砖可以预埋，也可以后打。预埋木砖时，木砖应经过炭化，埋到预制混凝土块中，随加气混凝土块一起砌筑，预制混凝土块大小应符合砌体模数，或用普通烧结砖在需放木砖部位砌长度240mm、宽度与加气块等厚的砖墩，木砖放置中间。

（12）蒸压加气混凝土砌块外墙的窗口下一皮砌块下的水平灰缝应设置拉结钢筋，拉结钢筋为3φ6，钢筋伸过窗口侧边应不小于500mm（图3-62）。

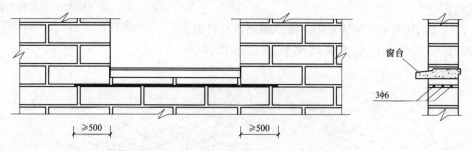

图 3-62　加气混凝土砌块墙窗口下配筋

（13）墙体洞口上部应放置2φ6的拉结筋，伸过洞口两边长度每边不少于500mm。

（14）不同干密度和强度等级的加气混凝土不应混砌。加气混凝土砌块也不得与其他砖、砌块混砌。但在墙底、墙顶及门窗洞口处局部采用烧结砖和多孔砖砌筑不视为混砌。

（15）作为框架的填充墙，砌至最后一皮砖时，梁底可采用实心辅助砌块立砖斜砌（图3-63）。每砌完一层厚，应校核检验墙体的轴线尺寸和标高，允许偏差可在楼面上予以纠正。砌筑一定面积的砌体以后，应随即用厚灰浆进行勾缝。一般情况下，每天砌筑高度不宜大于1.8m。

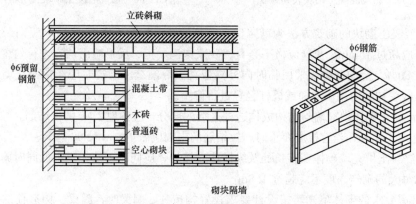

图 3-63　梁底采用实心辅助砌块立砖斜砌构造

（16）砌好的砌体不能撬动、碰撞、松动，否则应重新砌筑。

三、填充墙砌筑施工质量要求

（1）烧结空心砖、小砌块和砌筑砂浆的强度等级应符合设计要求。

烧结空心砖每 10 万块为一验收批，小砌块每 1 万块为一验收批，不足上述数量时按一批计，抽检数量为一组。砂浆试块的抽检数量按规范（GB 50203—2011）要求进行。

（2）填充墙砌体应与主体结构可靠连接，其连接构造应符合设计要求，未经设计同意，不得随意改变连接构造方法。每一填充墙与柱的拉结筋的位置超过一皮块体高度的数量不得多于一处。

（3）填充墙与承重墙、柱、梁的连接钢筋，当采用化学植筋的连接方式时，应进行实体检测。锚固钢筋拉拔试验的轴向受拉非破坏承载力检验值应为 6.0kN。抽检钢筋在检验值作用下应基材无裂缝、钢筋无滑移宏观裂损现象；持荷 2min 期间荷载值降低不大于 5％。

（4）填充墙砌体尺寸、位置的允许偏差及检验方法应符合表 3-9 的规定。

表 3-9　　　　　　　　　填充墙砌体尺寸、位置的允许偏差及检验方法

序	项　　目		允许偏差（mm）	检验方法
1	轴线位移		10	用尺检查
2	垂直度（每层）	≤3m	5	用 2m 托线板或吊线、尺检查
		>3m	10	
3	表面平整度		8	用 2m 靠尺和楔形尺检查
4	门窗洞口高、宽（后塞口）		±10	用尺检查
5	外墙上、下窗口偏移		20	用经纬仪或吊线检查

（5）填充墙砌体的砂浆饱满度及检验方法应符合表 3-10 的规定。

表 3-10　　　　　　　　　填充墙砌体的砂浆饱满度及检验方法

砌体分类	灰缝	饱满度及要求	检验方法
空心砖砌体	水平	≥80％	采用百格网检查块体底面或侧面砂浆的黏结痕迹面积
	垂直	填满砂浆、不得有透明缝、瞎缝、假缝	
蒸压加气混凝土砌块、轻骨料混凝土小型空心砌块砌体	水平	≥80％	
	垂直	≥80％	

（6）填充墙留置的拉结钢筋或网片的位置应与块体皮数相符合。拉结钢筋或网片应置于灰缝中，埋置长度应符合设计要求，竖向位置偏差不应超过一皮高度。

（7）砌筑填充墙时应错缝搭砌，蒸压加气混凝土砌块搭砌长度不应小于砌块长度的 1/3；轻骨料混凝土小型空心砌块搭砌长度不应小于 90mm；竖向通缝不应大于 2 皮。

（8）填充墙的水平灰缝厚度和竖向灰缝宽度应正确。烧结空心砖、轻骨料混凝土小型空心砌块砌体的灰缝应为 8～12mm。蒸压加气混凝土砌块砌体当采用水泥砂浆、水泥混合砂浆或蒸压加气混凝土砌块砌筑砂浆时，水平灰缝厚度及竖向灰缝宽度不应超过 15mm；当蒸压加气混凝土砌块砌体采用蒸压加气混凝土砌块黏结砂浆时，水平灰缝厚度和竖向灰缝宽度宜为 3～4mm。

第五节　砌筑工程施工质量通病及防治

在砌筑工程中常见的砌筑工程质量通病及防治措施主要有以下几个方面。

1. 砂浆强度偏低、不稳定

砂浆强度偏低：一是砂浆标准养护试块的强度偏低；二是试块强度不低，甚至较高，但砌体中

砂浆实际强度偏低。主要原因是计量不准，或不按配比计量，水泥、砂质量低劣等。由于计量不准，砂浆强度离散性必然偏大。主要预防措施是：加强现场管理，加强计量控制。

2. 砂浆和易性差

砂浆和易性差，主要表现在砂浆稠度和保水性不符合规定，容易产生沉淀和泌水现象，铺摊和挤浆较为困难，影响砌筑质量，降低砂浆与砖的黏结力。

预防措施是：低强度水泥砂浆尽量不用高强水泥配制，不用细砂，严格控制塑化材料的质量和掺量，加强砂浆拌制计划性，随拌随用，灰桶中的砂浆经常翻拌、清底。

3. 砌体组砌方法错误

砖墙面出现数皮砖同缝（通缝、直缝）、里外两皮（内通缝），砖柱采用包心法砌筑，里外皮砖层互不相咬，形成周围通天缝等，影响砌体强度，降低结构整体性。

预防措施：对工人加强技术培训，严格按规范方法组砌，缺损砖应分散使用，少用半砖，禁用碎砖。

4. 墙面灰缝不平直，游丁走缝，墙面凹凸不平

水平灰缝弯曲不平直，灰缝厚度不一致，出现"螺丝"墙，垂直灰缝歪斜，灰缝宽窄不匀，丁砖不压中（丁砖未压在顺砖中部），墙面凹凸不平。

预防措施：砌筑前应摆底，并根据砖的实际尺寸对灰缝进行调整；采用皮数杆接线砌筑，以砖的小面跟线，拉线长度（15～20m），超长时，应加腰线；竖缝，每隔一定距离应弹墨线找齐，墨线用线锤引测，每砌一步架用立线向上引伸，立线、水平线与线锤应"三线归一"。

5. 墙体留槎错误

砌墙时随意留直槎，甚至是凹槎，构造柱马牙槎不标准，槎口以砖渣砌，接槎砂浆填塞不严，影响接槎部位砌体强度，降低结构整体性。

预防措施：施工组织设计中应对留槎做统一考虑，严格按规范要求留槎；对于施工洞口所留槎，应加以保护和遮盖，防止运料车碰撞槎子。

6. 锚拉钢筋安装遗漏

构造柱及接槎的水平拉结钢筋常被遗漏，或未按规定布置；配筋砖缝砂浆不饱满，露筋年久易锈。

预防措施：拉结筋应作为隐检项目对待，应加强检查，并填写检查记录存档。施工中，对所砌部位需要的配筋应一次备齐，以备检查有无遗漏。尽量采用点焊钢筋网片，适当增加灰缝厚度（确保拉结钢筋上下各有 2mm 灰缝厚度）。

7. 砌块墙体裂缝

砌块墙体易产生沿楼板的水平裂缝，底层窗台中部竖向裂缝，顶层两端角部阶梯形裂缝以及砌块周边裂缝等。

预防措施：为减少收缩，砌块出池后应有足够的静置时间（30～50d）；清除砌块表面脱模剂及灰尘等；采用黏结力强、和易性较好的砂浆砌筑，控制铺灰长度和灰缝厚度；设置芯柱、圈梁、伸缩缝；在温度、收缩比较敏感的部位应配置水平钢筋。

8. 墙面渗水

砌块墙面及门窗框四周出现渗水、漏水现象。

预防措施：认真检验砌块质量，特别是抗渗性能；加强灰缝砂浆饱满度控制；杜绝墙体裂缝；门窗框周边嵌缝应在墙面抹灰前进行，而且要待固定门窗框铁脚的砂浆（或细石混凝土）达到一定强度后进行。

9. 层高超高

层高实际高度与设计高度的偏差超过允许偏差。

预防措施：保证配置砌筑砂浆的原材料符合质量要求，并且控制铺灰厚度和长度；砌筑前应根据砌块、梁、板的尺寸和规格，计算砌筑皮数，绘制皮数杆，砌筑时控制好每皮砌块的砌筑高度，对于原楼地面的标高误差，可在砌筑灰缝或圈梁、楼板找平层的允许误差内逐皮调整。

10. 拉结钢筋后植技术在施工中存在问题及预防措施

（1）存在问题。

1）钻孔深度未按结构胶性能所需要求的锚固长度确定，往往深度偏浅，致使钢筋的锚固力不足。试验表明，钻孔深度不应小于 70mm。

2）钻孔清理不净，孔内存留残渣及浮灰，影响胶与混凝土之间的黏结。采用有机类锚固材料进行施工时，不同的清孔工艺对后植拉结钢筋的抗拔力影响很大。

3）注胶方法错误，施工中不是先向孔内注胶后插筋，而是直接在钢筋锚固端涂抹或蘸上结构胶后，直接往钻孔内插入，导致孔内结构胶不密实而影响其黏结效果。

4）拉结筋植入后未按规定时间养护和保护。

（2）预防措施。

1）钻孔定位应根据需要准确确定其位置，钻孔应避开主体结构的钢筋；钻孔时孔深应按照结构胶性能所要求的钢筋锚固深度确定（孔口 5mm 深度不应计入其中）。

2）清孔时应用毛刷和吹风机将孔内残渣和灰粉清理干净，最后再用无脂棉蘸上丙酮擦净干燥。

3）注胶应用专用工具向孔内注胶，胶量应按钢筋插入孔底时胶注满孔洞确定。注胶量与孔径、孔深、钢筋直径有关，宜在正式施工前进行试验确定。

4）植筋时应将钢筋顺孔洞向一个方向旋转缓缓插入，最后将钢筋扶正位置。

5）养护应按结构胶产品说明书要求时间及条件进行，养护期间不要扰动钢筋。

6）光圆钢筋应在植筋前进行除锈。

第六节　工　程　实　践　案　例

【案例 1】　混凝土多孔砖砌体施工案例

某住宅建筑，建筑层高为 3.0m，240mm×115mm×90mm 混凝土多孔砖砌筑。其中，楼面采用 120mm 厚现浇板，现浇板与承重墙体的现浇圈梁整体浇筑。圈梁设计截面高度为 240mm，底层圈梁已完成，其面标高为 −0.02m，楼地面装饰层预留 40mm 厚面层，门窗洞口高度为 2700mm，试确定底层墙和二层标准层墙体的砌筑高度和组砌层（皮）数。

1. 施工设计及参数

（1）板面坐浆层厚 20mm。

（2）现浇板厚 120mm。

（3）圈梁高度 240mm。

（4）楼地面层厚度 40mm。

（5）每砌 10 层砖累计按 100～102cm 控制。

2. 墙体高度及墙顶标高的计算

底层混凝土与砂浆坐浆高度：$h_1 = 20 + 240 = 260$（mm）

砌筑高度：$h_2 = 3000 - 40 - h_1 = 2700$（mm）

圈梁顶高度：$H_1 = 3000 - 40 = 2.960$（m）（圈梁底标高＋2.720m）

标准层混凝土与砂浆高度：$h_1 = 260$（mm）

砌筑高度：$h_2 = 3000 - 260 = 2740$（mm）

圈梁顶高度：$H_2 = 3000 - 40 = 2960$（mm）

3. 确定砌筑高度及组砌层数

（1）底层。

需要砌筑标高：$H_1 = +2.720$（m）

砌筑高度：$h_2 = 2700$（mm）

组砌层数：$n = 2700 \div 100 = 27$（层），$27 \times 10 = 2.7$（m）

确定砌筑 27 层砖，其中按 10 层累计 100cm 控制。

（2）标准层（二层）。

混凝土与砂浆坐浆高度：$h_1 = 20 + 240 = 260$（mm）

圈梁顶标高：$H_2 = 6.0 - 0.04 = +5.96$（m）（圈梁底标高 5.720mm）

需要砌筑高度：$h_2 = 3.000 - 0.02 - 0.24 = 2.74$（m）

组砌层数：$n = 2740 \div 98 \approx 28$（层），$28 \times 10 = 2.8$（m）

确定砌筑 28 层砖，按每 10 层累计 98cm 控制。

根据上述的计算结果，因组砌模数的原因，墙顶标高在大于或小于理论要求标高 20mm 以内，可以通过调整墙体上部 1m 高左右的砌体灰缝（增加 2mm 大小消除此误差值），保证墙顶面标高满足要求。如果计算结果负差值大于 20mm 时，可以在不改变圈梁标高及钢筋位置的前提下，在浇筑圈梁时直接用混凝土填充。

支圈梁模板时，因施工安排使圈梁表面标高比理论标高降低了 20mm，如圈梁经过洞口处的底标高与之发生矛盾，则应首先保证洞口尺寸的要求并保证圈梁表面标高不变。本工程圈梁在洞口处正好为−20mm，降低圈梁经过洞口处的底标高正好可以达到目的。

砌筑高度的控制，除立皮数杆拉线外，应随砌筑进度用水平仪在砌高超过 500mm 的墙面上抄平弹水平标高控制线，提供给操作人员使用，且尽可能两面弹线。此线可作为墙体砌筑高度、门窗洞口标高控制、门窗安装、模板安装、构件安装的标高控制线，也可作装饰阶段标高控制线。该线通常按楼层建筑标高为起点，做＋50cm 水平线（也可按结构标高），应认真做好，特别是水平仪转点时，应尽可能利用原始引测点，防止因多点转移引测而造成误差或错误。

【案例 2】 填充墙砌筑施工案例

某住宅小区工程，剪力墙结构，地下一层，24 号、25 号楼地上十八层，29 号、30 号楼地上十四层，本工程建筑设计使用年限：三类、50 年，抗震设防类别为丙类，抗震设防烈度为 7 度，建筑耐火等级为地下一级、地上二级。

墙体材料应用：地下室外墙为钢筋砼墙，地下室内墙为 200mm 厚 Mu10 混凝土多孔砖，M7.5 混合砂浆砌筑。±0.000 以上外墙为 200mm 厚加气砼砌块，内隔墙为 100mm、200mm 厚加气混凝土砌块，加气混凝土砌块强度等级为 A5.0，密度等级 B07，容重小于 800kg/m³，M5 混合砂浆砌筑。卫生间墙体在砌筑前底部用 C15 混凝土上翻 200mm 高，宽度同墙厚。女儿墙：砌体做法同内隔墙，墙为 200mm 厚，墙中设钢筋混凝土构造柱，间距不应大于 2m，转角必设。墙顶设钢筋混凝土压顶。

（一）施工部署

1. 施工管理

（1）现场质量管理：制度健全，并严格执行；施工方质量监督人员经常到现场，或现场设有常驻代表；施工方有在岗专业技术管理人员，人员齐全，并持证上岗。

（2）砂浆、混凝土强度：试块按规定制作，强度满足验收规定，离散性小。

（3）砂浆拌和方式：机械拌和；严格控制配合比计量。

2. 施工队伍准备

设专职工长负责砌体施工。劳务队共设两个班组，每个班组必须保证瓦工 30 人，运杂工 10 人。要求劳务队配备主要管理人员（质检员、安全员、班组长）。电气专业施工队，负责预埋预留件并配合施工。

3. 现场准备

根据工程特点、现场实际情况和施工需要每幢楼设一台搅拌机，在相应位置做好搅拌机、台秤、砌块、砂、石料场的现场平面规划，搅拌机要搭设好防护棚。

4. 试验准备

（1）加强养护室的管理，使其满足混合砂浆的养护条件。

（2）砂浆试块按施工进度每层做一组，一组三块（每层砌体体积≤250m³）。

（3）构造柱、过梁每两层做一组混凝土试块。

（4）水泥、砂、空心砖、实心砖、加气块等材料按规定批次做进场复试，由监理公司见证取样。

（5）对于后植拉结筋及时做好植筋试验。根据混凝土结构后锚固技术规程（JGJ 145—2004，J 407—2005）的要求，同规格、同型号、基本相同部位的锚栓组成一个检验批。抽取数量按每批锚栓总数的 1‰ 计算，且不少于 3 根。根据本工程的情况计算需做植筋拉拔试验 2 组，即每两幢楼做一组。

（二）材料要求

（1）混凝土多孔砖、加气块：品种、强度等级必须符合设计要求，并有出厂合格证或试验单，进场后必须先按要求作复试，复试合格后方可用于工程中。

（2）水泥：采用水泥 42.5 级普硅水泥，水泥进场后应有出厂合格证并经进场复试合格后用于本工程。

（3）砂：采用中砂，砂的含泥量不应超过 5%。

（三）主要机具

搅拌机 4 台、磅秤 2 台、垂直运输设备（4 台双笼电梯）、小推车、大铲、托线板、线坠、小线、卷尺，水平尺，皮数杆，灰桶、扫帚等。砌筑用梯子及平台板。

（四）填充墙操作工艺

1. 工艺流程

填充墙工艺流程如下：

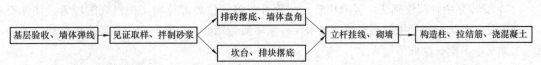

2. 操作要点

（1）蒸压加气砼砌块砌体的水平灰缝厚度及竖向灰缝宽度不得超过 15mm，上下错缝不小于 1/3 砖长。

（2）填充墙砌至接近梁底或板底 30～50mm 时，应留有空隙，待填充墙砌完并至少间隔 14d，再用细石砼塞缝，分两次塞实或塞斜砖。

（3）排砖摆底：加气混凝土填充墙底部须根据已弹出的窗门洞口位置墨线，核对门窗间墙的长度尺寸是否符合排砖模数，若不符合模数时，要考虑好砍砖及排放的计划。

（4）盘角：砌墙前先盘角，每次盘角砌筑的砖墙高度不超过 5 皮，随盘随靠平吊直。如发现偏差及时修整，盘时要仔细对照皮数杆的砖层和标高，控制好灰缝尺寸，使水平灰缝均匀一致。每次盘角砌筑后应检查，平整和垂直完全符合要求后才可以挂线砌墙。

（5）挂线：砌筑一砖厚以下者，采用单面挂线；砌筑一砖厚及以上者，必须双面挂线。如长墙几个人同时砌筑共用一根通线时，中间应设皮数杆，小线要拉紧平直，每皮砖都要穿线看平，使水平缝均匀一致，平直通顺。砌一砖厚混水墙时宜采用外手挂线，可以照顾砖墙两面平整，以控制抹灰厚度。

（6）砌砖：砌砖宜采用一铲灰，一块砖，一挤揉的"三·一"砌砖法，即满铺满挤操作法。砌砖时砖要放平，里手高，墙面就要涨；里手低，墙面就要背。砌砖一定要跟线"上跟线，下跟棱，左右相邻要对平"。在操作过程中，要认真进行自检，如出现有偏差，应随时纠正，严禁事后砸墙。混水墙应随砌随将舌头灰刮尽。砌体与砼面交接处要用砂浆填实，以免将来抹灰后该部位出现竖向裂纹。填充墙应分两次砌筑（即在 1.4m 处、1.4m 以上分两次砌筑，应留置不少于 5～7d 的间歇期）。

（7）留槎：普通黏土砖墙的转角处和交接处应同时砌筑，对不能同时砌筑而又必须留置的临时间断处应砌成斜槎，斜槎长度不应小于高度的 2/3，当不能留斜槎时，除转角处外可以留直槎，留直槎处应加设拉结筋，间距沿墙高为 500mm，埋入长度从留槎处算起为 1000mm，末端应有 135°弯钩，槎子必须平直、通顺。空心砖墙不允许留置斜槎或直槎，中途间歇时应将墙顶砌平。

（8）墙体拉结筋：所有填充墙墙体与框架柱和剪力墙交接的部位，应留置拉结钢筋，沿墙高每 500mm 设 2 根 φ6 长度为 1000mm，末端设 135°弯钩，两边距墙边的距离为 50mm，不应错放漏放。

（9）构造柱做法：在应设置构造柱的部位，砖墙与构造柱连接处砌成马牙槎，马牙槎应先退后进，每一马牙槎沿高度方向的尺寸不宜超过 300mm，砖墙与构造柱之间应沿墙高每 500mm 设置水平拉接钢筋拉结（长度为 1000mm），末端设 135°弯钩。构造柱钢筋绑扎完后要做好隐蔽验收资料，将柱根处的杂物清理干净，然后才能浇注混凝土。

（10）过梁：洞口尺寸不大于 900mm 砌筑时设置砖过梁，所配置的钢筋数量、直径应按设计图纸规定，每端伸入支座的长度不得少于 250mm，端部应有 90°弯钢埋入墙的竖缝内。过梁的第一皮砖应砌成丁砖，并在进梁截面计算高度内（不少于两皮砖或 1/4 跨度高的范围内），要求用水泥砂浆砌结密实，灰缝饱满。当洞口尺寸大于 900mm 时，应设置钢筋混凝土过梁，配筋按设计规定及规范要求施工，过梁每端伸入支座的长度不得少于 250mm（过梁应预制）。门窗口过梁两端压接部位按规定砌 4 皮实心黏土砖。

门窗两侧以及转角处砌筑，门窗洞口四周采用混凝土加强框。

砖墙底部砌法：根据设计交底要求，所有墙体设素砼翻边，高度 200mm，宽度同墙体，混凝土等级为 C20。

（11）安装穿墙管部位砌法：竖向单管、细管可在该部位墙部位用切割机开凿埋管。墙体有粗管、密管时，砌筑完墙后用细石砼或膨胀水泥砂浆填实，用砂浆填充时，为避免出现裂纹，要分两至三次抹平，不能一次成活。

（12）窗台部位砌的高度确定必须考虑窗台压顶高度及窗台高度，镶贴面砖厚度及面砖流水坡度所产生的高度。

（13）勾缝：在砌筑过程中，应采用"原浆随砌随收缝法"，先勾水平缝，后勾竖向缝，灰缝与空心砖面要平整密实，不得出现丢缝、瞎缝、开裂和黏结不牢等现象，以避免墙面渗水和开裂，利于墙面粉刷和装饰。

（五）质量要求

（1）烧结空心砖、小砌块和砌筑砂浆的强度等级应符合设计要求。

抽检数量：烧结空心砖每 10 万块为一验收批，小砌块每 1 万块为一验收批，不足上述数量时按一批计，抽检数量为一组。

（2）填充墙砌体应与主体结构可靠连接，其连接构造应符合设计要求，未经设计同意，不得随意改变连接构造方法。每一填充墙与柱的拉结筋的位置超过一皮块体高度的数量不得多于一处。抽检数量：每检验批抽查不应少于 5 处。

（3）填充墙与承重墙、柱、梁的连接钢筋，当采用化学植筋的连接方式时，应进行实体检测。

（4）填充墙砌体尺寸、位置的允许偏差、砌体砂浆饱满度及检验方法应符合规范的规定，见表 3－9 和表 3－10。每检验批抽查不应少于 5 处。

（5）填充墙留置的拉结钢筋或网片的位置应与块体皮数相符合。拉结钢筋或网片应置于灰缝中，埋置长度应符合设计要求，竖向位置偏差不应超过一皮高度。抽检数量：每检验批抽查不应少于 5 处。

（6）砌筑填充墙时应错缝搭砌，蒸压加气混凝土砌块搭砌长度不应小于砌块长度的 1/3；轻骨料混凝土小型空心砌块搭砌长度不应小于 90mm；竖向通缝不应大于 2 皮。抽检数量：每检验批抽检不应少于 5 处。

（7）填充墙的水平灰缝厚度和竖向灰缝宽度应正确。烧结空心砖、轻骨料混凝土小型空心砌块砌体的灰缝应为 8～12mm。蒸压加气混凝土砌块砌体当采用水泥砂浆、水泥混合砂浆或蒸压加气混凝土砌块砌筑砂浆时，水平灰缝厚度及竖向灰缝宽度不应超过 15mm；当蒸压加气混凝土砌块砌体采用蒸压加气混凝土砌块黏结砂浆时，水平灰缝厚度和竖向灰缝宽度宜为 3～4mm。抽检数量：每检验批抽查不应少于 5 处。检查方法：水平灰缝厚度用尺量 5 皮小砌块的高度折算；竖向灰缝宽度用尺量 2m 砌体长度折算。

（8）当为不脱开连接时，填充墙砌至接近梁、板底时，应留置一定的空隙，待填充墙砌完并至少间隔 14d，再将其补砌挤紧。

复 习 思 考 题

1. 砌体材料中的块材和砂浆各有哪些种类？它们如何配置与使用？

2. 砌体的种类有哪些？配筋砌体有几种形式？

3. 影响砌体抗压强度的主要因素有哪些？为什么砌体的抗压强度远小于块体的抗压强度？

4. 砌筑中墙体的组砌方法有哪些？

5. 各种砌体结构的施工工艺流程与砌筑要点是什么？

6. 砖墙的接槎连接有哪些方法？

7. 构造柱的马牙槎应如何留置？试绘制其构造柱平、立面图。

8. 简述砌块的分类及应用。

9. 简述混凝土小型空心砌块的施工工艺及技术要点。

10. 如何绘制砌块排列图？

11. 简述中型砌块的施工过程。

12. 简述配筋砖砌体的施工工艺。

13. 简述填充墙施工工艺流程。

14. 简述加气混凝土砌块填充墙的施工要点。

15. 简述框架填充墙砌筑的技术要点及质量控制要点。

16. 砌筑工程施工质量通病及防治措施有哪些？

第四章 混凝土结构工程

本章学习要求

掌握模板系统的组成、基本要求和分类。

掌握模板构造与安装的一般规定。

掌握支架立柱构造与安装的规定。

熟悉胶合板模板系统和组合钢模板系统的构造和各构件模板的安装搭设。

掌握模板与支架的拆除要求。

了解大模板、飞（台）模、压型钢板模板的适用范围和搭设工艺。

熟悉模板荷载和荷载组合，掌握模板面板、主次棱*梁和穿墙螺栓的验算。

掌握普通钢筋混凝土所用热轧钢筋的进场验收、配料与加工、连接与安装。

掌握混凝土的制备、运输、浇筑、振捣和养护各施工过程的施工要点。

了解型钢混凝土、钢管混凝土和清水混凝土的构造和浇筑方法及浇筑要求。

掌握模板工程、钢筋工程和混凝土工程的施工质量验收要点。

掌握混凝土强度试块的强度评定。

第一节 混凝土结构概述

混凝土结构是指以混凝土为主要材料制成的结构，包括素混凝土结构、钢筋混凝土结构和预应力混凝土结构等，其中钢筋混凝土结构占绝大多数，素混凝土结构在建筑结构中只应用在垫层、素混凝土刚性基础等极少数情况。

钢筋混凝土结构工程在施工中可分为模板工程、钢筋工程和混凝土工程三个部分。

钢筋混凝土结构是指按设计要求将钢筋和混凝土两种材料复合，利用模板浇制而成的建筑结构或构件。混凝土是由水泥、粗骨料、细骨料、水、外加剂等按一定比例拌和而成的混合物，经模板浇筑成型（可模性），再经养护硬化后所形成的一种人造石材。

钢筋混凝土结构的施工，主要有整体现浇和预制装配两大类方法。在两者之间，还有现浇与装配相结合的施工方法，生产出来的结构称为装配整体式结构。

整体现浇式结构是在施工现场，在结构构件的设计位置支设模板、绑扎钢筋、浇灌混凝土、振捣成型，经养护混凝土达到拆模强度时拆除模板，制成结构构件。整体现浇式结构的整体性和抗震性能好，施工时不需要大型起重机械，但要消耗大量模板，施工中受气候条件影响较大。整体现浇式结构施工方法在施工现场占绝大多数。

预制装配式结构是预先在预制构件厂（场）生产制作结构构件，然后运至施工现场进行结构安装；或者在施工现场就地制作结构构件并进行结构构件的安装。一般大型构件在施工现场生产制作，以避免运输的困难。中小型构件均可在预制构件厂（场）生产制作。预制与整体现浇式结构相比，预制装配式结构耗钢量较大，施工时对起重设备要求高、依赖性强，整体性和抗震性则不如整体现浇式结构，目前应用极少。

＊："棱"在很多书籍中用"楞"，根据《现代汉语词典（第6版）》，"楞"同"棱"，故本书使用推荐字"棱"。

装配整体式结构是根据上述两种施工方法的优点，结合现场施工条件和技术装备条件而形成的施工方式。由于能够利用节点区域整体浇筑、梁板构件叠合浇制和利用预应力后张法进行混凝土预制构件整体拼装等方法加强结构的整体性，因而同时具有预制装配式和整体现浇式的优点，具有一定的发展前景。比如构造装饰复杂的混凝土外墙板采用预制，然后利用节点区域与现浇内墙整体浇筑的所谓"内浇外挂"法施工形成的结构就是装配整体式结构。

钢筋混凝土结构工程的施工工艺流程如图 4-1 所示。

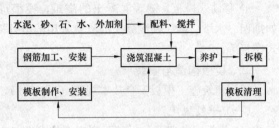

图 4-1　钢筋混凝土工程的施工工艺流程

第二节　模板安装与拆除工程

一、模板系统组成、基本要求和分类

1. 模板系统的组成和作用

模板系统是由模板和支撑两部分组成。

模板是使混凝土结构或构件成型的模型。搅拌机搅拌出的混凝土是具有一定流动性的混合物，经过凝结硬化以后，才能成为所需的、具有规定形状和尺寸的结构构件，所以，模板不仅需要与混凝土结构构件的形状和尺寸相同，还应具有足够的承载力、刚度，以承受新浇混凝土的荷载及施工荷载。支撑是保证模板形状、尺寸及其空间位置的支撑体系。支撑体系既要保证模板形状、尺寸和空间位置正确，又要承受模板传来的全部荷载。

2. 模板的基本要求

对模板的基本要求如下。

(1) 模板的接缝不应漏浆，在浇筑混凝土前，木模板应浇水湿润，但模板内不应有积水。

(2) 模板与混凝土的接触面应清理干净并涂刷隔离剂，但不得采用影响结构性能或妨碍装饰工程施工的隔离剂。

(3) 浇筑混凝土之前，模板内的杂物应清理干净。

(4) 对清水混凝土工程及装饰混凝土工程，应使用能达到设计效果的模板。

3. 模板的分类

(1) 按材料分类。有胶合板模板、木模板、钢模板、钢木模板、塑料模板、玻璃钢模板、铝合金模板等。

(2) 按结构类型分类。各种现浇钢筋混凝土结构构件，由于其形状、尺寸、构造不同，模板的构造及组装方法也不同。按结构类型分类，可将模板分为基础模板、柱模板、梁模板、楼板模板、楼梯模板、墙模板、壳模板、烟囱模板等。

(3) 按施工方法分类。

1) 现场装拆式模板。现场装拆式模板就是在施工现场按照设计要求的结构形状、尺寸及空间位置现场组装，当混凝土达到拆模强度后将其拆除的模板。现场装拆式模板多用于定型模板和工具式模板。

2) 固定式模板。固定式模板又称胎模，用于制作预制构件。按照构件的形状、尺寸，在现场或预制厂制作模板，涂刷隔离剂，浇筑混凝土，当混凝土达到规定的拆模强度后，脱模清理模板，涂刷隔离剂，再制作下一批构件。各种胎模（土胎模、砖胎模、混凝土胎模）就属于固定式模板。

3）移动式模板。随着混凝土的浇筑，模板可沿着垂直方向或水平方向移动，称移动式模板。如烟囱、水塔、墙、柱混凝土的浇筑采用的滑升模板、提升模板，筒壳浇筑混凝土采用的水平移动式模板等。

二、模板构造与安装

根据建筑施工模板安全技术规范（JGJ 162），模板构造与安装应符合以下规定。

（一）一般规定

（1）模板安装前必须做好下列安全技术准备工作。

1）应审查模板结构设计与施工说明书中的荷载、计算方法、节点构造和安全措施，设计审批手续应齐全。

2）应进行全面的安全技术交底，操作班组应熟悉设计与施工说明书，并应做好模板安装作业的分工准备。采用爬模、飞模、隧道模等特殊模板施工时，所有参加作业人员必须经过专门技术培训，考核合格后方可上岗。

3）应对模板和配件进行挑选、检测，不合格者应剔除，并应运至工地指定地点堆放。

4）备齐操作所需的一切安全防护设施和器具。

（2）模板构造与安装应符合下列规定。

1）模板安装应按设计与施工说明书顺序拼装。木杆、钢管、门架等支柱不得混用。

2）竖向模板和支架立柱支承部分安装在基土上时，应加设垫板，垫板应有足够强度和支承面积，且应中心承载。基土应坚实，并应有排水措施。对湿陷性黄土应有防水措施；对特别重要的结构工程可采用混凝土、打桩等措施防止支架柱下沉。对冻胀性土应有防冻融措施。

3）当满堂或共享空间模板支架立柱高度超过 8m 时，若地基土达不到承载要求，无法防止立柱下沉，则应先施工地面下的工程，再分层回填夯实基土，浇筑地面混凝土垫层，达到强度后方可支模。

4）模板及其支架在安装过程中，必须设置有效防倾覆的临时固定设施。

5）现浇钢筋混凝土梁、板，当跨度大于 4m 时，模板应起拱；当设计无具体要求时，起拱高度宜为全跨长度的 1/1000～3/1000。

6）现浇多层或高层房屋和构筑物，安装上层模板及其支架应符合下列规定。

① 下层楼板应具有承受上层施工荷载的承载能力，否则应加设支撑支架。

② 上层支架立柱应对准下层支架立柱，并应在立柱底铺设垫板。

③ 当采用悬臂吊模板、桁架支模方法时，其支撑结构的承载能力和刚度必须符合设计构造要求。

7）当层间高度大于 5m 时，应选用桁架支模或钢管立柱支模。当层间高度小于或等于 5m 时，可采用木立柱支模。

（3）安装模板应保证工程结构和构件各部分形状、尺寸和相互位置的正确，防止漏浆，构造应符合模板设计要求。

模板应具有足够的承载能力、刚度和稳定性，应能可靠承受新浇混凝土自重和侧压力以及施工过程中所产生的荷载。

（4）拼装高度为 2m 以上的竖向模板，不得站在下层模板上拼装上层模板。安装过程中应设置临时固定设施。

（5）当承重焊接钢筋骨架和模板一起安装时，应符合下列规定。

1）梁的侧模、底模必须固定在承重焊接钢筋骨架的节点上。

2）安装钢筋模板组合体时，吊索应按模板设计的吊点位置绑扎。

（6）当支架立柱成一定角度倾斜，或其支架立柱的顶表面倾斜时，应采取可靠措施确保支点稳定，支撑底脚必须有防滑移的可靠措施。

（7）除设计图另有规定者外，所有垂直支架柱应保证其垂直。

（8）对梁和板安装二次支撑前，其上不得有施工荷载，支撑的位置必须正确。安装后所传给支撑或连接件的荷载不应超过其允许值。

说明：二次支撑是指板或梁模板未拆除前或拆除后，板上需堆放或安放设备材料，而这些所增加的荷载远大于现时混凝土所能承受的荷载或者超过设计所允许的荷载，于是需第二次加些支撑来满足堆载的要求，这就称为第二次支撑。

（9）支撑梁、板的支架立柱构造与安装应符合下列规定。

1）梁和板的立柱，其纵横向间距应相等或成倍数。

2）木立柱底部应设垫木，顶部应设支撑头。钢管立柱底部应设垫木和底座，顶部应设可调支托，U形支托与棱梁两侧间如有间隙，必须楔紧，其螺杆伸出钢管顶部不得大于 200mm，螺杆外径与立柱钢管内径的间隙不得大于 3mm，安装时应保证上下同心。

3）在立柱底距地面 200mm 高处，沿纵横水平方向应按纵下横上的程序设扫地杆。可调支托底部的立杆顶端应沿纵横向设置一道水平拉杆。扫地杆与顶部水平拉杆之间的间距，在满足模板设计所确定的水平拉杆步距要求条件下，进行平均分配确定步距后，在每一步距处纵横向应各设一道水平拉杆；当层高在 8～20m 时，在最顶步距两水平拉杆中间应加设一道水平拉杆；当层高大于 20m 时，在最顶两步距水平拉杆中间应分别增加一道水平拉杆。所有水平拉杆的端部均应与四周建筑物顶紧顶牢。无处可顶时，应在水平拉杆端部和中部沿竖向设置连续式剪刀撑。

4）木立杆的扫地杆、水平拉杆、剪刀撑应采用 40mm×50mm 木条或 25mm×80mm 木板条与木立柱钉牢。钢管立柱的扫地杆、水平拉杆、剪刀撑应采用 $\phi48×3.5$ 钢管，用扣件与钢管立柱扣牢。木扫地杆、水平拉杆、剪刀撑应采用搭接，并应采用铁钉钉牢。钢管扫地杆、水平拉杆应采用对接，剪刀撑应采用搭接，搭接长度不得小于 500mm，并应采用 2 个旋转扣件分别在离杆端不小于 100mm 处进行固定。

（10）施工时，在已安装好的模板上的实际荷载不得超过设计值。已承受荷载的支架和附件，不得随意拆除或移动。

（11）组合钢模板、滑升模板等的构造与安装，还应符合现行国家标准《组合钢模板技术规范》（GB 50214）和《滑动模板工程技术规范》（GB 50113）的相应规定。

（12）安装模板时，安装所需要各种配件应置于工具箱或工具袋内，严禁散放在模板和脚手架上；安装所用工具应系挂在作业人员身上或置于所佩带的工具袋中，不得掉落。

（13）当模板安装高度超过 3.0m 时，必须搭设脚手架，除操作人员外，脚手架下不得站其他人。

（14）吊运模板时，必须符合下列规定。

1）作业前应检查绳索、卡具、模板上的吊环，必须完整有效，在升降过程中应设专人指挥，统一信号，密切配合。

2）吊运大块或整体模板时，竖向吊运不应少于 2 个吊点，水平吊运不应少于 4 个吊点。吊运必须使用卡环连接，并应稳起稳落，待模板就位连接牢固后，方可摘除卡环。

3）吊运散装模板时，必须码放整齐，待捆绑牢固后方可起吊。

4）严禁起重机在架空输电线路下面工作。

5）遇 5 级及以上大风时，应停止一切吊运作业。

（15）木材应堆放在下风向，离火源不得小于 30m，且料场四周应设置灭火器材。

（二）支架立柱构造与安装

（1）梁式或桁架式支架的构造与安装应符合下列规定。

1）采用伸缩式桁架时，其搭接长度不得小于 500mm，上下弦连接销钉规格、数量应按设计规定，并应采用不少于 2 个 U 形卡或钢销钉销紧，2 个 U 形卡距或销钉不得小于 400mm。

2）安装的梁式或桁架式支架的间距设置应与模板设计图一致。

3）支承梁式或桁架式支架的建筑结构应具有足够强度，否则，应另设立柱支撑。

4）若桁架采用多榀成组排放，在下弦折角处必须加设水平撑。

（2）工具式立柱支撑的构造与安装应符合下列规定。

1）工具式钢管单立柱支撑的间距应符合支撑设计的规定。

2）立柱不得接长使用。

3）所有夹具、螺栓、销子和其他配件应处在闭合或拧紧的位置。

4）立杆及水平拉杆构造应符合前述一般规定第（9）条的规定。

（3）木立柱支撑的构造与安装应符合下列规定：

1）木立柱宜选用整料，当不能满足要求时，立柱的接头不宜超过 1 个，并应采用对接夹板接头方式。立柱底部可采用垫块垫高，但不得采用单码砖垫高，垫高高度不得超过 300mm。

2）木立柱底部与垫木之间应设置硬木对角楔调整标高，并应用铁钉将其固定在垫木上。

3）木立柱间距、扫地杆、水平拉杆、剪刀撑的设置应符合前述一般规定第（9）条的规定，严禁使用板皮替代规定的拉杆。

4）所有单立柱支撑应在底垫木和梁底模板的中心，并应与底部垫木和顶部梁底模板紧密接触，且不得承受偏心荷载。

5）当仅为单排立柱时，应在单排立柱的两边每隔 3m 加设斜支撑，且每边不得少于 2 根，斜支撑与地面的夹角应为 60°。

（4）当采用扣件式钢管作立柱支撑时，其构造与安装应符合下列规定。

1）钢管规格、间距、扣件应符合设计要求。每根立柱底部应设置底座及垫板，垫板厚度不得小于 50mm。

2）钢管支架立柱间距、扫地杆、水平拉杆、剪刀撑的设置应符合前述一般规定第（9）条的规定。当立柱底部不在同一高度时，高处的纵向扫地杆应向低处延长不少于 2 跨，高低差不得大于 1m，立柱距边坡上方边缘不得小于 0.5m。

3）立柱接长严禁搭接，必须采用对接扣件连接，相邻两立柱的对接接头不得在同步内，且对接接头沿竖向错开的距离不宜小于 500mm，各接头中心距主节点不宜大于步距的 1/3。

4）严禁将上段的钢管立柱与下段钢管立柱错开固定在水平拉杆上。

5）满堂模板和共享空间模板支架立柱，在外侧周圈应设由下至上的竖向连续式剪刀撑；中间在纵横向应每隔 10m 左右设由下至上的竖向连续式剪刀撑，其宽度宜为 4～6m，并在剪刀撑部位的顶部、扫地杆处设置水平剪刀撑（图 4-2）。剪刀撑杆件的底端应与地面顶紧，夹角宜为 45°～60°。当建筑层高在 8～20m 时，除应满足上述规定外，还应在纵横向相邻的两竖向连续式剪刀撑之间增加之字斜撑，在有水平剪刀撑的部位，应在每个剪刀撑中间处增加一道水平剪刀撑（图 4-3）。当建筑层高超过 20m 时，在满足以上规定的基础上，应将所有之字斜撑全部改为连续式剪刀撑。

6）当支架立柱高度超过 5m 时，应在立柱周圈外侧和中间有结构柱的部位，按水平间距 6～9m，竖向间距 2～3m 与建筑结构设置一个固结点。

（5）当采用标准门架作支撑时，其构造与安装应符合下列规定。

1）门架的跨距和间距应按设计规定布置，间距宜小于 1.2m；支撑架底部垫木上应设固定底座或可调底座。门架、调节架及可调底座，其高度应按其支撑的高度确定。

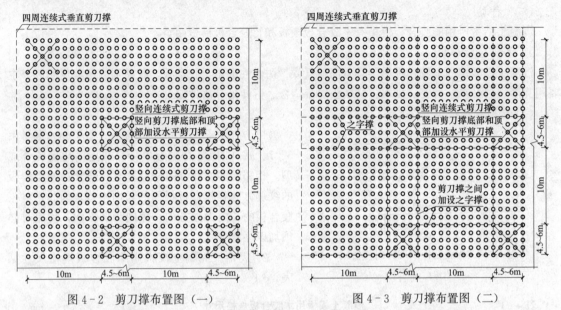

图 4-2　剪刀撑布置图（一）　　　　　　　　　图 4-3　剪刀撑布置图（二）

2）门架支撑可沿梁轴线垂直和平行布置。当垂直布置时，在两门架间的两侧应设置交叉支撑；当平行布置时，在两门架间的两侧也应设置交叉支撑，交叉支撑应与立杆上的锁销锁牢，上下门架的组装连接必须设置连接棒及锁臂。

3）当门架支撑宽度为 4 跨及以上或 5 个间距及以上时，应在周边底层、顶层、中间每 5 列、5 排在每门架立杆根部设 $\phi 48 \times 3.5$ 通长水平加固杆，并应采用扣件与门架立杆扣牢。

4）当门架支撑高度超过 8m 时，应按第（4）条的规定执行，剪刀撑不应大于 4 个间距，并应采用扣件与门架立杆扣牢。

5）顶部操作层应采用挂扣式脚手板满铺。

（6）悬挑结构立柱支撑的安装应符合下列要求。

1）多层悬挑结构模板的上下立柱应保持在同一条垂直线上。

2）多层悬挑结构模板的立柱应连续支撑，并不得少于 3 层。

三、胶合板（或木模板）模板系统

（一）胶合板特点

胶合板用作混凝土模板具有以下特点。

（1）板幅大、自重轻、板面平整。既可减少安装工作量，节省现场人工费用，又可减少混凝土外露表面的装饰及磨去接缝的费用。

（2）承载能力大，特别是经表面处理后耐磨性好，能多次重复使用。

（3）材质轻，厚 18mm 的木胶合板，单位面积重量为 50kg，模板的运输、堆放、使用和管理等都较为方便。

（4）保温性能好，能防止温度变化过快，冬期施工有助于混凝土的保温。

（5）锯截方便，易加工成各种形状的模板。

（6）便于按工程的需要弯曲成型，用作曲面模板。

（7）用于清水混凝土模板，最为理想。

我国于 1981 年，在南京金陵饭店高层现浇平板结构施工中首次采用胶合板模板，胶合板模板的优越性第一次被认识。正是由于上述特点，目前在全国各地大中城市的多高层现浇混凝土结构施工中，胶合板模板应用已超过组合钢模板居首位。

（二）种类

混凝土结构所用的胶合板模板有木胶合板模板和竹胶合板模板两类。

1. 木胶合板模板

混凝土模板用的木胶合板属于具有高耐气候、耐水性的Ⅰ类胶合板，胶黏剂为酚醛树脂胶，主要用克隆、阿必东、柳安、桦木、马尾松、云南松、落叶松等树种加工。

（1）构造和规格。

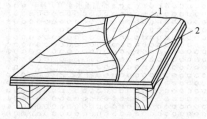

图4-4　木胶合板纹理方向与使用

1—表板；2—芯板

1）构造。模板用的木胶合板（图4-4）通常由5、7、9、11层等奇数层单板经热压固化而胶合成型。相邻层的纹理方向相互垂直，通常最外层表板的纹理方向和胶合板板面的长向平行，因此，整张胶合板的长向为强方向，短向为弱方向，使用时必须加以注意。

2）规格。混凝土模板用木胶合板规格尺寸见表4-1。

表4-1　　　　　　　　　　　混凝土模板用木胶合板规格尺寸　　　　　　　　　　mm

模数制		非模数制		厚度
宽度	长度	宽度	长度	
600	1800	915	1830	12.0
900	1800	1220	1830	15.0
1000	2000	915	2135	18.0
1200	2400	1220	2440	21.0

注　引自《混凝土模板用胶合板》（GB/T 17656—2008）。

（2）木胶合板物理力学性能。

1）胶合性能检验。模板用木胶合板的胶黏剂主要是酚醛树脂。此类胶合剂胶合强度高，耐水、耐热、耐腐蚀等性能良好，其突出的是耐沸水性能及耐久性优异。也有采用经化学改性的酚醛树脂胶。

评定胶合性能的指标主要有两项：胶合强度，为初期胶合性能，指的是单板经胶合后完全粘牢，有足够的强度；胶合耐久性，为长期胶合性能，指的是经过一定时期，仍保持胶合良好。

上述两项指标可通过胶合强度试验、沸水浸渍试验来判定。

施工单位在购买混凝土模板用胶合板时，首先要判别是否属于Ⅰ类胶合板，即判别该批胶合板是否采用了酚醛树脂胶或其他性能相当的胶黏剂。如果受试验条件限制，不能做胶合强度试验时，可以用沸水煮小块试件快速简单判别。方法是从胶合板上锯截下20mm见方的小块，放在沸水中煮0.5~1h。用酚醛树脂作为胶黏剂的试件煮后不会脱胶，而用脲醛树脂作为胶黏剂的试件煮后会脱胶。

2）物理力学性能具体见《混凝土模板用胶合板》（GB/T 17656—2008）。

（3）使用注意事项。

1）必须选用经过板面处理的胶合板。未经板面处理的胶合板用作模板时，因混凝土硬化过程中，胶合板与混凝土界面上存在水泥—木材之间的结合力，使板面与混凝土黏结较牢，脱模时易将板面木纤维撕破，影响混凝土表面质量。这种现象随胶合板使用次数的增加而逐渐加重。

经覆膜罩面处理后的胶合板，增加了板面耐久性，脱模性能良好，外观平整光滑，最适用于有特殊要求的、混凝土外表面不加修饰处理的清水混凝土工程，如混凝土桥墩、立交桥、筒仓、烟囱以及塔等。

2）未经板面处理的胶合板（也称白坯板或素板），在使用前应对板面进行处理。处理的方法为冷涂刷涂料，把常温下固化的胶涂刷在胶合板表面，构成保护膜。

3）经表面处理的胶合板，在施工现场使用中，一般应注意以下几个问题。

① 脱模后立即清洗板面浮浆，堆放整齐。

② 模板拆除时，严禁抛扔，以免损伤板面处理层。

③ 胶合板边角应涂有封边胶，故应及时清除水泥浆。为了保护模板边角的封边胶，最好在支模时在模板拼缝处粘贴防水胶带或水泥纸袋，加以保护，防止漏浆。

④ 胶合板板面尽量不钻孔洞；遇有预留孔洞，可用普通木板拼补。

⑤ 现场应备有修补材料，以便对损伤的面板及时进行修补。

⑥ 使用前必须涂刷脱模剂。

2. 竹胶合板模板

我国竹材资源丰富，且竹材具有生长快、生长周期短（一般 2～3 年成材）的特点。另外，一般竹材顺纹抗拉强度为 18MPa，为杉木的 2.5 倍、红松的 1.5 倍；横纹抗压强度为 6～8MPa，是杉木的 1.5 倍，红松的 2.5 倍；静弯曲强度为 15～16MPa。因此，在我国木材资源短缺的情况下，以竹材为原料，制作混凝土模板用竹胶合板，具有收缩率小、膨胀率和吸水率低以及承载能力大的特点，是一种具有发展前途的新型建筑模板。

混凝土模板用竹胶合板，其面板与芯板所用材料既有不同之处，又有相同之处。不同的是，芯板将竹子劈成竹条（称竹帘单板），宽 14～17mm，厚 3～5mm，在软化池中进行高温软化处理后，作烤青、烤黄、去竹衣及干燥等进一步处理。竹帘的编织可用人工或编织机编织。面板通常为编席单板，做法是竹子劈成篾片，由编工编成竹席，表面板则采用薄木胶合板。这样既可利用竹材资源，又可兼有木胶合板的表面平整度。

另外，也有采用竹编席作面板的，这种板材表面平整度较差，且胶黏剂用量较多。

为了提高竹胶合板的耐水性、耐磨性和耐碱性，经试验证明，竹胶合板表面进行环氧树脂涂面的耐碱性较好，进行瓷釉涂料涂面的综合效果最佳。

（三）胶合板施工工艺

1. 胶合板模板的配制方法和要求

（1）胶合板模板的配制方法。

1）按设计图纸尺寸直接配制模板。形体简单的结构构件，可根据结构施工图直接按尺寸列出模板规格和数量进行配制。模板厚度、横档及棱木的断面和间距，以及支撑系统的配置，都可以按支承要求通过计算选用。

2）采用放大样方法配制模板。形体复杂的结构构件，如楼梯、圆形水池等，可在平整的地坪上，按结构图的尺寸画出结构构件的实样，量出各部分模板的准确尺寸或套制样板，同时确定模板及其安装的节点构造，进行模板的制作。

3）用计算方法配制模板。形体复杂不宜采用放大样方法，但有一定几何形体规律的构件，可用计算方法结合放大样的方法，进行模板的配制。

4）采用结构表面展开法配制模板。形体复杂且又由各种不同形体组成的复杂体型结构构件，如设备基础。其模板的配制，可采用先画出模板平面图和展开图，再进行配模设计和模板制作。

（2）胶合板模板配制要求。

1）应整张直接使用，尽量减少随意锯截，造成胶合板浪费。

2）木胶合板常用厚度一般为 15mm 或 18mm，竹胶合板常用厚度一般为 12mm，内、外楞的间距，可随胶合板的厚度，通过设计计算进行调整。

3）支撑系统可以使用钢管脚手架，也可以用木支撑。采用木支撑时，不得选用脆性、严重扭曲和受潮容易变形的木材。

4）钉子长度应为胶合板厚度的 1.5～2.5 倍，每块胶合板与木楞相叠处至少钉 2 个钉子。第二块板的钉子要转向第一块模板方向斜钉，使拼缝严密。

5）配制好的模板应在反面编号并写明规格，分别堆放保管，以免错用。

2. 胶合板模板和木模板施工

采用胶合板作为现浇混凝土墙体和楼板的模板，是目前常用的一种模板技术，它比采用后述的组合钢模板可以减少混凝土外露表面的接缝。对于无饰面的清水混凝土墙面则必须采用胶合板模板成型。

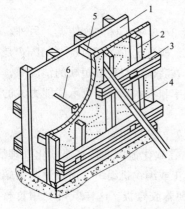

图 4-5　采用胶合板面板的墙体模板
1—胶合板；2—立档；3—横档；
4—斜撑；5—撑头；6—穿墙螺栓

（1）墙体模板（图 4-5）。常规的支模方法是：胶合板面板外侧的立档用 50mm×80mm 方木，横档（又称牵杠）可用 φ48.3×3.6 脚手钢管或方木（一般为 100mm² 方木），两侧胶合板模板用穿墙螺栓拉结（图 4-6），穿墙螺栓（也叫对拉螺栓）的间距为 600～1000mm，一方面保证墙体厚度的正确，另一方面加强胶合板模板（或其他模板）的刚度，防止涨模板影响观瞻。对于大于 600mm 的梁高模板和柱宽模板，也宜采用一组或多组对拉螺栓来加强模板刚度。

1）墙模板安装时，根据边线先立一侧模板，临时用支撑撑住，用线锤校正使模板垂直，然后固定牵杠，再用斜撑固定。大块侧模组拼时，上下竖向拼缝要相互错开，先立两端，后立中间部分。待钢筋绑扎后，按同样方法安装另一侧模板及斜撑等。

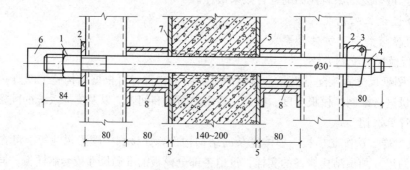

图 4-6　穿墙螺栓构造
1—螺母；2—垫板；3—板销；4—螺杆；5—塑料套管；6—丝扣保护套；7—模板；8—加强管

2) 为了保证墙体的厚度正确,在两侧模板之间可用小方木撑头(小方木长度等于墙厚),防水混凝土墙要加有止水板的撑头。小方木要随着浇筑混凝土逐个取出。为了防止浇筑混凝土的墙身鼓胀,可用8~10号钢丝或直径12~16mm螺栓拉结两侧模板,间距不大于1m。螺栓要纵横排列,并在混凝土凝结前经常转动,以便在凝结后取出,如墙体不高,厚度不大,也可在两侧模板上口钉上搭头木。

(2) 楼板模板。楼板模板的支设方法有以下两种。

1) 采用脚手钢管搭设排架,铺设楼板模板常采用的支模方法是:用 ϕ48.3×3.6mm 脚手钢管搭设排架,在排架上铺设50mm×80mm方木,间距为400mm左右,作为面板的格栅(楞木),在其上铺设胶合板面板(图4-7、图4-8)。

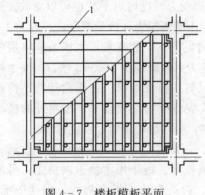

图4-7 楼板模板平面
1—胶合板

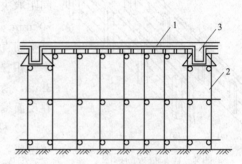

图4-8 楼板模板立面
1—木楞;2—钢管脚手架支撑;3—现浇混凝土梁

2) 采用木顶撑支设楼板模板。楼板木模板铺设立体图如图4-9所示。

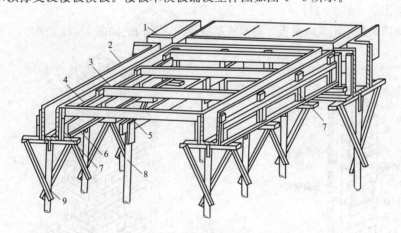

图4-9 楼板木模板铺设立体图
1—楼板模板;2—梁侧模板;3—格栅;4—横档(托木);5—牵杠;6—夹木;7—短撑木;8—牵杠撑;9—支柱(琵琶撑)

① 楼板模板铺设在格栅上。格栅两头搁置在托木上,格栅一般用断面50mm×80mm的方木,间距为400~500mm。当格栅跨度较大时,应在格栅下面再铺设通长的牵杠,以减小格栅的跨度。牵杠撑的断面要求与顶撑立柱一样,下面须垫木楔及垫板,一般用(50~75)mm×150mm的方木。楼板模板应垂直于格栅方向铺钉。

② 楼板模板安装时,先在次梁模板的两侧板外侧弹水平线,水平线的标高应为楼板底。标高减去楼板模板厚度及格栅高度,然后按水平线钉上托木,托木上口与水平线相齐。再把靠梁模旁的

格栅先摆上，等分格栅间距，摆中间部分的格栅。最后在格栅上铺钉楼板模板。为了便于拆模，只在模板端部或接头处钉牢，中间尽量少钉。如中间设有牵杠撑及牵杠时，应在格栅摆放前先将牵杠撑立起，将牵杠铺平。

（3）柱模板。由于胶合板模板抗变形刚度较小，对于一些较大柱、梁常用的是较厚的木模板，因此对于梁、柱模板，这里主要介绍其构造和施工。

1）木模板一般是在木工车间或木工棚加工成基本组件（拼板），然后在现场进行拼装。拼板（图4-10）由板条用拼条钉成，梁和拱的底板也可用整块木板。板条厚度一般为20～50mm，宽度不宜超过200mm（工具式模板不超过150mm），以保证在干缩时缝隙均匀，浇水后易于密缝，受潮后不易翘曲，梁底的拼板由于承受较大的荷载要加厚至40～50mm，拼板的拼条根据受力情况可以平放也可以立放。拼条间距取决于所浇筑混凝土的侧压力和板条厚度，一般为400～500mm。木模板还应满足下列配制要求：木板条应将拼缝处刨平刨直；钉子长度应为木板厚度的1.5～2倍，每块木板与木档相叠处至少钉2只钉子；混水模板正面高低差不得超过3mm，清水模板安装前应将模板正面刨平；配制好的模板应在反面编号与写明规格，分别堆放保管，以免错用。

2）柱木模板构造。矩形柱的模板由四面模板、柱箍、支撑组成。其中，两面侧板为长板条用木档纵向拼制；另两面用短板横向逐块钉上，两头要伸出纵向板边，以便于拆除，并每隔1m左右留出洞口，以便从洞口中浇筑混凝土。纵向侧板一般厚40～50mm，横向侧板厚25mm。在柱模底用小方木钉成方盘，用于固定（图4-11）。

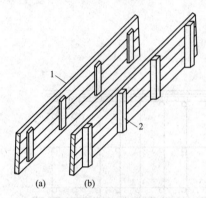

图4-10　拼板的构图

（a）拼条平放；（b）拼条立放

1—板条；2—拼条

柱子侧模如四边都采用纵向模板，则模板横缝较少，其构造如图4-12所示。

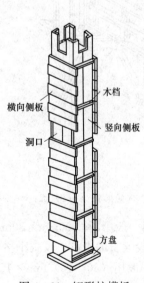

图4-11　矩形柱模板

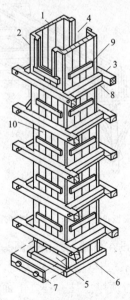

图4-12　方形柱子的模板

1—内拼板；2—外拼板；3—柱箍；4—梁缺口；5—清理孔；

6—木框；7—盖板；8—拉紧螺栓；9—拼条；10—活动板

柱顶与梁交接处，要留出缺口，缺口尺寸即为梁的高及宽（梁高以扣除平板厚度计算），并在缺口两侧及口底钉上衬口档，衬口档离缺口边的距离即为梁侧板及底板的厚度。为了防止在混凝土浇筑时模板产生鼓胀变形，一般应在柱模外侧设置柱箍，柱箍可采用木箍、钢木箍及钢箍等几种，钢箍还分型钢与钢管两种。

柱箍间距应根据柱模断面大小确定，一般不超过1000mm，柱模下部间距应小些，往上可逐渐增大间距。设置柱箍时，横向侧板外面要设竖向木档。

柱模板用料尺寸参见表4-2。

表4-2　　　　　　　　　　　　　　　柱模板用料尺寸　　　　　　　　　　　　　　　mm

柱断面	木档间距（模板厚50mm）	木档断面	木档钉法
300×300	450	50×50	
400×400	450	50×50	
500×500	400	50×75	平摆
600×600	400	50×75	平摆
700×700	400	50×75	立摆
800×800	400	50×75	立摆

3）安装。柱模板安装时，先在基础面（或楼面）上弹主轴线及边线。同一柱列应先弹两端柱轴线、边线，然后拉通线弹出中间部分柱的轴线及边线。按照边线先把底部方盘固定好，再对准边线安装两侧纵向侧板，用临时支撑支牢，并在另两侧钉几块横向侧板，把纵向侧板互相拉住。用线锤校正柱模垂直后，用支撑加以固定，再逐块钉上横向侧板，最后固定柱箍。为了保证柱模的稳定，柱模之间要用水平撑、剪刀撑等互相拉结固定。

同一柱列的模板，可采用先校正两端的柱模，在柱模顶中心拉通线，按通线校正中间部分的柱模。

（4）梁模板。

1）构造。梁模板主要是由侧板、底板、夹木、托木、梁箍、支撑等组成。侧板可用胶合板或厚25mm的长板木条加木档拼制，底板一般用厚40~50mm的长条板加木档拼制，或用整块板。

在梁底板下每隔一定间距支设顶撑。夹木设在梁模两侧板下方，将梁侧板与底板夹紧，并钉牢在支柱顶撑上。次梁模板，还应根据格栅标高，在两侧板外面钉上托木。在主梁与次梁交接处，应在主梁侧板上留缺口，并钉上衬口档，次梁的侧板和底板钉在衬口档上（图4-13）。

支承梁模的顶撑（又称琵琶撑、支柱），其立柱一般为100mm×100mm的方木或直径120mm的原木，帽木用断面（50~100）mm×100mm的方木，长度根据梁高决定，斜撑用断面50mm×75mm的方木；也可用钢制顶撑（图4-14）。为

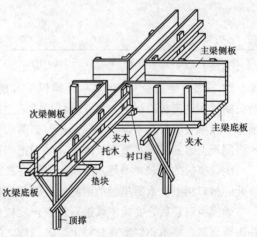

图4-13　主次梁模板支设节点

了调整梁模的标高，在立柱底要垫木楔。沿顶撑底在地面上应铺设垫板。垫板厚度应不小于40mm，宽度不小于200mm，长度不小于600mm。地面如是新填土或土质不好的基层须采取夯实措施。

顶撑的间距要根据梁的断面大小而定，一般为800～1200mm。

当梁的高度较大，应在侧板外面另加斜撑，斜撑上端钉在托木上，下端钉在顶撑的帽木上（图4-15），独立梁的侧板上口用搭头木互相卡住。

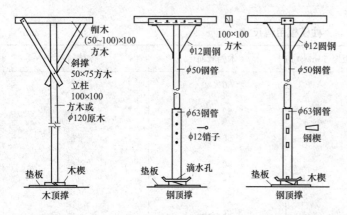

图4-14　顶撑

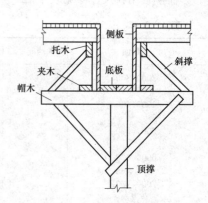

图4-15　有斜撑的梁模

梁模板的用料尺寸可参见表4-3。

表4-3　　　　　　　　　　　　　　梁模板的用料尺寸　　　　　　　　　　　　　　mm

梁高	梁侧板（厚不小于25）		梁底板（厚40～50）	
	木档间距	木档断面	支承点间距	支承琵琶头断面
300	550	50×50	1250	50×100
400	500	50×50	1150	50×100
500	500	50×75（立摆）	1050	50×100
600	450	50×75（立摆）	1000	50×100
800	450	50×75（立摆）	900	50×100
1000	400	50×100（立摆）	800	50×100
1200	400	50×100（立摆）	800	50×100

注　夹木一般用断面为50mm×（75～100）mm。

2）安装。梁模板安装时，应在梁模下方地面上铺垫板，在柱模缺口处钉衬口档，然后把底板两头搁置在柱模衬口档上，再立靠柱模或墙边的顶撑，并按梁模长度等分顶撑间距，立中间部分的顶撑。顶撑底应打入木楔。安放侧板时，两头要钉牢在衬口档上，并在侧板底外侧铺上夹木，用夹木将侧板夹紧并钉牢在顶撑帽木上，随即把斜撑钉牢。

次梁模板的安装，要待主梁模板安装并校正后才能进行。其底板及侧板两头是钉在主梁模板缺口处的衬口档上。次梁模板的两侧板外侧要按格栅底标高钉上托木。

梁模板安装后，要拉中线进行检查，复核各梁模中心位置是否对正。待平板模板安装后，检查并调整标高，将木楔钉牢在垫板上。各顶撑之间要设水平撑或剪刀撑，以保持顶撑的稳固。

梁的跨度在4m或4m以上时，在梁模的跨中要起拱，起拱高度为梁跨度的0.1‰～0.3‰（对钢模为0.1‰～0.2‰，对木模为0.15‰～0.3‰）。

当梁模板下面需留施工通道，或因土质不好不宜落地支撑，且梁的跨度又不大时，则可将支撑改成倾斜支设，支设在柱子的基础面上（倾角一般不宜大于 30°），在梁底板下面用一根 50mm×75mm 或 50mm×100mm 的方木，将两根倾斜的支撑撑紧，以加强梁底板刚度和支撑的稳定性（图 4-16）。

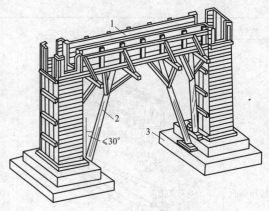

图 4-16　用支撑倾斜支模

四、组合钢模板系统

（一）组合钢模板构造组成

组合钢模板是一种定型模板，由钢模板和配件两大部分组成，配件包括连接件和支撑件，这种模板可以拼出多种尺寸和几何形状，可满足建筑物的梁、板、墙、基础等构件施工的需要，也可拼成大模板、滑模、台模等使用。因而这种模板具有轻便灵活、拆装方便、通用性强、周转率高等优点。

（1）钢模板。包括：平面模板、阳角模板、阴角模板和连接角模板，见表 4-4。另外还有角棱模板、圆棱模板、梁腋模板与平面模板配套使用的专用模板。

钢模板采用模数制设计，模板宽度以 50mm 进级，长度以 150mm 进级，可以适应横竖拼装，拼装以 50mm 进级的任何尺寸的模板。如拼装出现不足模数的空隙时，用镶嵌木条补缺，用钉子或螺栓将木条与板块边框上的孔洞连接。

为了板块之间便于连接，钢模板边肋上设有 U 形卡连接孔，端部上设有 L 形插销孔，孔径为 13.8mm，孔距为 150mm。

（2）连接件。包括：U 形卡、L 形插销、钩头螺栓、紧固螺栓、对拉螺栓、碟形与 3 形扣件等，见表 4-5。

（3）支撑件。包括：支撑钢棱、型钢柱箍、钢管柱箍、型钢梁卡具、钢管梁卡具、钢管支柱及组合支柱、斜撑、平面可调桁架、曲面可调桁架等，见表 4-6。

表 4-4　　　　　　　　　　组合钢模板的种类、构造及规格

名称	构造简图	说明及规格
平面模板	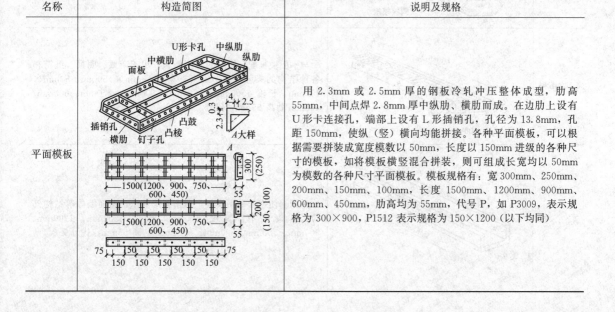	用 2.3mm 或 2.5mm 厚的钢板冷轧冲压整体成型，肋高 55mm，中间点焊 2.8mm 厚中纵肋、横肋而成。在边肋上设有 U 形卡连接孔，端部上设有 L 形插销孔，孔径为 13.8mm，孔距 150mm，使纵（竖）横向均能拼接。各种平面模板，可以根据需要拼装成宽度模数以 50mm，长度以 150mm 进级的各种尺寸的模板，如将模板横竖混合拼装，则可组成长宽均以 50mm 为模数的各种尺寸平面模板。模板规格有：宽 300mm、250mm、200mm、150mm、100mm，长度 1500mm、1200mm、900mm、600mm、450mm，肋高均为 55mm，代号 P，如 P3009，表示规格为 300×900，P1512 表示规格为 150×1200（以下均同）

续表

名称	构造简图	说明及规格
转角模板		与平面模板配套使用的模板，它能与平面模板任意连接，分为阴角模板、阳角模板、连接角模板三种。阴角模板规格有：宽度150mm×150、100mm×150mm，长度1500mm、1200mm、900mm、600mm、450mm，肋高55mm，代号E；阳角模板规格有：宽度100mm×100mm、50mm×50mm，长度和肋高同阴角模板，代号Y；连接角模板规格有：宽50mm×50mm，长度与肋高同阴角模板，代号J
倒棱模板		与平面模板配套使用的专用模板，用于柱、梁、墙体等倒棱部位，分为角棱模板和圆棱模板两种。角棱模板规格有：宽度17mm、45mm，长度1500mm、1200mm、900mm、750mm、600mm、450mm，肋高55mm，代号JL；圆棱模板规格有：宽度R20、R35mm，长度肋高同角棱模板，代号YL
梁腋模板		与平面模板配套使用的专用模板，用于暗梁、明渠、沉箱和各种结构的梁腋部位。规格有宽度50mm×150mm、50mm×100mm，长度1500mm、1200mm、900mm、750mm、600mm、450mm肋高55mm，代号U
柔性模板		为配套使用的专用模板，用于圆形筒壁，曲面墙体等结构部位。其规格有：宽度100mm，长度1500mm、1200mm、900mm、750mm、600mm、450mm，肋高55mm，代号Z

名称	构造简图	说明及规格
搭接模板		用于拼装模板板面尺寸小于 50mm 的补齐部分。其规格有：宽度 80 mm，长度 1500mm、1200mm、900mm、750mm、600mm、450mm，肋高 50mm，代号 D

表 4－5　　　　　　　　　　　　　　　钢模板连接件形式构造

名称	构造简图	要求及用途
U 形卡		用直径 12mm，30 号钢圆钢制作。缺乏 30 号钢时，也可用 Q235 钢代用，单件重 0.2kg。 是钢模板纵、横向自由拼接的主要连接件，可将相邻钢模板夹紧，以保证接缝严密，共同工作，不错位。安装距离一般不大于 300mm，即每隔一孔长插一个
L 形插销		用直径 12mm，Q235 圆钢制作，单件重 0.35kg。 用于插入钢模板端部横肋的插销孔内，增强钢模板纵向连接的刚度，保证接头处板面平整，相邻板共同受力
钩头螺栓		用直径 12mm，Q235 圆钢制作，单件重 0.2kg。 用于钢模板与内外钢棱之间的连接固定，使之形成整体。安装间距一般不大于 600mm，长度应与采用的钢棱尺寸相适应
紧固螺栓		用直径 12mm，Q235 圆钢制作，单件重 0.18kg。 用于坚固内外钢棱，增强组合钢模板的整体风度。长度应与采用的钢棱尺寸相适应
对拉螺栓		用直径 12mm、14mm、16mm，Q235 钢圆钢制作。分为组合式与整体式两种，后者如需拆除，应加塑料或混凝土套管做成工具式。 用于连接内外两组模板，保持间距准确，承受混凝土的侧压力和其他荷载，确保模板风度和强度，不变形、不漏浆。对拉螺栓装置的种类和规格尺寸应按设计要求和供应条件选用
碟形与3形扣件		用 2.5mm、3mm、4mm，Q235 钢圆钢制作。其规格分为大、小两种，与相应的钢棱配套使用，按钢棱的不同形状选用。 与对拉螺栓一起将钢模板与钢棱（碟形用于矩形，3形用于钢管）扣紧，将钢模板拼成整体。扣件的刚度应与配套螺栓的强度相适应

续表

名称	构造简图	要求及用途
板条式拉杆		用1.5～2.0mm厚，Q235扁钢作拉杆，扁钢两端各开直径13.8mm孔，两孔距离与内外钢模板的连接孔距相适应，安装时嵌入相邻模板板缝中，用U形卡或弯脚螺栓插入孔内与模板一起固定

表4-6　　　　　　　　　　组合钢模板支承工具形式、构造及规格

名称	构造简图	要求及用途
支撑钢棱		用Q235钢管、钢板制成。常用规格有：φ48mm×3.5mm圆钢管；□80mm×40mm×3mm、□100mm×50mm×3mm矩形钢管；匚80mm×40mm×3mm、匚100mm×50mm×3mm轻形槽钢；□80mm×40mm×15mm×3mm、□100mm×50mm×20mm×3mm内卷边槽钢；匚80mm×40mm×5mm普通槽钢，冷弯槽钢长度5～10m
型钢柱箍		由夹板、插销和限位器组成。夹板用-70mm×5mm扁钢；∟75mm×25mm×3mm或∟80mm×35mm×3mm角钢；或匚80mm×40mm×3mm及匚100mm×50mm×3mm×5.3mm冷变槽钢，或匚80mm×43mm×5.0mm、匚100mm×48mm×5.3mm槽钢制作。特点是结构简单，拆装方便 扁钢和角钢柱箍适用于柱宽小于700mm的柱子；槽钢柱箍适用于较大截面的柱子
钢管柱箍		由夹板、对拉螺栓、3形扣件（或十字扣件）等组成。夹板用φ48×3.5mm或φ51×3.5mm钢管，用单根或双根，可利用工地短钢管脚手杆。 适用于组合钢模板组装的大、中型截面的柱子

名称	构造简图	要求及用途
型钢梁卡具	调节杆 螺栓 三角架 螺栓 底座(匚80×40×15×3)	三角架用角钢,底座用角钢或槽钢加工制成。梁卡具的高度和宽度可以调节,用螺栓加以固定。 适用于截面为 700mm×600mm 以内的梁
钢管梁卡具	调节杆 三角架 φ48×3 底座 调节螺栓 钢筋环 插销	三角架和底座均用钢管加工制成。卡具的高度和宽度均能调节,用插销加以固定。 适用于截面为 700mm×500mm 以内的梁
钢管支柱及组合支柱	插管 插销 套管 转盘 螺栓 钢管支柱 螺管转盘手柄 底板 CH型 螺栓套 手柄 YJ型 顶板 φ48×3.5钢管 连接板 M45螺栓千斤顶 底板 150~400 四管支柱	是用 φ60×2.5mm、φ48×2.5mm 两种规格钢管承插构成。沿钢管孔眼(间距模数为 100mm)以一对销子插入固定。上、下两钢管的承插搭接长度不小于 30cm,柱帽用角钢或钢板,下部焊底板。CH 型下管上端焊有螺栓管和滑盘,转动滑盘可以微升微降使其顶紧;YJ 型下管上端设有螺栓套,螺纹不外露,可防止碰坏和污物粘接。组合支柱由管柱、螺栓千斤顶和托盘、φ48×3.5mm 钢管或 φ25~30mm 钢筋、小规格角钢焊成。钢管间焊 8mm 厚钢板缀条。支柱之间设水平拉杆。螺栓千斤顶是由直径 M45mm 螺栓和上下托板组成,其调距为 250mm。四管支柱的规格高度分别为 1200mm、1500mm、1750mm、2000mm、3000mm5 种,可组合成以 250mm 进级的各种不同高度,可承受荷载 180~250kN。 适用作梁、板、阳台、挑檐等水平模板的垂直支撑;组合支柱用于荷载较大的支撑

（二）组合钢模板配板

1. 组合钢模板配板原则

配板设计和支承系统的设计应遵守以下规定。

（1）要保证构件的形状尺寸及相互位置的正确。

（2）要使模板具有足够的强度、刚度和稳定性,能够承受新浇混凝土的重量和侧压力,以及各种施工荷载。

（3）力求构造简单,装拆方便,不妨碍钢筋绑扎,保证混凝土浇筑时不漏浆。柱、梁、墙、板的各种模板面的交接部分,应采用连接简便、结构牢固的专用模板。

（4）配制的模板，应优先选用通用、大块模板，使其种类和块数最小，木模镶拼量最少。设置对拉螺栓的模板，为了减少钢模板的钻孔损耗，可在螺栓部位改用 55mm ×100mm 刨光方木代替，或应使钻孔的模板能多次周转使用。

（5）相邻钢模板的边肋，都应用 U 形卡插卡牢固，U 形卡的间距不应大于 300mm，端头接缝上的卡孔，也应插上 U 形卡或 L 形插销。

（6）模板长向拼接宜采用错开布置，以增加模板的整体刚度。

（7）模板的支承系统应根据模板的荷载和部件的刚度进行布置。具体要求如下。

1）内钢棱应与钢模板的长度方向相垂直，直接承受钢模板传递的荷载；外钢棱应与内钢棱互相垂直，承受内钢棱传来的荷载，用以加强钢模板结构的整体刚度，其规格不得小于内钢棱。

2）内钢棱悬挑部分的端部挠度应与跨中挠度大致相同，悬挑长度不宜大于 400mm，支柱应着力在外钢棱上。

3）一般柱、梁模板，宜采用柱箍和梁卡具作支承件。断面较大的柱、梁，宜用对拉螺栓和钢棱及拉杆。

4）模板端缝齐平布置时，一般每块钢模板应有两处钢棱支承。错开布置时，其间距可不受端缝位置的限制。

5）在同一工程中可多次使用的预组装模板，宜采用模板与支承系统连成整体的模架。

6）支承系统应经过设计计算，保证具有足够的强度和稳定性。当支柱或其节间的长细比大于110 时，应按临界荷载进行核算，安全系数可取 3～3.5。

7）对于连续形式或排架形式的支柱，应适当配置水平撑与剪刀撑，以保证其稳定性。

（8）模板的配板设计应绘制配板图，标出钢模板的位置、规格、型号和数量。预组装大模板，应标绘出其分界线。预埋件和预留孔洞的位置，应在配板图上标明，并注明固定方法。

2. 组合钢模板的配板步骤

（1）根据施工组织设计对施工区段的划分、施工工期和流水段的安排，首先明确需要配制模板的层段数量。

（2）根据工程情况和现场施工条件，决定模板的组装方法。

（3）根据已确定配模的层段数量，按照施工图纸中梁、柱、墙、板等构件尺寸，进行模板组配设计。

（4）明确支撑系统的布置、连接和固定方法。

（5）进行夹箍和支撑件等的设计计算和选配工作。

（6）确定预埋件的固定方法、管线埋设方法以及特殊部位（如预留孔洞等）的处理方法。

（7）根据所需钢模板、连接件、支撑及架设工具等列出统计表，以便备料。

3. 柱的配板设计

柱模板的施工设计，首先应按单位工程中不同断面尺寸和长度的柱，所需配制模板的数量作出统计，并编号、列表。然后，再进行每一种规格的柱模板的施工设计，其具体步骤如下：

（1）依照断面尺寸选用宽度方向的模板规格组配方案并选用长（高）度方向的模板规格进行组配。

（2）根据施工条件，确定浇筑混凝土的最大侧压力。

（3）通过计算，选用柱箍、背棱的规格和间距。

（4）按结构构造配置柱间水平撑和斜撑。

4. 墙的配板设计

按图纸，统计所有配模平面的尺寸并进行编号，然后对每一种平面进行配板设计，其具体步骤如下。

(1) 根据墙的平面尺寸，若采用横排原则，则先确定长度方向模板的配板组合，再确定宽度方向模板的配板组合，然后计算模板块数和需镶拼木模的面积。

(2) 根据墙的平面尺寸，若采用竖排原则，可确定长度和宽度方向模板的配板组合，并计算模板块数和拼木模面积。

对于上述横、竖排的方案进行比较，择优选用。

(3) 计算新浇筑混凝土的最大侧压力。

(4) 计算确定内、外钢棱的规格、型号和数量。

(5) 确定对拉螺栓的规格、型号和数量。

(6) 对需配模板、钢棱、对拉螺栓的规格型号和数量进行统计、列表，以便备料。

5. 梁的配板设计

梁模板往往与柱、墙、楼板相交接，故配板比较复杂。另外，梁模板既需承受混凝土的侧压力，又要承受垂直荷载，故支承布置也比较特殊。因此，梁模板的施工设计有它的独特情况。

梁模板的配板，宜沿梁的长度方向横排，端缝一般都可错开，配板长度虽为梁的净跨长度，但配板的长度和高度要根据与柱、墙和楼板的交接情况而定。

正确的方法是在柱、墙或大梁的模板上，用角模和不同规格的钢模板作嵌补模板拼出梁口（图4-17），其配板长度为梁净跨减去嵌补模板的宽度，或在梁口用木方镶拼（图4-18），不使梁口处的板块边肋与柱混凝土接触，在柱身梁底位置设柱箍或槽钢，用以搁置梁模。

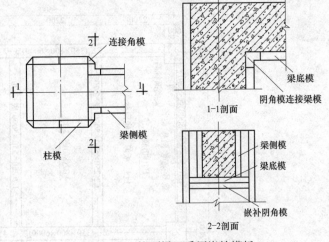

图 4-17　柱顶梁口采用嵌补模板

梁模板与楼板模板交接，可采用阴角模板或木材拼镶（图4-19）。

梁模板侧模的纵、横棱布置，主要与梁的模板高度和混凝土侧压力有关，应通过计算确定。

直接支承梁底模板的横棱或梁夹具，其间距尽量与梁侧模板的纵棱间距相适应，并照顾楼板模板的支承布置情况。在横棱或梁夹具下面，沿梁长度方向布置纵棱或桁架，由支柱加支撑。纵棱的截面和支柱的间距，通过计算确定。

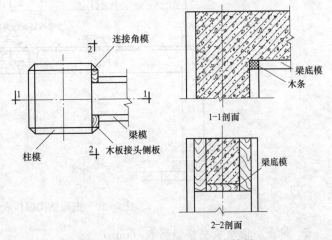

图 4-18　柱顶梁口采用木方镶拼

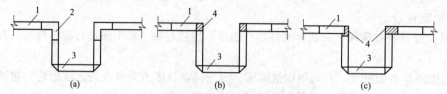

图 4-19　梁模板与楼板模板交接

（a）阴角模板连接；（b）、（c）木材拼镶

1—楼板模板；2—阴角模板；3—梁模板；4—木材

6. 楼板的配板设计

（1）楼板配板的方法和步骤。楼板模板一般采用散支散拆或预拼装两种方法。配板设计可在编号后，对每一平面进行设计。其步骤如下。

1）可沿长边配板或沿短边配板，然后计算模板块数及拼镶木模的面积，通过比较作出选择。

2）确定模板的荷载，选用钢棱。

3）计算选用钢棱。

4）计算确定立柱规格型号，并作出水平支撑和剪力撑的布置。

（2）楼板和梁配板的实例（图 4-20、图 4-21 和图 4-22）。

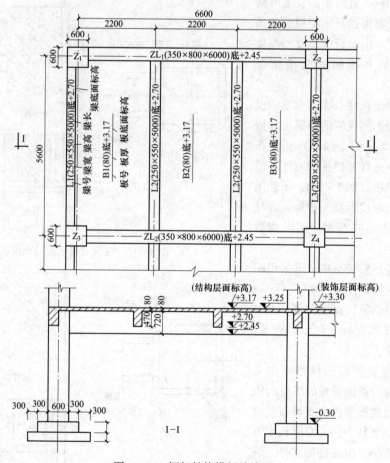

图 4-20　框架结构模板放线图

7. 组合小钢模板规格编码表（mm）

组合小钢模板规格编码表见表 4-7。

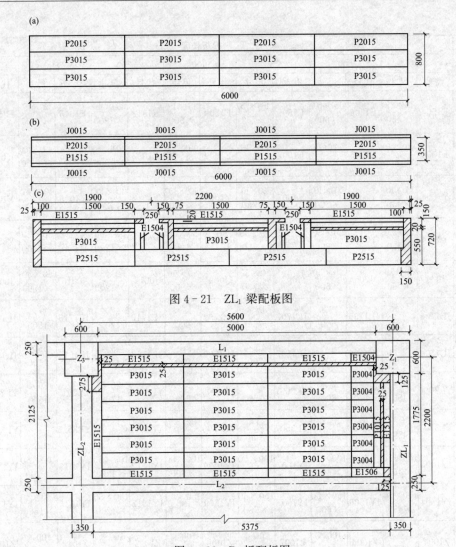

图 4-21 ZL₁ 梁配板图

图 4-22 B₁ 板配板图

表 4-7　　　　　钢 模 板 规 格 编 码 表

模板名称			模板长度												
			450		600		750		900		1200		1500		1800	
			代号	尺寸	代号	尺寸	代号	尺寸	代号	尺寸	代号	尺寸	代号	尺寸	代号	尺寸
平面模板代号 P	宽度	350	P3504	350×450	P3506	350×600	P3507	350×750	P3509	350×900	P3512	350×1200	P3515	350×1500	P3518	350×1800
		300	P3004	300×450	P3006	300×600	P3007	300×750	P3009	300×900	P3012	300×1200	P3015	300×150	P3018	300×1800
		250	P2504	250×450	P2506	250×600	P2507	250×750	P2509	250×900	P2512	250×1200	P2515	250×1500	P2518	250×1800
		200	P2004	200×450	P2006	200×600	P2007	200×750	P2009	200×900	P2012	200×1200	P2015	200×1500	P2018	200×1800
		150	P1504	150×450	P1506	150×600	P1507	150×750	P1509	150×900	P1512	150×1200	P1515	150×1500	P1518	150×1800
		100	P1004	100×450	P1006	100×600	P1007	100×750	P1009	100×900	P1012	100×1200	P1015	100×1500	P1018	100×1800

模板名称	模板长度												
	450		600		750		900		1200		1500		1800	
	代号	尺寸	代号	尺寸	代号	尺寸	代号	尺寸	代号	尺寸	代号	尺寸	代号	尺寸
阴角模板（代号 E）	E1504	150×150×450	E1506	150×600×600	E1507	150×150×750	E1509	150×150×900	E1512	150×150×1200	E1515	150×150×1500	E1518	150×150×1800
	E1004	100×150×450	E1006	100×150×600	E1007	100×150×750	E1009	100×150×900	E1012	100×150×1200	E1015	100×150×1500	E1018	100×150×1800
阳角模板（代号 Y）	Y1004	100×100×450	Y1006	100×100×600	Y1007	100×100×750	Y1009	100×100×900	Y1012	100×100×1200	Y1015	100×100×1500	Y1018	100×100×1800
	Y0504	50×50×450	Y0506	50×50×600	Y0507	50×50×750	Y0509	50×50×900	Y0512	50×50×1200	Y0515	50×50×1500	Y0518	50×50×1800
连接角模（代号 J）	J004	50×50×450	J006	50×50×600	J007	50×50×750	J009	50×50×900	J0012	50×50×1200	J0015	50×50×1500	J0018	50×50×1800
倒棱模板　角棱模板（代号 JL）	JL1704	17×450	JL1706	17×600	JL1707	17×750	JL1709	17×900	JL1712	17×1200	JL1715	17×1500	JL1718	17×1800
	JL4504	45×450	JL4506	45×600	JL4507	45×750	JL4509	45×900	JL4512	45×1200	JL4515	45×1500	JL4518	45×1800
圆棱模板（代号 YL）	YL2004	20×450	YL2006	20×600	YL2007	20×750	YL2009	20×900	YL2012	20×1200	YL2015	20×1500	YL2018	20×1800
	YL3504	35×450	YL3506	35×600	YL3507	35×750	YL3509	35×900	YL3512	35×1200	YL3515	35×1500	YL3518	35×1800
梁腋模板（代号 IY）	IY1004	100×50×450	IY1006	100×50×600	IY1007	100×50×750	IY1009	100×50×900	IY1012	100×50×1200	IY1015	100×50×100	IY1018	100×50×1800
	IY1504	150×50×450	IY1506	150×50×600	IY1507	150×50×750	IY1509	150×50×900	IY1512	150×50×1200	IY1515	150×50×1500	IY1518	150×50×1800
柔性模板（代号 Z）	Z1004	100×450	Z1006	100×600	Z1007	100×750	Z1009	100×900	Z1012	100×1200	Z1015	100×1500	Z1018	100×1800
搭接模板（代号 D）	D7504	75×450	D7506	75×600	D7507	75×750	D7509	75×900	D7512	75×1200	D7515	75×1500	D7518	75×1800
双曲可调模板（代号 T）	—	—	T3006	300×600	—	—	T3009	300×900	—	—	T3015	300×1500	T3018	300×1800
	—	—	T2006	200×600	—	—	T2009	200×900	—	—	T2015	200×1500	T2018	200×1800
变角可调模板（代号 B）	—	—	B2006	200×600	—	—	B2009	200×900	—	—	B2015	200×1500	B2018	200×1800
	—	—	B1606	160×600	—	—	B1609	160×900	—	—	B1615	160×1500	B1618	160×1800

（三）组合钢模板安装

组合钢模板的施工，是以模板工程施工设计为依据，根据结构工程流水分段施工的布置和施工进度计划，将钢模板、配件和支承系统组装成柱、墙、梁、板等模板结构，供混凝土浇筑使用。

1. 施工前的准备工作

（1）模板的定位基准工作。组合钢模板在安装前，要做好模板的定位基准工作，其工作步骤如下。

1）进行中心线和位置线的放线。首先引测建筑物的边柱或墙轴线，并以该轴线为起点，引出每条轴线。模板放线时，应先清理好现场，然后根据施工图用墨线弹出模板的内边线和中心线，墙模板要弹出模板的内边线和外侧控制线，以便于模板安装和校正。

2）做好标高量测工作。用水准仪把建筑物水平标高根据实际标高的要求，直接引测到模板安装位置。在无法直接引测时，也可以采取间接引测的方法，即用水准仪将水平标高先引测到过渡引测点，作为上层结构构件模板的基准点，用来测量和复核其标高位置。

一般做法是：用水准仪先将建筑水平标高＋0.500或＋1.000，临时划在已固定好的内模架钢管或粗钢筋上作为过渡引测点，再往上引测抄出梁底、板底的模板就位线也可用激光水平仪打点抄平。以后待柱墙浇筑完毕拆模后，再将建筑水平标高＋0.500（俗称五零线）弹在柱墙上，作为建筑楼地面工程标高控制线。此外，窗门、过梁的安装位置标高，以及地面抹灰、吊顶、踢脚线等的标高控制，同样采用此法。

3）进行找平工作。模板承垫底部应预先找平，以保证模板位置正确，防止模板底部漏浆。常用的找平方法是沿模板内边线用1:3水泥砂浆抹找平层（图4-23）。另外，在外墙、外柱部位，继续安装模板前，要设置模板承垫条带（图4-24），并校正其平直。

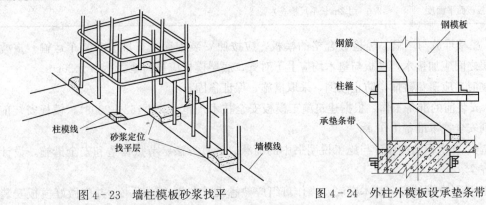

图4-23　墙柱模板砂浆找平　　　　图4-24　外柱外模板设承垫条带

4）设置模板定位基准。以前做法是：按照构件的断面尺寸，先用同强度等级的细石混凝土浇筑50～100mm的短柱或导墙，作为模板定位基准。此种做法影响墙体混凝土整体性，目前应用较少。

另一种做法是采用钢筋定位：墙体模板可根据构件断面尺寸切割一定长度的钢筋焊成定位梯子支撑筋（钢筋端头刷防锈漆），绑（焊）在墙体两根竖筋上（图4-25），起到支撑作用，间距1200mm左右；柱模板，可在基础和柱模上口用钢筋焊成井字形套箍撑位模板并固定竖向钢筋，也可在竖向钢筋靠模板一侧焊一短截钢筋或角钢头，以保持钢筋与模板的位置（图4-26和图4-27）。

（2）预拼装。采取预拼装模板施工时，预拼装工作应在组装平台或经平整处理的地面上进行，并按表4-8要求逐块检验后进行试吊，试吊后再进行复查，并检查配件数量、位置和紧固情况。

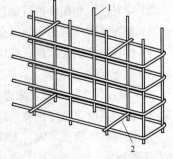

图4-25　钢筋定位基准示意图
1—墙钢筋；2—梯形筋

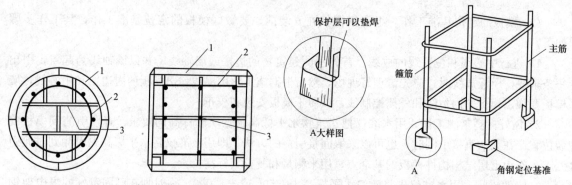

图 4-26 柱井字套箍支撑筋
1—模板；2—箍筋；3—井字支撑筋

图 4-27 角钢头定位基准示意图

表 4-8　　　　　　　　　　　　　　　钢模板施工组装质量标准　　　　　　　　　　　　　　mm

项目	允许偏差	项目	允许偏差
两块模板之间拼接缝隙	≤2.0	组装模板板面的长宽尺寸	≤长度和宽度的1/1000，最大±4.0
相邻模板面的高低差	≤2.0	组装模板两对角线长度差值	≤对角线长度的1/1000，最大≤7.0
组装模板板面平面度	≤2.0（用2m长平尺检查）		

（3）模板堆放与运输。经检查合格的模板，应按照安装程序进行堆放或装车运输。重叠平放时，每层之间应加垫木，模板与垫木均应上下对齐，底层模板应垫离地面不小于20cm。

运输时，应避免碰撞，防止倾倒，采取措施，保证稳固。

（4）安装前的准备工作。根据建筑施工模板安全技术规范（JGJ 162—2008），模板安装前必须做好下列安全技术准备工作。

1）应审查模板结构设计与施工说明书中的荷载、计算方法、节点构造和安全措施，设计审批手续应齐全。

2）应进行全面的安全技术交底，操作班组应熟悉设计与施工说明书，并应做好模板安装作业的分工准备。采用爬模、飞模、隧道模等特殊模板施工时，所有参加作业人员必须经过专门技术培训，考核合格后方可上岗。

3）应对模板和配件进行挑选、检测，不合格者应剔除，并应运至工地指定地点堆放。

4）备齐操作所需的一切安全防护设施和器具。

5）模板应涂刷脱模剂，结构表面需作处理的工程，严禁在模板上涂刷废机油或其他油。

2. 模板的支设安装

（1）模板的支设安装，应遵守下列规定。

1）按配板设计循序拼装，以保证模板系统的整体稳定。

2）配件必须装插牢固。支柱和斜撑下的支承面应平整垫实，要有足够的受压面积。支承件应着力于外钢棱。

3）固定在模板上的预埋件和预留孔洞均不得遗漏，安装必须牢固，位置准确。

4）基础模板必须支撑牢固，防止变形，侧模斜撑的底部应加设垫木。

5）墙和柱子模板的底面应找平，找平前先检查柱墙钢筋有否超过允许偏差，若超过偏差则应按1:6纠正钢筋的偏位。找平时下端应与事先做好的定位基准靠紧垫平，在墙、柱子上继续安装模板时，模板应有可靠的支承点，其平直度应进行校正。

6）楼板模板支模时，应先完成一个格构的水平支撑及斜撑安装，再逐渐向外扩展，以保持支撑系统的稳定性。

7）预组装墙模板吊装就位后，下端应垫平，紧靠定位基准；两侧模板均应利用斜撑调整和固定其垂直度。

8）支柱所设的水平撑与剪刀撑，应按构造与整体稳定性布置。

9）现浇多层或高层房屋和构筑物，安装上层模板及其支架应符合下列规定。

① 下层楼板应具有承受上层施工荷载的承载能力，否则应加设支撑支架。

② 上层支架立柱应对准下层支架立柱，并应在立柱底铺设垫板。

③ 当采用悬臂吊模板、桁架支模方法时，其支撑结构的承载能力和刚度必须符合设计构造要求。

说明：浇筑本层混凝土时，由于混凝土还没有产生强度，整个板面的混凝土自重及其他施工荷载全部由下层楼板承受，因此要求下层楼板应具有承受上层荷载的承载能力，如果不具备这个能力，比如当月进度达到常见三、四层时，一般在下两层范围内设置支架支撑即设置"三支三模"，以避免下层楼板受力过大。由于施工技术、施工装备的发展，施工速度很快，月进度往往能够超过四层，达到五至六层，在这种情况下，还应考虑增加支撑的层数，使施工荷载进一步下传。施工荷载顺利垂直向下传递的关键是在搭设过程中应将本层的立柱对准下层支架的立柱。

10）当层间高度大于5m时，应选用桁架支模或钢管立柱支模。当层间高度小于或等于5m时，可采用木立柱支模。

（2）模板安装时，应符合下列要求。

1）同一条拼缝上的U形卡，不宜向同一方向卡紧。

2）墙模板的对拉螺栓孔应平直相对，穿插螺栓不得斜拉硬顶。钻孔应采用机具，严禁采用电、气焊灼孔。

3）钢棱宜采用整根杆件，接头应错开设置，搭接长度不应少于200mm。

（3）现浇混凝土梁、板，当跨度大于4m时，模板应起拱；当设计无具体要求时，起拱高度宜为全跨长的1/1000～3/1000（钢模1/1000～2/1000，木模1.5/1000～3/1000）。

（4）曲面结构可用双曲可调模板，采用平面模板组装时，应使模板面与设计曲面的最大差值不得超过设计的允许值。

（5）模板安装及应注意的事项：模板的支设方法基本上有两种，即单块就位组拼（散装）和预组拼，其中预组拼又可分为分片组拼和整体组拼两种。采用预组拼方法，可以加快施工速度，提高工效和模板的安装质量，但必须具备相适应的吊装设备和有较大的拼装场地。

3. 工艺要点

（1）柱模板。

1）保证柱模的长度符合模数，不符合部分放到节点部位处理，或以梁底标高为准，由上往下配模，不符合模数部分放到柱根部位处理。

2）柱模根部要用水泥砂浆堵严，防止跑浆；柱模的浇筑口和清扫口，在配模时应一并考虑留出。

3）梁、柱模板分两次支设时，在柱子混凝土达到拆模强度时，最上一段柱模先保留不拆，以便于与梁模板连接。

4）柱模的清渣口应留置在柱脚一侧，如果柱子断面较大，为了便于清理，也可两面留设。清理完毕，立即封闭。

5）现场拼装柱模时，应适时地安设临时支撑进行固定，斜撑与地面的倾角宜为 60°，严禁将大片模板系在柱子钢筋上。

6）待四片柱模就位组拼经对角线校正无误后，应立即自下而上安装柱箍。

7）若为整体预组合柱模，吊装时应采用卡环和柱模连接，不得采用钢筋钩代替。

8）柱模校正。用四根斜支撑或用连接在柱模顶四角带花篮螺栓的缆风绳，底端与楼板钢筋拉环固定（图 4-28），校正其中心线和偏斜，全面检查合格后，应采用斜撑或水平撑进行四周支撑，以确保整体稳定。当高度超过 4m 时，应群体或成列同时支模，并应将支撑连成一体，形成整体框架体系（图 4-29）。当需单根支模时，柱宽大于 500mm 应每边在同一标高上设置不得少于 2 根斜撑或水平撑。斜撑与地面的夹角宜为 45°～60°，下端还应有防滑移的措施。

9）角柱模板的支撑，除满足上述要求外，还应在里侧设置能承受拉力和压力的斜撑。

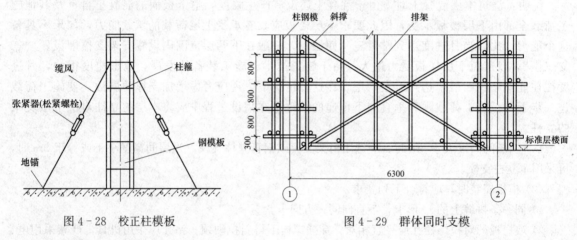

图 4-28 校正柱模板   图 4-29 群体同时支模

（2）梁模板。

1）梁柱接头模板的连接特别重要，一般可按图 4-17 和图 4-18 处理，或用专门加工的梁柱接头模板。

2）梁模支柱的设置，应经模板设计计算决定，一般情况下采用双支柱时，间距以 60～100cm 为宜。

3）模板支柱纵、横方向的水平拉杆、剪刀撑等，均应按设计要求布置；一般工程当设计无规定时，支柱间距不宜大于 2m，纵横方向的水平拉杆的上下间距不宜大于 1.5m，纵横方向的垂直剪刀撑的间距不宜大于 6m；跨度大或楼层高的工程，必须认真进行设计，尤其是对支撑系统的稳定性，必须进行结构计算，按设计精心施工。

4）安装独立梁模板时应设安全操作平台，并严禁操作人员站在独立梁底模或柱模支架上操作及上下通行。

5）底模与横棱应拉结好，横棱与支架、立柱应连接牢固；安装梁侧模时，应边安装边与底模连接，当侧模高度多于 2 块时，应采取临时固定措施；起拱应在侧模内外棱连固前进行。

6）单片预组合梁模，钢棱与板面的拉结应按设计规定制作，并应按设计吊点试吊无误后，方可正式吊运安装，侧模与支架支撑稳定后方准摘钩。

7）采用扣件钢管脚手或碗扣式脚手作支架时，扣件要拧紧，杯口要紧扣，要抽查扣件的扭力矩。横杆的步距要按设计要求设置（图 4-30）。采用桁架支模时，要按事先设计的要求设置，要考虑桁架的横向刚度，上下弦要设水平连接，拼接桁架的螺栓要拧紧，数量要满足要求。

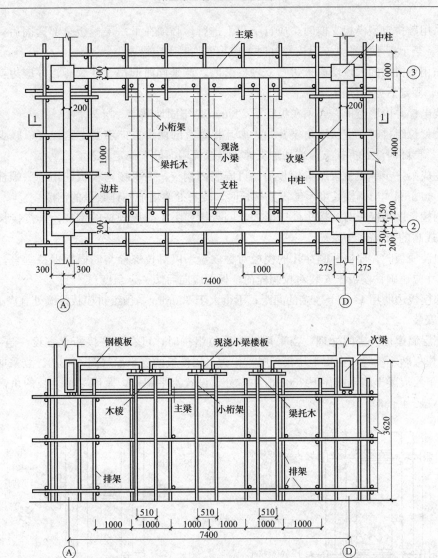

图 4-30 框架梁、柱模板采用钢管脚手架支设

8）由于空调等各种设备管道安装的要求，需要在模板上预留孔洞时，应尽量使穿梁管道孔分散，穿梁管道孔的位置应设置在梁中（图 4-31），以防削弱梁的截面，影响梁的承载能力。

（3）墙模板。

1）按位置线安装门洞口模板，埋下预埋件或木砖。

2）把预先拼装好的一面模板按位置线就位，然后安装拉杆或斜撑，安装支固套管和穿墙螺栓。穿墙螺栓的规格和间距，由模板设计规定。

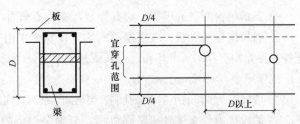

图 4-31 穿梁管道孔设置的高度范围

3）清扫墙内杂物，再安装另一侧模板，调整斜撑（或拉杆）使模板垂直后，拧紧穿墙螺栓。

4）墙模板安装注意事项：

① 当采用散拼定型模板支模时，应自下而上进行，必须在下一层模板全部紧固后，方可进行上一层安装。当下层不能独立安设支撑件时，应采取临时固定措施。

② 当采用预拼装的大块墙模板进行支模安装时，严禁同时起吊 2 块模板，并应边就位、边校正、边连接，固定后方可摘钩。

③ 安装电梯井内墙模前，必须在板底下 200mm 处牢固地满铺一层脚手板。

④ 单块就位组拼时，应从墙角模开始，向互相垂直的两个方向组拼，这样可以减少临时支撑设置。否则，要随时注意拆换支撑或增加支撑，以保证墙模处于稳定状态。

⑤ 当完成第一步单块就位组拼模板后，可安装内钢棱，内钢棱与模板肋用钩头螺栓紧固，其间距不大于 600mm。当钢棱长度不够需要接长时，接头处要增加同样数量的钢棱。

⑥ 当钢棱长度需接长时，接头处应增加相同数量和不小于原规格的钢棱，其搭接长度不得小于墙模板宽或高的 15%～20%。

⑦ 在组装模板时，要使两侧穿孔的模板对称放置，以对拉螺栓与墙模板保持垂直，松紧应一致，墙厚尺寸应正确；模板未安装对拉螺栓前，板面应向后倾一定角度。

⑧ 相邻模板边肋用 U 形卡连接的间距，不得大于 300mm，预组拼模板接缝处宜满上。U 形卡要反正交替安装。

⑨ 上下层墙模板接槎的处理，当采用单块就位组拼时，可在下层模板上端设一道穿墙螺栓，拆模时该层模板暂不拆除，在支上层模板时，作为上层模板的支承面（图 4-32）。当采取预组拼模板时，可在下层混凝土墙上端往下 200mm 左右处，设置水平螺栓，紧固一道通长的角钢作为上层模板的支承（图 4-33）。

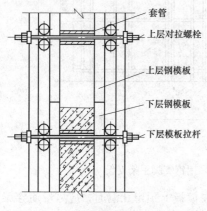

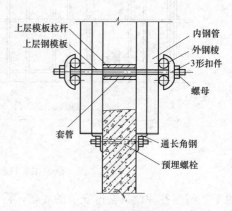

图 4-32　下层模板不拆作支承图　　　　　图 4-33　角钢支承图

⑩ 预留门窗洞口的模板，应有锥度，安装要牢固，既不变形，又便于拆除。

⑪ 对拉螺栓的设置，应根据不同的对拉螺栓采用不同的做法：组合式对拉螺栓，要注意内部杆拧入尼龙帽有 7～8 个丝扣；通长螺栓，要套硬塑料管，以确保螺栓或拉杆回收使用。塑料管长度应比墙厚小 2～3mm。

⑫ 墙模板上预留的小型设备孔洞，当遇到钢筋时，应设法确保钢筋位置正确，不得将钢筋移向一侧。

⑬ 墙模板内外支撑必须坚固可靠，应确保模板的整体稳定。当墙模板外面无法设置支撑时，应在里面设置能承受拉力和压力的支撑。多排并列且间距不大的墙模板，当其与支撑互成一体时，应采取措施，防止灌注混凝土时引起邻近模板变形。

图 4-34 为用脚手架钢管 ϕ48/3.5 作为内外钢棱，用钢套管、ϕ12 对拉螺栓和 3 型扣件连接起来的墙模板图。

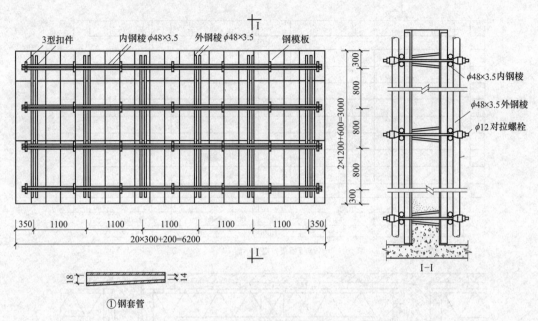

图 4-34 墙模板图

（4）楼板模板。

1）采用立柱作支架时，从边跨一侧开始逐排安装立柱，并同时安装外钢棱（大龙骨）。立柱和钢棱（龙骨）的间距，根据模板设计规定，一般情况下立柱与外钢棱间距为 600～1200mm，内钢棱（小龙骨）间距为 400～600mm。调平后即可铺设模板。在模板铺设完标高校正后，立柱之间应加设水平拉杆，其道数根据立柱高度和柱截面决定。一般情况下离地面 200～300mm 处设一道，往上纵横方向每隔不到 1.5m 设一道。

2）采用桁架作支承结构时（图 4-35），一般应预先支好梁、墙模板，然后将桁架按模板设计要求支设在梁侧模通长的型钢或方木上，调平固定牢靠后再铺设模板。

3）当墙、柱已先行施工，可利用已施工的墙、柱作垂直支撑，采用悬挂支模；也可在浇捣柱混凝土时预埋钢管（钢管埋入混凝土长度不小于 300mm），埋入端钢管焊上钢筋确保锚固长度，模板支撑的钢管直接与埋入混凝土柱的钢管外露部分连接，所需根数根据方案决定。

4）单块模就位安装，必须待支架搭设稳固、板下横棱与支架连接牢固后进行。

5）楼板模板当采用单块就位组拼时，宜以每个节间从四周先用阴角模板与墙、梁模板连接，然后向中央铺设。相邻模板边肋应按设计要求用 U 形卡连接，也可用钩头螺栓与钢棱连接。也可采用 U 形卡预拼大块再吊装铺设。

6）安装圈梁、阳台、雨棚及挑檐等模板时，其支撑应独立设置，不得支搭在施工脚手架上；安装悬挑结构模板时，应搭设脚手架或悬挑工作台，并应设置防护栏杆和安全网。作业处的下方不得有人通行或停留。

7）楼板模板施工注意事项。

① 底层地面应夯实，并垫通长脚手板，楼层地面立支柱（包括钢管脚手架作支撑）也应垫通长脚手板（图 4-36）。采用多层支架模板时，上下层支柱应在同一竖向中心线上；支柱的顶部与纵横两个方向的木棱或钢管棱应可靠连接。

② 桁架支模时，要注意桁架与支点的连接，防止滑动，桁架应支承在通长的型钢上，使支点形成一直线。

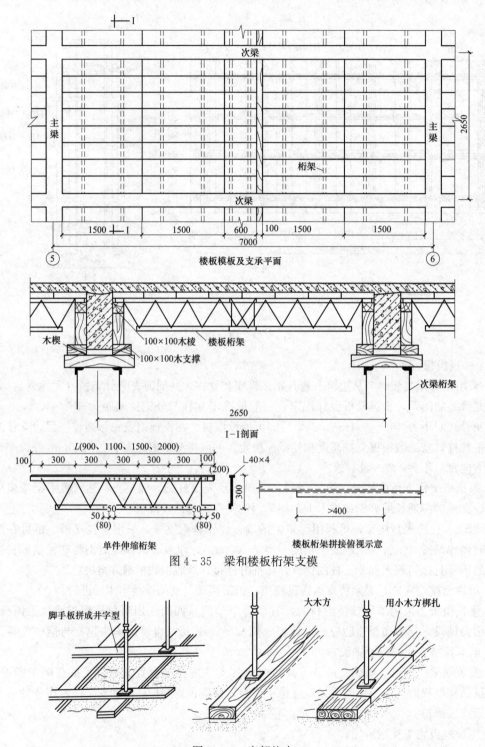

图 4-35 梁和楼板桁架支模

图 4-36 底部垫木

③ 预组拼模板块较大时，应加钢棱再吊装，以增加板块的刚度；当组合模板为错缝拼配时，板下横棱应均匀布置，并应在模板端穿插销。

④ 预组拼模板在吊运前应检查模板的尺寸、对角线、平整度以及预埋件和预留孔洞的位置。安装就位后，立即用角模与梁、墙模板连接。

⑤ 采用钢管脚手架作支撑时，在立杆之间必须纵横两个方向均设置水平拉结杆，在支柱高度方向步高每隔间距 1.2～1.3m，一般不大于 1.5m。楼板模板一般采取满堂红脚手架支设方法，特殊情况也采用桁架支模，如图 4-35 所示。

⑥ 为保证支撑架有足够的稳定性，除了设置双向水平拉杆外，还要设置斜撑，斜撑有两种：刚性斜撑，采用钢管作为斜撑，用扣件将斜杆与立杆和水平杆相连接；柔性斜撑，采用钢筋、铅丝、铁链等只能承受拉力的柔性杆件布置成交叉的斜撑。每根拉杆均得设置花篮螺钉，保证拉杆不松弛，能受力。

钢管立杆也可采用带碗扣式的钢管，其支撑架的组成原理相同，只是水平杆、斜杆与立杆的连接采用碗扣连接。选用不同长度的横杆就可以组成不同立杆间距的支撑架。

（5）基础模板。

1）条形基础。条形基础模板两边侧模，一般可横向配置，模板下端外侧用通长横棱连固，并与预先埋设的锚固件楔紧。竖棱用 $\phi 48.3 \times 3.6$ 钢管，用 U 形钩与模板固连。竖棱上端可对拉固定 [图 4-37（a）]。

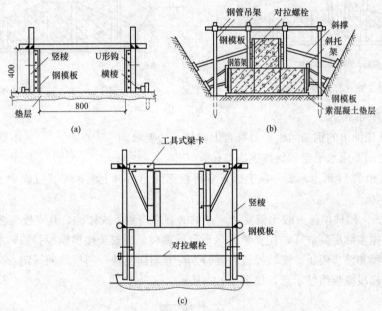

图 4-37　条（阶）形基础支模示意图

阶形基础，可分次支模。根据基础边线就地组拼模板。将基槽土壁修整后用短木方将钢模板支撑在土壁上。然后在基槽两侧地坪上打入钢管锚固桩，搭钢管吊架，使吊架保持水平，用线锤将基础中心引测到水平杆上，按中心线安装模板，用钢管、扣件将模板固定在吊架上，用支撑拉紧模板 [图 4-37（b）]，也可采用工具式梁卡支模 [图 4-37（c）]。

施工注意事项如下：

① 模板支撑于土壁时，必须将松土清除修平，并加设垫板。

② 为了保证基础宽度，防止两侧模板位移，宜在两侧模板间相隔一定距离加设临时木条支撑，浇筑混凝土时拆除。

2）杯形基础。第一层台阶模板可用角模将四侧模板连成整体，四周用短木方撑于土壁上；第二层台阶模板可直接搁置在混凝土垫块（图 4-38）上，也可参照条形基础采用钢管支架吊设，但须在混凝土终凝前把杯口模板吊出，吊出杯口模板时不应损伤杯口混凝土。

杯口模板可采用在杯口钢模板四角加设四根有一定锥度的方木，或在四角阴角模与平模间嵌上一块楔形木条，使杯口模形成锥度。

施工注意事项如下：

① 侧模斜撑与侧模夹角不宜小于 45°。

② 为了防止浇筑混凝土时杯口模板上浮和杯口落入混凝土，宜在杯口模板上加设压重，并将杯口临时遮盖。

3）独立基础。就地拼装各侧模板，并用支撑撑于土壁上。搭设柱模井字架，使立杆下端固定在基础模板外侧，用水平仪找平井字架水平杆后，先将第一块柱模用扣件固定在水平杆上，同时搁置在混凝土垫块上。然后按单块柱模组拼方法组拼柱模，直至柱顶（图 4-39）。

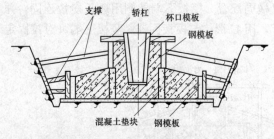

图 4-38　杯形基础模板

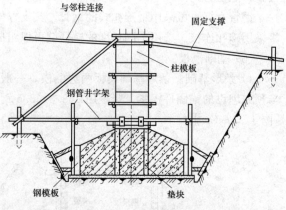

图 4-39　独立柱基模板

施工注意事项如下。

① 基础短柱顶伸出的钢筋间距，要符合上段柱子的要求。

② 柱模板之间要用水平撑和斜撑连成整体。

③ 基础短柱模的 U 形卡不要一次上满，要等校正固定后再上满；安装过程中要随时检查对角线，防止柱模扭转。

（6）楼梯模板。楼梯模板一般比较复杂，常见的有板式和梁式楼梯，其支模工艺基本相同。

施工前应根据实际层高放样，先安装休息平台梁模板，再安装楼梯模板斜棱，然后铺设楼梯底模。安装外帮侧模和踏步模板。安装模板时要特别注意斜向支柱（斜撑）的固定，防止浇筑混凝土时模板移动。楼梯段模板组装示意，如图 4-40 所示。

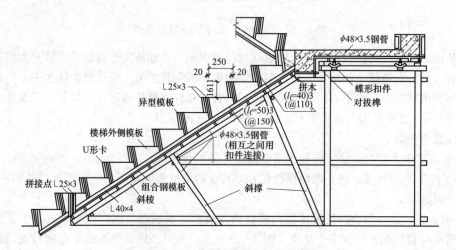

图 4-40　楼梯模板支设示意图

（7）预埋件和预留孔洞的设置。

1）竖向构件预埋件的留置。

① 焊接固定。焊接时先将预埋件外露面紧贴钢模板，锚脚与钢筋骨架焊接（图 4-41）。当钢筋骨架刚度较小时，可将锚脚加长，顶紧对面的钢模，焊接不得咬伤钢筋。但此方法严禁与预应力筋焊接。

② 绑扎固定。用钢丝将预埋件锚脚与钢筋骨架绑扎在一起（图 4-42）。为了防止预埋件位移，锚脚应尽量长一些。

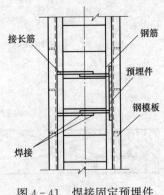

图 4-41　焊接固定预埋件

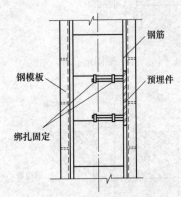

图 4-42　绑扎固定预埋件

2）水平构件预埋件的留置。

① 梁顶面预埋件。可采用圆钉固定的方法（图 4-43）。

② 板顶面预埋件。将预埋件锚脚做成八字形，与楼板钢筋焊接。用改变锚脚的角度，调整预埋件标高（图 4-44）。

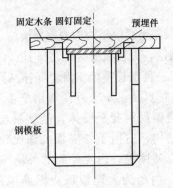

图 4-43　梁顶面圆钉固定预埋件

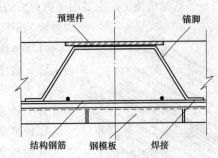

图 4-44　板顶面固定预埋件

3）预留孔洞的留置。

① 梁、墙侧面。采用钢筋焊成的井字架卡住孔模（图 4-45），井字架与钢筋焊牢。

② 板底面。可采用在底模上钻孔，用铁丝固定在定位木块上，孔模与定位木块之间用木楔塞紧（图 4-46）；也可在模板上钻孔，用木螺钉固定木块，将孔模套上固定（图 4-47）。

当楼板板面上留设较大孔洞时，留孔处留出模板空位，用斜撑将孔模支于孔边上（图 4-48）。

五、其他模板简介

（一）大模板

大模板是进行现浇剪力墙结构施工的一种工具式模板，一般配以相应的起重吊装机械，通过合理的施工组织安排，以机械化施工方式在现场浇筑混凝土竖向（主要是墙、壁）结构构件。其特点

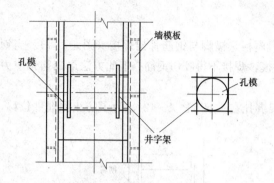

图 4-45　井字架固定孔模

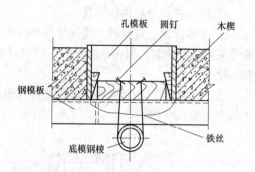

图 4-46　楼板用铁丝固定孔模

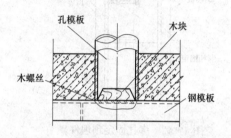

图 4-47　楼板用木螺丝固定孔模

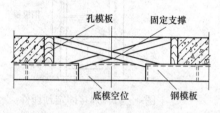

图 4-48　支撑固定方孔孔模

是：以建筑物的开间、进深、层高为标准化的基础，以大模板为主要手段，以现浇混凝土墙体为主导工序，组织进行有节奏的均衡施工。由于省略了模板拼装拆卸工序，大大节省了施工时间；由于面板表面平整，整体性好，大幅度减少了模板接缝从而保证了混凝土浇筑表观质量。

采用大模板进行结构施工，主要用于剪力墙结构或框架—剪力墙结构中的剪力墙施工。根据内外墙的不同施工做法，大模板分为内浇外挂、内浇外砌和内外墙全现浇工程三种工程类型。内浇外挂又称内浇外预工程，这种工程的特点是：外墙为预制钢筋混凝土墙板，内墙为大模板现浇钢筋混凝土墙体，是预制与现浇相结合的一种剪力墙结构，适用于外墙板装饰比较复杂或构造比较复杂的复合外墙板；内浇外砌的外墙则是砖砌体或其他材料砌体，内墙为大模板现浇钢筋混凝土墙体，这种体系一般用于多层建筑，有的也用于 10 层左右的住宅和宾馆；内外墙全现浇工程是内墙与外墙全部以大模板为工具浇筑的钢筋混凝土墙体，由于内外墙混凝土一次浇筑成型，加强了结构整体性，减少了施工环节，是大模板工程的主要施工方法。

（1）构造与组成。在建筑工程中所用的大模板，一般由面板、加劲肋、竖棱、支撑桁架、稳定机构及附件等组成，如图 4-49 所示。

1）大模板的面板。大模板的面板是直接与混凝土结构接触的部分，其质量如何将直接影响拆除模板后的混凝土

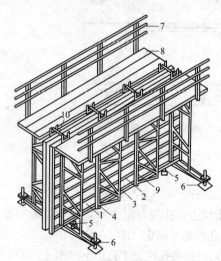

图 4-49　大模板构造示意图

1—面板；2—水平加劲肋；3—支撑桁架；
4—竖楞；5—调整水平用的螺旋千斤顶；
6—调整垂直用的螺旋千斤顶；7—栏杆；
8—脚手板；9—穿墙螺栓；10—固定卡具

结构的质量。大模板对于面板的要求，从总体上讲必须达到表面平整、刚度适宜、安装简便、拆除容易、坚固耐用、比较经济等。目前，在建筑工程中常用的大模板面板，主要有整块钢模板、组合钢模板组装面板、多层胶合板面板、覆膜胶合板面板、覆面竹材胶合板面板和高分子合成材料面板等。

2）大模板的加劲肋。加劲肋的主要作用是固定面板，并把混凝土的侧压力传递给竖向棱。在建筑工程施工中，大模板的加劲肋一般采用∟65角钢或者[65槽钢，其间距一般为300～500mm。

3）大模板的竖棱。大模板的竖向棱是穿墙螺栓的固定点，是模板中的主要受力构件，承受传来的水平力和垂直力，一般采用背靠背的两个[65槽钢和[80槽钢，竖向楞的间距一般为1.0～1.2m。

4）大模板的支撑桁架。大模板的支撑结构为型钢组成的桁架，与竖向棱用螺栓连接在一起，一般每块模板至少两道，在其上部安装操作平台，下部支设有调整螺栓，用以调整模板的垂直度。支撑桁架的另一功能是保证模板在堆放时的稳定性，不至于在风荷载的作用下产生倾覆。

5）大模板的穿墙螺栓。两片大模板组成一面墙体，按照墙体厚度可用穿墙螺栓进行固定。穿墙螺栓在适当位置的竖向棱上面设置三道，中部和下部两道螺栓应穿过墙面，上部螺栓可设在竖向棱的顶端，以免在面板上开孔。

（2）大模板的组装形式。大模板施工主要用于民用建筑，板面的划分主要取决于房间的开间与进深尺寸。由于大模板的尺寸较大、构造复杂、一次性投资大，因此必须具有定型化、规格少、通用性强等特点，尽可能满足不同平面组合的要求，使其达到经济实用的效果。

大模板的组装方案取决于结构体系。在建筑工程施工中，大模板常用的组装形式主要有：平模板组装、小角模组装和大角模组装等。

1）平模板组装。平模板组装方案的主要特点是按一墙面尺寸做成大模板，适用于"内浇外挂"或"内浇外砌"的结构。如果内外墙全部现浇混凝土，应当分两次进行浇筑，一般是先浇筑横向墙体，拆除模板后再安装纵向墙体模板并浇筑混凝土。

由于平模板组装方案装拆方便、加工简便、通用灵活、墙面平整、墙体方正，在大模板施工中是首选的组装方案。但是，这种组装方案工序多，同一作业面上占用时间长，纵向和横向墙体之间有竖直施工缝，墙体的整体性相对较差。

在进行组装的操作中，平模板端部连接是非常关键的，其连接方法如图4-50所示。

2）小角模组装。为了使纵横墙体同时进行浇筑，以增加墙体的整体性，可在平模板的交角处附加一小角模，将四面墙体的平模板连接成为一个整体，这样纵横墙体可一次完成混凝土的浇筑工作。

小角模模板方案是以平模板为主，转角处采用∟100×10的角钢，其连接方式如图4-51所示。小角模模板方案的优点是：模板的整体性好，纵横墙体可同时浇筑混凝土，施工方便且速度快，增加了墙体的抗震性能。但是，小角模模板的拼缝多，加工精度要求高，模板安装比较困难，墙角方正不易保证，修补工作量较大，大部分工序靠人工操作，工人的劳动强度大。

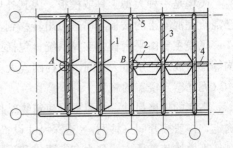

图4-50　大模板平模方案
1—横墙平模；2—纵墙平模；
3—横墙；4—纵墙；5—预制外墙板

3）大角模组装。大角模组装方案，即一个房间四周四面墙的内模板用四个大角模组合而成，从而使内墙模板成为一个封闭体系，如图 4-52 所示。

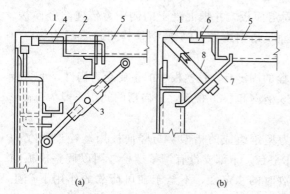

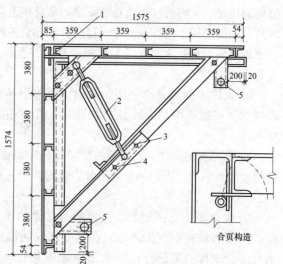

图 4-51　小角模构造示意图

(a) 带合页的小角模；(b) 不带合页的小角模

1—小角模；2—合页；3—花篮螺丝；4—转动铁拐；

5—平模；6—扁铁；7—压板；8—转动拉杆

图 4-52　大角模构造示意图

1—合页；2—花篮螺钉；3—固定销；

4—活动销；5—调整用螺旋千斤顶

大模板的两肢（即两边的平模板）可绕着铰链转角。沿着高度方向设置三道由∟90×9 角钢组成的支撑杆，作为大角模模板的控制机构。支撑杆用花篮螺栓与角部相连，正反转动花篮螺栓可改变两肢的角度，特别适用于全现浇的钢筋混凝土墙体。

大角模模板的宽度为 1/2 开间墙面的净宽度减去 5mm。当四面墙体都用大角模模板时，进深墙面不足的部分，应当用平模板将其补齐。

大角模模板的优点是：模板的稳定性很好，纵横墙体可以一起浇筑，墙体结构的整体性好。其缺点是：在模板相交处如组装不平整，会在墙壁中部出现凹凸线条，两块角模板的接缝不易调整，如果拼装偏差较大，墙面平整度则较差，造成维修比较困难，模板拆除也比较费劲。目前，在实际工程中很少采用这种组装方案，已逐渐被以平模板和小角模模板为主的构造形式取代。

（二）飞（台）模

飞模是一种大型工具或模板，因其外形如桌，故又称桌模或台模。由于它可以借助起重机械从已浇筑完混凝土的楼板下吊运飞出转移到上层重复使用，故称飞模。

飞模主要由平台板、支撑系统（包括梁、支架、支撑、支腿等）和其他配件（如升降和行走机构等）组成。适用于大开间、大柱网、大进深的现浇钢筋混凝土楼盖施工，尤其适用于现浇板柱结构（无柱帽）楼盖的施工。

飞模的规格尺寸，主要根据建筑物结构的开间（柱网）和进深尺寸以及起重机械的吊运能力来确定，一般按开间（柱网）×进深尺寸设置一台或多台。

飞模按其支承方式分为有支腿式和无支腿式两大类，其中有支腿式又分为分离式支腿、伸缩式支腿和折叠式支腿三种。我国目前采用较多的是伸缩式支腿，无支腿式也在个别工程中采用。其中有的属于引进仿制国外技术。

采用飞模用于现浇钢筋混凝土结构标准层楼盖的施工，具有以下特点。

（1）楼盖模板一次组装，重复使用，从而减少了逐层组装、支拆模板的工序，简化了模板支拆工艺，节约了模板支拆用工，加快了施工进度。

（2）由于模板可以采取由起重机械整体吊运，逐层周转使用，不再落地，从而减少了临时堆放模板场地的设置，尤其在施工用地紧张的闹市区施工，更有其优越性。

常用的三种飞模有立柱式飞模、桁架式飞模和悬架式飞模。

1）立柱式飞模。是飞模中最基本的一种类型，由于它构造比较简单，制作和施工也比较简便，故首先在国内得到应用。立柱式飞模主要由面板、主次（纵模）梁和立柱（构架）三大部分组成，另外辅助配备斜支撑、调节螺旋等。这种飞模，承受的荷载由立柱直接支承在楼面上，为便于施工，立柱常做成可以伸缩形式。立柱式飞模又可以分成双肢柱管架式、钢管组合式和构架式飞模三种。图4-53（a）、图4-53（b）即为双肢柱管架式飞模及施工现场支模示意图；图4-54为构架式飞模示意图。

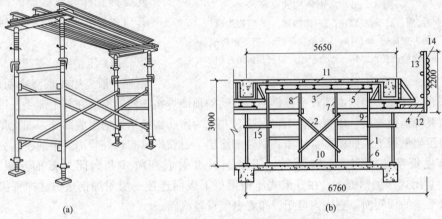

(a)　　　　　　　　　　　　　(b)

图4-53　双肢柱管架式飞模及施工现场支模示意图

(a) 双肢柱管架式飞模；(b) 双肢柱管架式飞模用于有梁楼盖施工情况

1—承重支架；2—剪刀撑；3—纵梁；4—挑梁；5—横梁；

6—底部调节螺旋；7—顶部调节螺旋；8—顶板；9—接长管；

10—垫板；11—面板；12—脚手板；13—护身栏杆；14—安全网；15—中间拉杆

2）桁架式飞模。是由桁架、龙骨、面板、支腿和操作平台组成，它是将飞模的板面和龙骨放置于两榀或多榀上下弦平行的桁架上，以桁架作为飞模的竖向承重构件。桁架材料可以采用铝合金型材，也可以采用型钢制作，前者轻巧并不易腐蚀，但价格较贵，一次投资大，后者自重较大，但投资费用较低。图4-55即木铝桁架式飞模。

悬架式飞模与立柱式飞模、桁架式飞模相比，不设立柱，飞模支承在钢筋混凝土建筑结构的柱子或墙体所设置的托架上。这样，模板的支设不需要考虑到楼面的承载能力或混凝土结构强度发展的因素；由于飞模无支撑，飞模的设计可以不受建筑物层高的影响，从而能适应层高变化较多的建筑物施工，且下部有较大空旷的空间，有利于立体交叉施工；飞模的体积较小，下弦平

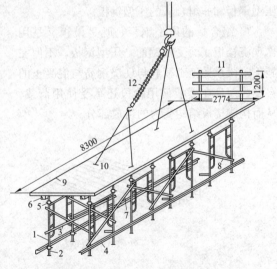

图4-54　构架式飞模

1—门式脚手架；2—底托；3—交叉拉杆；4—通长角钢；5—顶托；6—大龙骨；7—人字支撑；8—水平拉杆；9—面板；10—吊环；11—护身栏；12—电动环链

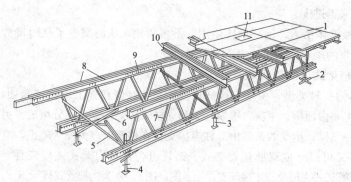

图 4-55　木铝桁架式飞模

1—面板；2—阔底脚顶；3—高脚顶；4—可调脚顶；

5—剪刀撑；6—脚顶撑；7—铝腹杆；8—槽型铝桁架；

9—螺栓连接点；10—铝合金梁；11—预留吊环洞

整，适应于多层叠放，从而可以减少施工现场的堆放场地；采用这种飞模时，托架与柱子（或墙体）的连接要通过计算确定，并且要复核施工中支承飞模的结构在最不利荷载情况下的强度和稳定性。

（三）压型钢板模板

压型钢板模板，是采用镀锌或经防腐处理的薄钢板，经成型机冷轧成具有梯波形截面的槽型钢板或开口式方盒状钢壳的一种工程模板材料。

（1）压型钢板模板的特点。压型钢板一般应用在现浇密肋楼板工程。

压型钢板安装后，在肋底内面铺设受拉钢筋，在肋的顶面焊接横向钢筋或在其上部受压区铺设网状钢筋，楼板混凝土浇筑后，压型钢板不再拆除，并成为密肋楼板结构的组成部分。如无吊顶顶棚设置要求时，压型钢板下表面便可直接喷、刷装饰涂层，可获得具有较好装饰效果的密肋式顶棚。压型钢板组合楼板系统如图 4-56 所示。压型钢板可做成开敞式和封闭式截面（图 4-57 和图 4-58）。封闭式压型钢板，是在开敞式压型钢板下表面连接一层附加钢板。这样可提高模板的刚度，提供平整的顶棚面，空格内可用以布置电气设备线路。

压型钢板模板具有加工容易，重量轻，安装速度快，操作简便和取消支、拆模板的烦琐工序等优点。

（2）压型钢板模板的种类及适用范围。压型钢板模板，从其结构功能主要分为组合板的压型钢板和非组合板的压型钢板。

1）组合板的压型钢板。既是模板又是用作现浇楼板底面受拉钢筋。压型钢板，不但在施工阶段承受施工荷载与现浇钢筋与混凝土的自重，而且在楼板使用阶段还承受使用荷载，从而构成楼板结构受力的组成部分。

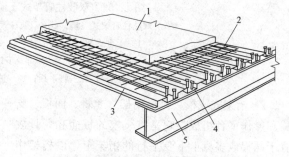

图 4-56　压型钢板组合楼板系统图

1—现浇混凝土层；2—楼板配筋；

3—压型钢板；4—锚固栓钉；5—钢梁

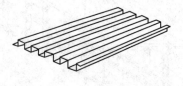

图 4-57　开敞式压型钢板

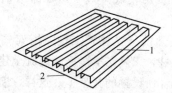

图 4-58　封闭式压型钢板

1—开敞式压型钢板；2—附加钢板

此种压型钢板，主要用在钢结构房屋的现浇钢筋混凝土有梁式密肋楼板工程。

2）非组合板的压型钢板。只做模板使用，即压型钢板在施工阶段，只承受施工荷载和现浇层的钢筋混凝土自重，而在楼板使用阶段不承受使用荷载，只构成楼板结构非受力的组成部分。

此种模板，一般用在钢结构或钢筋混凝土结构房屋的有梁式或无梁式的现浇密肋楼板工程。

六、模板拆除要求

根据建筑施工模板安全技术规范（JGJ 162），模板、支架立柱拆除应符合以下规定。

（一）模板拆除要求

（1）模板的拆除措施应经技术主管部门或负责人批准，拆除模板的时间可按现行国家标准《混凝土结构工程施工质量验收规范》（GB 50204）的有关规定执行。冬期施工的拆模，应符合专门规定。

（2）当混凝土未达到规定强度或已达到设计规定强度，需提前拆模或承受部分超设计荷载时，必须经过计算和技术主管确认其强度能足够承受此荷载后，方可拆除。

（3）在承重焊接钢筋骨架作配筋的结构中，承受混凝土重量的模板，应在混凝土达到设计强度的 25％后方可拆除承重模板，当在已拆除模板的结构上加置荷载时，应另行核算。

（4）大体积混凝土的拆模时间除应满足混凝土强度要求外，还应使混凝土内外温差降低到 25℃以下时方可拆模，否则应采取措施防止产生温度裂缝。

（5）后张预应力混凝土结构的侧模宜在施加预应力前拆除，底模应在施加预应力后拆除。当设计有规定时，应按规定执行。

（6）拆模前应检查所使用的工具是否有效和可靠，扳手等工具必须装入工具袋或系挂在身上，并应检查拆模场所范围内的安全措施。

（7）模板的拆除工作应设专人指挥。作业区应设围栏，其内不得有其他工种作业，并应设专人负责监护。拆下的模板、零配件严禁抛掷。

（8）拆模的顺序和方法应按模板的设计规定进行。当设计无规定时，可采取先支的后拆、后支的先拆、先拆非承重模板、后拆承重模板，并应从上而下进行拆除。拆下的模板不得抛扔，应按指定地点堆放。

（9）多人同时操作时，应明确分工、统一信号或行动，应具有足够的操作面，人员应站在安全处。

（10）高处拆除模板时，应符合有关高处作业的规定。严禁使用大锤和撬棍，操作层上临时拆下的模板堆放不能超过 3 层。

（11）在提前拆除互相搭连并涉及其他后拆模板的支撑时，应补设临时支撑。拆模时，应逐块拆卸，不得成片撬落或拉倒。

（12）拆模如遇中途停歇，应将已拆松动、悬空、浮吊的模板或支架进行临时支撑牢固或相互连接稳固。对活动部件必须一次拆除。

（13）已拆除了模板的结构，应在混凝土强度达到设计强度值后方可承受全部设计荷载。若在未达到设计强度以前，需在结构上加置施工荷载时，应另行核算，强度不足时，应加设临时支撑。

（14）遇 6 级或 6 级以上大风时，应暂停室外的高处作业。雨、雪、霜后应先清扫施工现场，方可进行工作。

（15）拆除有洞口模板时，应采取防止操作人员坠落的措施。洞口模板拆除后，应按国家现行标准《建筑施工高处作业安全技术规范》（JGJ 80）的有关规定及时进行防护。

（二）支架立柱拆除

（1）当拆除钢楞、木楞、钢桁架时，应在其下面临时搭设防护支架，使所拆楼梁及桁架先落在临时防护支架上。

（2）当立柱的水平拉杆超出2层时，应首先拆除2层以上的拉杆。当拆除最后一道水平拉杆时，应和拆除立柱同时进行。

（3）当拆除4～8m跨度的梁下立柱时，应先从跨中开始，对称地分别向两端拆除。拆除时，严禁采用连梁底板向旁侧一片拉倒的拆除方法。

（4）对于多层楼板模板的立柱，当上层及以上楼板正在浇筑混凝土时，下层楼板立柱的拆除，应根据下层楼板结构混凝土强度的实际情况，经过计算确定。

（5）拆除平台、楼板下的立柱时，作业人员应站在安全处。

（6）对已拆下的钢棱、木棱、桁架、立柱及其他零配件应及时运到指定地点。对有芯钢管立柱运出前应先将芯管抽出或用销卡固定。

（三）普通模板拆除

（1）拆除条形基础、杯形基础、独立基础或设备基础的模板时，应符合下列规定。

1）拆除前应先检查基槽（坑）土壁的安全状况，发现有松软、龟裂等不安全因素时，应在采取安全防范措施后，方可进行作业。

2）模板和支撑杆件等应随拆随运，不得在离槽（坑）上口边缘1m以内堆放。

3）拆除模板时，施工人员必须站在安全地方。应先拆内外木棱、再拆木面板；钢模板应先拆钩头螺栓和内外钢棱，后拆U形卡和L形插销，拆下的钢模板应妥善传递或用绳钩放置地面，不得抛掷。拆下的小型零配件应装入工具袋内或小型箱笼内，不得随处乱扔。

（2）拆除柱模应符合下列规定。

1）柱模拆除应分别采用分散拆和分片拆两种方法。分散拆除的顺序应为：拆除拉杆或斜撑、自上而下拆除柱箍或横棱、拆除竖棱、自上而下拆除配件及模板、运走分类堆放、清理、拔钉、钢模维修、刷防锈油或脱模剂、入库备用。分片拆除的顺序应为：拆除全部支撑系统、自上而下拆除柱箍及横棱、拆掉柱角U形卡、分2片或4片拆除模板、原地清理、刷防锈油或脱模剂、分片运至新支模地点备用。

2）柱子拆下的模板及配件不得向地面抛掷。

（3）拆除墙模应符合下列规定。

1）墙模分散拆除顺序应为：拆除斜撑或斜拉杆、自上而下拆除外棱及对拉螺栓、分层自上而下拆除木棱或钢棱及零配件和模板、运走分类堆放、拔钉清理或清理检修后刷防锈油或脱模剂、入库备用。

2）预组拼大块墙模拆除顺序应为：拆除全部支撑系统、拆卸大块墙模接缝处的连接型钢及零配件、拧去固定埋设件的螺栓及大部分对拉螺栓、挂上吊装绳扣并略拉紧吊绳后，拧下剩余对拉螺栓，用方木均匀敲击大块墙模立棱及钢模板，使其脱离墙体，用撬棍轻轻外撬大块墙模板使全部脱离，指挥起吊、运走、清理、刷防锈油或脱模剂备用。

3）拆除每一大块墙模的最后2个对拉螺栓后，作业人员应撤离大模板下侧，以后的操作均应在上部进行。个别大块模板拆除后产生局部变形者应及时整修好。

4）大块模板起吊时，速度要慢，应保持垂直，严禁模板碰撞墙体。

（4）拆除梁、板模板应符合下列规定。

1）梁、板模板应先拆梁侧模，再拆板底模，最后拆除梁底模，并应分段分片进行，严禁成片撬落或成片拉拆。

2）拆除时，作业人员应站在安全的地方进行操作，严禁站在已拆或松动的模板上进行拆除作业。

3）拆除模板时，严禁用铁棍或铁锤乱砸，已拆下的模板应妥善传递或用绳钩放至地面。

4）严禁作业人员站在悬臂结构边缘敲拆下面的底模。

5）待分片、分段的模板全部拆除后，方允许将模板、支架、零配件等按指定地点运出堆放，并进行拔钉、清理、整修、刷防锈油或脱模剂，入库备用。

七、模板安装与拆除质量验收要求

根据现行国家标准《混凝土结构工程施工质量验收规范》（GB 50204），模板安装与拆除质量验收要求如下。

（一）一般规定

（1）模板及其支架应根据工程结构形式、载荷大小、地基土类别、施工设备和材料供应等条件进行设计。模板及其支架应具有足够的承载能力、刚度和稳定性，能可靠地承受浇筑混凝土的重量、侧压力以及施工荷载。

（2）在浇筑混凝土之前，应对模板工程进行验收。模板安装和浇筑混凝土时，应对模板及其支架进行观察和维护。发生异常情况时，应按施工技术方案及时进行处理。

（3）模板及其支架拆除的顺序及安全措施应按施工技术方案执行。

（二）模板安装

1. 主控项目

（1）安装现浇结构的上层模板及其支架时，下层楼板应具有承受上层荷载的承载能力，或加设支架；上下层支架的立柱应对准，并铺设垫板。

检查数量：全数检查。

检验方法：对照模板设计文件和施工技术方案观察。

（2）在涂刷模板隔离剂时，不得沾污钢筋和混凝土接槎处。

检查数量：全数检查。

检验方法：观察。

2. 一般项目

（1）模板安装应满足下列要求。

1）模板的接缝不应漏浆；在浇筑混凝土前，木模板应浇水湿润，但模板内不应有积水。

2）模板与混凝土的接触面应清理干净并涂刷隔离剂，但不得采用影响结构性能或妨碍装饰工程施工的隔离剂。

3）浇筑混凝土前，模板内的杂物应清理干净。

4）对清水混凝土工程及装饰混凝土工程，应使用能达到设计效果的模板。

检查数量：全数检查。

检验方法：观察。

（2）用作模板的地坪、胎模等应平整光洁，不得产生影响构件质量的下沉、裂缝、起砂或起鼓。

检查数量：全数检查。

检验方法：观察。

（3）对跨度不小于4m的现浇钢筋混凝土梁、板，其模板应按设计要求起拱；当设计无具体要求时，起拱高度宜为跨度的1/1000～3/1000。

检查数量：在同一检验批内，对梁，应抽查构件数量的10%，且不少于3件；对板，应按有代表性的自然间抽查10%，且不少于3间；对大空间结构，板可按纵、横轴线划分检查面，抽查10%，且不少于3面。

检验方法：水准仪或拉线、钢尺检查。

（4）固定在模板上的预埋件、预留孔和预留洞均不得遗漏，且应安装牢固，其偏差应符合表4-9的规定。

表 4-9 预埋件和预留孔洞的允许偏差

项目		允许偏差（mm）
预埋钢板中心线位置		3
预埋管、预留孔中心线位置		3
插筋	中心线位置	5
	外露长度	+10，0
预埋螺栓	中心线位置	2
	外露长度	+10，0
预留洞	中心线位置	10
	尺寸	+10，0

注 检查中心线位置时，应沿纵、横两个方向量测，并取其中的较大值。

检查数量：在同一检验批内，对梁、柱和独立基础，应抽查构件数量的 10%，且不少于 3 件；对墙和板，应按有代表性的自然间抽查 10%，且不少于 3 间；对大空间结构，墙可按相邻轴线间高度 5m 左右划分检查面，板可按纵、横轴线划分检查面，抽查 10%，且均不少于 3 面。

检验方法：钢尺检查。

（5）现浇结构模板安装的偏差应符合表 4-10 的规定。

表 4-10 现浇结构模板安装的偏差及检验方法

项目		允许偏差（mm）	检验方法
轴线位置		5	钢尺检查
底模上表面标高		±5	水准仪或拉线、钢尺检查
截面内部尺寸	基础	±10	钢尺检查
	柱、墙、梁	+4，-5	钢尺检查
层高垂直度	不大于 5m	6	经纬仪或吊线、钢尺检查
	大于 5m	8	经纬仪或吊线、钢尺检查
相邻两板表面高低差		2	钢尺检查
表面平整度		5	2m 靠尺和塞尺检查

注 检查轴线位置时，应沿纵、横两个方向量测，并取其中的较大值。

检查数量：在同一检验批内，对梁、柱和独立基础，应抽查构件数量的 10%，且不少于 3 件；对墙和板，应按有代表性的自然间抽查 10%，且不少于 3 间；对大空间结构，墙可按相邻轴线间高度 5m 左右划分检查面，板可按纵、横轴线划分检查面，抽查 10%，且均不少于 3 面。

（6）预制构件模板安装的偏差应符合规范的规定，具体数值要求可以查阅《混凝土施工规范》，这里不再赘述。

（三）模板拆除

1. 主控项目

（1）底模及其支架拆除时的混凝土强度应符合设计要求；当设计无具体要求时，混凝土强度应符合表 4-11 的规定。

表 4-11 底模拆除时的混凝土强度要求

构件类型	构件跨度（m）	达到设计的混凝土立方体抗压强度标准值的百分数（%）	构件类型	构件跨度（m）	达到设计的混凝土立方体抗压强度标准值的百分数（%）
板	≤2	≥50	梁、拱、壳	≤8	≥75
	>2，≤8	≥75		>8	≥100
	>8	≥100	悬臂构件	—	≥100

检查数量：全数检查。

检验方法：检查同条件养护试件强度试验报告。

（2）对后张法预应力混凝土结构构件，侧模宜在预应力张拉前拆除；底模支架的拆除应按施工技术方案执行，当无具体要求时，不应在结构构件建立预应力前拆除。

检查数量：全数检查。

检验方法：观察。

（3）后浇带模板的拆除和支顶应按施工技术方案执行。

检查数量：全数检查。

检验方法：观察。

2．一般项目

（1）侧模拆除时的混凝土强度应能保证其表面及棱角不受损伤。

检查数量：全数检查。

检验方法：观察。

（2）模板拆除时，不应对楼层形成冲击荷载。拆除的模板和支架宜分散堆放并及时清运。

检查数量：全数检查。

检验方法：观察。

第三节　模板及支架的设计

一、荷载

（一）荷载标准值

（1）永久荷载标准值应符合下列规定。

1）模板及其支架自重标准值（G_{1k}）应根据模板设计图纸计算确定。肋形或无梁楼板模板自重标准值应按表 4 - 12 采用，参见《建筑施工模板安全技术规范》（JGJ 162—2008）。

表 4 - 12　　　　　　　　　　　　楼板模板自重标准值　　　　　　　　　　　　kN/m²

模板构件的名称	木模板	组合钢模板
平板的模板及小楞	0.30	0.50
楼板模板（其中包括梁的模板）	0.50	0.75
楼板模板及其支架（楼层高度为4m以下）	0.75	1.10

注　除钢、木外，其他材质模板重量见建筑施工模板安全技术规范 JGJ 162—2008 附录 B。

2）新浇筑混凝土自重标准值（G_{2k}）。对普通混凝土，可以采用 24kN/m³，其他混凝土可根据实际重力密度或按《建筑施工模板安全技术规范》（JGJ 162—2008）附录 B 确定。

3）钢筋自重标准值（G_{3k}）应根据工程设计图确定。对一般梁板结构每立方米钢筋混凝土的钢筋自重标准值可以取用以下数据：楼板可取 1.1kN；梁可取 1.5kN。

4）当采用内部振捣器时，新浇筑的混凝土作用于模板的侧压力标准值（G_{4k}），可按下列公式计算，并取其中的较小值

$$F = 0.22r_c t_0 \beta_1 \beta_2 v^{1/2} \tag{4-1}$$

$$F = r_c H \tag{4-2}$$

式中：F_k 为新浇筑混凝土对模板的侧压力计算值，kN/m^2；r_c 为混凝土的重力密度；t_o 为新浇筑混凝土的初凝时间（h），可按试验确定，当缺乏试验资料时，可采用公式 $t_o = 200/(T+15)$（T 为混凝土的温度℃）；v 为混凝土的浇筑速度，m/h；β_1 为外加剂影响修正系数，不掺外加剂时取 1.0；掺具有缓凝作用的外加剂时取 1.2。β_2 为混凝土坍落度影响修正系数，当坍落度小于 30mm 时取 0.85，当坍落度为 50～90mm 时取 1.00，当坍落度为 110～150mm 时取 1.15；H 为混凝土侧压力计算位置处至新浇混凝土顶面的总高度（m）；混凝土侧压力的计算分布图形如图 4-59 所示，图中 $h = F/r_c$，h 为有效压头高度。

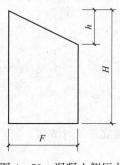

图 4-59　混凝土侧压力
计算分布图形

（2）可变荷载标准值应符合下列规定。

1）施工人员及设备荷载标准值（Q_{1k}），当计算模板和直接支承模板的小梁时，均布活荷载可取 $2.5kN/m^2$，再用集中荷载 2.5kN 进行验算，比较两者所得的弯矩值取其大值；当计算直接支承小梁的主梁时，均布活荷载标准值可取 $1.5kN/m^2$；当计算支架立柱及其他支承结构构件时，均布活荷载标准值可取 $1.0kN/m^2$。

注：① 对大型浇筑设备，如上料平台、混凝土输送泵等按实际情况计算；采用布料机上料进行浇筑混凝土时，活荷载标准值取 $4.0kN/m^2$。

② 混凝土堆积高度超过 100mm 以上者按实际高度计算。

③ 模板单块宽度小于 150mm 时，集中荷载可分布于相邻的两块板面上。

2）振捣混凝土时产生的荷载标准值（Q_{2k}），对水平面模板可采用 $2kN/m^2$，对垂直面模板可采用 $4kN/m^2$，且作用范围在新浇筑混凝土侧压力的有效压头高度之内。

3）倾倒混凝土时，对垂直面模板产生的水平荷载标准值（Q_{3k}），可按表 4-13 采用。

表 4-13　　　　　　　　倾倒混凝土时产生的水平荷载标准值　　　　　　　kN/m^2

向模板内供料方法	水平荷载	向模板内供料方法	水平荷载
溜槽、串筒或导管	2	容量为 0.2～0.8m³ 的运输器具	4
容量小于 0.2m³ 的运输器具	2	容量大于 0.8m³ 的运输器具	6

注 作用范围在有效压头高度以内。

（3）风荷载标准值应按现行国家标准《建筑结构荷载规范》的规定计算，其中基本风压值应按该规范附录 D.4 中 $n = 10$ 年的规定采用，并取风振系数 $\beta_z = 1$。

（二）荷载设计值

（1）计算模板及支架结构或构件的强度、稳定性和连接强度时，应采用荷载设计值（荷载标准值乘以荷载分项系数）。

（2）计算正常使用极限状态的变形时，应采用荷载标准值。

（3）荷载分项系数应按表 4-14 采用。

表 4-14　　　　　　　　　　　　　荷　载　分　项　系　数

荷载类别	分项系数
模板及支架自重标准值（G_{1k}）	永久荷载的分项系数： （1）当其效应对结构不利时，对由可变荷载效应控制的组合应取 1.2，对由永久荷载效应控制的组合应取 1.35； （2）当其效应对结构有利时，一般情况应取 1，对结构的倾覆、滑移验算应取 0.9
新浇混凝土自重标准值（G_{2k}）	
钢筋自重标准值（G_{3k}）	
新浇混凝土对模板的侧压力标准值（G_{4k}）	

续表

荷载类别	分项系数
施工人员及设备荷载标准值（Q_{1k}）	可变荷载的分项系数：一般情况下应取 1.4；对标准值大于 $4kN/m^2$ 的活荷载应取 1.3
振捣混凝土时产生的荷载标准值（Q_{2k}）	
倾倒混凝土时产生的荷载标准值（Q_{3k}）	
风荷载（ω_k）	1.4

（4）钢面板及支架作用荷载设计值可乘以系数 0.95 进行折减。当采用冷弯薄壁型钢时，其荷载设计值不应折减。

（三）荷载组合

（1）按极限状态设计时，其荷载组合应符合下列规定。

1）对于承载能力极限状态，应按荷载效应的基本组合采用，并应采用下列设计表达式进行模板设计

$$r_o S \leqslant R \tag{4-3}$$

式中：r_o 为结构重要性系数，其值按 0.9 采用；S 为荷载效应组合的设计值；R 为结构构件抗力的设计值，应按各有关建筑结构设计规范的规定确定。

对于基本组合，荷载效应组合的设计值 S 应从下列组合值中取最不利值确定：

① 由可变荷载效应控制的组合

$$S = \gamma_G \sum_{i=1}^{n} G_{ik} + \gamma_{Q1} Q_{1k} \tag{4-4}$$

$$S = \gamma_G \sum_{i=1}^{n} G_{ik} + 0.9 \sum_{i=1}^{n} \gamma_Q Q_{ik} \tag{4-5}$$

式中：γ_G 为永久荷载分项系数，应按表 4-17 采用；γ_Q 为第 i 个可变荷载的分项系数，其中 γ_{Q1} 为可变荷载 Q_1 的分项系数，应按表 4-17 采用；G_{ik} 为按各永久荷载标准值 G_k 计算的荷载效应值；Q_{ik} 为按可变荷载标准值计算的荷载效应值，其中 Q_{1k} 为诸可变荷载效应中起控制作用者；n 为参与组合的可变荷载数。

② 由永久荷载效应控制的组合

$$S = \gamma_G G_{ik} + \sum_{i=1}^{n} \gamma_Q \psi_{ci} Q_{ik} \tag{4-6}$$

式中：ψ_{ci} 为可变荷载 Q_i 的组合值系数，当按前述即规范中规定的各可变荷载采用时，其组合值系数可为 0.7。

注：①基本组合中的设计值仅适用于荷载与荷载效应为线性的情况；②当对 Q_{1k} 无明显判断时，轮次以各可变荷载效应为 Q_{1k}，选其中最不利的荷载效应组合；③当考虑以竖向的永久荷载效应控制的组合时，参与组合的可变荷载仅限于竖向荷载。

（2）对于正常使用极限状态应采用标准组合，并应按下列设计表达式进行设计

$$S \leqslant C \tag{4-7}$$

式中：C 为结构或结构构件达到正常使用要求的规定限值，应符合规范，有关变形值的规定见第（4）部分。

对于标准组合，荷载效应组合设计值 S 应按下式采用

$$S = \sum_{i=1}^{n} G_{ik} \tag{4-8}$$

（3）参与计算模板及其支架荷载效应组合的各项荷载的标准值组合应符合表 4-15 的规定。

表 4-15　　　　　　　　　　　　模板及其支架荷载效应组合的各项荷载标准值组合

项目		参与组合的荷载类别	
		计算承载能力	验算挠度
1	平板和薄壳的模板及支架	$G_{1k}+G_{2k}+G_{3k}+Q_{1k}$	$G_{1k}+G_{2k}+G_{3k}$
2	梁和拱模板的底板及支架	$G_{1k}+G_{2k}+G_{3k}+Q_{2k}$	$G_{1k}+G_{2k}+G_{3k}$
3	梁、拱、柱（边长不大于 300mm），墙（厚度不大于 100mm）的侧面模板	$G_{4k}+Q_{2k}$	G_{4k}
4	大体积结构、柱（边长大于 300mm）、墙（厚度大于 100mm）的侧面模板	$G_{4k}+Q_{3k}$	G_{4k}

注　验算挠度应采用荷载标准值；计算承载能力应采用荷载设计值。

（四）变形值规定

（1）当验算模板及其支架的刚度时，其最大变形值不得超过下列容许值。

1）对结构表面外露的模板，为模板构件计算跨度的 1/400。

2）对结构表面隐蔽的模板，为模板构件计算跨度的 1/250。

3）支架的压缩变形或弹性挠度，为相应的结构计算跨度的 1/1000。

（2）组合钢模板结构或其构配件的最大变形值不得超过表 4-16 的规定。

表 4-16　　　　　　　　　　　　组合钢模板及构配件的容许变形值　　　　　　　　　　　　mm

部件名称	容许变形值	部件名称	容许变形值
钢模板的面板	≤1.5	柱箍	$B/500$ 或 ≤3.0
单块钢模板	≤1.5	桁架、钢模板结构体系	$L/1000$
钢棱	$L/500$ 或 ≤3.0	支撑系统累计	≤4.0

注　L 为计算跨度，B 为柱宽。

【例 4-1】 某混凝土墙高 2.70m，厚 250mm，混凝土温度为 26℃，坍落度为 80mm，不掺外加剂，选用 0.6m³ 吊斗倾倒混凝土，采用内部振捣器捣实混凝土，$v=1.5$m/h。模板面板采用 18mm 厚木胶合板，内竖楞采用 50mm×100mm 方木 2 根。试确定荷载大小与组合。

【解】 新浇筑混凝土侧压力：

$$t_o = \frac{200}{T+15} = \frac{200}{26+15} = 4.88(\text{h})$$

新浇筑的混凝土作用于模板的侧压力标准值（G_{4k}）计算如下：

$$F = 0.22 r_c t_o \beta_1 \beta_2 v^{1/2} = 0.22 \times 24 \times 4.88 \times 1 \times 1 \times 1.5^{\frac{1}{2}} = 31.56(\text{kN/m}^2)$$

$$F = r_c H = 24 \times 2.7 = 64.8(\text{kN/m}^2)$$

取小值，$G_{4k}=31.56$kN/m²，$h=31.56/24=1.32$（m）。根据表 4-15 荷载组合要求，墙侧模还应叠加由倾倒混凝土产生的荷载 $Q_{2k}=4$kN/m²，但只叠加在混凝土侧压力的有效压力范围内即有效压头 h 内。

墙侧模所受最大荷载按由可变荷载效应控制的组合：

$$F_1 = 31.56 \times 1.2 + 4 \times 1.4 = 37.87 + 5.6 = 43.47(\text{kN/m}^2)$$

墙侧模所受最大荷载按由永久荷载效应控制的组合：

$$F_2 = 31.56 \times 1.35 + 4 \times 0.7 \times 1.4 = 42.61 + 3.92 = 46.53(\text{kN/m}^2)$$

（注意：对由永久荷载 G_{4k} 效应控制的组合，荷载分项系数据表 4-14 应取 1.35）

因此最不利值是 46.53kN/m²，侧压力分布如图 4-60 所示。

二、设计

（一）一般规定

（1）模板及其支架的设计应根据工程结构形式、荷载大小、地基土类别、施工设备和材料等条件进行。

(2) 模板设计应包括下列内容。

1) 根据混凝土的施工工艺和季节性施工措施，确定其构造和所承受的荷载。

2) 绘制配板设计图、支撑设计布置图、细部构造和异形模板大样图。

3) 按模板承受荷载的最不利组合对模板进行验算。

4) 制定模板安装及拆除的程序和方法。

5) 编制模板及配件的规格、数量汇总表和周转使用计划。

6) 编制模板施工安全、防火技术措施及设计、施工说明书。

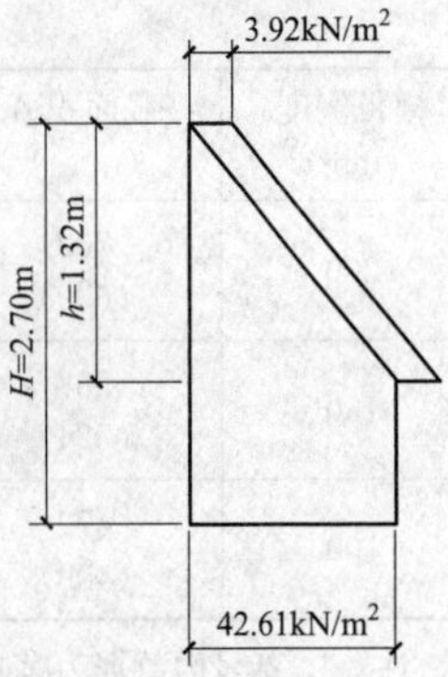

图 4-60　侧压力分布

(3) 模板结构构件的长细比应符合下列规定。

1) 受压构件长细比：支架立柱及桁架，不应大于150；拉条、缀条、斜撑等连系构件，不应大于200。

2) 受拉构件长细比：钢杆件，不应大于350；木杆件，不应大于250。

(4) 用扣件式钢管脚手架作支架立柱时，应符合下列规定。

1) 连接扣件和钢管立杆底座应符合现行国家标准《钢管脚手架扣件》(GB 15831) 的规定。

2) 承重的支架柱，其荷载应直接作用于立杆的轴线上，严禁承受偏心荷载，并应按单立杆轴心受压计算；钢管的初始弯曲率不得大于1/1000，其壁厚应按实际检查结果计算。

3) 当露天支架立柱为群柱架时，高宽比不应大于5；当高宽比大于5时，必须加设抛撑或缆风绳，保证宽度方向的稳定。

(5) 遇有下列情况时，水平支承梁的设计应采取防倾倒措施，不得取消或改动销紧装置的作用，且应符合下列规定。

1) 水平支承如倾斜或由倾斜的托板支承以及偏心荷载情况存在时。

2) 梁由多杆件组成。

3) 当梁的高宽比大于2.5时，水平支承梁的底面严禁支承在50mm宽的单托板面上。

4) 水平支承梁的高宽比大于2.5时，应避免承受集中荷载。

(二) 现浇混凝土模板计算

1. 面板计算

面板可按简支跨计算，应验算跨中和悬臂端的最不利抗弯强度和挠度，并应符合下列规定。

(1) 抗弯强度计算。

1) 钢面板抗弯强度应按下式计算

$$\sigma = \frac{M_{\max}}{W_{\mathrm{n}}} \leqslant f \tag{4-9}$$

式中：$M_{\max}$ 为最不利弯矩设计值，取均布荷载与集中荷载分别作用时计算结果的大值；W_{n} 为净截面抵抗矩，按表 4-17 或表 4-18 查取；f 为钢材的抗弯强度设计值，应按《建筑施工模板安全技术规范》(JGJ 162—2008) 中附录 A 的规定采用。

表 4-17　　　　　　　　　　组合钢模板 2.3mm 厚面板力学性能

模板宽度 (mm)	截面积 A (mm²)	中性轴位置 y_0 (mm)	x 轴截面惯性矩 I_x (cm⁴)	截面最小抵抗矩 W_x (cm³)	截面简图
300	1080 (978)	11.1 (10.0)	27.91 (26.39)	6.36 (5.86)	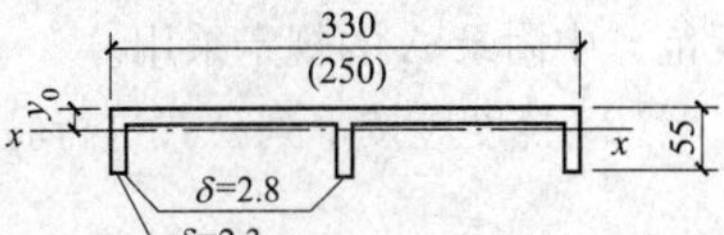
250	965 (863)	12.3 (11.1)	26.62 (25.38)	6.23 (5.78)	

续表

模板宽度 （mm）	截面积 A （mm²）	中性轴位置 y_0 （mm）	x 轴截面惯性矩 I_x（cm⁴）	截面最小抵抗矩 W_x（cm³）	截面简图
200	702 （639）	10.6 （9.5）	17.63 （16.62）	3.97 （3.65）	
150	587 （524）	12.5 （11.3）	16.40 （15.64）	3.86 （3.58）	
100	472 （409）	15.3 （14.2）	14.54 （14.11）	3.66 （346）	

注 1. 括号内数据为净截面；

2. 表中各种宽度的模板，其长度规格有：1.5m、1.2m、0.9m、0.75m、0.6m 和 0.45m；高度全为 55mm。

表 4－18 组合钢模板 2.5mm 厚面板力学性能

模板宽度 （mm）	截面积 A （mm²）	中性轴位置 y_0 （mm）	x 轴截面惯性矩 I_x（cm⁴）	截面最小抵抗矩 W_x（cm³）	截面简图
300	114.4 （104.0）	10.7 （9.6）	28.59 （26.97）	6.45 （5.94）	
250	101.9 （91.5）	11.9 （10.7）	27.33 （25.98）	6.34 （5.86）	
200	76.3 （69.4）	10.7 （9.6）	19.06 （17.98）	4.3 （3.96）	
150	63.8 （56.9）	12.6 （11.4）	17.71 （16.91）	4.18 （3.88）	
100	51.3 （44.4）	15.3 （14.3）	15.72 （15.25）	3.96 （3.75）	

注 1. 括号内数据为净截面。

2. 表中各种宽度的模板，其长度规格有：1.5m、1.2m、0.9m、0.75m、0.6m 和 0.45m；高度全为 55mm。

2）木面板抗弯强度应按下式计算

$$\sigma_{\mathrm{m}} = \frac{M_{\max}}{W_{\mathrm{m}}} \leqslant f_{\mathrm{m}} \qquad (4-10)$$

式中：W_{m} 为木板毛截面抵抗矩；f_{m} 为木材抗弯强度设计值，应按《建筑施工模板安全技术规范》中附录 A 的规定采用。

3）胶合板面板抗弯强度应按下式计算

$$\sigma_{\mathrm{j}} = \frac{M_{\max}}{W_{\mathrm{j}}} \leqslant f_{\mathrm{jm}} \qquad (4-11)$$

式中：W_{j} 为胶合板毛截面抵抗矩；f_{jm} 为胶合板的抗弯强度设计值，应按《建筑施工模板安全技术规范》中附录 A 的规定采用。

（2）挠度应按下列公式进行验算

$$\upsilon = \frac{5q_{\mathrm{g}}L^4}{384EI_x} \leqslant [\upsilon] \qquad (4-12)$$

或
$$v = \frac{5q_gL^4}{384EI_x} + \frac{P_kL^3}{48EI_x} \leqslant [v] \tag{4-13}$$

式中：q_g 为恒荷载均布线荷载标准值；P_k 为集中荷载标准值；E 为弹性模量；I_x 为截面惯性矩；L 为面板计算跨度；$[v]$ 为容许挠度。钢模板应按表 4-19 采用，木和胶合板面板应按前述变形值规定（1）采用。

【例 4-2】　组合钢模板 P3012，宽 300mm，长 1200mm，钢板厚 2.5mm，钢模板两端支承在钢楞上，用作浇筑 150mm 厚的钢筋混凝土楼板，试验算钢模板的强度与挠度。

【解】　（1）强度验算。

1）计算时两端按简支梁考虑，其计算跨度 l 取 1.2m。

2）荷载计算按前述可变荷载标准值规定应取均布荷载或集中荷载两种作用效应考虑，计算结果取其大值：

钢模板自重标准值 340N/m²；

150mm 厚新浇混凝土板自重标准值；

24 000×0.15=3600（kN/m²）；

钢筋自重标准值 1100×0.15=165（N/m²）；

考虑施工活荷载标准值 2500N/m² 及跨中集中荷载 2500N 两种情况分别作用。

均布线荷载设计值为

$$q_1 = 0.9 \times [1.2 \times (340 + 3600 + 165) + 1.4 \times 2500] \times 0.3 = 2275(\text{N/m})$$

$$q_2 = 0.9 \times [1.35 \times (340 + 3600 + 165) + 1.4 \times 0.7 \times 2500] \times 0.3 = 2158(\text{N/m})$$

根据以上两者比较应取 $q_1 = 2275\text{N/m}$

集中荷载设计值：

模板自重线荷载设计值 $q_3 = 0.9 \times 0.3 \times 1.2 \times 340 = 110$（N/m）

跨中集中荷载设计值 $P = 0.9 \times 1.4 \times 2500 = 3150$（N）

施工荷载为均布线荷载：

$$M_1 = \frac{q_1l^2}{8} = \frac{2275 \times 1.2^2}{8} = 409.5(\text{N} \cdot \text{m})$$

施工荷载为集中荷载：

$$M_2 = \frac{q_3l^2}{8} + \frac{Pl}{4} = \frac{110 \times 1.2^2}{8} + \frac{3150 \times 1.2}{4} = 964.8(\text{N} \cdot \text{m})$$

由于 $M_2 > M_1$，故应采用 M_2 验算强度。并查表 4-18 组合钢模板宽 300mm 得净截面抵抗矩 $W_n = 5940\text{mm}^3$，

则
$$\sigma = \frac{M_2}{W_n} = \frac{96\ 4800}{5940} = 162.42(\text{N/mm}^2) < f = 205(\text{N/mm}^2)$$

强度满足要求。

（2）挠度验算。验算挠度时不考虑可变荷载值，仅考虑永久荷载标准值，故其作用效应的线荷载设计值如下

$$q_k = 0.3 \times (340 + 3600 + 165) = 1232(\text{N/m}) = 1.232(\text{N/mm})$$

故实际设计挠度值为

$$v = \frac{5q_k l^4}{384 EI_x} = \frac{5 \times 1.232 \times 1200^4}{384 \times 2.06 \times 10^5 \times 269\,700} = 0.60(\text{mm}) < 1.5(\text{mm})(\text{查表 } 4\text{-}19)$$

故挠度满足要求。

木面板及胶合板面板的计算程序和方法与钢面板相同。

2. 支承棱梁计算

支承棱梁计算时，次棱一般为 2 跨以上连续棱梁，可按实际跨数计算，当跨度不等时，应按不等跨连续棱梁或悬臂棱梁设计；主楞可根据实际情况按连续梁、简支梁或悬臂梁设计；同时次、主棱梁均应进行最不利抗弯强度与挠度计算，并应符合下列规定。

（1）次、主棱梁抗弯强度计算。

1）次、主钢棱梁抗弯强度应按下式计算

$$\sigma = \frac{M_{\max}}{W} \leqslant f \tag{4-14}$$

式中：$M_{\max}$ 为最不利弯矩设计值。应从均布荷载产生的弯矩设计值 M_1、均布荷载与集中荷载产生的弯矩设计值 M_2 和悬臂端产生的弯矩设计值 M_3 三者中，选取计算结果较大者；W 为截面抵抗矩，按表 4-19 查用；f 为钢材抗弯强度设计值，按《建筑施工模板安全技术规范》中附录 A 的规定采用。

表 4-19　　　　　　　　各种型钢钢棱和木棱力学性能

	规格 （mm）	截面积 A （mm^2）	重量 （N/m）	截面惯性矩 I_x（cm^4）	截面最小抵抗矩 W_x（cm^3）
扁钢	—70×5	350	27.5	14.29	4.08
角钢	∟75×25×3.0	291	22.8	17.17	3.76
	∟80×35×3.0	330	25.9	22.49	4.17
钢管	ϕ48.3×3.6	506	38.9	12.71	5.26
	ϕ48×3.0	424	33.3	10.78	4.49
	ϕ48.3×3.6	489	38.4	12.19	5.08
	ϕ51×3.5	522	41.0	14.81	5.81
矩形钢管	□60×40×2.5	457	35.9	21.88	7.29
	□80×40×2.0	452	35.5	37.13	9.28
	□100×50×3.0	864	67.8	112.12	22.42
薄壁冷弯槽钢	∟80×40×3.0	450	35.3	43.92	10.98
	∟100×50×3.0	570	44.7	88.52	12.20
内卷边槽钢	∟80×40×15×3.0	508	39.9	48.92	12.23
	∟100×50×20×3.0	658	51.6	100.28	20.06
槽钢	∟80×43×5.0	1024	80.4	101.30	25.30
矩形木棱	50×100	5000	30.0	416.67	83.33
	60×90	5400	32.4	364.50	81.00
	80×80	6400	38.4	341.33	85.33
	100×100	10 000	60.0	833.33	166.67

2）次、主木棱梁抗弯强度应按下式计算

$$\sigma = \frac{M_{max}}{W} \leq f_m \qquad (4-15)$$

式中：f_m 为木材抗弯强度设计值，按《建筑施工模板安全技术规范》中附录 A 的规定采用。

（2）次、主楞梁抗剪强度计算。

1）在主平面内受弯的钢实腹构件，其抗剪强度应按下式计算

$$\tau = \frac{VS_o}{It_w} \leq f_v \qquad (4-16)$$

式中：V 为计算截面沿腹板平面作用的剪力设计值；S_o 为计算剪力应力处以上毛截面对中和轴的面积矩；I 为毛截面惯性矩；t_w 为腹板厚度；f_v 为钢材的抗剪强度设计值。查《建筑施工模板安全技术规范》中附录 A 的规定采用。

2）在主平面内受弯的木实截面构件，其抗剪强度应按下式计算

$$\tau = \frac{VS_o}{Ib} \leq f_v \qquad (4-17)$$

式中：b 为构件的截面宽度；f_v 为木材顺纹抗剪强度设计值。按《建筑施工模板安全技术规范》中附录 A 的规定采用。

（3）挠度计算。

1）简支棱梁应按式（4-12）、式（4-13）验算。

2）连续棱梁应按实际跨距跨数计算，如是二等跨、三等跨可查表 4-20、表 4-21 计算。

表 4-20　　二跨等跨连续梁的内力及变形系数

荷载简图		弯矩系数 K_M		剪力系数 K_V		挠度系数 K_W
		$M_{1中}$	$M_{B支}$	V_A	$V_{B左}$ $V_{B右}$	$\omega_{1中}$
	静载	0.07	−0.125	0.375	−0.625	0.521
					0.625	
	活载最大	0.096	−0.125	0.437	−0.625	0.912
					0.625	
	活载最小	0.032	—	—	—	−0.391
	静载	0.156	−0.188	0312	−0.688	0.911
					0.688	
	活载最大	0.203	−0.188	0.406	−0.688	1.497
					0.688	
	活载最小	0.047	—	—	—	−0.586

续表

荷载简图		弯矩系数 K_M		剪力系数 K_V		挠度系数 K_W
		$M_{1中}$	$M_{B支}$	V_A	$V_{B左}$ $V_{B右}$	$\omega_{1中}$
	静载	0.222	−0.333	0.667	−1.333	1.466
					1.333	
	活载最大	0.278	0.383	0.383	−1.383	2.508
					1.333	
	活载最小	0.084	—	—	—	−1.042

注　1. 均布荷载作用下：$M=K_M q l^2$，$V=K_V q l$，$w=K_W \dfrac{q l^4}{100EI}$；

集中荷载作用下：$M=K_M F l$，$V=K_V F$，$w=K_W \dfrac{F l^3}{100EI}$。

2. 支座反力等于该支座左右截面剪力的绝对值之和。

3. 求跨中负弯矩及反挠度时，可查用上表"活载最小"一项的系数，但也要与静载引起的弯矩（或挠度）相组合。

4. 求跨中最大正弯矩及最大挠度时，该跨应满布活荷载，相邻跨为空载；求支座最大负弯矩及最大剪力时，该支座相邻两跨应满布活荷载，即查用上表中"活载最大"一项的系数，并与静载引起的弯矩（剪力或挠度）相组合。

表 4 – 21　　　　　　　　　　三跨等跨连续梁的内力及变形系数

荷载简图		弯矩系数 K_M			剪力系数 K_V		挠度系数 K_W	
		$M_{1中}$	$M_{2中}$	$M_{B支}$	V_A	$V_{B左}$ $V_{B右}$	$\omega_{1中}$	$\omega_{2中}$
见图（1）	静载	0.080	0.025	−0.100	0.400	−0.600	0.677	0.052
						0.500		
	活载最大	0.101	0.075	0.117	0.450	−0.617	0.990	0.677
						0.583	−0.313	
	活载最小	−0.025	−0.050	0.017	—	—	0.313	−0.625
见图（2）	静载	0.175	0.100	−0.150	0.350	−0.650	1.146	0.208
						0.500		
	活载最大	0.213	0.175	−0.175	0.425	−0.675	1.615	1.146
						0.625		
	活载最小	−0.038	−0.075	0.025	—	—	−0.469	−0.937
见图（3）	静载	0.244	0.067	−0.267	0.733	−1.267	1.883	0.216
						1.000		
	活载最大	0.289	0.200	−0.311	0.866	−1.311	2.716	1.883
						1.222		
	活载最小	−0.067	−0.133	0.044	—	—	−0.833	−1.667

续表

荷载简图	弯矩系数 K_M			剪力系数 K_V		挠度系数 K_W	
	$M_{1中}$	$M_{2中}$	$M_{B支}$	V_A	$V_{B左}$ $V_{B右}$	$\omega_{1中}$	$\omega_{2中}$
	图（1）			图（2）		图（3）	

注　1. 均布荷载作用下：$M=K_M ql^2$，$V=K_V ql$，$w=K_W \dfrac{ql^4}{100EI}$；

　　　　集中荷载作用下：$M=K_M Fl$，$V=K_V F$，$w=K_W \dfrac{Fl^3}{100EI}$。

　　2. 支座反力等于该支座左右截面剪力的绝对值之和。

　　3. 求跨中负弯矩及反挠度时，可查用上表"活载最小"一项的系数，但也要与静载引起的弯矩（或挠度）相组合。

　　4. 求某跨的跨中最大正弯矩及最大挠度时，该跨应满布活荷载，其余每隔一跨满布活荷载；求某支座的最大负弯矩及最大剪力时，该支座相邻两跨应满布活荷载，其余每隔一跨满布活荷载，即查用上表中"活载最大"一项的系数，并与静载引起的弯矩（剪力或挠度）相组合。

　　5. 对拉螺栓计算。

对拉螺栓应确保内、外侧模能满足设计要求的强度、刚度和整体性。

对拉螺栓强度应按下列公式计算

$$N=abF_s \tag{4-18}$$

$$N_t^b=A_n f_t^b \tag{4-19}$$

$$N_t^b>N \tag{4-20}$$

式中：N 为对拉螺栓最大轴力设计值；N_t^b 为对拉螺栓轴向拉力设计值，按表 4-25 采用；a 为对拉螺栓横向间距；b 为对拉螺栓竖向间距；F_s 为新浇混凝土作用于模板上的侧压力、振捣混凝土对垂直模板产生的水平荷载或倾倒混凝土时作用于模板上的侧压力设计值

$$F_s=0.95(r_G F+r_Q Q_{3k})=0.95(r_G G_{4k}+r_Q Q_{3k}) \tag{4-21}$$

式中：0.95 为荷载值折减系数。

A_n 为对拉螺栓净截面面积，按表 4-22 采用。f_t^b 为螺栓的抗拉强度设计值，按模板安全技术规范附录 A 的规定采用。

表 4-22　　　　　　　　　　对拉螺栓轴向拉力设计值（N_t^b）

螺栓直径 （mm）	螺栓内径 （mm）	净截面面积 （mm²）	重量 （N/m）	C级普通螺栓的抗拉强度设计值（N/mm²）	轴向力设计值 N_t^b（kN）
M12	9.85	76	8.9	170	12.9
M14	11.55	105	12.1	170	17.8
M16	13.55	144	15.8	170	24.5

续表

螺栓直径 （mm）	螺栓内径 （mm）	净截面面积 （mm²）	重量 （N/m）	C级普通螺栓的 抗拉强度设计 值（N/mm²）	轴向力设计值 N_t^b（kN）
M18	14.93	174	20.0	170	29.6
M20	16.93	225	24.6	170	38.2
M22	18.93	282	29.6	170	47.9

【例 4-3】 接【例 4-1】模板面板采用 18mm 厚木胶合板，抗弯强度设计值 15N/mm²，弹性模量 6500N/mm²；内竖棱采用 50mm×80mm 方木两根竖棱，试确定竖棱间距；如设计对拉螺栓间的纵向间距 0.7m、横向每隔三跨竖棱设置一个，选用 M20 穿墙螺栓，外棱采用 φ48.3×3.6 钢管两根。试验算穿墙螺栓强度是否满足要求并验算内外竖棱的强度和刚度。已知内竖棱至少两跨，材质南方松，抗弯强度设计值 17N/mm²，弹性模量 10 000N/mm²，顺纹抗剪强度 $f_v=1.6$N/mm²；外棱双钢管至少三跨，钢材的强度设计值 $f=205$N/mm²，弹性模量 $E=2.06×10^5$N/mm²。

【解】 计算线荷载 q，计算宽度取 1000mm：$q=0.9×F×1=0.9×46.53×1=41.88$（kN/m）

$$q_k=G_{4k}×1=31.56×1=31.56 \text{（kN/m）}$$

（1）按面板抗弯承载力要求：

$$M_{max}=M_{抗}\frac{1}{8}ql^2=f_1×W_{抗}=f_1×\frac{bh^2}{6}$$

$$l=\sqrt{\frac{f_1bh^2×8}{6q}}=\sqrt{\frac{15×1000×18^2×8}{6×41.88}}=393 \text{（mm）}$$

（2）按面板刚度要求：

$$v=[v]\frac{5q_kl^4}{384EI}=\frac{l}{250}$$

$$l=\sqrt[3]{\frac{384×EI}{5×q_k×250}}=\sqrt[3]{\frac{384×6500×1000×18^3}{5×31.56×250×12}}=313 \text{（mm）}$$

取小值 $l_{实}=\min$（393，313），竖棱间距取 300mm，竖棱三跨即 900mm。

（3）验算穿墙螺栓强度：

根据式（4-21），$F_s=0.95×（r_GF+r_QQ_{3k}）=0.95（r_GG_{4k}+r_QQ_{3k}）$

$$=0.95×（1.35×31.56+1.4×4）=45.80 \text{（kN/m²）}$$

根据式（4-18），$N=abF_s=0.70×0.9×45.80=28.86$（kN）

根据式（4-19），$N_t^b=A_nf_t^b=225×170=38\ 250N>28\ 860$（N）

满足要求。

（4）验算内竖棱的抗弯强度（内竖棱计算简图见图 4-61）：

$$F_2=31.56×1.35+4×0.7×1.4=42.61+3.92$$
$$=46.53 \text{（kN/m²）}$$

内竖棱受到的均布线荷载：$q=46.53×0.3$（kN/m）

查表 4-20，得二等跨梁最大弯矩系数 -0.125。

$$M_{max}=0.9×0.125×46.53×0.3×0.7^2=0.77 \text{（kN·m）}$$

根据式（4-14）

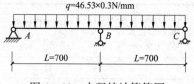

图 4-61　内竖棱计算简图

$$\sigma=\frac{M_{max}}{W}=\frac{0.77×1000×1000}{2×50×80^2/6}=7.22 \text{（N/mm²）}\leqslant f_m=17 \text{（N/mm²）}$$

（5）验算内竖棱的抗剪强度：

查表 4-20，得二等跨梁最大剪力系数 0.625。

$$V_{max}=0.9\times0.625\times46.53\times0.3\times0.7=5.50\text{kN}$$

根据式（4-16）：$\tau=\dfrac{VS_o}{Ib}=\dfrac{5.50\times1000\times50\times40\times20}{2\times50\times80^3/12\times50}=1.03$（N/mm²）$\leqslant f_v=1.6$（N/mm²）

（6）验算内竖棱的刚度：

$$G_{4k}=31.56\text{kN}, \quad q_k=31.56\times0.3\text{N/mm}$$

查表 4-20，静载跨中挠度系数 $K_w=0.521$

$$\upsilon=0.521\times\frac{q_kl^4}{100EI}=0.521\times\frac{31.56\times0.3\times700^4}{100\times10\,000\times2\times50\times80^3/12}=0.28\text{（mm）}<\frac{700}{250}=2.8\text{（mm）}$$

故均满足要求。

（7）验算外钢棱的抗弯强度（外钢棱计算简图见图 4-62）：

$$P_{静}=31.56\times1.35\times0.30\times0.7=8.95\text{（kN）}$$

$$P_{活}=4\times0.7\times1.4\times0.30\times0.7=0.823\text{（kN）}$$

查表 4-21，活载最大弯矩系数 0.311，静载最大弯矩系数 0.267。

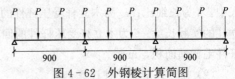

图 4-62 外钢棱计算简图

$$M_{max}=0.311\times P_{活}\times0.9+0.267\times P_{静}\times0.9$$

$$=0.311\times0.823\times0.9+0.267\times8.95\times0.9=$$

2.38（kN·m）

$$\sigma=\frac{M_{max}}{W}=0.9\times\frac{2.38\times1000\times1000}{2\times5.26\times1000}=204\text{（N/mm}^2\text{）}<f=205\text{（N/mm}^2\text{）}$$

满足要求。

（8）验算外钢棱的刚度：

由于挠度计算不考虑活荷载且静载按标准载考虑，即 $P_k=31.56\times0.30\times0.7=6.63$（kN）

查表 4-21，静载最大挠度系数 1.883。

$$\upsilon=1.883\times\frac{P_kl^3}{100EI}=1.883\times\frac{6.63\times1000\times900^3}{2\times100\times2.06\times10^5\times12.71\times10^4}=1.74\text{（mm）}<\frac{900}{250}=3.6\text{（mm）}$$

3. 木、钢立柱计算

木、钢立柱应承受模板结构的垂直荷载，其计算应符合下列规定：

（1）木立柱计算。

1）强度计算：

$$\sigma_c=\frac{N}{A_n}\leqslant f_c \qquad (4-22)$$

2）稳定性计算：

$$\frac{N}{\varphi A_o}\leqslant f_c \qquad (4-23)$$

式中：N 为轴心压力设计值（N）；A_n 为木立柱受压杆件的净截面面积（mm²）；f_c 为木材顺纹抗压强度设计值（N/mm²），按模板安全技术规范附录 A 的规定采用；A_o 为木立柱跨中毛截面面积（mm²），当无缺口时，$A_o=A$；φ 为轴心受压杆件稳定系数，按下列各式计算：

当树种强度等级为 TC17、TC15 及 TB20 时

$$\lambda\leqslant75, \quad \varphi=\frac{1}{1+\left(\dfrac{\lambda}{80}\right)^2} \qquad (4-24)$$

$$\lambda > 75, \quad \varphi = \frac{3000}{\lambda^2}$$

当树种强度等级为 TC13、TC11、TB17 及 TB15 时

$$\lambda \leqslant 91, \quad \varphi = \frac{1}{1 + \left(\frac{\lambda}{65}\right)^2} \tag{4-25}$$

$$\lambda > 91, \quad \varphi = \frac{2800}{\lambda^2} \tag{4-26}$$

$$\lambda = \frac{L_o}{i} \tag{4-27}$$

$$i = \sqrt{\frac{I}{A}} \tag{4-28}$$

式中：λ 为长细比；L_o 为木立杆受压杆件的计算长度，按两端铰接计算 $L_o = L$（mm），L 为单根木立柱的实际长度；i 为木立杆受压杆件的回转半径，mm；I 为受压杆件毛截面惯性矩，mm⁴；A 为杆件毛截面面积，mm²。

（2）扣件式钢管立柱计算。

1）用对接扣件连接的钢管立柱应根据单杆轴心受压构件按下式计算，公式中计算长度采用纵横向水平拉杆的最大步距，最大步距不得大于 1.8m，步距相同时应采用底层步距

$$\frac{N}{\varphi A} \leqslant f \tag{4-29}$$

式中：N 为轴心压力设计值；φ 为轴心受压稳定系数（取截面两主轴稳定系数中的较小值），并根据构件长细比和钢材屈服强度（f_y）按《建筑施工模板安全技术规范》中附录 D 采用；A 为轴心受压杆件毛截面面积；f 为钢材抗压强度设计值，按《建筑施工模板安全技术规范》中附录 A 的规定采用。

2）室外露天支模组合风荷载时，立柱计算公式具体见模板安全技术规范。

【例 4-4】 楼板模板与支架综合计算题

现有钢筋混凝土框架结构标准层，楼板板厚 120mm，层高 $H = 3.0$m。模板及支架搭设设计尺寸选择为：板的面板采用七层木胶合板厚 18mm，面板下次棱采用 50mm×80mm 木方，间距 400mm；次棱后面的主棱采用脚手架 ϕ48.3×3.6mm 钢管，间距 1200mm（见图 4-63），立杆的纵距 $b = 0.4 \times 3 = 1.20$m，立杆的横距 $l = 1.20$m，立杆的步距 $h = 1.50$m。经试验，覆面木胶合板抗弯强度设计值 $f_{jm} = 15$kN/m²，弹性模量 $E = 6500$kN/m²；次棱木方为东北红松，木方抗弯强度设计值 $f_m = 17$kN/m²，弹性模量 $E = 10\,000$kN/m²。试进行荷载计算、面板计算、次棱计算、主楞计算和主楞下支架立柱的计算。

【解】 （1）荷载计算：

面板及其支架自重　　　　　0.3kN/m²（查表 4-12）

平板混凝土自重　　　　　　0.12×24=2.88kN/m²

钢筋自重　　　　　　　　　0.12×1.1=0.132kN/m²

共计　　　　　　　　　　　3.31kN/m²

用布料机或混凝土泵浇筑的可变荷载　　4kN/m²

荷载设计值最不利组合

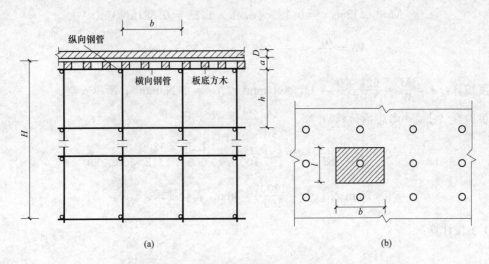

图 4-63　楼板模板搭设方案计算简图

(a) 楼板支撑架立面简图；(b) 楼板支撑架荷载计算单元

$$S_1 = 0.9 \times (1.2 \times 3.31 + 1.4 \times 4) = 8.62 \text{kN/m}^2$$

$$S_2 = 0.9 \times (1.35 \times 3.31 + 1.4 \times 0.7 \times 4) = 7.55 \text{kN/m}^2$$

因为 $S_1 > S_2$，故应采取 $S_1 = 8.62 \text{kN/m}^2$ 作为设计依据。

（2）面板计算：

面板采用厚 18mm 木胶合板，次棱截面 50mm×80mm，@400mm，则面板承受的线荷载为：

取面板宽 1.0m 计，则面板所承受的线荷载为

$$q = 1 \times 8.62 = 8.62 \text{kN/m}; \quad q_k = 1 \times 3.31 = 3.31 \text{kN/m}$$

面板所承受的内力弯矩为

$$M = \frac{1}{8} q l^2 = \frac{1}{8} \times 8.62 \times 0.4^2 = 0.172 \text{kN} \cdot \text{m}$$

$$W = \frac{bh^2}{6} = \frac{1}{6} \times 1000 \times 18^2 = 54000 \text{mm}^3$$

强度核算：　　　$\sigma = \dfrac{M}{W} = \dfrac{172\,000}{54\,000} = 3.19 \text{N/mm}^2 < f_{jm} = 15 \text{N/mm}^2$

所以安全。

挠度验算（注意不考虑活荷载）：

$$\upsilon = \frac{5 q_k l^4}{384 E I_x} = \frac{5 \times 3.31 \times 400^4}{384 \times 6500 \times 1/12 \times 1000 \times 18^3} = 0.35 \text{mm} < [\upsilon] = \frac{400}{400} = 1.0 \text{mm}$$

符合要求。

（3）次棱计算：

作用于次棱的线荷载为：

$$q = 0.40 \times 8.62 = 3.45 \text{kN/m}; \quad q_k = 0.40 \times 3.31 = 1.33 \text{kN/m}$$

按《建筑施工模板安全技术规范》5.2.2条，次棱一般为 2 跨以上连续棱梁按实际计算，因此按最不利的 2 跨计算，可查表 4-23 二跨梁内力系数和挠度系数进行计算。

$$M = 0.125ql^2 = 0.125 \times 3.45 \times 1.2^2 = 0.621 \text{kN} \cdot \text{m}$$

$$W = \frac{bh^2}{6} = \frac{1}{6} \times 50 \times 80^2 = 53\ 333 \text{mm}^3$$

强度核算：$\sigma = \dfrac{M}{W} = \dfrac{621\ 000}{53\ 333} = 11.64 \text{N/mm}^2 < f_m = 17 \text{N/mm}^2$，所以安全。

挠度验算（注意不考虑活荷载）：

$$v = 0.521 \frac{q_k l^4}{100EI_x} = 0.521 \frac{1.33 \times 1200^4}{100 \times 10\ 000 \times 1/12 \times 50 \times 80^3}$$

$$= 0.67 \text{mm} < [v] = \frac{1200}{400} = 3 \text{mm}，符合要求。$$

（4）主棱计算：

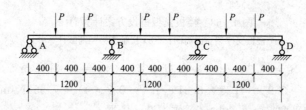

图 4-64　主楞计算简图

应先调整荷载：

永久荷载标准值：　　　　　　　　　　3.31kN/m²

可变荷载标准值调整为　　　　　　　　$4 \times 0.6 = 2.4 \text{kN/m}^2$

荷载设计值最不利组合：

$$S_1 = 0.9 \times (1.2 \times 3.31 + 1.4 \times 2.4) = 6.60 \text{kN/m}^2$$

$$S_2 = 0.9 \times (1.35 \times 3.31 + 1.4 \times 0.7 \times 2.4) = 6.14 \text{kN/m}^2$$

因为 $S_1 > S_2$，故应采取 $S_1 = 6.60 \text{kN/m}^2$ 作为设计依据。

主棱计算简图见图 4-64，可查表 4-21 三跨梁内力系数和挠度系数进行计算。

$$P = 0.4 \times 6.60 \times 1.2 = 3.17 \text{kN}$$

$$P_k = 0.4 \times 3.31 \times 1.2 = 1.59 \text{kN}$$

弯矩内力值为：

$$M = 0.267PL = 0.267 \times 3.17 \times 1.2 = 1.016 \text{kN} \cdot \text{m}$$

主棱采用脚手架钢管 $\phi 48.3 \times 3.6 \text{mm}$ 一根，钢管截面几何特性见表 4-23。

表 4-23　　　　　　　　　　　　　　钢管截面几何特性

外径 Φ, d	壁厚 t	截面积 A（cm²）	惯性矩 I（cm⁴）	截面模量 w（cm³）	回转半径 i（cm）	每米长质量（kg/m）
(mm)						
48.3	3.6	5.06	12.71	5.26	1.59	3.97

强度核算：$\sigma = \dfrac{M}{W} = \dfrac{1\ 016\ 000}{5260} = 193 \text{N/mm}^2 < f = 205 \text{N/mm}^2$

所以安全。如果强度核算不够,可缩短主棱间距即立杆间距或者采用双根钢管。

挠度验算(注意不考虑活荷载):

$$v = 1.883 \frac{P_k l^3}{100 E I_x} = 1.883 \frac{1590 \times 1200^3}{100 \times 2.06 \times 10^5 \times 127\,100} = 1.98\text{mm} < [v] = \frac{1200}{400} = 3\text{mm}$$

符合要求。

(5)主棱下支架立柱的计算:

立杆采用脚手架钢管 $\phi 48.3 \times 3.6\text{mm}$,纵横@1.2m,水平拉杆纵横向步距 $h = 1.5$m。

首先调整荷载如下:

楼板模板及支架立柱自重	0.75kN/m²(查表4-12)
混凝土和钢筋自重	$0.12 \times (24 + 1.1) = 3.01$kN/m²
以上共计	3.76kN/m²
用布料机或混凝土泵浇筑的可变荷载	$4 \times 0.4 = 1.6$kN/m²

荷载设计值最不利组合:

$$S_1 = 0.9 \times (1.2 \times 3.76 + 1.4 \times 1.6) = 6.08\text{kN/m}^2$$

$$S_2 = 0.9 \times (1.35 \times 3.76 + 1.4 \times 0.7 \times 1.6) = 5.98\text{kN/m}^2$$

因为 $S_1 > S_2$,故应采取 $S_1 = 6.08$kN/m² 作为设计依据,故支架立柱轴力 N 为

$$N = 1.2 \times 1.2 \times 6.08 = 8.76\text{kN}$$

长细比:

$$\lambda = \frac{l_o}{i} = \frac{1500}{15.9} = 94$$

根据 $\lambda = 94$ 查《建筑施工模板安全技术规范》(JGJ 162—2008)附录D,查得稳定系数 $\varphi = 0.594$,则

稳定核算:$\sigma = \dfrac{N}{\varphi A} = \dfrac{8760}{0.594 \times 506} = 29.15\text{N/mm}^2 < f = 205\text{N/mm}^2$

安全足够。

第四节 钢 筋 工 程

目前,普通混凝土结构用的钢筋可分为热轧钢筋(热轧光圆钢筋和热轧带肋钢筋)和冷轧带肋钢筋两种。其中,热轧带肋钢筋(英文名 Hot-rolled Ribbed steel Bar)和热轧光圆钢筋(Hot-rolled Plain steel Bar),凭借塑形变形能力好、强屈比(极限强度与屈服强度之比)1.4左右有较大储备,应用最普遍。《混凝土结构设计规范》(GB 50010)推荐的普通钢筋和屈服强度标准值、极限强度标准值见表4-24。钢筋的强度标准值应具有不小于95%的保证率。

表4-24　　　　　　　　　　普通钢筋强度标准值和设计值　　　　　　　　　　N/mm²

牌号	符号	公称直径 d (mm)	屈服强度标准值 f_{yk}	极限强度标准值 f_{stk}	抗拉强度设计值 f_y	抗压强度设计值 f'_y
HPB300	ϕ	6~22	300	420	270	270
HRB335 HRBF335	Φ Φ^F	6~50	335	455	300	300

续表

牌号	符号	公称直径 d（mm）	屈服强度标准值 f_{yk}	极限强度标准值 f_{stk}	抗拉强度设计值 f_y	抗压强度设计值 f'_y
HRB400 HRBF400 RRB400	Φ ΦF ΦR	6～50	400	540	360	360
HRB500 HRBF500	Φ ΦF	6～50	500	630	435	410

HRBF335 级钢筋中 F 是热轧带肋钢筋的缩写后面加"细"的英文（fine）首位字母，钢筋类别为"细晶粒热轧钢筋"。RRB 是余热处理带肋钢筋（Remained heat treatment Ribbed steel Bars）的缩写，其主要技术指标力学与热轧带肋钢筋基本相同，但焊接性能较差不宜焊接，延性和强屈比稍低，一般可用于对变形性能及加工性能要求不高的构件，如基础、大体积混凝土、墙体以及次要的中小构件。

《混凝土结构设计规范》（GB 50010）4.2.1 条还明确规定，混凝土结构的钢筋应按下列规定选用：纵向受力普通钢筋宜采用 HRB400、HRB500、HBRF400、HBRF500 钢筋，也可采用 HPB300、HRB335、HRBF335、RRB400 钢筋；梁、柱纵向受力普通钢筋应采用 HRB400、HRB500、HRBF400、HRBF500 钢筋；箍筋宜采用 HRB400、HRBF400、HPB300、HRB500、HRBF500 钢筋，也可采用 HRB335、HRBF335 钢筋。

冷轧带肋钢筋（Cold rolled ribbed steel wire and bars，CRB）是热轧圆盘条经冷轧后，在其表面带有沿长度方向均匀分布的三面横肋或两面横肋的钢筋。冷轧带肋钢筋中的 CRB550 级钢筋，其公称直径范围为 4～12mm，设计强度 360MPa，主要以钢筋焊接网的形式用于普通钢筋混凝土楼板、地面、墙面和市政桥面。其他冷轧带肋钢筋均用作预应力钢筋，详见第五章，共有 4 个牌号：CRB650、CRB800、CRB970 和 CRB1170，其公称直径为 4mm、5mm、6mm。

钢筋工程施工过程中必须满足以下一般规定。

（1）当钢筋的品种、级别或规格需作变更时，应办理设计变更文件。

（2）在浇筑混凝土之前，应进行钢筋隐蔽工程验收，其内容包括以下几个方面：

1）纵向受力钢筋的品种、规格、数量、位置等。

2）钢筋的连接方式、接头位置、接头数量、接头面积百分率等。

3）箍筋、横向钢筋的品种、规格、数量、间距等。

4）预埋件的规格、数量、位置等。

一、钢筋进场验收与存放

（一）检验项目、检验方法和检验过程

检验项目分为主控项目检验和一般项目检验。

1. 主控项目

（1）钢筋进场时，应按国家现行相关标准的规定抽取试件作力学性能和重量偏差检验，检验结果必须符合有关标准的规定。

检查数量：按进场的批次和产品的抽样检验方案确定。

检验方法：检查产品合格证、出厂检验报告和进场复验报告。

（2）对有抗震设防要求的结构，其纵向受力钢筋的性能应满足设计要求；当设计无具体要求时，对按一、二、三级抗震等级设计的框架和斜撑构件（含梯段）中的纵向受力钢筋应采用

HRB335E、HRB400E、HRB500E、HRBF335E、HRBF400E 或 HRBF500E 钢筋，其强度和最大力下总伸长率的实测值应符合下列规定。

1) 钢筋的抗拉强度实测值与屈服强度实测值的比值不应小于 1.25。

2) 钢筋的屈服强度实测值与屈服强度标准值的比值不应大于 1.30。

3) 钢筋的最大力下总伸长率不应小于 9%。

检查数量：按进场的批次和产品的抽样检验方案确定。

检验方法：检查进场复验报告。

说明：规定习惯称为强屈比、超屈比和均匀伸长率的限值是为了保证重要结构构件的抗震性能，牌号带 "E" 的钢筋是专门为满足本条性能要求生产的钢筋，其表面轧有专用标志。注意对于常见的四级抗震等级没有此项要求。

(3) 当发现钢筋脆断、焊接性能不良或力学性能显著不正常等现象时，应对该批钢筋进行化学成分检验或其他专项检验。

检验方法：检查化学成分等专项检验报告。

2. 一般项目

钢筋应平直、无损伤，表面不得有裂纹、油污、颗粒状或片状老锈。

检查数量：进场时和使用前全数检查。

检验方法：观察。

3. 检验过程

(1) 钢筋进场验收。混凝土结构工程中所用的钢筋，都应有出厂质量证明书或试验报告单，每捆（盘）钢筋均应有标牌。钢筋进场时应按批号及直径分批验收，验收的内容包括查对标牌和外观检查，并按有关标准的规定抽取试样做力学性能试验，检查合格后方可使用。

(2) 热轧钢筋的外观检查。从每批中抽取 5% 进行外观检查。钢筋表面不得有裂缝、结疤和折叠，钢筋表面允许有凸块，但不得超过横肋的高度，钢筋表面上其他缺陷的深度和高度不得大于所在部位的允许偏差。钢筋每 1m 弯曲度不应大于 4mm。

钢筋可按实际重量或公称重量交货。当钢筋按实际重量交货时，应随机抽取 5 根（6m 长一根）钢筋称重，先进行重量偏差检验，再取其中 2 个试件进行力学性能检验，如重量偏差大于允许偏差，则应与生产厂家交涉，避免损害用户利益。

(3) 热轧钢筋的力学性能检验。同规格、同炉罐（批）号的不超过 60t 钢筋为一批，每批钢筋中任选两根，每根取两个试样分别进行拉伸试验（测定屈服点、抗拉强度和伸长率三项指标）和冷弯试验（以规定弯心直径和弯曲角度检查冷弯性能）。如有一项试验结果不符合规定，则从同一批中另取双倍数量的试样重做各项试验。如仍有一个试样不合格，则该批钢筋为不合格品，应降级使用。

热轧钢筋在加工过程中如发现脆断、焊接性能不良或力学性能显著不正常等现象时，应进行化学成分分析或其他专项检验。

(二) 钢筋存放

钢筋运进施工现场后，必须严格按批分等级、牌号、直径、长度挂牌存放，并注明数量，不得混淆。钢筋应尽量堆入仓库或料棚内，并在仓库或场地周围挖排水沟，以利于泄水。条件不具备时，应选择地势较高、土质坚实和较为平坦的露天场地存放。堆放时钢筋下面要加垫木，垫木离地不宜少于 200mm，以防钢筋锈蚀和污染。钢筋成品要按工程名称、构件名称、部位、钢筋类型、尺寸、钢号、直径和根数分别堆放，不能将几项工程的钢筋成品混放在一起，同时注意避开造成钢筋污染和腐蚀的环境。

二、钢筋配料与加工

（一）钢筋配料

钢筋配料是根据构件配筋图，先绘出各种形状和规格的单根钢筋简图并加以编号，然后分别计算钢筋下料长度和根数，填写配料单，申请加工。

1. 钢筋下料长度计算

（1）弯曲调整值的意义。图纸上的钢筋简图标示尺寸［见图 4-65（a）］表达的都是钢筋加工成型后的外包尺寸，能否直接以外包尺寸 1000＋300＝1300（mm）来直线下料呢？从双线表示的最终加工成型 90°弯折钢筋来观察，见图 4-65（c）［注意：钢筋简图画的是直角，但实际操作是有弯弧的，见图 4-65（b）］：钢筋受弯曲后，在弯曲处的内皮缩短而外皮伸长，只在中心线处才保持不变的尺寸。也就是说，如按 1300mm 下料，中心线仍保持 1300mm，那么由于外皮伸长，钢筋加工成型的外包尺寸即量度尺寸必定大于 1300mm，显然，图 4-65（a）钢筋简图的直线下料尺寸应该小于 1300mm。

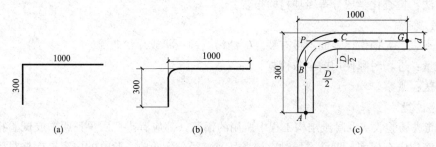

图 4-65　钢筋简图与对应详图
（a）钢筋简图；（b）实际操作弯弧图；（c）双线表示的弯折钢筋图

现在就以图 4-65 的钢筋为例，以加工成型后钢筋的中心线长度推导出直线下料长度如下：
设圆形弯弧的直径即弯曲直径为 D，钢筋的直径为 d，故有

$$\overparen{BC}=\frac{1}{4}\times\pi\times(D+d)=\frac{\pi(D+d)}{4}$$

又　　　　　　　　　　$AB=300-d-\frac{D}{2}$；　$CG=1000-d-\frac{D}{2}$

用 l 表示下料长度即三段中心线长度之和

$$l=AB+\overparen{BC}+CG=\left(300-d-\frac{D}{2}\right)+\frac{\pi}{4}(D+d)+\left(1000-d-\frac{D}{2}\right)$$

$$=(300+1000)-(1.215d+0.215D)$$

式中等号右边第二项括号内的值就是弯曲调整值，因此得出弯曲一个直角的弯曲调整值为

$$\Delta_{90°}=1.215d+0.215D \tag{4-30}$$

式中：$\Delta_{90°}$ 为弯曲调整值（量度差值）；d 为钢筋直径；D 为弯弧直径（即钢筋加工弯曲时所用弯曲机芯轴的直径）。

根据《混凝土结构工程施工规范》（GB 50666—2011）第 5.3.4 条的规定，光圆钢筋，其弯弧内直径不应小于钢筋直径的 2.5 倍，335MPa 级、400MPa 级带肋钢筋的弯弧内直径不应小于钢筋直径的 4 倍；500MPa 级带肋钢筋，当直径为 28mm 以下时不应小于钢筋直径的 6 倍，当直径为 28mm 及以上时不应小于钢筋直径的 7 倍。

$$\Delta_{90°}=1.215d+0.215D \quad \begin{cases} \boxed{1.75d\ (D=2.5d,\ \text{HPB300 级})} \\ \boxed{2.075d\ (D=4d,\ \text{HRB335 级或 HRB400 级})} \\ \boxed{2.505d\ (D=6d,\ \text{HRB500 级且 } d<28\text{mm})} \end{cases} \quad \boxed{\text{统一为 } 2d}$$

根据上述的理论推算并结合工程实践经验，其他常用钢筋弯折的钢筋弯曲调整值，列于表 4-25。

表 4-25 　　　　　　　　　　　　　**钢 筋 弯 曲 调 整 值**

钢筋弯曲角度	30°	45°	60°	90°	135°
钢筋弯曲调整值	0.35d	0.5d	0.85d	2d	2.5d

注 d 为钢筋直径。

（2）弯钩增加长度. 钢筋的弯钩形式有三种：半圆弯钩、直弯钩及斜弯钩。半圆弯钩是最常用的一种弯钩。直弯钩只用在柱钢筋的下部、箍筋和附加钢筋中，斜弯钩只用在直径较小的钢筋中。

1）光圆钢筋的弯钩增加长度，按图 4-66 所示的简图（弯心直径为 2.5d、平直部分为 3d）计算结果：对半圆弯钩为 6.25d。

半圆弯钩增加的下料长度证明如下：因为成型好的钢筋下料长度符合钢筋中心线的尺寸，所以算出沿钢筋中心线的长度就可以了，光圆钢筋的弯曲直径 D=2.5d。

$$L_{\text{中心线}} = (a-d-1.25d)+\frac{\pi}{2}\times(2.5d+d)+3d=a+6.25d \tag{4-31}$$

由此证明，对带一个弯钩的光圆钢筋只要在外包尺寸的基础上加 6.25d 下料则正好，当然，弯钩一般是成对的，那只要在外包尺寸的基础上加双倍 6.25d 下料就可以了。

2）斜弯钩（或称 135°弯钩，见图 4-67）。

沿钢筋中心线的长度计算如下：

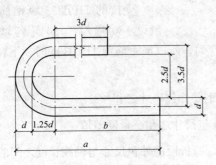

图 4-66　纵向钢筋带半圆弯钩图

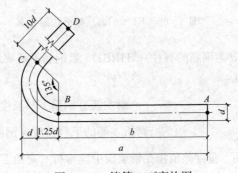

图 4-67　箍筋 135°弯钩图

$$135°=135\times\pi/180=2.36\text{rad}; \quad \overset{\frown}{BC}=1.75d\times2.36=4.13d$$

由于斜弯钩仅用于有抗震要求的构件，平直部分的长度取为 10d。故下料长度：

$$L=AB+\overset{\frown}{BC}+CD=(a-d-1.25d)+4.13d+10d=a+12d \tag{4-32}$$

（3）箍筋调整值。GB 50010—2010 明确规定，当梁中配有按计算需要的纵向受压钢筋时，箍筋应做成封闭式。两个斜弯钩的闭式箍筋（图 4-68）是工程结构中最常用的箍筋，且抗震设防要求箍筋弯钩平直部分的长度不应小于 10d（非抗震不应小于 5d）。

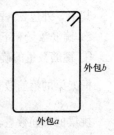

图 4-68　两个斜弯钩的闭式箍筋

因此，两个斜弯钩的闭式箍筋下料取值应为

$$L = 箍筋外包尺寸之和 + 两个斜弯钩增加值 - 3 个 \Delta_{90°} \quad (按常用光圆钢筋 \Delta_{90°} = 1.75d)$$

$$= 2a + 2b + 12d \times 2 - 3 \times 1.75d = 2a + 2b + 19d \quad (非抗震按 9d) \tag{4-33}$$

其中，外包 a、外包 b 只要在构件断面尺寸上直接减去混凝土保护层厚度即可。

2. 配料计算实例

【钢筋翻样技能测试题 1】

某五层三级抗震建筑，二层楼面为现浇楼盖，楼板厚度为 110mm，二层楼面有一根框架梁，混凝土为 C30，钢筋主筋为 HRB335 级，主筋锚固长度均按 31d 考虑（11G101 - 1P53），挑梁钢筋构造见 11G101 - 1 P89 说明，保护层厚度规定见 11G101 - 1 P54。工程施工需要计算所标各种钢筋下料长度和净用量（kg），编制框架梁的钢筋配料单并绘制钢筋详图（形状）。已知混凝土结构的环境类别为一类即室内干燥环境或无侵蚀性静水浸没环境，梁、柱混凝土保护层厚度均为 20mm。

已知两框架柱宽为 500mm，梁轴线居中，KL3（1A）的平法施工图依 11G101 - 1 绘制，具体如图 4 - 69 所示。

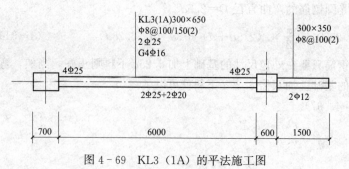

图 4 - 69　KL3（1A）的平法施工图

根据给定的 KL3（1A）的平法施工图，完成下列工作。

（1）梁钢筋下料计算说明。

1）梁主筋下料使用的计算公式与说明。钢筋下料长度的计算统一公式：下料长度 = 钢筋外包尺寸之和 + 弯钩增加值 - 量度差值。

受拉的 HPB235 级钢筋末端一般设 180 弯勾，180°弯勾增加值为 6.25d（d 为钢筋的直径）；HRB335 级钢筋不需要设弯勾，所以当主筋为 HRB335 时，下料长度的计算公式：

$$梁主筋直钢筋下料长度 = 钢筋外包尺寸之和$$

$$有弯折主筋的下料长度 = 钢筋外包尺寸之和 - 量度差值$$

说明：量度差值指在钢筋段中段弯折一定角度时，弯折段的外包尺寸与轴线长度之间的差值：

$$L = 2a + 2b + 19d \quad (非抗震按 9d)$$

其中，外包 a、外包 b 只要在构件断面尺寸上直接减去混凝土保护层厚度即可。

2）箍筋数量和下料长度的确定：

① 箍筋数量的确定：

框架梁的箍筋数量：$n_1 = \left(\dfrac{l-50}{d_1} + 1 \right) \times 2 + \left(\dfrac{l_n - 2l}{d_2} - 1 \right)$

挑梁的箍筋数量：$n_2 = \dfrac{l_t - h_a - 50}{d_3} + 1$

式中：l 为取 $1.5h_b$ 和 500 的大者，其中 h_b 为梁的截面高度；d_1 为加密区梁箍筋的间距；l_n 为梁的净跨；d_2 为非加密区梁箍筋的间距；d_3 为挑梁箍筋间距；l_t 为挑梁的外挑长度；h_a 为挑梁的保护层厚度。

② 箍筋简易下料的长度确定：

$$抗震箍筋的简易下料长度＝箍筋外包尺寸之和＋19d \qquad (4-34)$$

（2）KL3（1A）梁钢筋配料单。KL3（1A）梁钢筋配料单见表 4-26。

表 4-26　　　　　　　　　　　　　　KL3（1A）梁钢筋配料单

钢筋编号	简图	规格直径（mm）	下料长度（mm）	总长度	每米重量（kg/m）	重量（kg）
1	① 2Φ25通长　375／8760／300	25	9335	18 670	3.85	71.88
2	② 2Φ25　375／2680	25	3005	6010	3.85	23.14
3	③　3520／438／250	25	4183	8366	3.85	32.21
4	④ 2Φ25　375／7210／375	25	7860	15 720	3.85	60.53
5	⑤ 2Φ20　300／7210／300	20	7730	15 460	2.46	38.03
6	⑥ 2Φ12　1660	12	1810	3620	0.887	3.21
7	⑦　260／610	8	1892	87 032	0.394	34.29
8	⑧　260／310	8	1292	19 380	0.394	7.64
9	⑨ 4Φ16　6480	16	6480	25 920	1.58	40.95

（3）KL3（1A）钢筋下料计算说明。钢筋下料计算表见表 4 - 27。

表 4 - 27　　　　　　　　　　　　　钢 筋 下 料 计 算 表

钢筋编号	直径（mm）	计算式	下料长度（mm）	单位根数
1	25	$(12+15)\times25+(700+6000+600+1500-20-20)-2\times2\times25=9335$	9335	2
2	25	$15\times25+700-20+6000/3-2\times25=3005$	3005	2
3	25	$25\times10+310\times1.414+6000/3+600+(1500\ 20-250-310)-2\times0.5\times25=4183$	4183	2
4	25	$2\times15\times25+(6000+700+600-20\times2)-25-25-2\times2\times25=7860$	7860	2
5	20	$2\times15\times20+(6000+700+600-20\times2)-25-25-2\times2\times20=7730$	7730	2
6	25	$15\times12+1500-20+2\times6.25\times12=1810$	1810	2
7	8	$(610+260)\times2+19\times8=1892$	1892	46
8	8	$(310+260)\times2+19\times8=1292$	1292	15
9	16	$6000+2\times15\times16=6480$	6480	4

【钢筋翻样技能测试题 2】

已知：二级抗震顶层中柱［参考图 4 - 70（a）］，钢筋直径为 $d=20mm$，混凝土强度等级为 C30，梁高 500mm，楼板厚 110mm，柱净高 2600mm，柱宽 400mm，$i=8$，$j=8$，即柱截面双向均有 8 根钢筋，钢筋牌号 HRB400。混凝土结构的环境类别为一类即室内干燥环境或无侵蚀性静水浸没环境，梁、柱混凝土保护层厚度均为 20mm。试结合建筑结构知识，求：长、短向梁筋的下料长度。

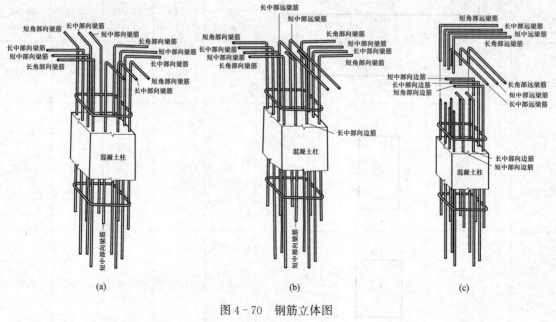

图 4 - 70　钢筋立体图

（a）顶层中柱的钢筋立体图；（b）顶层边柱的钢筋立体图；（c）顶层角柱的钢筋立体图

【解】

$$长\ L_1=层高-\max\{柱净高/6，柱宽，500\}-梁保护层$$

$$=2600+500-\max\{2600/6，400，500\}-20=3100-500-20=2580\ （mm）$$

短 L_1＝层高－max{柱净高/6，柱宽，500}－max{35d，500}－梁保护层

$$=2600+500-\max\{2600/6，400，500\}-\max\{700，500\}-20$$

$$=3100-500-700-20=1880（mm）$$

梁高－梁保护层＝500－20＝480(mm)

二级抗震，HRB400，C30 时，$L_{aE}=40d=40\times20=800$(mm)（查附录 H）

$0.5L_{aE}<$（梁高－梁保护层）$<L_{aE}$，$0.5\times800=400<500-20=480<800$

因此排除图 4－71(b)直锚方式，采用图 4－71(a)弯锚方式，$L_2=12d=240$mm

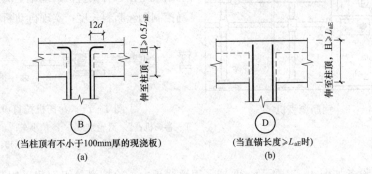

图 4－71 钢筋直锚方式

(a) 顶层中柱钢筋弯锚方式；(b) 顶层中柱钢筋直锚方式

长、短向梁筋的下料长度计算简图如图 4－72(a)、图 4－72(b)所示。

长向梁筋下料长度＝长 L_1+L_2－量度差值

$$=2580+240-2d=2580+240-40=2780（mm）$$

短向梁筋下料长度＝短 L_1+L_2－量度差值

$$=1880+240-2d=1880+240-40=2080（mm）$$

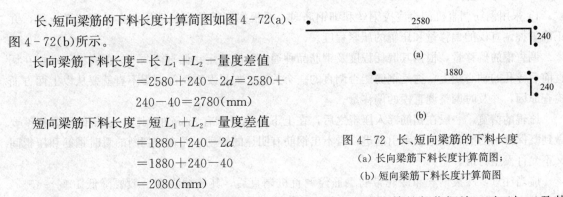

图 4－72 长、短向梁筋的下料长度

(a) 长向梁筋下料长度计算简图；

(b) 短向梁筋下料长度计算简图

如图 4－70(a)所示，中柱顶筋的类别划分，是为了讲解各类钢筋的部位摆放。对于加工及其尺寸来说，只有长向梁筋和短向梁筋两种。钢筋数量＝2×(8＋8)－4＝28（根），长、短向梁筋各半。

（二）钢筋加工

1. 钢筋除锈

钢筋的表面应洁净。油渍、漆污和用锤敲击时能剥落的浮皮、铁锈等应在使用前清除干净。在焊接前，焊点处的水锈应清除干净。

钢筋的除锈，一般可通过以下两种途径：一是在钢筋冷拉或钢丝调直过程中除锈，对大量钢筋的除锈较为经济省力；二是用机械方法除锈，如采用电动除锈机除锈，对钢筋的局部除锈较为方便。此外，还可采用手工除锈（用钢丝刷、砂盘）、喷砂和酸洗除锈等。

电动除锈机，该机的圆盘钢丝刷有成品供应，也可用废钢丝绳头拆开编成，其直径为 20～30cm、厚度为 5～15cm、转速为 1000r/min 左右，电动机功率为 1.0～1.5kW。为了减少除锈时灰

尘飞扬，应装设排尘罩和排尘管道。

在除尘过程中发现钢筋表面的氧化铁皮鳞落现象严重并已损伤钢筋截面，或在除锈后钢筋表面有严重的麻坑、斑点伤蚀截面时，应降级使用或剔除不用。

2. 钢筋调直

（1）钢筋调直的机具设备。钢筋调直的机具设备有钢筋调直机（图 4-73）、数控钢筋调直切断机和卷扬机拉直（图 4-74）。

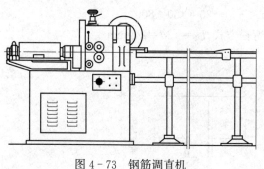

图 4-73　钢筋调直机

钢筋调直机主要是对直径 12mm 以内的钢筋和钢丝进行调直和断料一体化的电动机械。数控钢筋调直切断机是在原有调直机的基础上应用电子控制仪，准确控制钢丝断料长度，实现自动断料、自动计数。

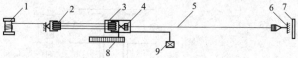

图 4-74　卷扬机拉直设备布置

1—卷扬机；2—滑轮组；3—冷拉小车；4—钢筋夹具；5—钢筋；
6—地锚；7—防护壁；8—标尺；9—荷重架

卷扬机拉直设备如图 4-74 所示。两端采用地锚承力。冷拉滑轮组回程采用荷重架，标尺量伸长。该法设备简单，宜用于施工现场或小型构件厂。

（2）调直工艺。

1）采用钢筋调直机调直冷拔钢丝和细钢筋时，要根据钢筋的直径选用调直模和传送压辊，并正确掌握调直模的偏移量和压辊的压紧程度。

调直模的偏移量，根据其磨耗程度及钢筋品种通过试验确定；调直筒两端的调直模一定要在调直前后导孔的轴心线上，这是钢筋能否调直的一个关键。如果发现钢筋调得不直就要从以上两方面检查原因，并及时调整调直模的偏移量。

压辊的槽宽，一般在钢筋穿入压辊之后，在上下压辊间宜有 3mm 的间隙。压辊的压紧程度要做到既保证钢筋能顺利地被牵引前进，看不出钢筋有明显的转动，而在被切断的瞬时钢筋和压辊间又不允许发生打滑。

应当注意：冷拔钢丝和冷轧带肋钢筋经调直机调直后，其抗拉强度一般要降低 10%～15%。使用前应加强检验，按调直后的抗拉强度选用。如果钢丝抗拉强度降低过大，则可适当降低调直筒的转速和调直块的压紧程度。

2）采用冷拉方法调直钢筋时，HPB300 级钢筋的冷拉率不宜大于 4%，HRB335 级、HRB400 级及 RRB400 级冷拉率不宜大于 1%。

3. 钢筋切断

（1）钢筋切断的机具设备。钢筋切断机目前有 GQ40、GQ40B、GQ50 型钢筋切断机（图 4-75、图 4-76）、轻巧的 DYQ32B 电动液压切断机、手动液压切断机和断线钳。GQ40 可以切断 6～32mm 的钢筋，GQ50 可以切断 6～32mm 的钢筋。

1）手动液压切断器，型号为 GJ5Y-16，切断力 80kN，活塞行程为 30mm，压柄作用力 220N，总重量 6.5kg，可切断直径 16mm 以下的钢筋。这种机具体积小，重量轻，操作简单，便于携带。

2）断线钳有两种，大号断线钳可以切断 12mm（包含 12mm）以下的钢筋，小号断线钳可以切断 6mm（包含 6mm）以下的钢筋和钢丝。

（2）切断工艺。

1）将同规格钢筋根据不同长度长短搭配，统筹排料；一般应先断长料，后断短料，减少短头，

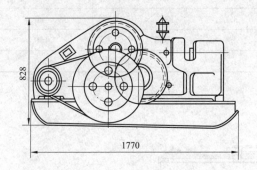

图 4-75　GJ5-40 型钢筋切断机

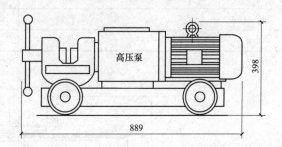

图 4-76　GJ5Y-32 电动液压切断机

减少损耗。

2）断料时应避免用短尺量长料，防止在量料中产生累计误差。为此，宜在工作台上标出尺寸刻度线并设置控制断料尺寸用的挡板。

3）钢筋切断机的刀片，应由工具钢热处理制成。安装刀片时，螺钉要紧固，刀口要密合（间隙不大于 0.5mm）；固定刀片与冲切刀片刀口的距离：对直径≤20mm 的钢筋宜重叠 1～2mm，对直径＞20mm 的钢筋宜留 5mm 左右。

4）在切断过程中，如发现钢筋有劈裂、缩头或严重的弯头等必须切除；如发现钢筋的硬度与该钢种有较大的出入，应及时向有关人员反映，查明情况。

5）钢筋的断口，不得有马蹄形或起弯等现象。

4. 钢筋弯曲成型

（1）钢筋弯钩和弯折的有关规定。

1）受力钢筋。

① HPB300 级钢筋末端应作 180°弯钩，其弯弧内直径不应小于钢筋直径的 2.5 倍。弯钩的弯后平直部分长度不应小于钢筋直径的 3 倍。

② 当设计要求钢筋末端应作 135°时，HRB335 级、HRB400 级钢筋的弯弧内直径 D 不应小于钢筋直径的 4 倍，弯钩的弯后平直部分应符合设计要求。

③ 钢筋作不大于 90°的弯折时，弯折处的弯弧内直径不应小于钢筋直径的 5 倍。

2）箍筋。除焊接封闭式箍筋外，箍筋的末端应作弯钩。弯钩形式应符合设计要求；当设计无具体要求时，应符合下列规定。

① 箍筋弯钩的弯弧内直径除不应小于钢筋直径的 2.5 倍外，还应不小于受力钢筋的直径。

② 箍筋弯钩的弯折角度：对一般结构，不应小于 90°；对有抗震等级要求的结构应为 135°。

③ 箍筋弯后的平直部分长度：对一般结构，不宜小于箍筋直径的 5 倍；对有抗震等级要求的结构，不应小于箍筋直径的 10 倍。

（2）机具设备。

1）钢筋弯曲机。钢筋弯曲机的技术性能，见表 4-28。图 4-77 为 GW40 钢筋弯曲机外形。表 4-29 为 GW-40 型钢筋弯曲机每次弯曲根数。

表 4-28   钢筋弯曲机技术性能

弯曲机类型	钢筋直径 （mm）	弯曲速度 （r/min）	电机功率 （kW）	外形尺寸（mm） 长×宽×高	质量 （kg）
GW32	6～32	10/20	2.2	875×615×945	340
GW40	6～40	5	3.0	1360×740×865	400
GW40A	6～40	5	3.0	1050×760×828	450
GW50	25～50	2.5	4.0	1450×760×800	580

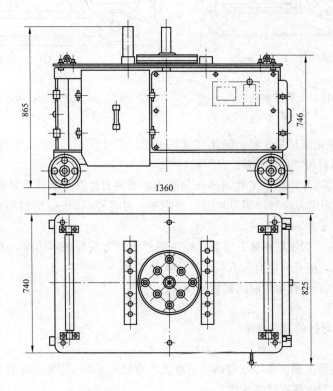

图 4-77　GW40 型钢筋弯曲机

表 4-29   GW-40 型钢筋弯曲机每次弯曲次数

钢筋直径（mm）	10～12	14～16	18～20	22～40
每次弯曲根数	4～6	3～4	2～3	1

2）四头弯箍机。四头弯箍机（图 4-78）是由一台电动机通过三级变速带动圆盘，再通过圆盘上的偏心铰带动连杆与齿条，使 4 个工作盘转动。每个工作盘上装有心轴与成型轴，但与钢筋弯曲机不同的是：工作盘不停地往复运动，且转动角度一定（事先可调整）。

四头弯箍机主要技术参数是：电机功率为 3kW，转速为 960r/min，工作盘反复动作次数为 31r/min。该机可弯曲 $\phi 4 \sim \phi 12$ 钢筋，弯曲角度在 0°～180°范围内变动。

该机主要是用来弯制钢箍，其工效比手工操作提高约 7 倍，加工质量稳定，弯折角度偏差小。

3）手工弯曲工具。在缺机具设备条件下，也可采用手摇扳手弯制细钢筋，用卡盘与扳头弯制粗钢筋。手动弯曲工具的尺寸，详见表 4-30 与表 4-31。

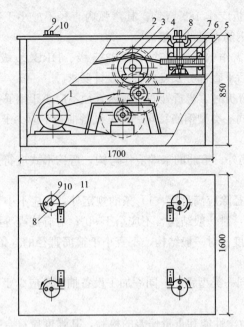

图 4-78 四头弯箍机

1—电动机；2—偏心圆盘；3—偏心铰；4—连杆；5—齿条；6—滑道；
7—正齿轮；8—工作盘；9—成型轴；10—心轴；11—挡铁

表 4-30　　　　　　　　　手摇扳手主要尺寸　　　　　　　　　　　mm

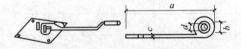

项次	钢筋直径	a	b	c	d
1	φ6	500	18	16	16
2	φ8～10	600	22	18	20

表 4-31　　　　　　卡盘与扳头（横口扳手）主要尺寸　　　　　　mm

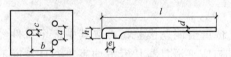

项次	钢筋直径	卡盘			扳头			
		a	b	c	d	e	h	l
1	φ12～16	50	80	20	22	18	40	1200
2	φ18～22	65	90	25	28	24	50	1350
3	φ25～32	80	100	30	38	34	76	2100

（三）钢筋加工质量检验

1. 主控项目

(1) 受力钢筋的弯钩和弯折应符合下列规定。

1) 受力钢筋的弯钩和弯折应作 180°弯钩，其弯弧内直径不应小于钢筋直径的 2.5 倍，弯钩的弯后平直部分长度不应小于钢筋直径的 3 倍。

2) 当设计要求钢筋末端需作 135°弯钩时，HRB335 级、HRB400 级钢筋的弯弧内直径不应小于钢筋直径的 4 倍，弯钩的弯后平直部分长度应符合设计要求。

3) 钢筋作不大于 90°的弯折时，弯折处的弯弧内直径不应小于钢筋直径的 5 倍。

检查数量：按每工作班同一类型钢筋、同一加工设备抽查不应少于 3 件。

检验方法：钢尺检查。

(2) 除焊接封闭环式箍筋外，箍筋的末端应作弯钩，弯钩形式应符合设计要求；当设计无具体要求时，应符合下列规定。

1) 箍筋弯钩的弯弧内直径除应满足第（1）条的规定外，还应不小于受力钢筋直径。

2) 箍筋弯钩的弯折角度：对一般结构，不应小于 90°；对有抗震等要求的结构，应为 135°。

3) 箍筋弯后平直部分长度：对一般结构，不宜小于箍筋直径的 5 倍；对有抗震等要求的结构，不应小于箍筋直径的 10 倍。

检查数量：按每工作班同一类型钢筋、同一加工设备抽查不应少于 3 件。

检验方法：钢尺检查。

(3) 钢筋调直后应进行力学性能和重量偏差的检验，其强度应符合有关标准的规定。盘卷钢筋和直条钢筋调直后的断后伸长率、重量负偏差应符合表 4 - 32 的规定。

表 4 - 32   盘卷钢筋和直条钢筋调直后的断后伸长率、重量负偏差

钢筋牌号	断后伸长率 A（%）	重量负偏差（%）		
		直径 6～12mm	直径 14～20mm	直径 22～50mm
HPB235、HPB300	≥21	≤10	—	—
HRB335、HRBF335	≥16	≤8	≤6	≤5
HRB400、HRBF400	≥15			
RRB400	≥13			
HRB500、HRBF500	≥14			

采用无延伸功能的机械设备调直的钢筋，可不进行本条规定的检验。

检查数量：同一厂家、同一牌号、同一规格调直钢筋，重量不大于 30t 为一批；每批见证取 3 件试件。

检验方法：3 个试件先进行重量偏差检验，再取其中 2 个试件经时效处理后进行力学性能检验。检验重量偏差时，试件切口应平滑且与长度方向垂直，且长度不应小于 500mm；长度和重量的量测精度分别不应低于 1mm 和 1g。

2. 一般项目

(1) 钢筋宜采用无延伸功能的机械设备进行调直，也可采用冷拉方法调直。当采用冷拉方法调直时，HPB235、HPB300 光圆钢筋的冷拉率不宜大于 4%；HRB335、HRB400、HRB500、HRBF335、HRBF400、HRBF500 及 RRB400 带肋钢筋的冷拉率不宜大于 1%。

检查数量：每工作班按同一类型钢筋、同一加工设备抽查不应少于 3 件。

检验方法：观察，钢尺检查。

(2) 钢筋加工的形状、尺寸应符合设计要求，其偏差应符合表 4 - 33 的规定。

检查数量：按每工作班同一类型钢筋、同一加工设备抽查不应少于 3 件。

检验方法：钢尺检查。

表 4 - 33 钢筋加工的允许偏差

项目	允许偏差（mm）	项目	允许偏差（mm）
受力钢筋顺长度方向全长的净尺寸	±10	箍筋内净尺寸	±5
弯起钢筋的弯折位置	±20		

三、钢筋连接

（一）钢筋连接方式与连接接头规定

钢筋连接方式，可分为绑扎连接、焊接、机械连接等，纵向受力钢筋的连接方式应符合设计要求。在施工现场，应按国家现行标准《钢筋机械连接通用技术规程》（JGJ 107）、《钢筋焊接及验收规程》（JGJ 18）的规定抽取钢筋机械连接接头、焊接接头试件做力学性能检验，其质量应符合有关规程的规定。

由于钢筋通过连接接头传力的性能总不如整根钢筋，因此设置钢筋连接原则为（混凝土设计规范 GB 50010—2010 第 8.4.1 条）：受力钢筋的连接接头宜设置在受力较小处；在同一根受力钢筋上宜少设接头；在结构的重要构件和关键传力部位，纵向受力钢筋不宜设置连接接头。同一构件中的纵向受力钢筋接头宜相互错开。

《混凝土结构工程施工质量验收规范》（GB 50204—2015）也规定：钢筋的接头宜设置在受力较小处。同一纵向受力钢筋不宜设置两个或两个接头。接头末端至钢筋弯起点的距离不应小于钢筋直径的 10 倍。在施工现场，应按国家现行标准《钢筋机械连接通用技术规程》（JGJ 107）、《钢筋焊接及验收规程》（JGJ 18）的规定对钢筋机械连接接头、焊接接头的外观进行检查，其质量应符合有关规程的规定。以上规定均要求用观察的方法全数检查。

1. 接头使用规定

（1）直径大于 12mm 以上的钢筋，应优先采用焊接接头或机械连接接头。

（2）当受拉钢筋的直径大于 28mm 及受压钢筋的直径大于 32mm 时，不宜采用绑扎接头。

（3）轴向受拉及小偏心受拉构件（如桁架和拱的拉杆）的纵向受力钢筋不得采用绑扎搭接接头。

（4）直接承受动力荷载的结构构件中，其纵向受拉钢筋不得采用绑扎搭接接头。

2. 接头面积允许百分率

同一构件中相邻纵向受力钢筋的绑扎搭接接头宜相互错开，错开的具体规定是以接头面积允许百分率来表达的。

同一连接区段内，纵向钢筋搭接接头面积百分率为该区段内有搭接接头的纵向受力钢筋截面面积与全部纵向受力钢筋截面面积的比值。

（1）钢筋绑扎搭接接头连接区段的长度为 $1.3l_l$（l_l 为搭接长度），凡搭接接头中点位于该连接区段长度内的搭接接头均属于同一连接区段。同一连接区段内，纵向受拉钢筋搭接接头面积百分率应符合设计要求；当设计无具体要求时，应符合下列规定。

1）对梁、板类及墙类构件，不宜大于 25％。

2）对柱类构件，不宜大于 50％（图 4 - 79）。

3）当工程中确有必要增大接头面积百分率时，对梁类构件不应大于 50％；对其他构件，可根据实际情况放宽。

检查数量：在同一检验批内，对梁、柱和独立基础，应抽查构件数量的 10％，且不少于 3 件；对墙和板，应按有代表性的自然间抽查 10％，且不少于 3 间；对大空间结构，墙可按相邻轴线间高

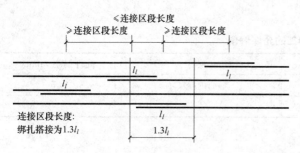

图 4 - 79　同一连接区段内纵向受拉钢筋的绑扎搭接接头
注：图中所示同一连接区段内的搭接接头钢筋为两根，当钢筋
　直径相同时，钢筋搭接接头面积百分率为50%。

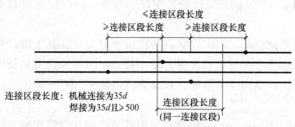

图 4 - 80　同一连接区段内纵向受拉钢筋机械连接、焊接接头

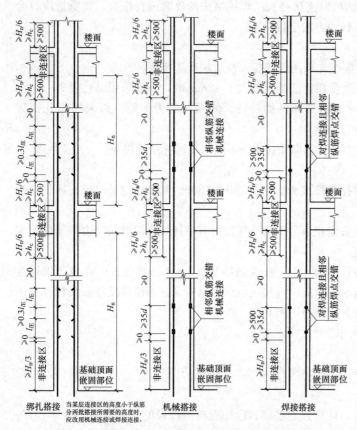

图 4 - 81　钢筋绑扎、焊接和机械连接的连接区段规定

度5m左右划分检查面，板可按纵、横轴线划分检查面，抽查10%，且均不少于3面。

检验方法：观察，钢尺检查。

（2）钢筋机械连接的连接区段的长度为35d；焊接接头连接区段的长度为35倍d（d为连接钢筋的较小直径），且不小于500mm。同一连接区段内，纵向受力钢筋的接头面积百分率应符合设计要求；当设计无具体要求时，应符合下列规定。

1）受拉区不宜大于50%（图 4 - 80～图 4 - 82）。

注意：绑扎连接、焊接、机械连接的连接区段和接头面积百分率的规定，是为了避免钢筋连接施工质量的风险。绑扎连接的连接区段更长和接头面积百分率要求更严是因为绑扎连接的可靠性不如焊接和机械连接。

2）接头不宜设置在有抗震设防要求的框架梁端、柱端的箍筋加密区；当无法避开时，对等强度高质量机械连接接头，不应大于50%。

3）直接承受动力荷载的结构构件中，不宜采用焊接接头；当采用机械连接接头时，不应大于50%。

检查数量：在同一检验批内，对梁、柱和独立基础，应抽查构件数量的10%，且不少于3件；对墙和板，

图 4 - 82　柱筋焊接连接的连接区段现场拍摄图

应按有代表性的自然间抽查 10％，且不少于 3 间；对大空间结构，墙可按相邻轴线间高度 5m 左右划分检查面，板可按纵横轴线划分检查面，抽查 10％，且均不少于 3 面。

检验方法：观察，钢尺检查。

3. 绑扎接头搭接长度

(1) 纵向受力钢筋的最小搭接长度。

1) 当纵向受拉钢筋的绑扎搭接接头面积百分率不大于 25％时，其最小搭接长度应符合表 4 - 34 的规定。

表 4 - 34　　　　　　　　　　　　　　　**纵向受拉钢筋的最小搭接长度**

钢筋类型		混凝土强度等级						
		C20	C25	C30	C35	C40	C45	C50
光圆钢筋	HPB300 级	$47d$	$41d$	$36d$	$34d$	$30d$	$29d$	$28d$
带肋钢筋	HRB335 级	$46d$	$40d$	$35d$	$33d$	$30d$	$28d$	$27d$
	HRB400 级、RRB400 级	—	$48d$	$42d$	$39d$	$35d$	$34d$	$33d$

注　两根直径不同钢筋的搭接长度，以较细钢筋的直径计算。

2) 当纵向受拉钢筋搭接接头面积百分率大于 25％，但不大于 50％时，其最小搭接长度应按本表 4 - 34 中的数值乘以系数 1.2 取用；当接头面积百分率大于 50％时，应按表 4 - 34 中的数值乘以系数 1.35 取用，也可以直接查本书附录 H 结构说明选用。

3) 当符合下列条件时，纵向受拉钢筋的最小搭接长度应根据第 1) 条至第 2) 条确定后，按下列规定进行修正。

① 当带肋钢筋的直径大于 25mm 时，其最小搭接长度应按相应数值乘以系数 1.1 取用。

② 对环氧树脂涂层的带肋钢筋，其最小搭接长度应按相应数值乘以系数 1.25 取用。

③ 当在混凝土凝固过程中受力钢筋易受扰动时（如滑模施工），其最小搭接长度应按相应数值乘以系数 1.1 取用。

④ 对末端采用机械锚固措施的带肋钢筋，其最小搭接长度可按相应数值乘以系数 0.7 取用。

⑤ 当带肋钢筋的混凝土保护层厚度大于搭接钢筋直径的 3 倍且配有箍筋时，其最小搭接长度可按相应数值乘以系数 0.8 取用。

⑥ 对有抗震设防要求的结构构件，其受力钢筋的最小搭接长度对一、二级抗震等级应按相应数值乘以系数 1.15 采用；对三级抗震等级应按相应数值乘以系数 1.05 采用。

在任何情况下，受拉钢筋的搭接长度不应小于 300mm。

4) 纵向受压钢筋搭接时，其最小搭接长度应根据第 1) 条至第 3) 条的规定确定相应数值后，乘以系数 0.7 取用。在任何情况下，受压钢筋的搭接长度不应小于 200mm。

(2) 在梁、柱类构件的纵向受力钢筋搭接长度范围内，应按设计要求配置箍筋。当设计无具体要求时，应符合下列规定。

1) 箍筋直径不应小于搭接钢筋较大直径的 0.25 倍。

2) 受拉搭接区段的箍筋的间距不应大于搭接钢筋较小直径的 5 倍，且不应大于 100mm。

3) 受压搭接区段的箍筋的间距不应大于搭接钢筋较小直径的 10 倍，且不应大于 200mm。

4) 当柱中纵向受力钢筋直径大于 25mm 时，应在搭接接头两个端面外 100mm 范围内各设置两个箍筋，其间距宜为50mm。

检查数量：在同一检验批内，对梁、柱和独立基础，应抽查构件数量的10%，且不少于3件；对墙和板，应按有代表性的自然间抽查10%，且不少于3间；对大空间结构，墙可按相邻轴线间高度5m左右划分检查面，板可按纵横轴线划分检查面，抽查10%，且均不少于3面。

检验方法：钢尺检查。

（二）钢筋焊接

1. 一般规定

钢筋焊接的一般规定如下。

（1）电渣压力焊应用于柱、墙、烟囱等现浇混凝土结构中竖向受力钢筋的连接；不得用于梁、板等构件中水平钢筋的连接。

（2）在工程开工或每批钢筋正式焊接前，应进行现场条件下的焊接性能试验，合格后方可正式生产。

（3）钢筋焊接施工之前，应清除钢筋或钢板焊接部位和与电极接触的钢筋表面上的锈斑油污、杂物等；钢筋端部若有弯折、扭曲时，应予以矫直或切除。

（4）进行电阻点焊、闪光对焊、电渣压力焊或埋弧压力焊时，应随时观察电源电压的波动情况。对于电阻点焊或闪光对焊，当电源电压下降大于5%、小于8%时，应采取提高焊接变压器级数的措施；当大于或等于8%时，不得进行焊接。对于电渣压力焊或埋弧压力焊，当电源电压下降大于5%时，不宜进行焊接。

（5）对从事钢筋焊接施工的班组及有关人员应经常进行安全生产教育，并应制定和实施安全技术措施，加强焊工的劳动保护，防止发生烧伤、触电、火灾、爆炸以及烧坏焊接设备等事故。

（6）焊机应经常维护保养和定期检修，确保正常使用。

2. 钢筋闪光对焊

钢筋闪光对焊是将两根钢筋安放成对接形式，利用焊接电流通过两根钢筋接触点产生的电阻热，使接触点金属熔化，产生强烈飞溅，形成闪光，迅速施加顶锻力完成的一种压焊方法（图4-83，图4-84）。

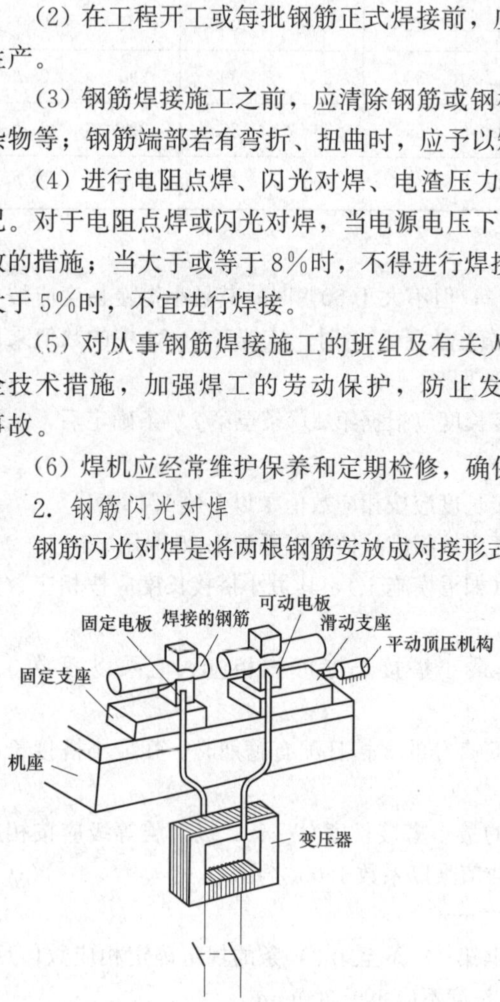

图4-83　钢筋闪光对焊原理

图4-84　工人正在采用闪光对焊机对接钢筋

（1）对焊工艺。钢筋闪光对焊的焊接工艺可分为连续闪光焊、预热闪光焊和闪光预热闪光焊等，根据钢筋品种、直径、焊机功率、施焊部位等因素选用。

1）连续闪光焊。连续闪光焊的工艺过程包括：连续闪光和顶锻过程。施焊时，先闭合一次电路，使两根钢筋端面轻微接触，此时端面的间隙中即喷射出火花般熔化的金属微粒——闪光，接着徐徐移动钢筋使两端面仍保持轻微接触，形成连续闪光。当闪光到预定的长度，使钢筋端头加热到将近熔点时，就以一定的压力迅速进行顶锻。先带电顶锻，再无电顶锻到一定长度，焊接接头即告完成。

2）预热闪光焊。预热闪光焊是在连续闪光焊前增加一次预热过程，以扩大焊接热影响区。其工艺过程包括：预热、闪光和顶锻过程。施焊时先闭合电源，然后使两根钢筋端面交替地接触和分开，这时钢筋端面的间隙中即发出断续的闪光，而形成预热过程。当钢筋达到预热温度后进入闪光阶段，随后顶锻而成。

3）闪光—预热闪光焊。闪光—预热闪光焊是在预热闪光焊前加一次闪光过程，目的是使不平整的钢筋端面烧化平整，使预热均匀。其工艺过程包括：一次闪光、预热、二次闪光及顶锻过程。施焊时首先连续闪光，使钢筋端部闪平，然后同预热闪光焊。

闪光对焊的对焊参数包括：调伸长度、闪光留量、闪光速度、顶锻留量、顶锻速度、顶锻压力及变压器级次。采用预热闪光焊时，还要有预热留量与预热频率等参数。

（2）对焊接头质量检验。

1）取样数量。在同一台班内，由同一焊工，按同一焊接参数完成的 300 个同类型接头作为一批。一周内连续焊接时，可以累计计算。一周内累计不足 300 个接头时，也按一批计算。

钢筋闪光对焊接头的外观检查，每批抽查 10% 的接头，且不得少于 10 个。

钢筋闪光对焊接头的力学性能试验包括拉伸试验和弯曲试验，应从每批成品中切取 6 个试件，3 个进行拉伸试验，3 个进行弯曲试验。

2）外观检查。钢筋闪光对焊接头的外观检查，应符合下列要求。

① 接头处不得有横向裂纹。

② 与电极接触处的钢筋表面，不得有明显的烧伤。

③ 接头处的钢筋轴线偏移 α，不得大于钢筋直径的 0.1 倍，且不得大于 2mm；其测量方法如图 4 - 85 所示。

④ 当有一个接头不符合要求时，应对全部接头进行检查，剔出不合格接头，切除热影响区后重新焊接。

3）拉伸试验。钢筋对焊接头拉伸试验时，应符合下列要求。

① 三个试件的抗拉强度均不得低于该级别钢筋的抗拉强度标准值。

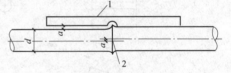

图 4 - 85　对焊接头轴线偏移测量方法
1—测量尺；2—对焊接头

② 至少有两个试样断于焊缝之外，并呈塑形断裂。

当检验结果有一个试件的抗拉强度低于规定指标，或有两个试件在焊缝或热影响区发生脆性断裂时，应取双倍数量的试件进行复验。复验结果，若仍有一个试件的抗拉强度低于规定指标，或有三个试件呈脆性断裂，则该批接头即为不合格品。

模拟试件的检验结果不符合要求时，复验应从成品中切取试件，其数量和要求与初试时相同。

4）弯曲试验。钢筋闪光对焊接头弯曲试验时，应将受压面的金属毛刺和镦粗变形部分去掉，与母材的外表齐平。

弯曲试验可在万能试验机、手动或电动液压弯曲机上进行，焊缝应处于弯曲的中心点，弯心直径见表 4 - 35。弯曲至 90°时，至少有 2 个试件不得发生破断。

表 4-35　　　　　　　　　　　　　钢筋对接接头弯曲试验指标

钢筋级别	弯心直径（mm）	弯曲角（°）
HPB300 级	$2d$	90
HRB335 级	$4d$	90
HRB400 级	$5d$	90

注　1. d 为直径。

　　2. 直径大于 25mm 的钢筋对焊接头，做弯曲试验时弯心直径应增加一个钢筋直径。

当试验结果有 2 个试件发生破断时，应再取 6 个试件进行复验。复验结果如仍有 3 个试件发生破断，应确认该批接头为不合格品。

3. 钢筋电弧焊

钢筋电弧焊是以焊条作为一板、钢筋为另一板，利用焊接电流通过产生的电弧热进行焊接的一种熔焊方法。钢筋电弧焊包括帮条焊、搭接焊、坡口焊和熔槽帮条焊等接头形式。电弧焊在建筑工程中广泛应用于钢结构中钢板与钢板的焊接，但在钢筋连接中，电弧焊连接形式主要是帮条焊和搭接焊；在预埋件与钢筋的常用 T 字连接中，电弧焊连接形式则分为贴角焊和穿孔塞焊两种。

（1）帮条焊和搭接焊。帮条焊和搭接焊的规格和尺寸，见表 4-34。帮条焊和搭接焊宜采用双面焊。当不能进行双面焊时，可采用单面焊（图 4-86、图 4-87）。当帮条级别与主筋相同时，帮条直径可与主筋相同或小一个规格；当帮条直径与主筋相同时，帮条级别可与主筋相同或低一个级别。

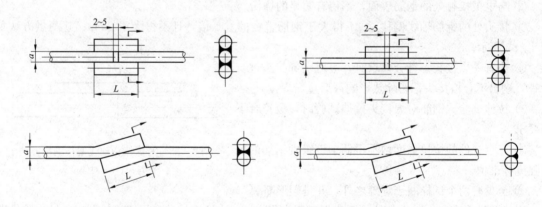

　　图 4-86　钢筋帮条及搭接双面焊　　　　　　图 4-87　钢筋帮条及搭接单面焊

1）施焊前，钢筋的装配与定位，应符合下列要求。

① 采用帮条焊时，两主筋端面之间的间隙应为 2～5mm。

② 采用搭接焊时，焊接端钢筋应预弯，并使两钢筋的轴线在一直线上。

③ 帮条和主筋之间应采用四点定位焊固定；搭接焊时，应采用两点固定；定位焊缝与帮条端部或搭接端部的距离应大于或等于 20mm。

2）施焊时，应在帮条焊或搭接焊形成焊缝中引弧；在端头收弧前应填满弧坑，并使主焊缝与定位焊缝的始端和终端熔合。

3）帮条焊或搭接焊的焊缝长度 h 不应小于主筋直径的 0.3 倍，焊缝宽度 b 不应小于主筋直径的 0.7 倍。

4）钢筋与钢板焊接时，搭接长度要符合规定。焊缝宽度不得小于钢筋直径的 0.5 倍，焊缝厚度不得小于钢筋直径的 0.35 倍。

（2）预埋件电弧焊。预埋件 T 字接头电弧焊分为贴脚焊和穿孔塞焊两种。

采用贴角焊时，焊缝的焊角 K：对 HPB300 级钢筋不得小于 0.5d，对 HRB335 级钢筋，不得小于 0.6d（d 为钢筋直径）。

采用穿孔塞焊时，钢板的孔洞应做成喇叭口，其内口直径应比钢筋直径 d 大 4mm，倾斜角度为 45°，钢筋缩进 2mm。

施焊中，电流不宜过大，不得使钢筋咬边和烧伤。

4. 钢筋电渣压力焊

钢筋电渣压力焊是将两根钢筋安放成竖向对接形成，利用焊接电流通过两根钢筋端间间隙，在焊剂层下形成电弧过程和电渣过程，产生电弧热和电阻热，熔化钢筋，加压完成的一种压焊方法。这种焊接方法比电弧焊节省钢材、工效高、成本低，适用于现浇混凝土结构中竖向或斜向（倾斜度在 4∶1 范围内）钢筋的连接。

电渣压力焊在供电条件差、电压不稳、雨季或防火要求高的场合应慎用。

（1）焊接工艺和焊接参数。施焊前，焊接夹具的上、下钳口应夹紧在上、下钢筋上；钢筋一经夹紧，不得晃动。

电渣压力焊的工艺过程包括：引弧、电弧、电渣和顶压（图 4-88）。

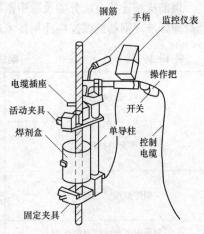

图 4-88　杠杆式单柱焊接机头

1）引弧过程：宜采用铁丝圈引弧法，也可采用直接引弧法。铁丝圈引弧法是将铁丝圈放在上、下钢筋端头之间，高约 10mm，电流通过铁丝圈与上、下钢筋端面的接触点形成短路引弧。直接引弧法是在通电后迅速将上钢筋提起，使两端头之间的距离为 2~4mm 引弧。当钢筋端头夹杂不导电物质或过于平滑造成引弧困难时，可以多次把上钢筋移下与下钢筋短接后再提起，达到引弧目的。

2）电弧过程：靠电弧的高温作用，将钢筋端头的凸出部分不断烧化；同时将接口周围的焊剂充分熔化，形成一定深度的渣池。

3）电渣过程：渣池形成一定深度后，将上钢筋缓缓插入渣池中，此时电弧熄灭，进入电渣过程。由于电流直接通过渣池，产生大量的电阻热。使渣池温度升到近 2000℃，将钢筋端头迅速而均匀熔化。

4）顶压过程：当钢筋端头达到全截面熔化时，迅速将上钢筋向下顶压，将熔化的金属、熔渣及氧化物等杂质全部挤出结合面，同时切断电源，焊接即告结束。

接头焊毕，应停歇后，方可回收焊剂和卸下焊接夹具，并敲去渣壳。

（2）电渣压力焊接头质量检验。

1）取样数量。电渣压力焊接头应逐个进行外观检查。当进行力学性能试验时，应从每批接头中随机切取 3 个试件做拉伸试验，且应按下列规定抽取试件。

① 在一般构筑物中，应以 300 个同级别钢筋接头作为一批。

② 在现浇钢筋混凝土多层结构中，应以每一楼层或施工区段中 300 个同级别钢筋接头作为一批，不足 300 个接头仍应作为一批。

2）外观检查。电渣压力焊接头外观检查结果应符合下列要求（图 4-89）。

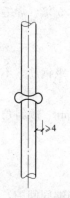

图 4－89　电渣
压力焊接头

① 四周焊包凸出钢筋表面的高度应大于或等于 4mm。

② 钢筋与电极接触处，应无烧伤缺陷。

③ 接头处的弯折角不得大于 4°。

④ 接头处的轴线偏移不得大于钢筋直径 0.1 倍，且不得大于 2mm。

外观检查不合格的接头应切除重焊，或采用补强焊接措施。

3）拉伸试验。电渣压力焊接头拉伸试验结果，3 个试件的抗拉强度均不得小于该级别钢筋规定的抗拉强度。

当试验结果有 1 个试件的抗拉强度低于规定值，应再取 6 个试件进行复验。复验结果当仍有 1 个试件的抗拉强度小于规定值，应确认该批接头为不合格品。

（三）钢筋机械连接

钢筋机械连接是指通过连接件的机械咬合作用或钢筋端面的承压作用，将一根钢筋中的力传递至另一根钢筋的连接方法。这类连接方法是我国近 15 年来陆续发展起来的，它具有以下优点：接头质量稳定可靠，不受钢筋化学成分的影响，人为因素的影响也小；操作简便，施工速度快，且不受气候条件影响；无污染、无火灾隐患，施工安全等。在粗直径钢筋连接中，钢筋机械连接方法有广阔的发展前景。

钢筋机械连接方法分类及适用范围，见表 4－36。钢筋机械连接接头的设计、应用与验收应符合行业标准《钢筋机械连接通用技术规程》和各种机械连接接头技术规程的规定。

表 4－36　　　　　　　　钢筋机械连接方法分类及适用范围

机械连接方法		适用范围	
		钢筋级别	钢筋直径（mm）
钢筋套筒挤压连接		HRB335、HRB400、RRB400	16～40
			16～40
钢筋锥螺纹套筒连接		HRB335、HRB400、RRB400	16～40
			16～40
钢筋镦粗直螺纹套筒连接		HRB335、HRB400	16～40
钢筋滚压直螺纹套筒连接	直接滚压	HRB335、HRB400	16～40
	挤肋滚压		16～40
	剥肋滚压		16～50

从表 4－36 可知，钢筋机械连接方法有钢筋套筒挤压连接、钢筋锥螺纹套筒连接和钢筋直螺纹套筒连接三大类。

带肋钢筋套筒挤压连接（图 4－90）是将两根待接钢筋插入钢套筒，用挤压连接设备沿径向挤压钢套筒，使之产生塑形变形，依靠变形后的钢套筒与被连接钢筋纵、横肋产生的机械咬合成为整体的钢筋连接方法。这种接头质量稳定性好，可与母材等强，但操作工人工作强度高，有时液压油污染钢筋，

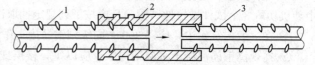

图 4－90　钢筋套筒挤压连接
1—已连接的钢筋；2—钢套筒；3—未挤压的钢筋

综合成本较高。钢筋挤压连接，还要求钢筋最小中心间距为90mm，由于以上原因，目前建筑结构设计很少采用钢筋套筒挤压连接。

钢筋锥螺纹套筒连接（图4-91）是将两根待接钢筋端头用套丝机做出锥形外丝，然后用带锥形内丝的套筒将两根钢筋两端拧紧的钢筋连接方法。这种接头质量稳定性一般，安装施工速度快，综合成本低，但是不能做到与母材等强，钢筋套丝费时，目前建筑结构设计也很少采用钢筋锥螺纹套筒连接。

当前，钢筋直螺纹套筒连接（图4-92），由于成本低、施工速度快，且接头能做到母材等强以上，应用最广，但因为成本仍然高于焊接，目前建筑结构设计往往规定应用在直径22mm以上的二三级热轧钢筋和余热处理带肋钢筋上。钢筋直螺纹连接分为钢筋镦粗直螺纹套筒连接和钢筋滚压直螺纹套筒连接，其中钢筋滚压直螺纹套筒连接又分为直接滚压、挤肋滚压和剥肋滚压，详述如下。

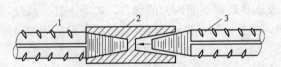

图4-91　钢筋锥螺纹套筒连接

1—已连接的钢筋；2—锥螺纹套筒；3—待连接的钢筋

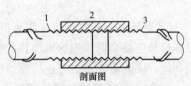

剖面图

图4-92　钢筋直螺纹套筒连接

1—已连接的钢筋；2—直螺纹套筒；3—正在拧入的钢筋

1. 钢筋镦粗直螺纹套筒连接

钢筋镦粗直螺纹套筒连接是先将钢筋端头镦粗，再切削成直螺纹，然后用带直螺纹的套筒将钢筋两端拧紧的钢筋连接方法。镦粗直螺纹钢筋接头的特点：钢筋端部经冷镦后不仅直径增大，使套丝后丝扣底部横截面积不小于钢筋原面积，而且由于冷镦后钢材强度的提高，致使接头部位有很高的强度，断裂均发生在母材，达到SA级接头性能的要求。这种接头的螺纹精度高，接头质量稳定性好，操作简便，连接速度快，价格适中。

（1）机具设备。

1）钢筋液压冷镦机，是钢筋端头镦粗用的一种专用设备。其型号有：HJC200型（Φ18~40）、HJC250型（Φ20~40）、GZD40、CDJ-50型等。

2）钢筋直螺纹套丝机，是将已镦粗或未镦粗的钢筋端头切削成直螺纹的一种专用设备。其型号有：GZL-40、HZS-40、GTS-50型等。

3）扭力扳手、量规（通规、止规）等。

（2）镦粗直螺纹套筒。镦粗直螺纹套筒有同径连接套筒、异径连接套筒和可调节连接套筒三种，其中同径连接套筒分为右旋和左右旋两种。

1）材质要求：对HRB335级钢筋，采用45号优质碳素钢；对HRB400级钢筋，采用45号经调质处理，或用性能不低于HRB400钢筋性能的其他钢种。

2）质量要求。

① 连接套筒表面无裂纹，螺牙饱满，无其他缺陷。

② 牙形规检查合格，用直螺纹塞规检查其尺寸精度。

连接套筒两端头的孔，必须用塑料盖封上，以保持内部洁净，干燥防锈。

（3）钢筋加工与检验。

1）钢筋下料时，应采用砂轮切割机，切口的端面应与轴线垂直，不得有马蹄形或挠曲。

2）钢筋下料后，在液压冷锻压床上将钢筋镦粗。不同规格的钢筋冷镦后的尺寸，见施工手册相关表格。根据钢筋直径、冷镦机性能及镦粗后的外形效果，通过试验确定适当的镦粗压力。操作中要保证镦粗头与钢筋轴线不得大于 4°的倾斜，不得出现与钢筋轴线相垂直的横向表面裂缝。发现外观质量不符合要求时，应及时割除，重新镦粗。

3）钢筋冷镦后，在钢筋套丝机上切削加工螺纹。钢筋端头螺纹规格应与连接套筒的型号匹配。钢筋螺纹加工质量：牙形饱满、无断牙、秃牙等缺陷。

4）钢筋螺纹加工后，随即用配置的量规逐根检测。合格后，再由专职质检员按一个工作班 10％的比例抽样校验。如发现有不合格螺纹，应全部逐个检查，并切除所有不合格螺纹，重新镦粗和加工螺纹。

（4）现场连接施工。

1）对连接钢筋可自由转动的，首先将套筒预先部分或全部拧入一个被连接钢筋的螺纹内，然后转动连接钢筋或反拧套筒到预定位置，最后用扳手转动连接钢筋，使其相互对顶锁定连接套筒。

2）对于钢筋完全不能转动，如弯折钢筋或还要调整钢筋内力的场合，如施工缝、后浇带，可将锁定螺母和连接套筒预先拧入加长的螺纹内，再拧入另一根钢筋端头螺纹上，最后用锁定螺母锁定连接套筒，或配套应用带有正反螺纹的套筒，以便从一个方向上能松开或拧紧两根钢筋。

3）直螺纹钢筋连接时，应采用扭力扳手按表 4－37 规定的力矩值把钢筋接头拧紧。

表 4－37 直螺纹钢筋接头拧紧力矩值

钢筋直径（mm）	16～18	20～22	25	28	32	36～40
拧紧力矩（N·m）	100	200	250	280	320	350

（5）接头质量检验。

1）钢筋连接开始前及施工过程中，应对每批进场钢筋进行接头连接工艺检验。每种规格钢筋的接头试件不应少于 3 个，做单向拉伸试验。其抗拉强度应能发挥钢筋母材强度或大于 1.15 倍钢筋抗拉强度标准值。

2）接头的现场检验按验收批进行。同一施工条件下采用同一批材料的同等级别、同规格接头，以 500 个为 1 个验收批。对接头的每一个验收批，必须在工程结构中随机抽取 3 个试件做单向拉伸试验。当 3 个试件的抗拉强度都能发挥钢筋母材强度或大于 1.15 倍钢筋抗拉强度标准值时，该验收批达到 SA 级强度指标。如有 1 个试件的抗拉强度不符合要求，应加倍取样复验。如 3 个试件的抗拉强度仅达到该钢筋的抗拉强度标准值，则该验收批降为 A 级强度指标。

在现场连续检验 10 个检验批，全部单向拉伸试件一次抽样均合格时，验收批接头数量可扩大一倍。

2. 钢筋滚压直螺纹套筒连接

钢筋滚压直螺纹套筒连接是利用金属材料塑形变形后冷作硬化增强金属材料强度的特点，使接头与母材等强的连接方法。根据滚压直螺纹成型方式，又可分为直接滚压螺纹、挤压肋滚压螺纹、剥肋滚压螺纹三种类型。

（1）直接滚压螺纹加工。采用钢筋滚丝机（型号：GZL－32、GYZL－40、GSJ－40、HGS40 等）直接滚压螺纹。此法螺纹加工简单，设备投入少，但由于钢筋粗细不均导致螺纹直径差异即螺纹精度差，施工受影响。

（2）挤压肋滚压螺纹加工。采用专用挤压设备滚轮先将钢筋的横肋和纵肋进行预压平处理，然后再滚压螺纹。其目的是减轻钢筋肋对成型螺纹的影响。此法对螺纹精度有一定提高，但仍不能从根本上解决钢筋直径差异对螺纹精度的影响，螺纹加工需要两套设备。

（3）剥肋滚压螺纹加工。采用钢筋剥肋滚丝机（型号：GHG40、GHG50），先将钢筋的横肋和纵肋进行剥切处理后，使钢筋滚丝前的柱体直径达到同一尺寸，然后再进行螺纹滚压成型。此法螺纹精度高，接头质量稳定，施工速度快，价格适中，具有较大的发展前景。

钢筋剥肋滚丝机（图4-93）由台钳、剥肋机构、滚丝头、减速机、涨刀机构、冷却系统、电器控制系统、机座等组成。其工作过程：将待加工钢筋夹持在夹钳上，开动机器，扳动进给装置，使动力头向前移动，开始剥肋滚压螺纹，待滚压到调定位置后，设备自动停机并反转，将钢筋端部退出滚压装置，扳动进给装置将动力头复位停机。螺纹即加工完成。

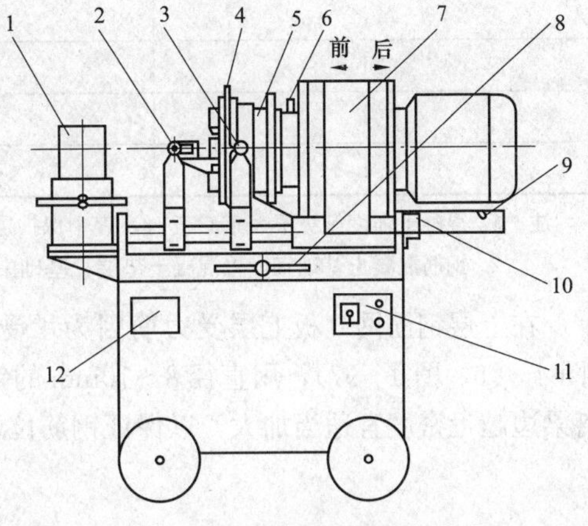

滚压直螺纹接头的单向拉伸试验破坏形式有三种：钢筋母材拉断、套筒拉断、钢筋从套筒中滑脱，只要满足强度要求，任何破坏形式均可判断为合理。

四、钢筋安装

（一）钢筋现场绑扎

1. 准备工作

（1）核对成品钢筋的钢号、直径、形状、尺寸和数量等是否与料单料牌相符。如有错漏，应纠正增补。

图4-93　钢筋剥肋滚丝机

1—台钳；2—涨刀触头；3—收刀触头；4—剥肋机构；
5—滚丝头；6—上水管；7—减速机；8—进给手柄；
9—行程挡块；10—行程开关；11—控制面板；12—标牌

（2）准备绑扎用的铁丝、绑扎工具（如钢筋钩、带扳口的小撬棍），绑扎架等。钢筋绑扎用的铁丝，可采用20～22号铁丝，其中22号铁丝只用于绑扎直径12mm以下的钢筋。因铁丝是成盘供应的，故习惯上是按每盘铁丝周长的几分之一来切断。

（3）准备控制混凝土保护层用的水泥砂浆垫块或塑料卡。

水泥砂浆垫块（图4-94）的厚度，应等于保护层厚度，即结构构件中钢筋外边缘至构件表面范围用于保护钢筋的混凝土厚度，根据混凝土结构设计规范（GB 50010）规定：设计使用年限为50年的混凝土结构，最外层钢筋的保护层厚度应符合表4-38的规定且不应小于钢筋的公称直径d。垫块的平面尺寸：当保护层厚度等于或小于20mm时为30mm×30mm，大于20mm时为50mm×50mm。当在垂直方向使用垫块时，可在垫块中埋入20号铁丝。

塑料卡的形状有两种：塑料垫块和塑料环圈，如图4-95所示。塑料垫块用于水平构件（如梁、板），在两个方向均有凹槽，以便适应两种保护层厚度。塑料环圈用于垂直构件（如柱、墙），使用时钢筋从卡嘴进入卡腔；由于塑料环圈有弹性，可使卡腔的大小能适应钢筋直径的变化。

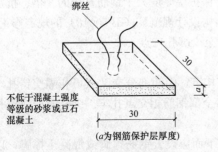

图4-94　水泥砂浆垫块

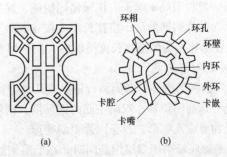

图4-95　控制混凝土保护层用的塑料卡

表 4-38	混凝土保护层的最小厚度 c（mm）	
环境类别	板、墙、壳	梁、柱、杆
一	15	20
二 a	20	25
二 b	25	35
三 a	30	40
三 b	40	50

注　1. 混凝土强度等级不大于 C25 时，表中保护层厚度数值应增加 5mm。

　　2. 钢筋混凝土基础宜设置混凝土垫层，基础中钢筋的混凝土保护层厚度应从垫层顶面算起，且不应小于 40mm。

在上层钢筋网（板上层受力筋因为承受负弯矩又称负筋）下面应设置钢筋撑脚，俗称铁马凳（图 4-96、图 4-97），用直径 8～10mm 的钢筋下脚料加工而成，对于楼板一般每隔 1m 设置一个，离梁边越近密度宜适当加大，以保证钢筋位置正确，混凝土浇筑时铁马凳就直接埋入混凝土中。

图 4-96　铁马凳平面配置示意图　　　　图 4-97　铁马凳两种具体做法

（4）划出钢筋位置线。楼板或墙板的钢筋，在模板上画线；柱的箍筋，在两根对角线主筋上画点；梁的箍筋，则在架立筋上画点；基础的钢筋，在两向各取一根钢筋画点或在垫层上画线。

钢筋接头的位置，应根据来料规格，结合规范对有关接头位置、数量的具体规定，使其错开，在模板上画线。

（5）绑扎形式复杂的结构部位时，应先研究逐根钢筋穿插就位的顺序，并与模板工联系讨论支模和绑扎钢筋的先后次序，以减少绑扎困难。

2. 钢筋绑扎接头

（1）钢筋绑扎接头宜设置在受力较小处。同一纵向受力钢筋不宜设置两个或两个以上接头。接头末端至钢筋弯起点的距离不应小于钢筋直径的 10 倍。

（2）同一构件中相邻纵向受力钢筋的绑扎搭接接头宜相互错开。同一连接区段内，纵向受拉钢筋绑扎搭接接头的面积百分率及箍筋配置要求，可参照钢筋连接方式与连接接头规定。

（3）当出现下列情况，如钢筋直径大于 25mm、混凝土凝固过程中受力钢筋易受扰动、涂环氧板的钢筋、带肋钢筋末端采取机械锚固措施、混凝土保护层厚度大于钢筋直径的 3 倍、抗震结构构件等，纵向受拉钢筋的最小搭接长度应按《混凝土结构设计规范》（GB 50010）的规定修正。

（4）在绑扎接头的搭接长度范围内，应采用铁丝至少绑扎三点。

3. 基础钢筋绑扎

（1）钢筋网的绑扎。四周两行钢筋交叉点应每点扎牢，中间部分交叉点可相隔交错扎牢，但必须保证受力钢筋不位移。双向主筋的钢筋网，则须将全部钢筋相交点扎牢。绑扎时应注意相邻绑扎点的铁丝扣要成八字形，以免网片歪斜变形。

（2）基础底板采用双层钢筋网时，在上层钢筋网下面应设置钢筋撑脚或混凝土撑脚，以保证钢筋位置正确。

钢筋撑脚的形式与尺寸如图 4-98 所示，每隔 1m 放置一个。其直径选用：当板厚 $h \leqslant 30cm$ 时为 8~10mm；当板厚 $h＝30～50mm$ 时为 12~14mm；当板厚 $h＞50cm$ 时为 16~18mm。

（3）钢筋的弯钩应朝上，不要倒向一边；但双层钢筋网的上层钢筋弯钩应朝下。

（4）独立柱基础为双向弯曲，其底面短边的钢筋应放在长边钢筋的上面。

（5）现浇柱与基础连接用的插筋，其箍筋应比柱的箍筋缩小一个柱筋直径，以便连接。插筋位置一定要固定牢固，以免造成柱轴线偏移。

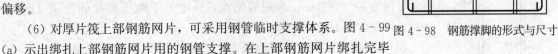

图 4-98　钢筋撑脚的形式与尺寸

（6）对厚片筏上部钢筋网片，可采用钢管临时支撑体系。图 4-99（a）示出绑扎上部钢筋网片用的钢管支撑。在上部钢筋网片绑扎完毕后，需置换出水平钢管；为此，另取一些垂直钢管通过直角扣件与上部钢筋网片的下层钢筋连接起来（该处需另用短钢筋段加强），替换了原支撑体系，如图 4-99（b）所示。在混凝土浇筑过程中，逐步抽出垂直钢管，图 4-99（c）所示。此时，上部荷载可由附近的钢管及上、下端均与钢筋网焊接的多个拉结筋来承受。由于混凝土不断浇筑与凝固，拉结筋细长比减少，提高了承载力。

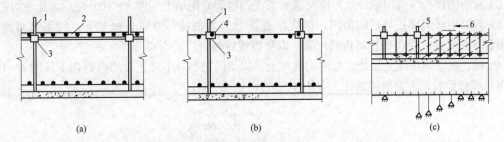

图 4-99　厚片筏上部钢筋网片的钢管临时支撑

（a）绑扎上部钢筋网片时；（b）浇筑混凝土前；（c）浇筑混凝土时

1—垂直钢管；2—水平钢管；3—直角扣件；4—下层水平钢筋；5—待拔钢管；6—混凝土浇筑方向

4. 柱钢筋绑扎

（1）柱中的竖向钢筋搭接时，角部钢筋的弯钩应与模板成 45°（多边形柱为模板内角的平分角，圆形柱应与模板切线垂直），中间钢筋的弯钩应与模板成 90°。如果用插入式振捣器浇筑小型截面柱时，弯钩与模板的角度不得小于 15°。

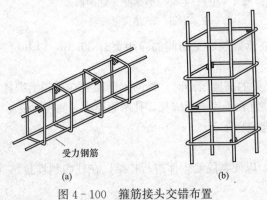

受力钢筋

（a）　　　　（b）

图 4-100　箍筋接头交错布置

（a）梁；（b）柱

（2）箍筋的接头（弯钩叠合处）应交错布置在四角纵向钢筋上［图 4-100（b）］；箍筋转角与纵向钢筋交叉点均应扎牢（箍筋平直部分与纵向钢筋交叉点可间隔扎牢），绑扎箍筋时绑扣相互间应成八字形。

（3）下层柱的钢筋露出楼面部分，如用搭接方式，宜用工具式柱箍将其收进一个主筋直径，以利上层柱的钢筋搭接。当柱截面有变化时，其下层柱钢筋的露出部分，必须在绑扎梁的钢筋之前，先行收缩准确。

（4）框架梁、牛腿及柱帽等钢筋，应放在柱的纵向钢筋内侧。

（5）柱钢筋的绑扎，应在模板安装前进行。

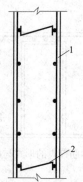

图4-101　墙钢筋的撑铁

1—钢筋网；2—撑铁

5. 墙钢筋绑扎

（1）墙（包括水塔壁、烟囱筒身、池壁等）的垂直钢筋每段长度不宜超过4m（钢筋直径≤12mm）或6m（直径＞12mm），水平钢筋每段长度不宜超过8m，以利绑扎。

（2）墙的钢筋网绑扎同基础，钢筋的弯钩应朝向混凝土内。

（3）采用双层钢筋网时，在两层钢筋间应设置撑铁，以固定钢筋间距。撑铁可用直径6～10mm的钢筋制成，长度等于两层网片的净距（图4-101），间距约为1m，相互错开排列。

（4）墙的钢筋，可在基础钢筋绑扎之后浇筑混凝土前插入基础内。

（5）墙钢筋的绑扎，也应在模板安装前进行。

6. 梁板钢筋绑扎

（1）纵向受力钢筋采用双层排列时，两排钢筋之间应垫以直径≥25mm的短钢筋，以保持其设计距离。

（2）箍筋的接头（弯钩叠合处）应交错布置在两根架立钢筋上［图4-100（a）］，其余同柱。

（3）板的钢筋网绑扎与基础相同，但应注意板上部的负筋，要防止被踩下；特别是雨棚、挑檐、阳台等悬臂板，要严格控制负筋位置，以免拆模后断裂。

（4）板、次梁与主梁交叉处，板的钢筋在上，次梁的钢筋居中，主梁的钢筋在下（图4-102）；当有圈梁或垫梁时，主梁的钢筋在上（图4-103）。

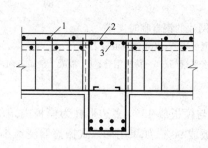

图4-102　板、次梁与主梁交叉处钢筋

1—板的钢筋；2—次梁钢筋；3—主梁钢筋

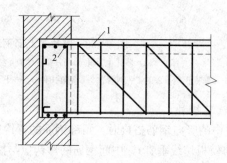

图4-103　主梁与垫梁交叉处钢筋

1—主梁钢筋；2—垫梁钢筋

（5）框架节点处钢筋穿插十分稠密时，应特别注意梁顶面主筋间的净距要有30mm，以利浇筑混凝土。

（6）梁钢筋的绑扎与模板安装之间的配合关系：梁的高度较小时，梁的钢筋架空在梁顶上绑扎，然后再落位；梁的高度较大（≥1.0m）时，梁的钢筋宜在梁底模上绑扎，其两侧模或一侧模后装。

（7）梁板钢筋绑扎时应防止水电管线将钢筋抬起或压下。

（二）现浇框架柱内预埋拉结钢筋

现浇钢筋混凝土框架内经常需要预埋拉结钢筋，以便与隔墙砌体进行拉结，在柱内预埋拉结筋有很多方法，现介绍以下4种常用的施工方法。

（1）穿越法：在模板上打眼，把拉结筋从眼中穿过，拉结筋在模板内的部分与柱主筋发生联系。这种方法最大的不足在于它破坏了模板，在模板上就会有许多小孔，再次使用该模板时必然会漏浆，尤其是对于钢模板，破坏力更大，其次就是支、拆模由于受到拉结钢筋的阻碍显得很不方便，因此这种方法在过去采用得较多，目前只在一些简单的或特殊的情况下才使用。穿越法的优点在于拉结钢筋锚固有力、位置准确、不用焊接。

（2）预埋件法：在现浇钢筋混凝土柱身上预留钢板埋件，一般是用－50×5 扁钢做成预埋件，焊接在柱钢筋骨架的箍筋上，拆模后按块材砌体的模数位置把拉结筋焊上去，砌筑块材砌体时埋入砌体内。这种方法最大的问题是钢材的消耗量较大，同时需要大量焊工作业。最大的优点在于不破坏模板并能保证拉结钢筋与块材砌体的灰缝相对准，因此应用较多。

由于单个的小扁铁难以固定在柱子箍筋上，工地现场还创造了不少新方法，现举两例：

1）绑扎前，在现场将－40×40×8 的小扁铁焊在φ6.5 的钢筋上，小扁铁间距应满足 10 皮砖或 500mm 长，如图 4 - 104 所示。这主要是因为φ6.5 竖向钢筋容易固定在柱子箍筋上，而单个的扁铁难以固定。即使固定在箍筋上，由于箍筋间距的限制，其拉结筋间距肯定难以满足规范要求。施工中，待柱子主筋和箍筋绑扎好后，根据填充墙轴线位置，将两组焊有扁铁的φ6.5 钢筋牢固固定在柱箍外侧，同时要求扁铁带有焊缝的一面朝柱芯，扁铁平面位于混凝土柱表面。在混凝土柱模拆除后，每隔 10 皮砖或 500mm 高，用小锤轻轻敲击就可以找到扁铁位置。然后将 2φ6.5 拉结钢筋焊在扁铁上，并保持拉结筋与扁铁平面垂直，最后砌填充墙。

2）按图 4 - 105 所示制作预埋件，其外框边应比柱截面尺寸小 5mm。预埋件在柱模中起支撑作用，也有助于柱截面尺寸准确。在柱子钢筋绑扎后，根据皮数杆标注的尺寸，将预埋件根据墙上拉结筋位置的要求与箍筋绑扎牢固。待柱模拆除后，将预埋件表面混凝土浆清除干净，就可以直接在其上面焊接直径 6.5mm 拉结筋。如果拉结筋位置与柱的箍筋位置相错较远超过 3cm，可以临时增加一个小直径箍筋，在其上面放置预埋件。对角柱，预埋件的一面不必设扁钢，可将两锚固筋弯成 U 形，与一块扁钢焊接在一起即可。

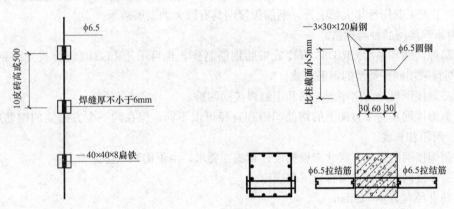

图 4 - 104　将小扁铁焊在φ6.5 钢筋上　　　图 4 - 105　在柱模中兼起支撑作用的预埋件

（3）固定法：当采用木模时，可以预先按照设计关于拉结筋伸入砌体长度和伸入混凝土中锚固长度的要求，制作成丁字形的拉结筋，伸入柱子混凝土中的一端应弯制 180°的弯钩，伸入砌体的一端可以不设弯钩。在已配好的柱身模板上弹出砌体的位置，并标出拉结筋的具体位置，用小钉把拉结筋不带弯钩的一端固定在柱子木模的里侧，使其紧贴模板便于拆模后拉出来，弯制弯钩的一端成 90°伸入到柱子内锚固，待混凝土浇筑完毕后，拆除柱身模板时，由于拉结筋固定在柱身模板上，自然会把拉结筋拉出，用人工将其拉直，并在拉结筋的端部弯制 180°的弯钩，以便砌体施工。固定法仅限于使用木模，如果使用钢模不容易固定。

固定法的优点是不破坏模板，费用低廉，缺点是钢筋弯折后再拉直会影响拉结筋的强度。

（4）植筋法：三种方法都需要在混凝土或模板中预埋埋件或埋筋，这样会给浇筑混凝土带来干扰，容易阻碍振捣，造成振捣不实的质量问题，同时施工很麻烦，不利于加快施工进度，因此植筋法应运而生。

在钢筋混凝土结构上钻出孔洞，注入填胶黏剂，植入钢筋，待其固化后即完成植筋施工。用此法植筋犹如原有结构中的预埋筋，能使所植钢筋的技术性能得以充分利用。

植筋方法具有工艺简单、工期短、造价省、操作方便、劳动强度低、质量易保证等优点，为工程结构加固及解决新旧混凝土连接提出了一个全新的处理技术。

植筋施工过程：钻孔→清孔→填胶黏剂→植筋→凝胶。

1）钻孔使用配套冲击电钻。钻孔时，孔洞间距与孔洞深度应满足设计要求。常用φ12拉结筋钻孔直径16mm，钢筋埋深120～140mm。

2）清孔时，先用吹气泵清除孔洞内粉尘等，再用清孔刷清孔，要经多次吹刷完成。同时，不能用水冲洗，以免残留在孔中的水分削弱黏合剂的作用。

3）使用植筋注射器从孔底向外均匀地把适量胶黏剂填注孔内，注意勿将空气封入孔内。

4）按顺时针方向把钢筋平行于孔洞走向轻轻植入孔中，直至插入孔底，胶黏剂溢出。

5）将钢筋外露端固定在模架上，使其不受外力作用，直至凝结，并派专人现场保护。

凝胶的化学反应时间一般为15min，固化时间一般为1h。

（三）钢筋网与钢筋骨架安装

钢筋焊接网是由纵向钢筋和横向钢筋分别以一定间距排列且互成直角，全部交叉点均用电阻电焊焊在一起的钢筋网件。

钢筋焊接网采取现代化工厂生产，其优点：节省材料、保证质量、提高工效、缩短工期、综合经济效益好。近年来，已开始在现浇楼板、墙、路面桥面、护坡网、船坞工程上推广应用。目前已颁布实施住建部行业标准《钢筋混凝土结构技术规程》，钢筋焊接网已列入我国建筑业重点推广项目，同时由于人工费用近年大幅上升，钢筋焊接网具有较大的发展前景。

（1）钢筋焊接网品种与规格。

1）钢筋焊接网宜采用CRB550级冷轧带肋钢筋制作，也可采用LG510级冷拔光圆钢筋制作。一片焊接网宜采用同一类型的钢筋焊成。

2）钢筋焊接网可分为定型焊接网和定制焊接网两种。

① 定型焊接网在两个方向上的钢筋间距和直径可以不同，但在同一个方向上的钢筋应具有相同的直径、间距和长度。

② 定制焊接网的形状、尺寸应根据设计和施工要求，由供需双方协商确定。

3）钢筋焊接网的规格，应符合下列规定。

① 钢筋直径宜为4～12mm。

② 焊接网长度不宜超过12m，宽度不宜超过3.4m。

③ 焊接网制作方向的钢筋间距宜为100、150、200mm，与制作方向垂直的钢筋间距宜为100～400mm，且应为10mm的整倍数。

④ 焊接网钢筋强度设计值：对冷轧带肋钢筋 $f_y = 360\text{N/mm}^2$，对冷拔光圆钢筋 $f_y = 320\text{N/mm}^2$。

1. 绑扎钢筋网与钢筋骨架安装

（1）钢筋网与钢筋骨架的分段（块）应根据结构配筋特点及起重运输能力而定。一般钢筋网的分块面积以6～20m² 为宜，钢筋骨架的分段长度宜为6～12m。

（2）钢筋网与钢筋骨架，为防止在运输和安装过程中发生歪斜变形，应采取临时加固措施，图4-106是绑扎钢筋网的临时加固情况。

（3）钢筋骨架的吊点，应根据其尺寸、重量及刚度而定。宽度大于1m的水平钢筋网宜采用四点起吊；跨度小于6m的钢筋骨架宜采用两点起吊 [图4-107（a）]，跨度大、刚度差的钢筋骨架宜采用横吊梁（铁扁担）四点起吊 [图4-107（b）]。为了防止吊点处钢筋受力变形，可采用兜底吊或加短钢筋。

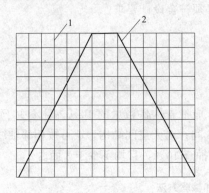

图4-106 绑扎钢筋网的临时加固
1—钢筋网；2—加固筋

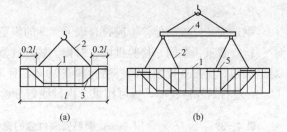

图4-107 两点起吊与横吊梁起吊
1—钢筋网；2—吊索；
3—防变形钢筋；4—横吊梁；5—加强钢筋

（4）绑扎钢筋网与钢筋骨架的交接处做法，与钢筋的现场绑扎同。

2. 钢筋焊接网安装

（1）钢筋焊接网运输时应捆扎整齐牢固，每捆重量不应超过2t，必要时应加刚性支撑或支架。

（2）进场的钢筋焊接网宜按施工要求堆放，并应有明显的标志。

（3）对两端须插入梁内锚固的焊接网，当网片纵向钢筋较细时，可利用网片的弯曲变形性能，先将焊接网中部向上弯曲，使两端能先后插入梁内，然后铺平网片；当钢筋较粗焊接网不能弯曲时，可将焊接网的一端少焊1～2根横向钢筋，先插入该端，然后退插另一端，必要时可采用绑扎方法补回所减少的横向钢筋。

（4）钢筋焊接网的搭接、构造，应符合相关的规定。两张网片搭接时，在搭接区中心及两端应采用铁丝绑扎牢固。在附加钢筋与焊接网连接的每个节点处均应采用铁丝绑扎。

（5）钢筋焊接网安装时，下部网片应设置与保护层厚度相等的水泥砂浆垫块或塑料卡；板的上部网片应在短向钢筋两端，沿长向钢筋方向每隔600～900mm设一钢筋支墩（图4-108）。

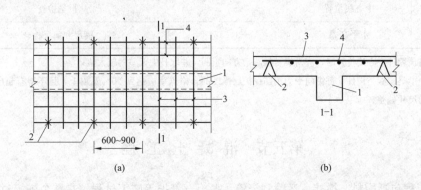

图4-108 上部钢筋焊接网的支墩
1—梁；2—支墩；3—短向钢筋；4—长向钢筋

（四）钢筋安装质量检验

1. 主控项目

钢筋安装时，受力钢筋的品种、级别、规格和数量必须符合设计要求。

检查数量：全数检查。

检查方法：观察，钢尺检查。

2. 一般项目

钢筋安装位置的偏差，应符合表 4-39 的规定。

检查数量：在同一检验批内，对梁、柱和独立基础，应抽查构件数量的 10%，且不少于 3 件；对墙和板，应按有代表性的自然间抽查 10%，且不少于 3 间；对大空间结构，墙可按相邻轴线间高度 5m 左右划分检查面，板可按纵、横轴线划分检查面，抽查 10%，且均不少于 3 面。

表 4-39   **钢筋安装位置的允许偏差和检验方法**

项目		允许偏差（mm）	检验方法
绑扎钢筋网	长、宽	±10	尺量检查
	网眼尺寸	±20	钢尺量连续三档，取偏差绝对值最大处
绑扎钢筋骨架	长	±10	尺量检查
	宽、高	±5	尺量检查
纵向受力钢筋	锚固长度	负偏差不大于 20	尺量检查
	间距	±10	钢尺量两端、中间各一点，取偏差绝对值最大处
	排距	±5	
纵向受力钢筋及箍筋保护层厚度	基础	±10	尺量检查
	其他	±5	尺量检查
绑扎箍筋、横向钢筋间距		±20	钢尺量连续三档，取偏差绝对值最大处
钢筋弯起点位置		20	尺量检查
预埋件	中心线位置	5	尺量检查
	水平高差	+3, 0	钢尺和塞尺检查

注 1. 检查预埋件中心线位置时，应沿纵、横两个方向量测，并取其中偏差的较大值；

     2. 表中梁类、板类构件上部纵向受力钢筋保护层厚度的合格点率应达到 90% 及以上，且不得有超出表中数值 1.5 倍的尺寸偏差。

第五节　混　凝　土　工　程

混凝土工程包括配料、搅拌、运输、浇筑、振捣、养护等施工过程，在整个施工过程中，各工序紧密联系、互相影响，其中任一工序如处理不当，都会影响混凝土工程的最终质量。对于混凝土的质量，不但要求具有正确的外形，而且要获得良好的强度、密实性和整体性。由于混凝土工程一般是建筑物的承重部分，而它的质量好坏在拆模后才能显示，因此在施工中如何确保其质量是一个很重要的问题。

一、混凝土的制备

混凝土是以水泥为主要胶凝材料，并配以砂、石等细、粗骨料和水按适当比例配合，经过均匀拌制、密实成型及养护硬化而形成的人造石材。有时为加强和改善混凝土的某项性能，如膨胀性、抗渗性等，可适量掺入外加剂和矿物掺和料。

在混凝土中，砂、石起骨架作用，称为骨料，砂为细骨料、石为粗骨料；水泥与水形成水泥浆，水泥浆包裹在骨料表面并填充其空隙。在硬化前，水泥浆能起到润滑作用，故拌和物具有一定的和易性，便于施工；水泥浆硬化后，则将骨料胶结成一个坚实的整体。混凝土的形成过程主要划分为两个阶段与状态；凝结硬化前的塑形状态，即新拌混凝土或混凝土拌和物；硬化之后的坚硬状态，即硬化混凝土或混凝土。混凝土强度等级是以立方体抗压强度标准值划分，目前我国普通混凝土强度等级划分为 14 级，分别为：C15、C20、C25、C30、C35、C40、C45、C50、C55、C60、C65、C70、C75 和 C80。

（一）混凝土组成材料

1. 水泥

水泥是一种无机水硬性胶凝材料。它与水拌和而成的浆体既能在空气中硬化，又能在水中硬化，将骨料牢固地粘聚在一起形成整体并产生强度。因此水泥是混凝土的重要组成部分。

（1）常用水泥的种类。水泥的种类很多，在混凝土工程中常用的水泥有：硅酸盐水泥、普通硅酸盐水泥、矿渣硅酸盐水泥、火山灰质硅酸盐水泥、粉煤灰硅酸盐水泥和复合硅酸盐水泥。不同品种的硅酸盐水泥主要是通过调整硅酸盐水泥熟料含量，以及掺入不同品种、不同数量的混合材料而划分的，因此不同品种的硅酸盐水泥在性能上既有区别又有联系。

（2）水泥的验收与保管。

1）验收。由于水泥是混凝土的重要组成部分，水泥进场时应进行质量验收，对水泥的品种、级别、包装或散装仓号、出厂日期等进行检查，并应对其强度、安定性及其他必要的性能指标进行复验，其质量必须符合现行国家标准《通用硅酸盐水泥》（GB 175）等的规定。

检查数量：按同一生产厂家、同一等级、同一品种、同一批号且连续进场的水泥，袋装不超过 200t 为一批，散装不超过 500t 为一批，每批抽样不少于一次。

检验方法：检查产品合格证、出厂检验报告和进场复验报告。为了及时得知水泥强度，可按《水泥强度快速检验方法》（JC/T 738—2004）预测水泥 28d 强度。

钢筋混凝土结构、预应力混凝土结构中，严禁使用含氯化物的水泥。

2）保管。在水泥的储存过程中，一定要注意防潮、防水。因为水泥受潮后会发生水化作用，凝结成块，降低强度而影响使用，故水泥储存时间不宜过长。常用水泥在正常环境中存放三个月，强度将降低 10%～20%；存放六个月，强度将降低 15%～30%；存放一年，强度将可能降低 40% 以上。因此，水泥存放时间按出厂日期起算，超过三个月应视为过期水泥，使用时必须重新检验确定其强度等级，并按复验结果使用。

入库的水泥应按品种、强度等级、出厂日期分别堆放，做好标志，按照先入库的先用、后入库的后用原则进行使用，并防止混掺使用。为了防止水泥受潮，现场仓库应尽量密闭。包装水泥存放时，应垫起离地约 30cm，离墙也应在 30cm 以上。堆放高度一般不要超过 10 包。临时露天暂存水泥也应用防雨篷布盖严，底板要垫高并采取防潮措施。

水泥不得和石灰石、石膏、白亚等粉状物料混放在一起。

（3）水泥的选用。根据《混凝土结构工程施工规范》（GB 50666）的规定，水泥的选用应符合下列规定。

1）水泥品种与强度等级应根据设计、施工要求，以及工程所处环境条件确定。

2）普通混凝土宜选用通用硅酸盐水泥；有特殊需要时，也可选用其他品种水泥。

3）有抗渗、抗冻融要求的混凝土，宜选用硅酸盐水泥或普通硅酸盐水泥。

4）处于潮湿环境的混凝土结构，当使用碱活性骨料时，宜采用低碱水泥。

2. 砂

（1）砂的一般分类。砂按其产源可分为天然砂、人工砂。

1）天然砂。由自然条件作用而形成的，粒径在 5mm 以下的岩石颗粒，称为天然砂。天然砂又可分为河砂、湖砂、海砂和山砂。河砂颗粒圆滑，用它拌制混凝土有较好的和易性；山砂表面粗糙有棱角，与水泥黏结力较好，但用它拌制的混凝土和易性较差，且不如河砂洁净；海砂虽颗粒圆润，但大多夹有贝壳碎片及可溶性盐类，影响混凝土强度。因此，建筑工程首选河砂作为细骨料。

2）人工砂。人工砂为经除土处理的机制砂、混合砂的统称。机制砂是由机械破碎、筛分制成的，粒径小于 4.75mm 的岩石颗粒，但不包括软质岩、风化岩石的颗粒。机制砂颗粒尖锐，有棱角，较洁净，但片状颗粒及细粉含量较多，且成本较高。混合砂是由机制砂和天然砂混合制成的砂。一般在当地缺乏天然资源时，采用人工砂。

砂按粒径大小可分为粗砂、中砂和细砂，目前是以细度模数来划分粗砂、中砂和细砂，习惯上仍用平均粒径来区分，对于泵送混凝土用砂宜选用中砂。

（2）砂的质量要求。配制混凝土的砂要求清洁不含杂质以保证混凝土的质量。而砂中常含有一些有害杂质，如云母、黏土、淤泥、粉砂等，粘附在砂的表面，妨碍水泥与砂的黏结，降低混凝土强度；同时还增加混凝土的用水量，从而加大混凝土的收缩，降低抗冻性和抗渗性。还有一些有机杂质、硫化物及硫酸盐，它们都对水泥有腐蚀作用。砂的质量要求中对上述杂质均有严格限制，如当混凝土强度等级大于等于 C30 时，砂中含泥量、含泥块量分别限制在 3％和 1％以下；混凝土强度等级小于 C30 时，则分别限制在 5％和 2％以下。

根据《混凝土结构工程施工规范》（GB 50666）的规定：细骨料宜选用级配良好、质地坚硬、颗粒洁净的天然砂或机制砂，并应符合下列规定。

1）细骨料宜选用Ⅱ区中砂。当选用Ⅰ区砂时，应提高砂率，并应保持足够的胶凝材料用量，同时应满足混凝土的工作性要求；当采用Ⅲ区砂时，宜适当降低砂率。

2）混凝土细骨料中氯离子含量，对钢筋混凝土，按干砂的质量百分率计算不得大于 0.06％；对预应力混凝土，按干砂的质量百分率计算不得大于 0.02％。

3）含泥量、泥块含量指标应符合规范附录 F 的规定。

4）海砂应符合现行行业标准《海砂混凝土应用技术规范》（JGJ 206）的有关规定。

3. 石子

（1）石子的一般分类。普通混凝土所用的石子是指粒径大于 5mm 的岩石颗粒，它有卵石和碎石两个品种。卵石是由岩体在自然条件作用下风化、冲刷破碎后，在湖、海、河等天然水域中形成并堆积的，粒径大于 5mm 的外形浑圆、少棱角的卵形石块，还有一个名称叫作砾石。碎石是由岩体经破碎、筛分而成的粒径大于 5mm 的岩石碎块。

（2）石子的质量要求。

1）碎石或卵石中的针、片状颗粒，也就是在石子中混杂的形如针状和片状的石子颗粒，这种颗粒强度较低，不能完成混凝土所担负的任务，必须对其含量加以控制。当混凝土强度等级大于等于 C30 时，按重量控制在 15％以下；当混凝土强度等级小于 C30 时，则限制在 25％以下。

2）含泥量是指碎石和卵石中的粒径小于 0.08mm 颗粒的含量，含泥量严重影响集料与水泥石的粘接，降低混凝土的和易性，并增加用水量，影响混凝土的干缩和抗冻性，因此需要加以限制。碎石或卵石中的泥块含量，是指原颗粒大于 5mm，经水洗手捏后变成小于 2.5mm 的颗粒，有试验证明碎石或卵石中的泥块含量对混凝土的性能有很大影响，尤其对抗拉、抗渗和收缩的影响更大。因此，当混凝土强度等级大于等于 C30 时，石子中含泥量、含泥块量分别限制在 1% 和 0.5% 以下；混凝土强度等级小于 C30 时，则分别限制在 2% 和 0.7% 以下。

3）碎石的强度或卵石的强度影响着混凝土的强度，碎石的强度是以岩石的抗压强度和压碎指标值表示的，建筑工程中一般采用压碎指标值进行质量控制；卵石的强度只能用压碎指标值表示。

4）碎石和卵石的坚固性。是指碎石和卵石在气候、环境变化或其他物理因素作用下抵抗碎裂的能力。采用硫酸钠溶液法进行试验，石子的样品在其饱和溶液中经 5 次循环浸渍后，重量必然会损失，损失越大表明坚固性越差。

根据《混凝土结构工程施工规范》（GB 50666）的规定：粗骨料宜选用粒形良好、质地坚硬的洁净碎石或卵石，并应符合下列规定。

① 粗骨料最大粒径不应超过构件截面最小尺寸的 1/4，且不应超过钢筋最小净间距的 3/4；对实心混凝土板，粗骨料的最大粒径不宜超过板厚的 1/3，且不应超过 40mm。

② 粗骨料宜采用连续粒级，也可采用单粒级组合成满足要求的连续粒级。

③ 含泥量、泥块含量指标应符合规范附录 F 的规定。

4．水

一般符合国家标准的生活饮用水，可直接用于拌制各种混凝土。地表水和地下水首次使用前，应按有关标准进行检验后方可使用。海水可用于拌制素混凝土，但不得用于拌制钢筋混凝土和预应力混凝土。有饰面要求的混凝土也不应用海水拌制。

混凝土生产厂及商品混凝土厂搅拌设备的洗刷水，可用作拌和混凝土的部分用水。但要注意洗刷水所含水泥和外加剂品种对所拌和混凝土的影响，并且最终拌和水中氯化物、硫酸盐及硫化物的含量应满足规定要求。

5．矿物掺和料

矿物掺和料，指以氧化硅、氧化铝为主要成分，在混凝土中可以代替部分水泥、改善混凝土性能，且掺量不小于 5% 的具有火山灰活性的粉体材料，如粉煤灰、磨细矿渣、沸石粉、硅粉和复合掺和料。

矿物掺和料是混凝土的主要组成材料，它起着根本改变传统混凝土性能的作用。在高性能混凝土中加入较大量的磨细矿物掺和料，可以起到降低温升，改善工作性能，增进后期强度，改善混凝土内部结构，提高耐久性，节约资源等作用。其中，某些矿物掺和料还能起到抑制碱骨料反应的作用。可以将这种磨细矿物掺和料作为胶凝材料的一部分，高性能混凝土中的水胶比是指水与水泥加矿物细掺和料之比。

矿物掺和料不同于传统的水泥混合材，虽然两者同为粉煤灰、矿渣等工业废料及沸石粉、石灰粉等天然矿物，但两者的细度有所不同，由于组成高性能混凝土的矿物掺和料细度更细，颗粒级配更合理，具有更高的表面活性能，能充分发挥细掺和料的粉体效应，其掺量也远远高过水泥混合材。

不同的矿物掺和料对改善混凝土的物理、力学性能与耐久性具有不同的效果，应根据混凝土的设计要求与结构的工作环境加以选择。

6. 外加剂

在钢筋混凝土结构中，常常要求混凝土本身除满足工程结构要求以外，还具有一定的功能，此外，根据混凝土使用的部位、输送的形式，也要求改善混凝土的某些性能，这些客观实际所提出的问题，不是仅仅依靠混凝土本身就能够解决的，而是需要在混凝土搅拌过程中掺入某些物质，这些物质称为混凝土外加剂。

（1）如果需要改善混凝土拌和物流变性能，应选择减水剂、引汽剂和泵送剂等外加剂。减水剂是一种不影响混凝土和易性，并且具有减水及增强作用的外加剂。混凝土中水的含量与混凝土的强度有关，水的含量越高，混凝土的强度越低。因此，在不影响混凝土和易性的前提下，降低混凝土中的水含量，其实就是突出了混凝土的强度。减水剂的种类很多，按化学成分分类就可分为：木质素磺酸盐类、聚烷基芳基磺酸盐类（俗称煤焦油系减水剂）、磺化三聚胺甲醛树脂磺酸盐类（俗称密胺类减水剂）、糖蜜类和腐殖酸类减水剂，等等。如果按功能和作用划分还可分为以下几类。

1）普通减水剂：在混凝土坍落度基本相同的情况下，具有减少拌和用水（减水率大于或等于5%）和增强（28d抗压强度提高5%以上）作用的外加剂。

2）高效减水剂：在混凝土坍落度基本相同的情况下，具有减少拌和用水（减水率大于或等于10%）和增强（28d抗压强度提高15%以上）作用的外加剂。

3）早强减水剂：这是一种兼有早强和减水功能的外加剂。

4）缓凝减水剂：这是一种兼有缓凝和减水功能的外加剂。

5）引气减水剂：这是一种兼有引气和减水功能的外加剂。

引气剂也是在工程上经常使用的，这种外加剂的特点是混凝土在搅拌过程中，能引入大量分布均匀的微小气泡，从而减少混凝土拌和物的泌水离析，改善和易性，并能提高混凝土的抗冻、耐久性能。

目前，很多结构的混凝土是通过泵送的形式，使混凝土达到浇筑地点的，特别是高层建筑中，极少使用塔吊加灰斗的传统方式运送，大部分采用泵送混凝土，这种输料形式，往往要求混凝土搅拌过程中加入能够改善混凝土拌和物泵送性能的泵送剂。

（2）如果需要调节混凝土拌和物凝结时间和硬化性能，应选择缓凝剂、速凝剂和早强剂等外加剂。

1）缓凝剂：是一种能够延长混凝土拌和物凝结时间的外加剂。

2）速凝剂：是一种能够使混凝土拌和物迅速凝结硬化的外加剂。

3）早强剂：是一种能够加速混凝土早期（1d、3d或7d）强度发展的外加剂。

如果需要调节混凝土耐久性能，应选择引气剂、防水剂（防渗剂）、起泡剂（泡沫剂）和阻锈剂。

1）防水剂：也称为防渗剂，是一种能够降低砂浆、混凝土在静水压力下的透水性的外加剂。

2）起泡剂：也称为泡沫剂，因物理作用而引入大量空气，从而用于生产泡沫混凝土的外加剂。

3）阻锈剂：是一种能够抑制或减轻混凝土中钢筋或其他预埋金属锈蚀的外加剂。

如果需要改善混凝土其他特殊性能，应选择加气剂（发气剂）、消泡剂、保水剂、灌浆剂、膨胀剂、防冻剂、着色剂、碱骨料反应抑制剂和喷射混凝土外加剂等。

1）加气剂：也称为发气剂，是一种能够在混凝土拌和物中因发生化学反应放出气体而使混凝土中形成大量气孔的外加剂。

2）消泡剂：是一种能够防止混凝土拌和物中产生或使原有气泡减少的外加剂。

3）保水剂：是一种能够使混凝土拌和物或砂浆的泌水量减少，防止离析，增加可塑性及和易性，减少水分损失的外加剂。

4）灌浆剂：是一种能够改善混凝土拌和物的浇筑性能，使其流动性、体积膨胀及稳定性、泌水离析等一种或多种性能均有良好抑制作用的外加剂。

5）膨胀剂：是一种能够使混凝土产生一定体积膨胀的外加剂。

6）防冻剂：是一种能够降低水和混凝土拌和物液相冰点，使混凝土在相应负温下免受冻害，并在规定养护条件下达到预期性能的外加剂。

7）着色剂：是一种能够使混凝土具有稳定色彩的外加剂。

8）碱骨料反应抑制剂：是一种能够减少和控制由于碱骨料反应引起混凝土硬化后遭受膨胀破坏的外加剂。

9）喷射混凝土外加剂：是一种能够改善混凝土和砂浆与基底黏结性及喷射后稳定性的外加剂。

（3）外加剂的质量要求。混凝土中掺用外加剂的质量及应用技术应符合现行国家标准《混凝土外加剂》（GB 8076）、《混凝土外加剂应用技术规范》（GB 50119）等和有关环境保护的规定。

预应力混凝土结构中，严禁使用含氯化物的外加剂。钢筋混凝土结构中，当使用含氯化物的外加剂时，混凝土中氯化物的总含量应符合现行国家标准《混凝土质量控制标准》（GB 50164）的规定。

检查数量：按进场的批次和产品的抽样检验方案确定。

检验方法：检查产品合格证、出厂检验报告和进场复验报告。

（4）外加剂的选用。外加剂的选用应根据设计、施工要求、混凝土原材料性能以及工程所处环境条件等因素通过试验确定，并应符合下列规定。

1）当使用碱活性骨料时，由外加剂带入的碱含量（以当量氧化钠计）不宜超过 1.0kg/m^3，混凝土总碱含量尚应符合现行国家标准《混凝土结构设计规范》（GB 50010）等的有关规定。

2）不同品种外加剂首次复合使用时，应检验混凝土外加剂的相容性。

（二）混凝土的施工配料

不同要求的混凝土应单独进行混凝土配合比设计。混凝土配合比设计，是根据混凝土强度等级及施工所要求的混凝土拌和物坍落度指标在实验室试配完成的，故又称为混凝土实验室配合比。如果混凝土还有其他技术性能要求，除在计算和试配过程中予以考虑外，还应增添相应的试验项目进行试验确认。

混凝土配合比设计应满足设计需要的强度和耐久性指标。

1. 普通混凝土实验室配合比设计

普通混凝土实验室配合比设计步骤如下。

（1）计算出要求的试配强度，并测算出所要求的水胶比值。

（2）选取合理的每立方米混凝土的用水量，并由此计算出每立方米混凝土的水泥用量。

（3）选取合理的砂率值，计算出粗、细骨料的用量，提出供试配用的配合比。

2. 普通混凝土试配强度确定

什么叫试配强度呢？一般来说，在没有特指的情况下，混凝土的强度是指它的抗压强度。建筑结构课程提到的混凝土已经有 5 个含义不同的强度值，以混凝土强度等级 C30 为例结合起来见表 4-40。

表 4-40　　　　　　　　　　　**C30 混凝土各强度值名称表一览**

混凝土强度	混凝土强度值名称	符号	数值（N/mm²）
C30	混凝土强度标准值	$f_{cu,k}$	30
	混凝土配制强度	$f_{cu,o}$	38.225（标准差 σ 取 5）
	混凝土轴心抗压强度	f_{ck}	20.1（标准值）
		f_c	14.3（设计值）
	混凝土轴心抗拉强度	f_{tk}	2.01（标准值）
		f_t	1.43（设计值）

表 4-40 中，$f_{cu,k}$ 为混凝土强度标准值，指边长为 150mm 的立方体试件，按标准方法制作和养护 28d，用标准试验方法测得的具有 95% 保证率的抗压强度，是强度等级定级的数值标准。

由于压力机的压板与混凝土试块表面之间的摩擦力约束了混凝土的自由扩展，而工程结构中各构件（如梁、板、柱等）不存在这类约束或只存在于端部很小范围内，混凝土强度标准值即立方体试块强度标准值要比混凝土轴心抗压强度标准值大许多。

很显然，混凝土试配强度平均值如按混凝土强度标准值取值，由于试配强度平均值也是总体数据平均值的最佳估值，即总体数据中大于等于混凝土强度标准值的概率只有 50% 而不是 95%。因此，为了满足 95% 保证率的混凝土抗压强度，混凝土试配强度平均值必须比设计的混凝土强度标准值提高一个数值，根据概率统计理论可以证明，只要提高 1.645σ 就刚好可以有 95% 的保证率（见图 4-109），所以《混凝土结构工程施工规范》（GB 50666）规定：当设计强度等级低于 C60 时，混凝土的配制强度应按下式确定

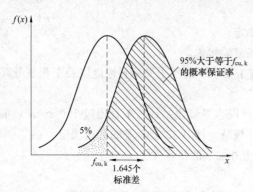

图 4-109　混凝土强度概率分布曲线图

$$f_{cu,o} \geqslant f_{cu,k} + 1.645\sigma$$

式中：$f_{cu,o}$ 为混凝土的施工配制强度，MPa；$f_{cu,k}$ 为设计的混凝土立方体抗压强度标准值，MPa，σ 为施工单位的混凝土强度标准差，MPa。

σ 的取值，如施工单位具有近期混凝土强度的统计资料时，可按下式求得

$$\sigma = \sqrt{\frac{\sum\limits_{i=1}^{n}(f_{cu,i} - m_{fcu})^2}{n-1}} = \sqrt{\frac{\sum\limits_{i=1}^{n}f_{cu,i}^2 - nm_{fcu}^2}{n-1}} \tag{4-35}$$

式中：$f_{cu,i}$ 为统计周期内同一品种混凝土第 i 组试件强度值，MPa；m_{fcu} 为统计周期内同一品种混凝土 n 组试件强度的平均值，MPa；n 为统计周期内同一品种混凝土试件总数，$n \geqslant 25$。

当混凝土强度等级不高于 C30 时，如计算得到的 $\sigma < 3.0$MPa，取 $\sigma = 3$MPa；如计算得到的 σ 大于等于 3.0MPa 时，应按计算结果取值；当混凝土强度等级高于 C30 且低于 C60，而计算得到的 σ 大于等于 4.0MPa 时，应按计算结果取值；当计算得到的 σ 小于 4.0MPa 时，σ 应取 4.0MPa。

对预拌混凝土厂和预制混凝土构件厂，其统计周期可取为一个月；对现场拌制混凝土的施工单位，其统计周期可根据实际情况确定，但不宜超过三个月。

施工单位当没有近期的同品种混凝土强度统计资料时，可按表 4-41 取值。

表 4-41   混凝土强度标准差 σ 值   MPa

混凝土强度等级	≤C20	C25～C45	C50～C55
σ（N/mm^2）	4.0	5.0	6.0

上述标准差取值实际上就是根据统计资料，我国施工企业的平均水平。如 C30 混凝土，根据取值表，混凝土的施工配制强度为

$$f_{cu,o} = f_{cu,k} + 1.645\sigma = 30 + 1.645 \times 5 = 38.225 \text{（MPa）}$$

表 4-40 的混凝土的施工配制强度取值就是这样计算出来的。通俗地说，混凝土强度等级 C30 的混凝土，按正常标准，一定组数里它的试块抗压强度结果平均值绝对不是在 30MPa 左右，而是在 $30+1.645\sigma$ 左右，与它的施工配制强度是相符的。

当混凝土设计强度等级不低于 C60 时，配制强度应按下式确定：

$$f_{cu,o} \geqslant 1.15 f_{cu,k} \qquad (4-36)$$

3. 普通混凝土施工配合比及施工配料

前述普通混凝土实验室配合比设计，是在实验室根据提供的水泥、砂石样品经过计算、试配和调整而确定的，也称为实验室配合比。实验室配合比所用的砂、石都是不含水分的。而施工现场砂、石都有一定的含水率，且含水率大小随气温条件不断变化。为了保证混凝土的质量，施工中应按砂、石实际含水率对原配合比进行调整。根据现场砂、石含水率调整后的配合比称为施工配合比。

由于现场砂实际含水率是以砂中水的质量与干砂质量之比确定的，即

$$W_s = \frac{m_{砂中水}}{m_{干砂}} \times 100\% \qquad (4-37)$$

$$W_g = \frac{m_{石中水}}{m_{干石}} \times 100\% \qquad (4-38)$$

也就是说假如实验室配合比中确定 x 千克干砂，则称的现场湿砂质量既要保证有 x 千克干砂，还要称进同时满足含水率的砂中水，所以根据砂含水率的定义必须称现场湿砂 $x+xW_s$；同理，假如实验室配合比中确定 y 千克干石，则现场湿石称重 $y+yW_g$。

设实验室配合比如下，水泥：砂：石：净加水 $=1:x:y:W/C$，则施工配合比为

水泥：湿砂：湿石：实际净加水 $=1:x+xW_s:y+yW_g:(W/C-xW_s-yW_g)$ （4-39）

由于湿砂、湿石已经称进了砂中水和石中水，为了与实验室配合比完全匹配，实际净加水质量要从实验室配合比中的水胶比 W/C 中扣除。

【例 4-5】 某工程混凝土实验室配合比为 $1:2.32:4.27$，水胶比 $W/C=0.60$，每立方米混凝土水泥用量为 300kg，现场砂石含水率分别为 3%、1%，求施工配合比，若采用 JZ350 型（出料混凝土拌和物 0.35m^3），求每拌一次材料用量。

【解】 施工配合比，水泥：湿砂：湿石：实际净加水为

$1:x+xW_s:y+yW_g:(W/C-xW_s-yW_g) = 1:2.32(1+0.03):4.27(1+0.01):$

$(0.60-2.32 \times 0.03-4.27 \times 0.01) = 1:2.39:4.31:0.488$

用 JZ350 型（出料混凝土拌和物 0.35m^3）施工配料：

水泥：$300 \times 0.35 = 105$（kg）

湿砂：$105 \times 2.39 = 250.95$（kg）

湿石：$105 \times 4.31 = 452.55$（kg）

实际净加水：$105 \times 0.488 = 51.24$（kg）

（三）混凝土搅拌机选择与开盘鉴定

1. 搅拌机的选择

混凝土搅拌机是将各种组成材料拌制成质地均匀、颜色一致、具备一定流动性的混凝土拌和物。如混凝土搅拌得不均匀就不能获得密实的混凝土，影响混凝土的质量，所以搅拌是混凝土施工工艺中很重要的一道工序。由于人工搅拌混凝土质量差，消耗水泥多，而且劳动强度大，所以只有在工程量很小时才用人工搅拌。一般均采用机械搅拌。

混凝土搅拌机的搅拌筒内壁焊有弧形叶片，当搅拌筒绕水平轴旋转时，叶片不断将物料提升到一定高度，利用重力的作用，自由落下。由于各物料颗粒下落的时间、速度、落点和滚动距离不同，从而使物料颗粒达到混合的目的。自落式搅拌机宜于搅拌塑形混凝土和低流动性混凝土。

JZ锥形反转出料搅拌机（图4-110）是自落式搅拌机中较好的一种，由于它的主副叶片分别

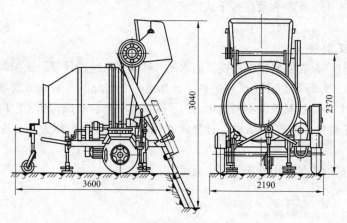

图4-110　自落式锥形反转出料搅拌机

与拌筒轴线成45°和40°夹角，故搅拌时叶片使物料作轴向窜动，所以搅拌运动比较强烈。它正转搅拌，反转出料，功率消耗大。这种搅拌机构造简单，重量轻，搅拌效率高，出料干净，维修保养方便。

强制式搅拌机利用运动着的叶片强迫物料颗粒朝环向、径向和竖向各个方面产生运动，使各物料均匀混合。强制式搅拌机作用比自落式强烈，宜于搅拌干硬性混凝土和轻骨料混凝土。

强制式搅拌机分为立轴式和卧轴式，立轴式又分为涡浆式和行星式。1965年我国研制出构造简单的JW涡浆式立轴搅拌机，尽管这种搅拌机生产的混凝土质量、搅拌时间、搅拌效率等明显优于鼓筒型搅拌机，但也存在一些缺点，如动力消耗大、叶片和衬板磨损大、混凝土骨料尺寸大时易把叶片卡住而损坏机器等。卧轴式又分JD单卧轴搅拌机和JS双卧轴搅拌机，由旋转的搅拌叶片强制搅动，兼有自落和强制搅拌两种功能，搅拌强烈，搅拌的混凝土质量好，搅拌时间短，生产效率高。

选择搅拌机时，要根据工程量大小、混凝土的坍落度、骨料尺寸等而定，既要满足技术上的要求，也要考虑经济效果和节约能源。

搅拌机使用注意事项如下。

（1）安装：搅拌机应设置在平坦的位置，用方木垫起前后轮轴，使轮胎搁高架空，以免在开动时发生走动。固定式搅拌机要装在固定的机座或底架上。

（2）检查：电源接通后，必须仔细检查，经2~3min空车试转认为合格后，方可使用。试运转时应校验拌筒转速是否合适，一般情况下，空车速度比重车（装料后）稍快2~3转，如相差较多，应调整动轮与传动轮的比例。拌筒的旋转方向应符合箭头指示方向，如不符时，应更正电动机接线。检查传动离合器和制动器是否灵活可靠，钢丝绳有无损坏，轨道滑轮是否良好，周围有无障碍

及各部件的润滑情况等。

③ 保护：电动机应装设外壳或采用其他保护措施，防止水分和潮气浸入而损坏。电动机必须安装启动开关，速度由缓变快。

开机后，经常注意搅拌机各部件的运转是否正常。停机时，经常检查搅拌机叶片是否打弯，螺钉有否打落或松动。

当混凝土搅拌完毕或预计停歇 1h 以上时，除将余料出净外，应将石子和清水倒入拌筒内，开机转动 5～10min，把粘在料筒上的砂浆冲洗干净后全部卸出。料筒内不得有积水，以免料筒和叶片生锈。同时还应清理搅拌筒外积灰，使机械保持清洁完好。下班后及停机不用时，将电动机保险丝取下，以保证安全。

2. 搅拌制度的确定

为了获得质量优良的混凝土拌和物，除正确选择搅拌机外，还必须正确确定搅拌制度，即搅拌时间、投料顺序等。

（1）搅拌时间。搅拌时间是影响混凝土质量及搅拌机生产率的重要因素之一，时间过短，拌和不均匀，会降低混凝土的强度和和易性；时间过长，不仅会影响搅拌机的生产率，而且会使混凝土和易性降低或产生分层离析现象。搅拌时间与搅拌机的类型、鼓筒尺寸、骨料的品种和粒径以及混凝土的坍落度有关，混凝土搅拌的最短时间即自全部材料装入搅拌筒中起到卸料止。根据《混凝土结构工程施工规范》（GB 50666）的规定，混凝土搅拌均匀宜采用强制式搅拌机搅拌。混凝土搅拌的最短时间可按表 4-42 采用，当能保证搅拌均匀时可适当缩短搅拌时间。搅拌强度 C60 及以上的混凝土时，搅拌时间应适当延长。

表 4-42　　　　　　　　　　　　　混凝土搅拌的最短时间　　　　　　　　　　　　　　　s

混凝土坍落度（mm）	搅拌机机型	搅拌机出料容量（L）		
		＜250	250～500	＞500
≤40	强制式	60	90	120
＞40，且 100	强制式	60	60	90
≥100	强制式	60		

注 1. 混凝土搅拌时间指从全部材料装入搅拌筒中起，到开始卸料时止的时间段。

　　2. 当掺有外加剂与矿物掺和料时，搅拌时间应适当延长。

　　3. 采用自落式搅拌机时，搅拌时间宜延长 30s。

　　4. 当采用其他形式的搅拌设备时，搅拌的最短时间也可按设备说明书的规定或经试验确定。

（2）投料顺序。投料顺序应从提高搅拌质量，减少叶片、衬板的磨损，减少水泥粘罐和水泥飞扬等方面综合考虑确定。常用方法是一次投料法。

一次投料法，即在上料斗中先装石子，再加水泥和砂，然后一次投入搅拌机。在鼓筒内先加水或在料斗中提升进料的同时加水，这种上料顺序使水泥夹在石子和砂中间，上料时水泥不致飞扬又不粘罐，且水泥和砂先进入搅拌筒形成水泥砂浆，可缩短包裹石子的时间。

工程中很少采用二次投料法。二次投料法可分为预拌水泥砂浆法、预拌水泥净浆法。预拌水泥砂浆法是现将水泥、砂和水加入搅拌筒内进行充分搅拌，成为均匀的水泥砂浆，再投入石子搅拌成均匀的混凝土。预拌水泥净浆法是将水泥和水充分搅拌成均匀的水泥净浆后，再加入砂和石子搅拌成混凝土。

水泥裹砂法又称 SEC 法，采用这种方法拌制的混凝土称为 SEC 混凝土或造壳混凝土。其搅拌程序是先加一定量的水，将砂表面的含水量调节到某一规定的数值后，再将石子加入与湿砂拌匀，然后将全部水泥投入，与润湿后的砂、石拌和，使水泥在砂、石表面形成一层低水胶比的水泥浆壳（此过程称为"成壳"），最后将剩余的水和外加剂加入，搅拌成混凝土。

采用二次投料法和 SEC 法制备的混凝土与一次投料法比较，混凝土强度可提高 15％～30％，在混凝土强度相同的情况下，可节约水泥 20％。二次投料法由于搅拌时间延长 50％至一倍，生产效率较低，工程上较少采用。

3. 开盘鉴定

根据《混凝土结构工程施工规范》（GB 50666）规定，对首次使用的混凝土配合比应进行开盘鉴定，开盘鉴定应包括下列内容。

（1）混凝土的原材料与配合比设计所采用原材料的一致性。

（2）出机混凝土工作性与配合比设计要求的一致性。

（3）混凝土强度。

（4）混凝土凝结时间。

（5）工程有要求时，还应包括混凝土耐久性能等。

开盘鉴定一般可按照下列要求进行组织：施工现场拌制的混凝土，其开盘鉴定由监理工程师组织，施工单位项目部技术负责人、混凝土专业工长和试验室代表等共同参加。预拌混凝土搅拌站的开盘鉴定，由预拌混凝土搅拌站总工程师组织，搅拌站技术、质量负责人和试验室代表等参加，当有合同约定时应按照合同约定进行。

（四）混凝土搅拌站

混凝土拌和物在搅拌站集中拌制，可以做到自动上料、自动称量、自动出料和集中操作控制，机械化、自动化程度大大提高，劳动强度大大降低，使混凝土质量得到改善，可以取得较好的技术经济效果。为了适应我国基本建设事业飞速发展的需要，很多大城市已建立混凝土集中搅拌站，目前的供应半径为 15～20km。搅拌站的机械化及自动化水平一般较高，用自卸汽车直接供应搅拌好的混凝土，然后直接浇筑入模。这种供应"商品混凝土"的生产方式不但能保证混凝土质量，而且符合集约化的模式，经济、社会效益显著。

当然，施工现场还可根据工程任务的大小、现场的具体条件、机具设备的情况，因地制宜地选用移动式混凝土搅拌站。

二、混凝土的运输及设备

《混凝土结构工程施工规范》（GB 50666）强制性条文规定：混凝土运输、输送、浇筑过程中严禁加水；混凝土运输、输送、浇筑过程中散落的混凝土严禁用于混凝土结构构件中的浇筑。

1. 混凝土水平运输设备

（1）手推车。手推车是施工工地上普遍使用的水平运输工具，具有小巧、轻便等特点，不但适用于一般的地面水平运输，还能在脚手架、施工栈道上使用；也可与塔吊、井架等配合使用，解决垂直运输。

（2）机动翻斗车（图 4-111）。是用柴油机装配而成的翻斗车，功率为 7355W，最大行驶速度达 35km/h。车前装有容量为 400L、载重 1000kg 的翻斗。具有轻便灵活、结构简单、转弯半径小、速度快、能自动卸料、操作维护简便等特点。适用于短距离水平运输混凝土以及砂、石等散装材料。

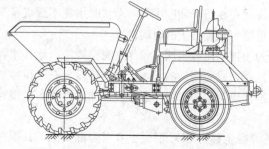

图 4-111 机动翻斗车

（3）混凝土搅拌输送车（图 4-112）。混凝土搅拌输送车是一种用于长距离输送混凝土的高效能机械，它是将运送混凝土的搅拌筒安装在汽车底盘上，把混凝土搅拌站生产的混凝土拌和物灌装入搅拌筒内，直接运至施工现场，供浇筑作业需要。在运输途中，混凝土搅拌筒始终在不停地慢速转动，从而使筒内的混凝土拌和物连续得到搅动，以保证混凝土通过长途运输后，仍不致产生离析现象。在运输距离很长时，也可将混凝土干料装入筒内，在运输途中加水搅拌，这样能减少由于长途运输而引起的混凝土坍落度损失。混凝土搅拌输送车的拌筒容积在 $5\sim11m^3$，搅动能力在 $2\sim8m^3$，卸料时间在 $1\sim6min$。

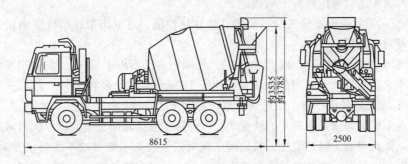

图 4-112　MR45-T 型混凝土搅拌输送车

使用混凝土搅拌输送车必须注意以下事项。

1）混凝土必须在最短的时间内均匀无离析地排出，出料干净、方便，能满足施工的要求，如与混凝土泵联合输送时，其排料速度应能相匹配。

2）从搅拌输送车运卸的混凝土中，分别取 1/4 和 3/4 处试样进行坍落度试验，两个试样的坍落度值之差不得超过 3cm。

3）混凝土搅拌输送车在运送混凝土时，通常的搅动转速为 $2\sim4r/min$，整个输送过程中拌筒的总转数应控制在 300 转以内。

4）若混凝土搅拌输送车采用干料自行搅拌混凝土时，搅拌速度一般应为 $6\sim18r/min$；搅拌应从混合料和水加入搅拌筒起，直至搅拌结束，转数应控制在 $70\sim100r$。

2. 垂直运输设备

（1）塔式起重机见第六章。

（2）施工升降机见第六章。

3. 混凝土泵送设备及管道

混凝土输送是指对运输至现场的混凝土，采用输送泵、溜槽、吊车配备斗容器、升降设备配备小车等方式送至浇筑点的过程。为提高机械化施工水平，提高生产效率，保证施工质量，应优先选用预拌混凝土泵送方式。

（1）输送泵。常用的混凝土输送泵有汽车泵、拖泵（固定泵）、车载泵三种类型。由于各种输送泵的施工要求和技术参数不同，根据《混凝土结构工程施工规范》（GB 50666）第8.2.2条的规定，输送泵具有以下特征。

1）输送泵的选型应根据工程特点、混凝土输送高度和距离、混凝土工作性能确定。

2）输送泵的数量应根据混凝土浇筑量和施工条件确定，必要时应设置备用泵。

说明：混凝土输送泵的配备数量，应根据混凝土一次浇筑量和每台泵的输送能力以及现场施工条件经计算确定。混凝土泵配备数量可根据现行行业标准《混凝土泵送施工技术规程》（JGJ/T 10—2011）的相关规定进行计算。对于一次浇筑量较大、浇筑时间较长的工程，为避免输送泵可能遇到的故障而影响混凝土浇筑，应考虑设置备用泵。

3）输送泵设置的位置应满足施工要求，场地应平整、坚实，道路应畅通。

说明：输送泵设置位置的合理与否直接关系到输送泵距离的长短、输送泵管弯管的数量，进而影响混凝土输送能力。为了最大限度发挥混凝土输送能力，合理设置输送泵的位置显得尤为重要。

4）输送泵的作业范围不得有阻碍物；输送泵设置位置应有防范高空坠物的设施。

（2）输送泵管的选配与安装。根据《混凝土结构工程施工规范》（GB 50666）第8.2.3条，混凝土输送泵管与支架的设置应符合下列规定。

1）混凝土输送泵管应根据输送泵的型号、拌和物性能、总输出量、单位输出量、输送距离以及粗骨料粒径等进行选择。

2）混凝土粗骨料最大粒径不大于 25mm 时，可采用内径不小于 125mm 的输送泵管；混凝土粗骨料最大粒径不大于 40mm 时，可采用内径不小于 150mm 的输送泵管。

3）输送泵管安装连接应严密，输送泵管道转向宜平缓。

说明：输送泵管的弯管采用较大的转弯半径以使输送管道转向平缓，可以大大减少混凝土输送泵的泵口压力，降低混凝土输送难度。如果输送泵管安装接头不严密或不按要求安装接头密封圈，而使输送管道漏气、漏浆，这些都是堵泵的直接因素，所以在施工现场应严格控制。

4）输送泵管应采用支架固定，支架应与结构牢固连接，输送泵管转向支架应加密；支架应通过计算确定，设置位置的结构应进行验算。必要时应采取加固措施。

说明：水平输送泵管和竖向输送泵管都应该采用支架进行固定，支架与输送泵管的连接都应连接牢固。输送泵管、支架严禁直接与脚手架或模架相连接，以防发生安全事故。由于在输送泵管的弯管转向区域受力较大，通常情况弯管转向区域的支架应加密。

5）向上输送混凝土时，地面水平输送泵管的直管和弯管总的折算长度不宜小于竖向输送高度的 20%，且不宜小于 15m。

说明：垂直向上配管时，随着高度的增加，混凝土势能增大对混凝土泵产生过大的压力，存在回流的趋势，因此应在混凝土泵与垂直配管之间铺设一定长度的水平管道，以保证有足够的阻力阻止混凝土回流。

6）输送泵管倾斜或垂直向下输送混凝土，且高差大于 20m 时，应在倾斜或竖向管下端设置直管或弯管，直管或弯管总的折算长度不宜小于高差的 1.5 倍。

说明：输送泵管倾斜或垂直向下输送混凝土时，由于输送泵管内的混凝土在自重作用下会下落而造成空管即管道中产生真空段，极易堵管；而向下配置的管道底部设有足量的弯头或水平配管，可以平衡混凝土因自重产生的下压力，避免在管道中产生真空段。

7）输送高度大于 100m 时，混凝土输送泵出料口处的输送泵管位置应设置截止阀。

8）混凝土输送泵管及其支架应经常进行检查和维护。

（3）混凝土的泵送。根据现行行业标准《混凝土泵送施工技术规程》（JGJ/T 10）的5.3条，混凝土的泵送应满足以下规定。

1）泵送混凝土时，混凝土泵的支腿应伸出调平并插好安全销，支腿支撑应牢固。

2）混凝土泵与输送管连通后，应对其进行全面检查。混凝土泵送前应进行空载试运转。

3）混凝土泵送施工前应检查混凝土送料单，核对配合比，检查坍落度，必要时还应测定混凝土扩展度，在确认无误后方可进行混凝土泵送。

4）泵送混凝土的入泵坍落度不宜小于 100mm，对强度等级超过 C60 的泵送混凝土，其入泵坍落度不宜小于 180mm。

说明：大量的施工经验表明，当混凝土入泵坍落度小于 100mm 时，泵送困难。而对于高强混凝土，因其运动黏度较大，坍落度需要达到 180mm 以上才能保证顺利施工。

5）混凝土泵起动后，应先泵送适量清水以湿润混凝土泵的料斗、活塞及输送管的内壁等直接与混凝土接触部位。泵送完毕后，应清除泵内积水。

说明：在泵送润滑水泥砂浆或水泥浆前，先泵送适量水的作用是：第一，可湿润混凝土泵的料斗、活塞及输送管内壁等直接与混凝土接触部位，减少润滑水泥砂浆用量和强度的损失；第二，可检查混凝土泵和输送管中有无异物，接头是否严密；这种做法叫泵水检查。

6）经泵送清水检查，确认混凝土泵和输送管中无异物后，应选用下列浆液中的一种润滑混凝土泵和输送管内壁：水泥净浆；1：2 水泥砂浆；与混凝土内除粗骨料外的其他成分相同配合比的水泥砂浆。

润滑用浆料泵出后应妥善回收，不得作为结构混凝土使用。

说明：新铺设或重复安装的管道以及混凝土泵的活塞和料斗，一般都较干燥且吸水性较大。泵送适量水泥砂浆或水泥净浆后，能使混凝土泵的料斗、活塞及输送管内壁充分润湿形成一层润滑膜，从而有利于减小混凝土的流动阻力。此法是顺利输送混凝土的关键，如果不采取这一技术措施将会造成堵泵或堵管。

7）开始泵送时，混凝土泵应处于匀速缓慢运行并随时可反泵的状态。泵送速度应先慢后快，逐步加速。同时，应观察混凝土泵的压力和各系统的工作情况，待各系统运转正常后，方可以正常速度进行泵送。

8）泵送混凝土时，应保证水箱或活塞清洗室中水量充足。

9）在混凝土泵送过程中，如需加接输送管，应预先对新接管道内壁进行湿润。

10）当混凝土泵出现压力升高且不稳定、油温升高、输送管明显振动等现象而泵送困难时，不得强行泵送，并应立即查明原因，采取措施排除故障。

说明：当出现混凝土泵送困难时，可采用木槌敲击输送管的弯管、锥形管，因为混凝土通过这些部位比通过直管困难，用木槌可将这些部位的混凝土敲击松散，使其顺利通过管道，恢复正常泵送，避免堵塞。

11）当输送管堵塞时，应及时拆除管道，排除堵塞物。拆除的管道重新安装前应湿润。

12）当混凝土供应不及时，宜采取间隙泵送方式，放慢泵送速度。间歇泵送可采取每隔 4～5min 进行两个行程反泵，再进行两个行程正泵的泵送方式。

说明：间歇正泵和反泵是为防止混凝土结块或离析沉淀造成管道堵塞事故。

13）向下泵送混凝土时，应采取措施排除管内空气。

14）泵送完毕时，应及时将混凝土泵和输送管清洗干净。

4. 混凝土布料设备

布料设备是指安装在输送泵管前端，用于混凝土浇筑的布料机或布料杆。布料设备应根据工程结构特点、施工工艺、布料要求和配管情况等进行选择。根据《混凝土结构工程施工规范》（GB 50666）第 8.2.4 条，混凝土输送布料设备的设置应符合下列规定。

1）布料设备的选择应与输送泵相匹配；布料设备的混凝土输送管内径宜与混凝土输送泵管内径相同。

2）布料设备的数量及位置应根据布料设备工作半径、施工作业面大小以及施工要求确定。

3）布料设备应安装牢固，且应采取抗倾覆措施；布料设备安装位置处的结构或专用装置应进行验算，必要时应采取加固措施。

4）应经常对布料设备的弯管壁厚进行检查，磨损较大的弯管应及时更换。

5）布料设备作业范围不得有阻碍物，并应有防范高空坠物的设施。

常用混凝土布料设备介绍如下。

（1）混凝土泵车布料杆。混凝土泵车布料杆是在混凝土泵车上附装的既可伸缩也可曲折的混凝土布料装置。混凝土输送管道就设在布料杆内，末端是一段软管，用于混凝土浇筑时的布料工作。

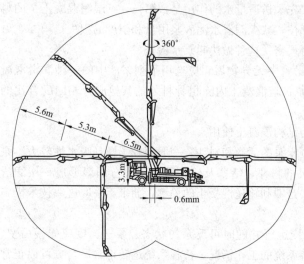

图 4 - 113　三折叠式布料杆混凝土浇筑范围

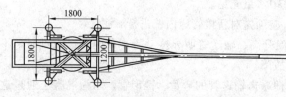

图 4 - 114　独立式混凝土布料器平面图

图 4 - 113 是一种三折叠式布料杆混凝土浇筑范围示意图。这种装置的布料范围广，在一般情况下不需要再行配管。适用于基础与多层建筑的楼层混凝土布料。

（2）独立式混凝土布料器（图 4 - 114）。独立式混凝土布料器是与混凝土泵配套工作的独立布料设备。在操作半径内，能比较灵活自如地浇筑混凝土。其工作半径一般为 10m 左右，最大的可达 40m。由于其自身较为轻便，能在施工楼层上灵活移动，所以，实际的浇筑范围较广，适用于高层建筑的楼层混凝土布料。

（3）固定式布料杆。固定式布料杆又称塔式布料杆，可分为两种：附着式布料杆和内爬式布料杆。这两种布料杆除布料臂架外，其他部件如转台、回转支撑、回转机构、操作平台、爬梯、底架均采用批量生产的相应的塔吊部件，其顶升接高系统、楼层爬升系统也取自相应的附着式自升塔吊和内爬式塔吊。附着式布料杆和内爬式布料杆的塔架有两种不同结构，一种是钢管立柱塔架，另一种是格桁结构方形断面构架。布料臂架大多采用低合金高强钢组焊薄壁箱形断面结构，一般由三节组成。薄壁泵送管则附装在箱形端面梁上，两节泵管之间用 90° 弯管相连通。这种布料臂架的俯、仰、曲、伸悉由液压系统操纵。为了减小布料臂架负荷对塔架的压弯作用，布料杆多装有平衡臂并配有平衡重。

目前，有些内爬式布料杆如 HG17～HG25 型，装用另一种布料臂架，臂架为轻量型钢格构桁架，由两节组成，泵管附装于此臂架上，采用绳轮变幅系统进行臂架的折叠和俯仰变幅。这种布料臂的最大工作幅度为 17～28m，最小工作幅度为 1～2m。

固定式布料杆装用的泵管有三种规格：$\phi 100$、$\phi 112$、$\phi 125$，管壁厚一般为 6mm。布料臂架上的末端泵管的管端还都套装有 4m 长的橡胶软管，以利于布料。

（4）起重布料两用机。该机也称起重布料两用塔吊，多以重型塔吊为基础改制而成，主要用于造型复杂、混凝土浇筑量大的工程。布料系统可附装在特制的爬升套架上，也可安装在塔顶部经过加固改装的转台上。所谓特制爬升套架，就是带有悬挑支座的特制转台与普通爬升套架的集合体。布料系统及顶部塔身装设于此特制转台上。我国也自行设计制造一种布料系统装设在塔帽转台上的塔式起重布料两用机，其小车变幅水平臂架最大幅度 56m 时，起重量为 1.3t，布料杆为三节式，液压曲伸俯仰泵管臂架，其最大作业半径为 38m。

5. 混凝土浇筑斗

（1）混凝土浇筑布料斗（图 4 - 115）。为混凝土水平与垂直运输的一种转运工具。混凝土装进浇筑斗内，由起重机吊送至浇筑地点直接布料。浇筑斗是用钢板拼焊成畚箕式，容量一般为 $1m^3$。两边焊有耳环，便于挂钩起吊。上部开口，下部有门，门出口为 $40cm×40cm$，采用自动闸门，以便打开和关闭。

（2）混凝土吊斗。混凝土吊斗有圆锥形、高架方形、双向出料形（图 4-116），斗容量 $0.7～1.4m^3$。混凝土由搅拌机直接装入后，用起重机吊至浇筑地点。

（3）吊车配备斗容器输送混凝土的规定。运输至现场的混凝土直接装入斗容器进行输送，而不采用相互转运的方式输送混凝土，以及斗容器在浇筑点直接布料，减少了混凝土拌和物转运次数，可以保证混凝土工作性和质量。这种输送混凝土方式，不仅可以作

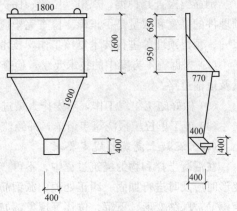

图 4-115　混凝土浇筑布料斗

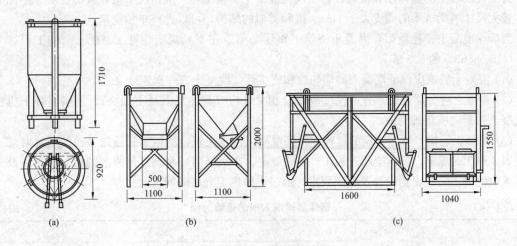

图 4-116　混凝土吊斗
（a）圆锥形；（b）高架方形；（c）双向出料形

为前述施工升降机（物料提升机或施工电梯）垂直运输和泵送混凝土输送的补充，而且借助起重机还可以进行水平运输。根据《混凝土结构工程施工规范》（GB 50666）第 8.2.7 条，吊车配备斗容器输送混凝土应符合下列规定。

1）应根据不同结构类型以及混凝土浇筑方法选择不同的斗容器。

2）斗容器的容量应根据吊车吊运能力确定。

3）运输至施工现场的混凝土宜直接装入斗容器进行输送。

4）斗容器宜在浇筑点直接布料。

三、混凝土的浇筑

（一）混凝土浇筑前的准备工作

（1）混凝土浇筑前应完成隐蔽工程验收和技术复核。模板和支架、钢筋和预埋件应进行检查并做好记录，符合设计要求后方能浇筑混凝土。模板应检查其尺寸、位置（轴线与标高）、垂直度是否正确，支撑系统是否牢固，模板接缝是否严密。浇筑混凝土前，应清除模板内或垫层上的杂物。表面干燥的地基、垫层、模板上应洒水湿润；现场环境温度高于 35℃时，宜对金属模板进行洒水降温；洒水后不得留有积水。

钢筋应检查其种类、规格、位置、保护层厚度和接头是否正确，钢筋上的油污是否清除干净，预埋件的位置和数量是否正确。检查完毕应做好隐蔽工程记录。对所浇筑结构的位置、标高、几何尺寸、预留预埋等进行技术复核工作。技术复核工作在某些地区也称为工程预检。

（2）根据施工方案中的技术要求，检查并确认施工现场具备的实施条件，包括人员、材料、机具及运输道路。

（3）做好施工组织工作，对操作人员进行安全、技术交底。

（4）施工单位填报浇筑申请单，并经监理单位签认。

（二）混凝土浇筑的规定要求

在混凝土拌和物的浇筑过程中，不得产生离析现象。应派模板工负责观察模板和支架，发现有变形时应及时进行加固、纠正处理；派钢筋工负责观察预埋件、钢筋，尤其是防止梁、板面的负弯矩钢筋被踩踏变形、下沉、位移等现象，如有变形应立即纠正。在混凝土浇筑过程中，操作人员都要行走在架空的走道板上，不准随意踩踏在钢筋及模板的搭头和卡子上，以免产生变形。

为保证混凝土的整体性和抗震性，在现浇混凝土结构中，一般情况下梁和板的混凝土应同时浇筑。较大尺寸的梁（梁的高度大于1m）、拱和类似的结构，可以允许单独浇筑。

为确保混凝土工程质量，混凝土浇筑工作还必须遵守下列规定［见《混凝土结构工程施工规范》（GB 50666）的8.3节］。

（1）混凝土浇筑应保证混凝土的均匀性和密实性。混凝土宜一次连续浇筑。

（2）混凝土应分层浇筑，分层厚度应符合相关规定（具体见混凝土振捣），上层混凝土应在下层混凝土初凝之前浇筑完毕。

（3）混凝土运输、输送入模的过程应保证混凝土连续浇筑，从运输到输送入模的延续时间不宜超过表4-43的规定，且不应超过表4-44的规定。掺早强型减水剂、早强剂的混凝土，以及有特殊要求的混凝土，应根据设计及施工要求，通过试验确定允许时间。

表4-43　　　　　　　　　　　　　　运输到输送入模的延续时间　　　　　　　　　　　　　　min

条件	气温	
	≤25℃	>25℃
不掺外加剂	90	60
掺外加剂	150	120

表4-44　　　　　　　　　　　　　运输、输送入模及其间歇总的时间限值　　　　　　　　　　　min

条件	气温	
	≤25℃	>25℃
不掺外加剂	180	150
掺外加剂	240	210

（4）混凝土浇筑的布料点宜接近浇筑位置，应采取减少混凝土下料冲击的措施，并应符合下列规定。

1）宜先浇筑竖向结构构件，后浇筑水平结构构件。

2）浇筑区域结构平面有高差时，宜先浇筑低区部分，再浇筑高区部分。

（5）柱、墙模板内的混凝土浇筑不得发生离析，倾落高度应符合表4-45的规定；当不能满足要求时，应加设串筒、溜管、溜槽等装置；自由浇筑混凝土倾落高度则限制在2m内，否则应加设串筒、溜管、溜槽等装置（图4-115、图4-116）。

表 4－45　　　　　　柱、墙模板内混凝土浇筑倾落高度限值　　　　　　　　　　m

条件	浇筑倾落高度限值
粗骨料粒径大于 25mm	≤3
粗骨料粒径小于等于 25mm	≤6

注　当有可靠措施能保证混凝土不产生离析时，混凝土倾落高度可不受本表限制。

　　浇筑混凝土，当混凝土拌和物由料斗、漏斗、混凝土输送管、运输车内卸出时，如倾落高度过大，由于粗骨料在重力作用下，克服黏着力后的下落动能大，下落速度较砂浆快，因而可能形成混凝土离析。溜槽一般用木板制作，表面包铁皮，使用时其水平倾角不宜超过 30℃，如图 4－117 所示。串筒用薄钢板制成，每节筒长 700mm 左右，用钩环连接，筒内设有缓冲挡板，如图 4－118 所示。

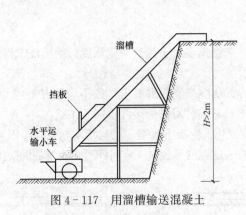

图 4－117　用溜槽输送混凝土

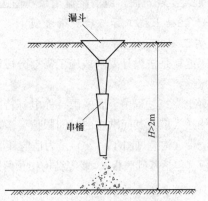

图 4－118　用漏斗浇筑混凝土

　　(6) 混凝土浇筑后，在混凝土初凝前和终凝前，宜分别对混凝土裸露表面进行抹面处理。

　　(7) 柱、墙混凝土设计强度等级高于梁、板混凝土设计强度等级时，混凝土浇筑应符合下列规定。

　　1) 柱、墙混凝土设计强度比梁、板混凝土设计强度高一个等级时，柱、墙位置梁、板高度范围内的混凝土经设计单位确认，可采用与梁、板混凝土设计强度等级相同的混凝土进行浇筑。

　　在混凝土结构中，常常会出现设计墙、柱的混凝土等级高于梁、板的情况。如只高一个等级，宜必须保证节点处的混凝土满足高强度等级的要求。在不同强度等级混凝土现浇构件节点处相连接时，如果设计有要求，应满足设计要求，否则两种混凝土的接缝应设置在低强度等级的构件中并离开高强度等级构件一段距离，如图 4－119 所示。

　　当接缝两侧的混凝土强度等级不同且分先后施工时，可沿预定的接缝位置设置孔径 5mm×5mm 的固定筛网，先浇筑高强度等级混凝土，后浇筑低强度等级混凝土；当接缝两侧的混凝土强度等级不同且同时浇筑时，可沿预定的

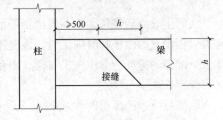

图 4－119　不同强度等级混凝土的梁柱施工接缝

注：柱的混凝土强度等级高于梁。

接缝位置设置隔板，且随着两侧混凝土浇入逐渐提升隔板，并同时将混凝土振捣密实，也可沿预定的接缝位置设置胶囊，充气后在其两侧同时浇入混凝土，待混凝土浇完后排气取出胶囊，同时将混凝土振捣密实。

　　2) 柱、墙混凝土设计强度比梁、板混凝土设计强度高两个等级及以上时，应在交界区域采取分隔措施；分隔位置应在低强度等级的构件中，且距高强度等级构件边缘不应小于 500mm。

3）宜先浇筑强度等级高的混凝土，后浇筑强度等级低的混凝土。

（8）泵送混凝土浇筑应符合下列规定。

1）宜根据结构形状及尺寸、混凝土供应、混凝土浇筑设备、场地内外条件等划分每台输送泵的浇筑区域及浇筑顺序。

2）采用输送管浇筑混凝土时，宜由远而近浇筑；采用多根输送管同时浇筑时，其浇筑速度宜保持一致。

3）湿润输送管的水泥砂浆用于湿润结构施工缝时，水泥砂浆应与混凝土浆液成分相同；接浆厚度不应大于30mm，多余水泥砂浆应收集后运出。

4）混凝土泵送浇筑应连续进行；当混凝土不能及时供应时，应采取间歇泵送方式。

5）混凝土浇筑后，应清洗输送泵和输送管。

（三）混凝土施工缝与后浇带浇筑

1. 施工缝与后浇带

施工缝就是按设计要求或施工需要分段浇筑，先浇筑混凝土达到一定强度后继续浇筑混凝土所形成的接缝。

混凝土浇筑过程中，因暴雨、停电等特殊原因无法继续浇筑混凝土，或不满足表4-44规定的运输、输送入模及其间歇总的时间限值要求，而不得不临时留设的接缝也叫施工缝。

后浇带（构造见图4-120）是为适应环境温度变化、混凝土收缩、结构不均匀沉降等因素影响，在梁、板（包括基础底板）、墙等结构中预留的具有一定宽度且经过一定时间后再浇筑的混凝土带。

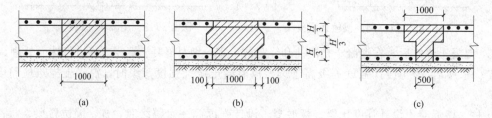

图4-120　后浇带的构造图

（a）平接式；（b）企口式；（c）台阶式

实际上收缩后浇带是为在现浇钢筋混凝土结构施工过程中，克服由于温度、收缩而可能产生有害裂缝而设置的两条临时施工缝。该缝需根据设计要求保留一段时间后再浇筑，将整个结构连成整体。后浇带的宽度应考虑施工简便，避免应力集中。一般其宽度为70～100cm。后浇带内的钢筋应完好保存。

收缩后浇带的保留时间应根据设计确定，若设计无要求时，要求至少保留42天即6个星期以上。

2. 施工缝与后浇带的设置

施工缝和后浇带的留设位置应在混凝土浇筑前确定。施工缝和后浇带宜留设在结构受剪力较小且便于施工的位置。受力复杂的结构构件或有防水抗渗要求的结构构件，施工缝留设位置应经设计单位确认。

（1）竖向施工缝和后浇带的留设位置规定。

1）肋梁楼盖：有主次梁楼盖宜顺着次梁方向浇筑，施工缝应留设在次梁跨度中间1/3跨度范围内（图4-121）。因为这一范围次梁剪力已急剧下降，施工缝的抗剪能力虽然比整体浇筑的混凝土要弱一些，但对付剪力已急剧下降的这一范围内还是绰绰有余的，因此出现施工质量事故的风险和埋下质量隐患的风险就大大减小了。

2）单向板施工缝应留设在与跨度方向平行的任何位置。

3）楼梯梯段施工缝考虑施工方便宜设置在梯段板跨度端部 1/3 范围内（图 4-122），但一般设置在三个踏步以外，避开端部最大剪力处。

4）墙的施工缝宜设置在门洞口过梁跨中 1/3 范围内，也可留设在纵横墙交接处。

5）后浇带留设位置应符合设计要求。

6）特殊结构部位留设竖向施工缝应经设计单位确认。

（2）水平施工缝的留设位置规定。

1）柱、墙施工缝可留设在基础（图 4-123）、楼层结构顶面。柱施工缝与结构上表面的距离宜为 0～100mm，墙施工缝与结构上表面的距离宜为 0～300mm。这里楼层结构的类型包括有梁有板的结构、有梁无板的结构、无梁有板的结构。对于有梁无板的结构，施工缝位置是指在梁顶面；对于无梁有板的结构，施工缝位置是指在板顶面。

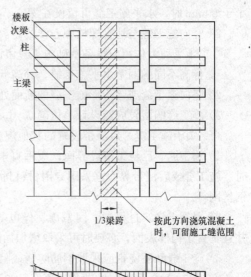

图 4-121 多跨次梁受力剪力图
注：中间 1/3 梁跨剪力很小。

2）柱、墙施工缝也可留设在楼层结构底面，施工缝与结构下表面的距离宜为 0～50mm；当板下有梁托时，可留设在梁托下 0～20mm。这里楼层结构的底面是指梁、板、无梁楼盖柱帽的底面。楼层结构的下弯锚固钢筋长度会对施工缝留设的位置产生影响，有时难以满足 0～50mm 的要求，施工缝留设的位置通常在下弯锚固钢筋的底部，并应经设计单位确认。

图 4-122 板式楼梯的施工缝留置图
（离楼梯梁 3 个踏步以上）

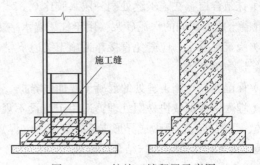

图 4-123 柱施工缝留置示意图

注意：这里的施工缝留置位置并不是结构受剪力较小，恰恰是剪力最大的，如柱、墙基础顶面施工缝或柱、墙楼层结构顶面和底面施工缝，但由于基础和柱子无法同时支模施工，只能选择此处便于施工的部位。

3）高度较大的柱、墙、梁以及厚度较大的基础，可根据施工需要在其中部留设水平施工缝；当因施工缝留设改变受力状态而需要调整构件配筋时，应经设计单位确认。

4）特殊结构部位留设水平施工缝应经设计单位确认。

（3）设备基础施工缝留设位置规定。

1）水平施工缝应低于地脚螺栓底端，与地脚螺栓底端的距离应大于 150mm；当地脚螺栓直径小于 30mm 时，水平施工缝可留设在深度不小于地脚螺栓埋入混凝土部分总长度的 3/4 处。

2）竖向施工缝与地脚螺栓中心线的距离不应小于 250mm，且不应小于螺栓直径的 5 倍。

（4）承受动力作用的设备基础施工缝留设位置规定。

1）标高不同的两个水平施工缝，其高低结合处应留设成台阶形，台阶的高宽比不应大于 1.0。

2）竖向施工缝或台阶形施工缝的断面处应加插钢筋，插筋数量和规格应由设计确定。

3）施工缝的留设应经设计单位确认。

（5）关于施工缝、后浇带设置的其他规定。

1）施工缝、后浇带留设界面，应垂直于结构构件和纵向受力钢筋。结构构件厚度或高度较大时，施工缝或后浇带界面宜采用专用材料封档，专用材料可采用定制模板、快易收口板、钢板网、钢丝网等。

2）混凝土浇筑过程中，因暴雨、停电等特殊原因需临时设置施工缝时，施工缝留设应规整，并宜垂直于构件表面，必要时可采取增加插筋、事后修凿等技术措施。

3）施工缝和后浇带应采取钢筋防锈或阻锈等保护措施。

3. 施工缝或后浇带处浇筑混凝土

（1）施工缝处浇筑混凝土。施工缝处理的优劣直接影响缝的质量，浇筑施工缝处的混凝土前，其已浇筑混凝土的强度不应小于 1.2MPa。一般混凝土构件达到 1.2MPa 的强度所需的时间参照有关规定。另外，超长结构混凝土浇筑可留设后浇带，也可留设施工缝分仓浇筑，分仓浇筑间隔时间则不应少于 7d。施工缝的处理程序如下。

1）基层处理：在已硬化的混凝土表面上，应清除水泥薄膜和松动石子以及软弱混凝土层，结合面应为粗糙面，必要时要凿毛处理，用压力水冲洗干净。

2）钢筋处理：当回弯整理钢筋时，注意不要使混凝土松动或被破坏，钢筋上的水泥浆、油污等要清理干净。

3）洒水湿润：在清理好的混凝土表面，提前 1d 用喷壶洒水，充分湿润并排除积水。

4）抹结合层：在施工缝处刷一层水胶比 0.37～0.40 的水泥浆，或铺一层厚度不应大于 30mm 且与混凝土成分相同的水泥砂浆（用于柱、墙水平施工缝），或抹一层混凝土界面剂。

5）浇筑混凝土：应避免直接靠近施工缝边下料，振捣时逐渐向施工缝推进并细致捣实，使新、旧混凝土紧密结合。

6）保湿养护：施工缝处的混凝土要加强养护，一般延长 5～7d。

7）埋入钢板网或快易网处理：适用于留设不规则形状的施工缝或施工缝的模板难以拆除处理的部位。用钢筋或型钢做成异形支架，表面绑（焊）上钢板网或快易网做成永久模板。混凝土浇筑前，施工缝不再需凿毛和抹结合层处理。

（2）后浇带处浇筑混凝土。

1）后浇带在浇筑混凝土前，必须将整个混凝土表面按照前述施工缝的要求进行处理。

2）收缩后浇带封闭时间不得少于 42d，另外还应经设计单位确认。

3）超长整体基础中调节沉降的后浇带，混凝土封闭时间应通过监测确定，应在差异沉降稳定后封闭后浇带。

4）后浇带混凝土强度等级及性能应符合设计要求；当设计无具体要求时，后浇带混凝土强度等级宜比两侧混凝土提高一级，并宜采用减少收缩的技术措施。

5）后浇带在结构设计中一般要求采用补偿收缩混凝土进行浇筑。有两种形式：一种形式可以直接使用膨胀水泥配制混凝土；另一种形式是在普通防水混凝土中掺加膨胀剂。补偿收缩混凝土的强度则不应低于两侧先浇混凝土的强度，一般比原结构强度等级提高一级。

6）后浇带补偿收缩混凝土一定要加强养护，养护时间不得少于14d。

（四）混凝土现浇混凝土基础的浇筑方法和要求

在地基上浇筑混凝土前，对地基应事先按设计标高和轴线进行校正，并应清除淤泥和杂物；同时注意排除开挖出来的水和开挖地点的流动水，以防冲刷新浇筑的混凝土。

1．柱基础浇筑

（1）台阶式柱基础施工时（图4-124），可按台阶分层一次浇筑完毕（预制柱的高杯口基础的高台部分应另行分层），不允许留设施工缝。每层混凝土要一次卸足，顺序是先边角后中间，务使混凝土充满模板。

（2）浇筑台阶式柱基础时，为防止垂直交角处可能出现吊脚（上层台阶与下口混凝土脱空）现象，可采取以下措施。

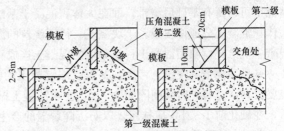

图4-124　台阶式柱基础一、二级垂直交角处混凝土施工示意图

① 在第一级混凝土捣固下沉2～3cm后暂不填平，继续浇筑第二级，先用铁锹沿第二级模板底圈做成内外坡，然后分层浇筑，外圈边坡的混凝土于第二级振捣过程中自动摊平，待第二级混凝土浇筑后，再将第一级混凝土齐模板顶边拍实抹平。

② 捣完第一级后拍平表面，在第二级模板外先压以20cm×10cm的压角混凝土并加以捣实后，再继续浇筑第二级。待压角混凝土接近初凝时，将其铲平重新搅拌利用。

③ 如条件许可，宜采用柱基流水作业方式，即先浇一排杯基第一级混凝土，再回转依次浇第二级。这样对已浇好的第一级将有一个下沉的时间，但必须保证每个柱基混凝土在初凝之前连续施工。

（3）为保证杯形基础杯口底标高的正确性，宜先将杯口底混凝土振实并稍停片刻，再浇筑振捣杯口模四周的混凝土，振动时间尽可能缩短。同时还应特别注意杯口模板的位置，应在两侧对称浇筑，以免杯口模板挤向一侧或由于混凝土泛起而使芯模上升。

（4）高杯口基础，由于这一级台阶较高且配置钢筋较多，可采用后安装杯口模的方法，即当混凝土浇捣到接近杯口底时，再安装杯口模板，然后继续浇捣。

（5）锥式基础，应注意斜坡部位混凝土的捣固质量，在振捣器捣鼓完毕后，用人工将斜坡表面拍平，使其符合设计要求。

（6）为提高杯口芯模周转利用率，可在混凝土初凝后终凝前将芯模拔出，并将杯壁划毛。

（7）现浇柱下基础时，要特别注意连接钢筋的位置，防止移位和倾斜，发现偏差时及时纠正。

2．条形基础浇筑

（1）浇筑前，应根据混凝土基础顶面的标高在两侧木模上弹出标高线；如采用原槽土模时，应在基槽两侧的土壁上交错打入长10cm左右的标杆，并露出2～3cm，标杆面与基础顶面标高平，标杆之间的距离约3m。

（2）根据基础深度宜分段分层连续浇筑混凝土，一般不留施工缝。各段层间应相互衔接，每段间浇筑长度控制在2～3m距离，做到逐段逐层呈阶梯形向前推进。

3．设备基础浇筑

（1）一般应分层浇筑，并保证上下层之间不留施工缝，每层混凝土的厚度为20～30cm。每层浇筑顺序应从低处开始，沿长边方向自一端向另一端浇筑，也可采取中间向两端或两端向中间浇筑的顺序。

（2）对一些特殊部位，如地脚螺栓、预留螺栓孔、预埋管道等，浇筑混凝土时要控制好混凝土上升速度，使其均匀上升，同时防止碰撞，以免发生位移或倾斜。对于大直径地脚螺栓，在混凝土浇筑过程中，应用经纬仪随时观测，发现偏差应及时纠正。

4. 大体积混凝土基础浇筑

大体积混凝土基础的整体性要求高，一般要求混凝土连续浇筑，一气呵成。施工工艺上应做到分层浇筑、分层捣实，但又必须保证上下层混凝土在初凝之前结合好，不致形成施工缝。在特殊的情况下可以留有基础后浇带。即在大体积混凝土基础中间预留有一条或两条后浇的施工缝，将整块大体积混凝土分成两块或若干块浇筑，待所浇筑的混凝土经一段时间的养护干缩后，再在预留的后浇带中浇筑补偿收缩混凝土，使分块的混凝土连成一个整体。

基础后浇带的浇筑，考虑到补偿收缩混凝土的膨胀效应，当后浇带的长度大于 50m 时，混凝土要分两次浇筑，时间间隔为 5~7d。要求混凝土振捣密实，防止漏振，也避免过振。混凝土浇筑后，在硬化前 1~2h，应抹压，以防沉降裂缝的产生。

（1）大体积混凝土基础浇筑方案。大体积混凝土浇筑，为保证结构的整体性和施工的连续性，当采用分层浇筑时，应保证在下层混凝土初凝前将上层混凝土浇筑完毕。一般有以下三种浇筑方案，如图 4-125 所示。

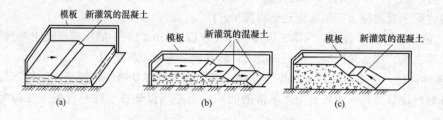

图 4-125　大体积基础浇筑方案
（a）全面分层；（b）分段分层；（c）斜面分层

1）全面分层浇筑方案。是指在整个模板内，将结构分成若干个厚度相等的浇筑层，浇筑区的面积即为基础平面面积。浇筑混凝土时从短边开始，沿长边方向进行浇筑，要求在逐层浇筑过程中，第二层混凝土要在第一层混凝土初凝前浇筑完毕。为此，要求每层浇筑都要有一定的速度（称浇筑强度）。其浇筑强度可按下式计算

$$Q = \frac{HF}{T_1 - T_2} \qquad\qquad (4-40)$$

如果按上式计算所得的浇筑强度很大，相应需要配备的混凝土搅拌机及运输、振捣设备量也较大。所以，全面分层方案以前一般适用于平面尺寸不大的结构，但随着商品混凝土的生产，特别是泵送混凝土的现场多点充足供应，能实现较大的浇筑强度即适用于平面尺寸大的结构。

2）分段分层浇筑方案。当采用全面分层方案时浇筑强度很大，现场混凝土搅拌机、运输和振捣设备均不能满足施工要求时，可采用分段分层浇筑方案。浇筑混凝土时结构沿长边方向分成若干段，浇筑工作从底层开始，当第一层混凝土浇筑一段长度后，便回头浇筑第二层，当第二层浇筑一段长度后，回头浇筑第三层，如此向前呈阶梯形推进。分层分段方案适合于结构厚度不大而面积或长度较大时采用。

3）斜面分层浇筑方案。当结构的长度大大超过厚度而混凝土流动性又较大时，若采用分段分层浇筑方案，混凝土往往不能形成稳定的分层台阶，这时可采用斜面分层浇筑方案。施工时将混凝

土一次浇筑到顶，让混凝土自然地流淌，形成坡度为 1∶3 的斜面。这种方案由于浇筑体积可以调整，决定了浇筑强度有较大弹性，目前也适合于大面积的大体积混凝土基础施工。

分层的厚度既决定于振动器的棒长和振动力的大小，也要考虑混凝土的供应量大小和可能浇筑量的多少，一般为 30～50cm。

（2）基础大体积混凝土结构浇筑应符合的规定。根据《混凝土结构工程施工规范》（GB 50666）的 8.3.16 条，基础大体积混凝土结构浇筑应符合下列规定。

1）采用多条输送泵管浇筑时，输送泵管间距不宜大于 10m，并宜由远及近浇筑。

说明：这适用一般采用输送泵管直接下料或在输送泵管前段增加弯管进行左右转向浇筑的情况；如果采用布料设备，输送泵管间距可适当增大。

2）采用汽车布料杆输送浇筑时，应根据布料杆工作半径确定布料点数量，各布料点浇筑速度应保持均衡。

3）宜先浇筑深坑部分再浇筑大面积基础部分。

4）宜采用斜面分层浇筑方法，也可采用全面分层、分块分层浇筑方法，层与层之间混凝土浇筑的间歇时间应能保证混凝土浇筑连续进行。

5）混凝土分层浇筑应采用自然流淌形成斜坡，并应沿高度均匀上升，分层厚度不宜大于 500mm。

6）混凝土浇筑后，在混凝土初凝前和终凝前，宜分别对混凝土裸露表面进行抹面处理，对于基础大体积混凝土结构，抹面次数宜适当增加。

7）应有排除积水或混凝土泌水的有效技术措施。

（3）浇筑大体积基础混凝土时，由于凝结过程中水泥会散发出大量的水化热，因而形成内外温差较大，易使混凝土产生裂缝。因此有必要采取下列措施。

1）降低水泥水化热和变形。

① 选用低水化热或中水化热的水泥品种配制混凝土，如矿渣硅酸盐水泥、火山灰质硅酸盐水泥、粉煤灰水泥、复合水泥等。

② 宜采用后期强度作为配合比设计、强度评定及验收的依据。基础混凝土，确定混凝土强度的龄期可取为 60d（56d）或 90d；柱、墙混凝土强度等级不低于 C80 时，确定混凝土强度时的龄期可取为 60d（56d）。确定混凝土强度采用大于 28d 的龄期时，龄期应经设计单位确认。

③ 使用粗骨料，尽量选用粒径较大、级配良好的粗细骨料；控制砂石含泥量；掺加粉煤灰等掺和料或掺加相应的减水剂、缓凝剂，改善和易性、降低水胶比，以达到减少水泥用量、降低水化热的目的。

2）在拌和混凝土时，还可掺入适量的微膨胀剂或膨胀水泥，使混凝土得到补偿收缩，减少混凝土的温度应力。

3）改善配筋。在大体积混凝土基础内设置必要的温度配筋，温度配筋宜分布细密，一般用 φ8 钢筋，双向配筋，间距 15cm，这样可以增强抵抗温度应力的能力；在截面突变和转折处，底、顶板与墙转折处，孔洞转角及周边，增加斜向构造钢筋，以改善应力集中，防止裂缝的出现。

4）设置后浇带。当大体积混凝土平面尺寸过大时，可以适当设置后浇带，以减小外应力和温度应力；同时有利于散热，降低混凝土的内部温度。

5）加强施工中的温度控制和降低混凝土温度差。根据《混凝土结构工程施工规范》（GB 50666）8.7.13 条的规定，大体积混凝土施工时，应对混凝土进行温度控制，并应符合下列规定。

① 混凝土入模温度不宜大于 30℃；混凝土浇筑体最大温升值不宜大于 50℃。

② 在覆盖养护或带模养护阶段，混凝土浇筑体表面以内 40～100mm 位置处的温度与混凝土浇筑体表面温度差值不应大于 25℃；结束覆盖养护或拆模后，混凝土浇筑体表面以内 40～100mm 位置处的温度与环境温度差值不应大于 25℃。

③ 混凝土浇筑体内部相邻两测温点的温度差值不应大于 25℃。

④ 混凝土降温速率不宜大于 2.0℃/d；当有可靠经验时，降温速率要求可适当放宽。

除了以上这些温度控制规定，《混凝土结构工程施工规范》（GB 50666）还对大体积混凝土测温、基础大体积混凝土测温点设置和柱、墙、梁大体积混凝土测温点设置均作出了规定。

在实际操作中，降低混凝土温度差的具体措施如下。

① 选择较适宜的气温浇筑大体积混凝土，尽量避开炎热天气浇筑混凝土。夏季可采用低温水或冰水搅拌混凝土，可对骨料喷冷水雾或冷气进行预冷，或对骨料进行覆盖或设置遮阳装置避免日光直晒，运输工具如具备条件也应搭设避阳设施，以降低混凝土拌和物的入模温度。

② 在混凝土入模时，采取措施改善和加强模内的通风，加速模内热量的散发。

③ 在基础内部预埋冷却水管，通入循环冷却水，强制降低混凝土水化热温度。

④ 掺加相应的缓凝型减水剂，如木质素磺酸钙等。

⑤ 在混凝土浇筑之后，做好混凝土的保温保湿养护，缓缓降温，充分发挥徐变特性，减低温度应力，夏季应注意避免暴晒，注意保湿，冬季应采取措施保温覆盖，以免发生急剧的温度梯度发生。

⑥ 加强测温和温度监测与管理，实行信息化控制，随时控制混凝土内的温度变化，及时调整保温及养护措施，使混凝土的温度梯度和湿度不致过大，以有效控制有害裂缝的出现。

⑦ 合理安排施工程序，控制混凝土在浇筑过程中均匀上升，避免混凝土拌和物堆积过大高差。在结构完成后及时回填土，避免其侧面长期暴露。

6）改善约束条件，削减温度应力。

① 采取分层或分块浇筑大体积混凝土，合理设置水平或垂直施工缝，或在适当的位置设置施工后浇带，以放松约束程度，减少每次浇筑长度的蓄热量，防止水化热的积聚，减少温度应力。

② 对大体积混凝土基础与岩石地基，或基础与厚大的混凝土垫层之间设置滑动层，如采用平面浇沥青胶铺砂或刷热沥青或铺卷材。在垂直面、键槽部位设置缓冲层，如铺设 30～50mm 厚沥青木丝板或聚苯乙烯泡沫塑料，以消除嵌固作用，释放约束应力。

（五）现浇混凝土框架结构浇筑方法和要求

（1）浇筑这种结构首先要划分施工层和施工段，施工层一般按结构层划分，而每一施工层如何划分施工段，则要考虑工序数量、技术要求和结构特点等，多层建筑中一般以结构平面的伸缩缝分段。要尽量做到各工种的流水施工，注意各层施工时应保证下层所浇筑的混凝土强度达到允许工人在上面操作的强度 1.2N/mm²。

（2）在每层中先浇筑柱，再浇筑梁板。浇筑一排柱的顺序应从两端同时开始，向中间推进，以免因浇筑混凝土后由于模板吸水膨胀，断面增大而产生横向推力，最后使柱发生弯曲变形。柱子浇筑宜在梁板模板安装后，钢筋未绑扎前进行，以便利用梁板模板稳定柱模和作为浇筑柱混凝土操作平台之用。

（3）浇筑混凝土时应连续进行，如必须间歇，应按表 4-43、表 4-44 规定进行。

（4）浇筑混凝土时，浇筑层的厚度不得超过表 4-47 的数值。

（5）混凝土浇筑过程中，要保证混凝土保护层厚度及钢筋位置的正确性。不得踩踏钢筋，不得移动预埋件和预留孔洞的原来位置，如发现偏差和位移，应及时校正。特别要重视竖向结构的保护层和板、雨篷结构负弯矩部分钢筋的位置。

(6) 在柱、墙竖向结构中浇筑混凝土，分层施工开始浇筑上一层柱时，底部应先填以 5～10cm 厚水泥砂浆一层，其成分与浇筑混凝土内砂浆成分相同，以免底部产生蜂窝现象。

(7) 柱、墙模板内的混凝土浇筑不得发生离析，倾落高度应符合表 4-45 的规定；当不能满足要求时，应加设串筒、溜管、溜槽等装置。

(8) 肋形楼板的梁板一般应同时浇筑，浇筑方法应先将梁根据高度分层浇捣成阶梯形，当达到板底位置时即与板的混凝土一起浇捣，随着阶梯形的不断延长，则可连续向前推进（图 4-126）。倾倒混凝土的方向应与浇筑方向相反（图 4-127）。

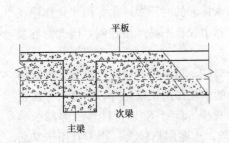

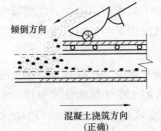

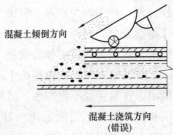

图 4-126 梁板同时浇筑示意图　　　　　　　图 4-127 混凝土倾倒示意图

当梁的高度大于 1m 时，允许单独浇筑，施工缝可留在距板底面以下 2～3cm 处。

(9) 浇筑无梁楼盖时，在离柱帽下 5cm 处暂停，然后分层浇筑柱帽，下料必须倒在柱帽中心，待混凝土接近楼板底面时，即可连同楼板一起浇筑。

(10) 当浇筑柱梁及主次梁交叉处的混凝土时，一般钢筋较密集，特别是上部负钢筋又粗又多，因此，既要防止混凝土下料困难，又要注意砂浆挡住石子不下去。必要时，这一部分可改用细石混凝土进行浇筑，与此同时，振捣棒头可改用片式并辅以人工捣固配合。

(11) 梁板施工缝可采用企口式接缝或垂直立缝的做法，不宜留坡槎。在预定留施工缝的地方，在板上按板厚放一木条，在梁上闸以木板，其中间要留切口通过钢筋。

（六）现浇剪力墙的浇筑方法和要求

剪力墙浇筑应采取长条流水作业，分层浇筑，均匀上升。墙体浇筑混凝土前或新浇混凝土与下层混凝土结合处，应在底面上均匀浇筑 50mm 厚与墙体混凝土成分相同的水泥砂浆或去石混凝土。砂浆或混凝土应用铁锹入模，不应用料斗直接灌入模内，混凝土应分层浇筑振捣，每层浇筑厚度控制在 500mm 内。浇筑墙体混凝土应连续进行，如必须间歇，其间歇时间应尽量缩短，并应在前层混凝土初凝前将次层混凝土浇筑完毕。墙体混凝土的施工缝一般宜设在门窗洞口上，接槎处混凝土应加强振捣，保证接缝严密。

洞口浇筑混凝土时，应使洞口两侧混凝土高度大体一致，振捣时，振捣棒应距洞边 300mm 以上，从两侧同时振捣，以防止洞口变形，大洞口下部模板应开口并补充振捣，构造柱混凝土应分层浇筑，内外墙交接处的构造柱和墙同时浇筑，振捣要密实。采用插入式振捣器捣实普通混凝土的移动间距不宜大于作用半径的 1.4 倍，振捣器距离模板不应大于振捣器作用半径的 1/2，不得碰撞各种预埋件。

混凝土墙体浇筑振捣完毕后，将上口甩出的钢筋加以整理，用木抹子按钢筋上标高线将墙上表面混凝土找平。

混凝土浇捣过程中，不可随意挪动钢筋，要经常加强检查钢筋保护层厚度及所有预埋件的牢固程度和位置的准确性。

（七）喷射混凝土浇筑方法和要求

喷射混凝土的特点，是采用压缩空气进行喷射作业，将混凝土的运输和浇筑结合在同一个工序内完成。喷射混凝土有"干法"喷射和"湿法"喷射两种施工方法。一般大量用于大跨度空间结构（如网架、悬索等）屋面、地下工程的衬砌、坡面的护坡、大型构筑物的补强、矿山以及一些特殊工程。第一章基坑支护这一节中的土钉支护面层施工，实际上就是喷射混凝土施工。

干法喷射就是砂石和水泥经过强制式搅拌机拌和后，用压缩空气将干性混合料送入管道，再送到喷嘴里，在喷嘴里引入高压水，与干料合成混凝土，最终喷射到建筑物或构筑物上。干法施工比较方便，使用较为普遍。但由于干料喷射速度快，在喷嘴中与水拌和的时间短，水泥的水化作用往往不够充分。另外，由于机械和操作上的原因，材料的配合比和水胶比不易严格控制，因此对混凝土的强度及匀质性不如湿法施工好。

湿法喷射就是在搅拌机中按一定配合比搅拌成混凝土混合料后，再由喷射机通过胶管从喷嘴中喷出，在喷嘴处不再加水。湿法施工由于预先加水搅拌，水泥的水化作用比较充分，因此与干法施工相比，混凝土强度的增长速度可提高约 100%，粉尘浓度减少 50%～80%，材料回弹减少约50%，节约压缩空气 30%～60%。但湿法施工的设备比较复杂，水泥用量较大，也不宜用于基面渗水量大的地方。

喷射混凝土中由于水泥颗粒与粗骨料互相撞击，连续挤压，因而可采用较小的水胶比，使混凝土具有足够的密实性、较高的强度和较好的耐久性。

为了改善喷射混凝土的性能，常掺加占水泥重量 2.5%～4.0% 的高效速凝剂，一般可使水泥在3min 内初凝，10min 达到终凝，有利于提高早期强度，增大混凝土喷射层的厚度，减少回弹损失。

喷射混凝土中加入少量（一般为混凝土重量 3%～4%）的钢纤维（直径 0.3～0.5mm，长度20～30mm），能够明显提高混凝土的抗拉、抗剪、抗冲击和抗疲劳强度。

（八）型钢混凝土结构浇筑

型钢混凝土结构是由型钢、主筋、箍筋及混凝土组合而成，其外侧为以箍筋约束并配置适当纵向受力主筋的混凝土结构（图 4-128、图 4-129），简称 SRC（Steel Reinforced Concrete）结构。

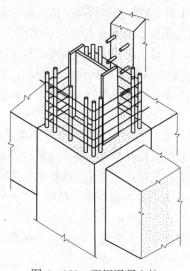

图 4-128　型钢混凝土柱

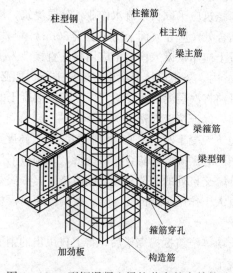

图 4-129　型钢混凝土梁柱节点的穿筋构造

它具有承载力高、受力抗震性能好、良好的耐火性和缩短施工工期的优点。型钢混凝土结构主要适用于高层建筑物结构如框架—剪力墙结构、底层大空间剪力墙结构、框架—核心筒结构和筒中筒结构，特别是地下层、首层及以上数层结构中。

型钢混凝土结构浇筑应符合下列规定：

1）混凝土粗骨料最大粒径不应大于型钢外侧混凝土保护层厚度的1/3，且不宜大于25mm。

2）浇筑应有足够的下料空间，并应使混凝土充盈整个构件各部位。

3）型钢周边混凝土浇筑宜同步上升，混凝土浇筑高差不应大于500mm。

（九）钢管混凝土结构浇筑

钢管混凝土结构是在钢管内浇筑强度等级C30～C50混凝土的无配筋或少配筋的混凝土结构（图4-130、图4-131）。钢管包括圆形钢管、方形钢管、矩形钢管和异形钢管，其中圆形钢管应用最多。钢管混凝土柱具有强度高、重量轻、塑性好、耐疲劳和耐冲击等优点。钢管混凝土柱的特点之一，是它的钢管就是模板，具有很好的整体性和密闭性、不漏浆、耐侧压。但是对管内的混凝土的浇灌质量，无法进行直观检查。

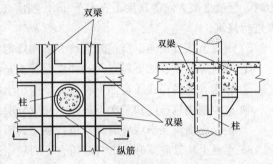

图4-130　钢管混凝土柱双梁连接节点

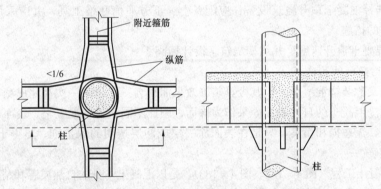

图4-131　钢管混凝土柱变宽度梁连接节点

钢管混凝土柱的混凝土浇筑方法有泵送顶升浇灌法、立式手工浇捣法和立式高位抛落无振捣法（见表4-46）。

表4-46　　　　　　　　　　　　　　　　钢管内混凝土浇灌方法

浇灌方法		要求
泵送顶升浇灌法		需安装一个带闸门的进料支管，直接与泵车的输送管相连，无须振捣，钢管直径≥2倍泵径
立式手工浇捣法	管径＞350mm	采用内部振捣器，每次振捣时间不少于30s，浇灌高度不宜大于2m
	管径＜350mm	可用外部振捣器，振捣时间不少于1min，一次浇灌的高度不应大于振捣器的有效工作范围和2～3m柱长
立式高位抛落无振捣法		适用于管径＞350mm，高度不小于4m的情况。抛落高度不足4m时，使用内部振捣器。一次振落的混凝土宜在0.7m²，料斗的下口尺寸应比钢管内径小100～200mm，以排除管内空气

钢管混凝土结构浇筑应符合下列规定。

1）宜采用自密实混凝土浇筑。

说明：钢管结构一般会采用2层一节或3层一节方式进行安装。由于所浇筑的钢管高度较高，混凝土振捣受到限制，所以以往工程有采用高抛的浇筑方式，利用混凝土的冲击力达到自身密实的目的。由于施工技术的发展，自密实混凝土已普遍采用，所以可采用免振的自密实混凝土来解决振捣问题。

2）混凝土应采取减少收缩的技术措施。

3）钢管截面较小时，应在钢管壁适当位置留有足够的排气孔，排气孔孔径不应小于20mm；浇筑混凝土应加强排气孔观察，并应确认浆体流出和浇筑密实后再封堵排气孔。

4）当采用粗骨料粒径不大于25mm的高流态混凝土或粗骨料粒径不大于20mm的自密实混凝土时，混凝土最大倾落高度不宜大于9m；倾落高度大于9m时，宜采用串筒、溜槽、溜管等辅助装置进行浇筑。

5）混凝土从管顶向下浇筑时应符合下列规定。

① 浇筑应有足够的下料空间，并使混凝土充盈整个钢管。

② 输送管端内径或斗容器下料口内径应小于钢管内径，且每边应留有不小于100mm的间隙。

③ 应控制浇筑速度和单次下料量，并应分层浇筑至设计标高。

④ 混凝土浇筑完毕后应对管口进行临时封闭。

6）混凝土从管底顶升浇筑时应符合下列规定。

① 应在钢管底部设置进料输送管，进料输送管应设止流阀门，止流阀门可在顶升浇筑的混凝土达到终凝后拆除。

② 应合理选择混凝土顶升浇筑设备；应配备上、下方通信联络工具，并应采取可有效控制混凝土顶升或停止的措施。

③ 应控制混凝土顶升速度，并均衡浇筑至设计标高。

（十）清水混凝土结构浇筑

清水混凝土又称装饰混凝土，因其极具装饰效果而得名。它属于一次浇注成型，不做任何外装饰，直接采用现浇混凝土的自然表面效果作为饰面，因此不同于普通混凝土，表面平整光滑，色泽均匀，棱角分明，无碰损和污染，只是在表面涂一层或两层透明的保护剂，显得十分天然、庄重，而且节能效果显著。

饰面清水混凝土工程（图4-132、图4-133），是以混凝土本身的自然质感和精心设计、精心施工的对拉螺栓孔眼、明缝、蝉缝组和形成自然状态作为饰面效果的混凝土工程，工程应用最广泛。

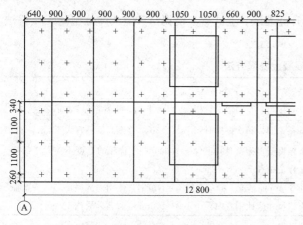

图4-132　整齐排列的模板与穿墙螺栓孔

图4-133　清水混凝土立面效果图

清水混凝土结构浇筑应符合下列规定。

1）应根据结构特点进行构件分区，同一构件分区应采用同批混凝土，并应连续浇筑。

2）同层或同区内混凝土构件所用材料牌号、品种、规格应一致，并保证结构外观色泽符合要求。

3）竖向构件浇筑时应严格控制分层浇筑的间歇时间。

四、混凝土振捣

1. 混凝土振捣原理

混凝土振捣机械振动时，将具有一定频率和振幅的振动力传给混凝土，使混凝土发生强迫振动，新浇筑的混凝土在振动力作用下，颗粒之间的黏着力和摩阻力大大减小，流动性增加。粗骨料在本身重力作用下互相滑动，其空隙被水泥砂浆填满，拌和物中的空气和部分游离水被排挤出来，拌和物充满模板的各个角落，从而获得较高密实度的混凝土。

2. 振捣设备与混凝土分层振捣的最大厚度

混凝土的振捣设备，按其工作方式可分为内部振动器、表面振动器、外部振动器（附着振动器）和振动台等（图4-134）。

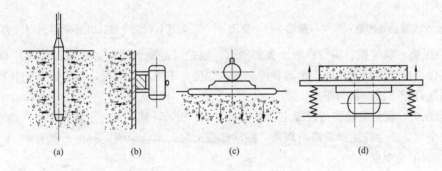

图 4-134　振动机示意图

（a）内部振动图；（b）外部振动图；（c）表面振动图；（d）振动台

为了使混凝土能够振捣密实，浇筑时应分层浇灌、振捣，并在下层混凝土初凝之前，将上层混凝土浇灌并振捣完毕。如果在下层混凝土已经初凝以后，再浇筑上面一层混凝土，在振捣上层混凝土时，下层混凝土由于受振动，已凝结的混凝土结构就会遭到破坏。《混凝土结构工程施工规范》（GB 50666—2011）对混凝土分层振捣的最大厚度作出了表4-47的规定。

表 4-47　　　　　　　　　　　混凝土分层振捣的最大厚度

振捣方法	混凝土分层振捣的最大厚度	振捣方法	混凝土分层振捣的最大厚度
振动棒	振捣器作用部分长度的1.25倍	附着振动器	根据设置方式，通过试验确定
平板振动器	200		

在采用振捣棒时，需要按插入式振捣器的作用部分长度来确定浇筑层厚度。在工地施工现场，经常使用的 $\phi50$ 振捣棒，有效长度是 $350\sim385mm$，精确的浇筑层厚度可取 $437.5\sim481.25mm$，粗略的厚度可以控制在 500mm；使用 $\phi30$ 的振捣棒，有效长度是 270mm，精确的浇筑层厚度可取 337.5mm，粗略的厚度可以控制在 350mm。为了确保浇筑层的厚度，在现场还应制造尺杆工具，为分层浇筑提供客观参照依据，便于混凝土浇筑人员施工。

3. 一般部位振捣要求

混凝土振捣应能使模板内各个部位混凝土密实、均匀，不应漏振、欠振、过振。

混凝土振捣应采用插入式振动器、平板式振动器或附着式振动器，必要时可采用人工辅助振捣。按振捣设备分述如下。

（1）内部振动器（插入式振动器）。内部振动器又称为插入式振动器（振动棒），多用于振捣现浇基础、柱、梁、墙等结构构件和厚大体积设备基础的混凝土捣实。

1）振捣方法。工地实际的插入式振动器振捣方法有两种：垂直振捣和斜向振捣（图4-135、图4-136）。

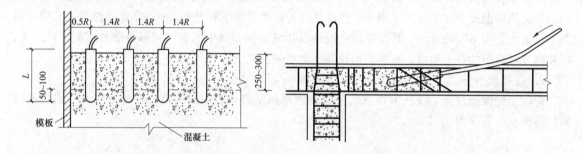

图4-135 插入式振动器的插入深度与移动半径示意图   图4-136 插入式振动器斜向振捣

① 垂直振捣。就是振动棒与混凝土表面垂直，也是《混凝土结构工程施工规范》（GB 50666）规定的，其优点在于容易掌握插点距离和控制插入深度，不易产生漏振，不易触及钢筋和模板，混凝土受振后能自然下沉、均匀密实。

② 斜向振捣。就是振动棒与混凝土表面成40°～45°插入，其优点在于操作省力，效率高，出浆快，易排出空气，不会发生严重离析现象，振动棒拔出时，不会形成空洞。

2）操作规定与要点。

① 应按分层浇筑厚度分别进行振捣，每层混凝土厚度应不超过振动棒长的1.25倍；混凝土分层浇筑时，在振捣上一层时应插入下一层混凝土的深度不应小于50mm，以消除两层间的接缝，同时要在下一层混凝土初凝前进行。在振捣过程中，宜将振动棒上下略微抽动，使上下振捣均匀。

② 振动棒应垂直于混凝土表面并快插慢拔均匀振捣。"快插"是防止先将混凝土表面振实，与下面混凝土产生分层离析现象；"慢拔"是为了使混凝土填满振动棒抽出时形成的空洞。当混凝土表面无明显塌陷、有水泥浆出现、不再冒气泡时，应结束该部位振捣。

③ 振动棒与模板的距离不应大于振动棒作用半径的50%；振捣插点间距不应大于振动棒作用半径（振动器的作用半径一般为300～400mm）的1.4倍。

④ 振捣器应避免碰撞钢筋、模板、芯管、吊环、预埋件或空心胶囊等。

（2）外部振动器（附着式振动器）。直接安装在模板外侧，利用偏心块旋转时产生的振动力，通过模板传递给混凝土。适用于钢筋较密、厚度较小、不宜使用插入式振动器的结构构件。附着式振动器的振动作用深度约为25cm，如构件尺寸较厚，需在构件两侧安设振动器，同时振动。操作规定与要点如下。

1）附着振动器应与模板紧密连接，设置间距应通过试验确定。

2）附着振动器应根据混凝土浇筑高度和浇筑速度，依次从上往下振捣。

3）模板上同时使用多台附着振动器时，应使各振动器的频率一致，并应交错设置在相对面的模板上。

（3）表面振动器（平板式振动器）。适用于表面积大且平整、厚度小的结构或预制构件。操作规定与要点如下。

1）平板式振动器振捣应覆盖振捣平面边角。

2）平板式振动器移动间距应覆盖已振实部分混凝土边缘，操作时一般保证前后位置相互搭接30～50mm，以防漏振。

3）振捣倾斜表面时，应由低处向高处进行振捣。

4）平板式振动器在每一位置上应连续振动一定时间，一般为25～40s，以混凝土表面均匀出现浮浆为准。

5）振动时的移动距离应保证振动器的平板能覆盖已振实部分的边缘。

6）有效作用深度，在无筋及单筋平板中约200mm；在双筋平板中约120mm。

7）大面积混凝土地面，可采用两台振动器，以同一方向安装在两条木杠上，通过木杠的振动使混凝土振实。

8）振动倾斜混凝土表面时，应由低处逐渐向高处移动。

（4）振动台。振动台是混凝土构件成型工艺中生产效率较高的一种设备。适用于混凝土预制构件的振捣。当混凝土厚度小于200mm时，混凝土可一次装满振捣；如厚度大于200mm时，应分层浇筑，每层厚度不大于200mm应随浇随振。

当采用振动台振实干硬性和轻骨料混凝土时，宜采用加压振动的方法，压力为1～3kN/m²。

4．特殊部位的振捣措施

（1）宽度大于0.3m预留洞底部区域，应在洞口两侧进行振捣，并应适当延长振捣时间。宽度大于0.8m的洞口底部，应采取特殊的技术措施，避免预留洞底部形成空洞或不密实情况产生。特殊技术措施包括在预留洞底部区域的侧向模板位置留设孔洞，浇筑操作人员可在孔洞位置进行辅助浇筑与振捣；在预留洞中间设置用于混凝土下料的临时小柱模板，在临时小柱模板内进行混凝土下料和振捣，临时小柱模板边的混凝土在拆模后进行凿除。

（2）后浇带及施工缝边角处应加密振捣点，并应适当延长振捣时间。

（3）钢筋密集区域或型钢与钢筋结合区域，应选择小型振动棒辅助振捣、加密振捣点，并应适当延长振捣时间。

（4）基础大体积混凝土浇筑流淌形成的坡脚，不得漏振。

五、混凝土的养护

1．混凝土养护

混凝土早期塑形收缩和干燥收缩较大，易于造成混凝土开裂。混凝土养护是补充水分或降低失水速率，防止混凝土产生裂缝，确保达到混凝土各项力学性能指标的重要措施。在混凝土终凝抹面处理后，应及时进行养护工作。混凝土终凝后至养护开始的时间间隔应尽可能缩短，以保证混凝土养护所需的湿度以及对混凝土进行温度控制。因此，《混凝土结构工程施工规范》（GB 50666）8.5.1条明确规定：混凝土浇筑后应及时进行保湿养护，保湿养护可采用洒水、覆盖、喷涂养护剂等方式。养护方式应根据现场条件、环境温湿度、构件特点、技术要求、施工操作等因素确定。以常用的洒水覆盖养护为例，在自然气温条件下（高于＋5℃），对于一般塑性混凝土应在浇筑后12h内（炎夏时可缩短至2～3h），对高强混凝土应在浇筑后1～2h内，即用塑料薄膜、麻袋、草帘等进行覆盖，并及时浇水养护，以保持混凝土具有足够润湿状态。

洒水、覆盖、喷涂养护剂等养护方式可单独使用，也可同时使用，采用何种养护方式应根据工程实际情况合理选择。

混凝土的养护时间应符合下列规定。

（1）采用硅酸盐水泥、普通硅酸盐水泥或矿渣硅酸盐水泥配制的混凝土，不应少于7d；采用其他品种水泥时，养护时间应根据水泥性能确定。

（2）采用缓凝型外加剂、大掺量矿物掺和料配制的混凝土，不应少于 14d。粉煤灰或矿渣粉的数量占胶凝材料总量不小于 30% 的混凝土，以及粉煤灰加矿渣粉的总量占胶凝材料总量不小于 40% 的混凝土，都可认为是大掺量矿物掺和料混凝土。

（3）抗渗混凝土、强度等级 C60 及以上的混凝土，不应少于 14d。

（4）后浇带混凝土的养护时间不应少于 28d。

（5）地下室底层墙、柱和上部结构首层墙、柱，宜适当增加养护时间。这是由于地下室基础底板与地下室底层墙柱施工间隔时间通常都会较长，在这较长的时间内基础底板与地下室结构的收缩基本完成，对于刚度很大的基础底板或地下室结构会对与之相连的墙柱产生很大的约束，从而极易造成结构竖向裂缝产生，对这部分结构增加养护时间是必要的，养护时间可根据工程实际按施工方案确定。

（6）大体积混凝土养护时间应根据施工方案确定。

2. 洒水养护

洒水养护应符合下列规定。

（1）洒水养护宜在混凝土裸露表面覆盖麻袋或草帘后进行，也可采用直接洒水、蓄水等养护方式；洒水养护应保证混凝土表面处于湿润状态。

大面积结构如地坪、楼板、屋面等可采用蓄水养护。储水池一类工程可于拆除内模且混凝土强度达到一定强度后注水养护。

（2）洒水养护用水应符合现行行业标准《混凝土用水标准》（JGJ 63）的有关规定。

（3）当日最低温度低于 5℃时，不应采用洒水养护。

3. 覆盖养护

对养护环境温度有特殊要求或洒水养护有困难的结构构件，可采用覆盖养护方式；对结构构件养护过程有温差要求时，通常采用覆盖养护方式；覆盖养护应及时，尽量减少混凝土裸露时间，防止水分蒸发。

覆盖养护的原理是通过混凝土的自然温升在塑料薄膜内产生凝结水，从而达到湿润养护的目的。在覆盖养护过程中，应经常检查塑料薄膜内的凝结水，确保混凝土裸露表面处于湿润状态。

因此，覆盖养护应符合下列规定。

（1）覆盖养护宜在混凝土裸露表面覆盖塑料薄膜、塑料薄膜加麻袋、塑料薄膜加草帘进行。

（2）塑料薄膜应紧贴混凝土裸露表面，塑料薄膜内应保持有凝结水。

（3）覆盖物应严密，覆盖物的层数应按施工方案确定。一般要求覆盖物相互搭接不小于 100mm，覆盖物层数的确定应综合考虑环境因素以及混凝土温差控制要求。

4. 喷涂养护剂养护

对养护环境温度没有特殊要求或洒水养护有困难的结构构件，可采用喷涂养护剂养护方式。对拆模后的墙柱以及楼板裸露表面在持续洒水养护有困难时可采用喷涂养护剂养护方式；对于采用爬升式模板脚手施工的工程如烟囱、筒仓，由于模板脚手爬升后无法对下部的结构进行持续洒水养护，可采用喷涂养护剂养护方式。

喷涂养护剂养护的原理是通过喷涂养护剂，使混凝土裸露表面形成致密的薄膜层，薄膜层能封住混凝土表面，阻止混凝土表面水分蒸发，达到混凝土养护的目的。养护剂后期应能自行分解挥发，而不影响装修工程施工。养护剂应具有可靠的保湿效果，必要时可通过试验检验养护剂的保湿效果。

因此，喷涂养护剂养护应符合下列规定。

（1）应在混凝土裸露表面喷涂覆盖致密的养护剂进行养护。

（2）养护剂应均匀喷涂在结构构件表面，不得漏喷；养护剂应具有可靠的保湿效果，保湿效果可通过试验检验。

（3）养护剂使用方法应符合产品说明书的有关要求。

这一条要求喷涂方法应符合产品技术要求，严格按照使用说明书要求进行施工。

5. 基础大体积混凝土养护

基础大体积混凝土裸露表面应采用覆盖养护方式；当混凝土浇筑体表面以内 40～100mm 位置的温度与环境温度的差值小于 25℃时，可结束覆盖养护。覆盖养护结束但尚未达到养护时间要求时，可采用洒水养护方式直至养护结束。

覆盖养护层的厚度应根据环境温度、混凝土内部温升以及混凝土温差控制要求确定，通常在施工方案中确定。

6. 柱墙混凝土养护

柱墙混凝土养护方法应符合下列规定。

（1）地下室底层和上部结构首层柱、墙混凝土带模养护时间，不应少于 3d；带模养护结束后，可采用洒水养护方式继续养护，也可采用覆盖养护或喷涂养护剂养护方式继续养护。

（2）其他部位柱、墙混凝土可采用洒水养护，也可采用覆盖养护或喷涂养护剂养护。

混凝土强度达到 1.2MPa 前，不得在其上踩踏、堆放物料和安装模板及支架。

同条件养护试件的养护条件应与实体结构部位养护条件相同，并应妥善保管。

施工现场应具备混凝土标准试件制作条件，并应设置标准试件养护室或养护箱。标准试件养护应符合国家现行有关标准的规定。

加热养护一般用于提高预制构件生产效率同时加快场地周转，另外冬季混凝土施工常用的蓄热法无法保证质量时也采用加热养护。加热养护一般常用蒸汽加热法和电热法。

六、混凝土工程施工质量验收要求

混凝土分项工程质量验收内容分为一般规定、原材料、配合比设计和混凝土施工，由于与施工规范要求内容重复较多，这里就不再赘述了。这里选择重点质量检查项目介绍，特别是混凝土的强度检查与评定、结构实体检验，至于应用最广的现浇结构分项工程的质量检查项目则放在第（五）部分详细介绍。

（一）混凝土在拌制、浇筑和养护过程中的质量检查

（1）首次使用的混凝土配合比应进行开盘鉴定，其工作性能应满足设计配合比要求。开始生产时应至少留置一组标准养护试件作强度试验，以验证配合比。

（2）混凝土组成材料的用量，每工作班至少抽查两次，要求每盘称量偏差在允许范围之内。

（3）当采用预拌混凝土（即商品混凝土）时，应在商定交货地点定期进行坍落度检查，以测定混凝土的和易性，第一车混凝土必须进行检查，其后至少与混凝土标准强度试块取样［见第（二）部分］同步检查，即一般 100m³ 检查一次，每次检查的结果应作施工记录；自拌混凝土，第一盘混凝土必须进行检查，其后至少与混凝土标准试块取样同步检查，由于自拌混凝土每个台班拌制混凝土量较少，一般 30m³ 左右检查一次（常用 250～350L 出料量搅拌机）。实测的混凝土坍落度与要求的坍落度之间的允许偏差见表 4-48。混凝土的质量问题往往通过坍落度检查事先暴露出来而得到预警，其测定方法按现行国家标准《普通混凝土拌和物性能试验方法》（GB/T 50080—2002）的规定进行。

表 4-48 混凝土坍落度与要求坍落度之间的允许偏差 mm

要求坍落度	允许偏差	要求坍落度	允许偏差
＜50	±10	＞90	±30
50～90	±20		

（4）混凝土坍落度筒的使用要求。坍落度筒是检验混凝土和易性能重要的检验设备，在施工工地会经常使用。坍落度筒使用薄钢板制成，呈截头圆锥筒，其内壁应光滑，无凹凸部位，它的详细尺寸如图 4-137 所示。

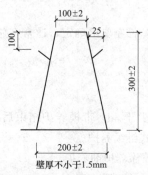

图 4-137 坍落度测量筒

检验混凝土和易性的检验设备除了坍落度筒以外，现场还需备置一些其他工具，为了捣实试模中的混凝土，用 16mm 直径，长 600mm 的光圆钢筋制成捣棒，捣棒的端部用砂轮机磨圆，使其呈弹头形，坍落度筒应坐在一块 600mm×600mm 的钢板上，钢板的厚度不小于 3～5mm，表面必须平整，钢尺和直尺各一把，要求最小刻度为 1mm，除了这些以外，还应准备小铁铲和抹刀。坍落度在使用过程中应遵照以下工作程序。

1）准备使用坍落度筒前，必须湿润坍落度筒及其他用具，并把筒放在不吸水的平整的 600mm×600mm 的钢板上，然后用脚踩在两边的脚踏板，使坍落度筒在装料时，保持位置固定。

2）按要求取得的混凝土试样，用小铁铲分三次均匀装入筒内，使捣实后的混凝土高度为筒高的 1/3 左右，每层用捣棒插捣 25 次，插捣应沿螺旋方向由外向中心进行。各次插捣应在截面上均匀分布，插捣筒边混凝土时，捣棒可以稍稍倾斜，插捣底层时，捣棒应贯穿整个深度。插捣第二层和顶层时，捣棒应插透本层至下一层的表面。

3）灌顶层混凝土时，应灌到高出筒口，插捣过程中，如混凝土沉落到低于筒口，则应随时添加，顶层插捣完成后，刮去多余的混凝土，并用抹子抹平。

4）清除筒边底板上的混凝土后，垂直平稳地提起坍落度筒。坍落度筒的提离过程应在 5～10s 内完成，从开始装料到提坍落度筒的整个过程应不间断进行，并应在 150s 内完成。

5）提起坍落度后，用直尺测量筒高与坍落后混凝土试体最高点之间的高度差，即为该混凝土拌和物的坍落度值，混凝土拌和物的坍落度值以毫米为单位，并精确到 5mm。

6）坍落度测完后，应仔细观察流动性以及黏聚性和保水性，并对和易性作出判断。

7）坍落度筒使用后应及时清理干净妥善保管，使用过程中一定要轻拿轻放，严禁甩摔和蹬踏。

每工作班混凝土拌制前，应测定砂、石含水率，并根据测试结果调整材料用量，检查施工配合比。

自拌混凝土的搅拌时间，应随时检查。

在施工过程中，还应对混凝土运输浇筑及间歇的全部时间、施工缝和后浇带的位置、养护制度进行检查。

（二）混凝土强度检查

1. 检查混凝土强度等级

评定结构构件的混凝土强度应采用标准试件的混凝土强度，即按标准方法制作的边长为 150mm 的标准尺寸的立方体试件，在温度为 20℃±3℃，相对湿度为 90% 以上的环境或水中的标准条件下，养护至 28d 龄期时按标准试验方法测得的混凝土立方体抗压强度。

　　混凝土立方体试件的最小尺寸应根据骨料的最大粒径确定，当采用非标准尺寸的试件时，应将其抗压强度值乘以折算系数，换算成为标准尺寸试件的抗压强度值。允许的试件最小尺寸及其强度折算系数见表 4-49。

表 4-49　　　　　　　　　　混凝土试件的尺寸及强度的尺寸换算系数

骨料最大粒径（mm）	试件尺寸（mm）	强度的尺寸换算系数
≤31.5	100×100×100	0.95
≤40	150×150×150	1.00
≤63	200×200×200	1.05

　　注　对强度等级为 C60 及以上的混凝土试件，其强度的尺寸换算系数可通过试验确定。

　　用于检查结构混凝土质量的试件，应在混凝土的浇筑地点随机取样制作。试件的留置应符合下列规定。

　　(1) 每拌制 100 盘且不超过 $100m^3$ 的同配合比混凝土，其取样不得少于一次。

　　(2) 每工作班拌制的同配合比混凝土不足 100 盘时，其取样不得少于一次。

　　(3) 当一次连续浇筑超过 $1000m^3$ 时，同一配合比的混凝土每 $200\ m^3$ 取样不得少于一次。

　　(4) 同一现浇楼层同配合比的混凝土，其取样不得少于一次。

　　(5) 每次取样应至少留置一组（3 个）标准试件，同条件养护试件的留置组数，可根据实际需要确定。预拌混凝土除应在预拌混凝土厂内按规定留置试件外，混凝土运到施工现场后，还应按本条款规定留置试件。

　　2. 临时负荷强度

　　确定结构构件的拆模、出池、出厂、吊装、张拉、放张及施工期间临时负荷的混凝土强度，应采用与结构构件同条件养护的标准尺寸试件的混凝土强度。

　　结构构件的混凝土强度应按现行国家标准《混凝土强度检验评定标准》（GB 50107）的规定分批检验评定。对采用蒸汽法养护的混凝土结构构件，其混凝土试件应先随同结构构件同条件蒸汽养护，再转入标准条件养护共 28d。当混凝土中掺用矿物掺和料时，确定混凝土强度时的龄期可按现行国家标准《粉煤灰混凝土应用技术规范》（GBJ 146）等的规定取值。

　　3. 混凝土强度代表值的确定

　　每组 3 个试件应在同盘混凝土中取样制作，并按下列规定确定该组试件的混凝土强度代表值。

　　(1) 取 3 个试件的强度平均值。

　　(2) 当 3 个试件强度中的最大值或最小值之一与中间值之差超过中间值的 15％时，取中间值。

　　(3) 当 3 个试件强度中最大值和最小值与中间值之差均超过中间值的 15％时，该组试件不应作为强度评定的依据。

　　当混凝土试件强度评定不合格时，可采用非破损（如回弹法或超声回弹综合法）或局部破损（如钻芯法或后装拔出法）的检测方法，按国家现行有关标准的规定对结构构件中的混凝土强度进行推定，并作为处理的依据。

　　(三) 混凝土强度评定

　　根据《混凝土强度检验评定标准》（GB/T 50107）的规定：

　　(1) 混凝土强度应分批进行检验评定。一个检验批的混凝土应由强度等级相同、试验龄期相同、生产工艺条件和配合比基本相同的混凝土组成。对同一检验批的混凝土强度，应以同批内标准试件的全部强度代表值来评定。对大批量、连续生产混凝土的强度应按评定标准规定的统计方法评定。对小批量或零星生产混凝土的强度应按评定标准的非统计方法评定。

（2）统计法评定混凝土强度的标准差已知方案。当连续生产的混凝土，生产条件在较长时间内保持一致，且同一品种、同一强度等级混凝土的强度变异性保持稳定时，应由连续的 3 组试件作为一个检验批的样本容量，其强度应符合下列要求

$$m_{fcu} \geq f_{cu,k} + 0.7\sigma_o \tag{4-41}$$

$$f_{cu,min} \geq f_{cu,k} - 0.7\sigma_o \tag{4-42}$$

检验批混凝土立方体抗压强度的标准差应按下式计算

$$\sigma_o = \sqrt{\frac{\sum_{i=1}^{n} f_{cu,i}^2 - n m_{f_{cu}}^2}{n-1}} \tag{4-43}$$

当混凝土强度等级不高于 C20 时，其强度的最小值尚应满足下列要求

$$f_{cu,min} \geq 0.85 f_{cu,k} \tag{4-44}$$

当混凝土强度等级高于 C20 时，其强度的最小值尚应满足下列要求

$$f_{cu,min} \geq 0.90 f_{cu,k} \tag{4-45}$$

式中：m_{fcu} 为同一检验批混凝土立方体抗压强度平均值（N/mm²），精确到 0.1（N/mm²）$f_{cu,k}$ 为混凝土立方体抗压强度标准值（N/mm²），精确到 0.1 或精确到 0.01（N/mm²）；σ_o 为检验批混凝土立方体抗压强度的标准差（N/mm²），精确到 0.01（N/mm²），当检验批混凝土强度标准差 σ_o 计算值小于 2.5N/mm² 时，应取 2.5N/mm²；$f_{cu,i}$ 为前一个检验期内同一品种、同一强度等级的第 i 组混凝土试件的立方体抗压强度代表值（N/mm²），精确到 0.1（N/mm²）；该检验期不应少于 60d，也不得大于 90d；n 为前一检验期内的样本容量，在该期间内样本容量不应少于 45；$f_{cu,min}$ 为同一检验批混凝土立方体抗压强度最小值（N/mm²），精确到 0.1（N/mm²）。

（3）统计法评定混凝土强度的标准差未知方案。当混凝土生产条件不满足第（2）条的规定，指生产连续性较差，即在生产中无法维持基本相同的生产条件，或生产周期较短，无法积累强度数据以资计算可靠的标准差参数，应由不少于 10 组的试件代表一个检验批，其强度应同时符合下列要求

$$\begin{cases} m_{fcu} \geq f_{cu,k} + \lambda_1 S_{fcu} & (4-46) \\ f_{cu,min} \geq \lambda_2 f_{cu,k} & (4-47) \end{cases}$$

同一检验批混凝土立方体抗压强度的标准差应按下式计算

$$S_{fcu} = \sqrt{\frac{\sum_{i=1}^{n} f_{cu,i}^2 - n m_{fcu}^2}{n-1}} \tag{4-48}$$

式中：m_{fcu} 为同一检验批混凝土强度的平均值（N/mm²）；S_{fcu} 为同一检验批混凝土立方体抗压强度的标准差（N/mm²），精确到 0.01（N/mm²）；当检验批混凝土强度标准差 S_{fcu} 计算值小于 2.5N/mm² 时，应取 2.5N/mm²；λ_1、λ_2 为合格判定系数，见表 4-50。

表 4-50   混凝土强度的合格评定系数

试件组数	10~14	15~19	≥20
λ_1	1.15	1.05	0.95
λ_2	0.90	0.85	0.85

此要求的原理是：为了保证立方体抗压强度的标准值有 95% 保证率，总体样本的平均值应该

是在 $f_{cu,o}=f_{cu,k}+1.645\sigma$ 附近小幅震荡，根据概率论，检验批样本的平均值 m_{fcu} 应是总体平均值的最佳估计值，样本的标准偏差 S 是总体的标准偏差 σ 的最佳估计值，样本无穷多时两者重合。而可以证明，在正常情况下，检验批样本如果出现违反上述两条件之一是非常小的小概率事件，小概率事件突然发生表示出现异常的可能性很大。经过多次模拟计算，统计评定的漏判概率 β（用户方风险）即没有达标判为达标的概率始终能控制在 5% 以内，而错判概率 α（生产方风险）即达标判为不达标的概率也基本控制在 5% 左右，此评定混凝土强度的公式在绝大多数情况下是准确的。

注意：这里的检验批混凝土强度标准差 S_{fcu} 就是检验批样本偏差，根据定义公式展开：

$$S_{fcu}=\sqrt{\frac{\sum_{i=1}^{n}(f_{cu,i}-m_{fcu})^2}{n-1}}=\sqrt{\frac{\sum_{i=1}^{n}f_{cu,i}^2-2m_{fcu}\sum_{i=1}^{n}f_{cu,i}+nm_{fcu}^2}{n-1}}$$

$$=\sqrt{\frac{\sum_{i=1}^{n}f_{cu,i}^2-nm_{fcu}^2}{n-1}} \tag{4-49}$$

这里利用了样本平均值的定义，$m_{fcu}=\sum_{i=1}^{n}f_{cu,i}/n\rightarrow\sum_{i=1}^{n}f_{cu,i}=nm_{fcu}$ 代入到上述展开式中即得式 (4-48)。

由于 4M1E 即人、机械、材料、方法、环境的变化，混凝土的生产条件在较长时间内一般不能保持一致，施工项目标准养护混凝土试块强度评定往往采用这种标准差未知评定方法，具体见下面实例 1，但一般来说，预制构件生产可以采用标准差已知方案。

【实例 1】　某大厦施工项目标准养护混凝土试块强度评定表见表 4-51。

表 4-51　　　　　　　　　标准养护混凝土强度试块强度评定表

工程名称	卓信大厦	分部工程名称		主体分部	项目经理	霍霞
施工单位	中华建工集团	验收部位		主体混凝土结构	混凝土设计强度等级（$f_{cu,k}$）	C25
施工执行标准名称及编号	ZHJG-SGBZ-02 主体结构施工工艺	混凝土配合比（水泥：水：石：砂：外加剂）			1：0.45：2.39：1.64：0.02	
序号	部位	方量（m³）	试验报告编号	试块制作日期	龄期（d）	试块抗压强度
01	一层柱	80	×××	×××	28	28.5
02	一层梁板	80	×××	×××	28	29.2
03	二层柱	80	×××	×××	28	28.8
04	二层梁板	80	×××	×××	28	28.4
05	三层柱	80	×××	×××	28	29.5
06	三层梁板	80	×××	×××	28	28.8
07	四层柱	80	×××	×××	28	29.0
08	四层梁板	80	×××	×××	28	28.9
09	五层柱	80	×××	×××	28	29.5
10	五层梁板	80	×××	×××	28	29.6

序号	部位	方量（m³）	试验报告编号	试块制作日期	龄期（d）	试块抗压强度
11	六层柱	80	×××	×××	28	24.5
12	六层梁板	80	×××	×××	28	28.9
13	七层柱	80	×××	×××	28	29.2
14	七层梁板	80	×××	×××	28	28.8
15	八层柱	80	×××	×××	28	27.9
16	八层梁板	80	×××	×××	28	29.8
17	九层柱	80	×××	×××	28	29.5
18	九层梁板	80	×××	×××	28	28.7
19	十层柱	80	×××	×××	28	29.5
20	十层梁板	80	×××	×××	28	28.6

质量评定情况	统计方法	$m_{fcu}=28.9 \geqslant f_{cu,k}+\lambda_1 \times S_{fcu}=25+0.95 \times 2.5=27.4$	有关数据	$m_{fcu}=28.9$
		$f_{cu,min}=24.5 \geqslant \lambda_2 f_{cu,k}=0.85 \times 25=21.3$		$S_{fcu}=2.50$
	非统计方法	$m_{fcu} \geqslant \lambda_3 f_{cu,k}$		$f_{cu,min}=24.5$
		$f_{cu,min} \geqslant \lambda_4 f_{cu,k}$		$f_{cu,k}=25.0$
				$\lambda_1=0.95, \lambda_2=0.85$

不参加混凝土强度评定组数及处理情况：	无

评定结果	依据 GB/T 50107 标准，主体混凝土结构 C25 标养试块混凝土强度评定为合格。 施工单位 项目专业质量检查员（签名）：× ×× 项目专业技术负责人（签名）：× ×× ××年××月××日	依据 GB/T 50107 标准，主体混凝土结构 C25 标养试块混凝土强度评定为合格。 专业监理工程师（签名）：××× （建设单位项目专业技术负责人） ××年××月××日

其中部分参数计算如下

平均值的定义，$m_{fcu} = \sum_{i=1}^{n} f_{cu,i}/n$

$$m_{fcu} = \sum_{i=1}^{20} f_{cu,i}/20 = (28.5+29.2+28.8+\cdots+28.6)/20 = 28.86 \approx 28.9 \text{（MPa）}$$

根据式（4-48），$S_{fcu} = \sqrt{\dfrac{\sum\limits_{i=1}^{20} f_{cu,i}^2 - 20 m_{fcu}^2}{20-1}} = \sqrt{\dfrac{28.5^2+29.2^2+\cdots+28.6^2-20 \times 28.86^2}{19}}$

$$= 1.90 \text{MPa} < 2.50 \text{MPa}, \text{取} \; S_{fcu} = 2.50 \text{（MPa）}$$

注意：实际评定中 S_{fcu} 过小的原因往往是统计的混凝土检验期过短，对混凝土强度的影响因素反映不充分造成的。虽然也有质量控制好的企业可以达到这样的水平，但对于全国平均水平来讲，是达不到的。

$$f_{cu,min} = 24.5 \text{（MPa）}$$

查表 4-50，时间组数 $n=20$，得 $\lambda_1=0.95$，$\lambda_2=0.85$，代入判定式（4-46）、式（4-47）得

$$\begin{cases} m_{fcu} \geqslant f_{cu,k}+\lambda_1 \times S_{fcu} \\ f_{cu,min} \geqslant \lambda_2 f_{cu,k} \end{cases} \begin{cases} 28.9 > 25+0.95 \times 2.50 = 27.4 \text{（MPa）} \\ 24.5 \text{（MPa）} > 0.85 \times 25 = 21.3 \text{（MPa）} \end{cases}$$

因为同时符合两要求，依据 GB/T 50107 标准，主体混凝土结构 C25 标养试块混凝土强度评定为合格。

（4）当用于评定的样本容量小于 10 组时，如对零星生产的预制构件混凝土，或现场搅拌批量不大的混凝土，应采用非统计法评定。

按非统计方法评定混凝土强度时，其强度应同时符合下列规定

$$m_{fcu} \geqslant \lambda_3 f_{cu,k} \tag{4-50}$$

$$f_{cu,min} \geqslant \lambda_4 f_{cu,k} \tag{4-51}$$

混凝土强度的非统计法合格评定系数见表 4-52。

表 4-52   混凝土强度的非统计法合格评定系数

混凝土强度等级	<C60	≥C60
λ_3	1.15	1.10
λ_4	0.95	

非统计方法虽然简单方便，但准确度相对前述统计法较差，误判和错判概率较大。

现场试件留置数量一般不应少于 3 组。

【实例 2】 某小型建筑物基础共取得标准养护混凝土试块强度 4 组，每组 3 试块的试验室强度见表 4-53，混凝土强度等级 C30。试进行混凝土强度非统计评定。

表 4-53   某小型建筑物基础标准养护混凝土强度试块非统计评定

组别	每组 3 块试块的强度	混凝土强度代表值	非统计方法质量评定
第一组	33.2 35.6 38.9	取平均值 35.9	
第二组	28.7 39.2 34.3	取中间值 34.3	$m_{fcu} = (35.9 + 34.3 + 36.4)/3$ $= 35.5\text{MPa} \geqslant \lambda_3 f_{cu,k} = 1.15 \times 30$ $= 34.5\text{MPa}$ $f_{cu,min} = 34.3\text{MPa}$ $\geqslant \lambda_4 f_{cu,k} = 0.95 \times 30$ $= 28.5\text{MPa}$
第三组	27.5 34.1 39.8	不参加混凝土 强度评定	依据 GB/T 50107 标准，基础 C30 标养试块混凝土强度评定为合格
第四组	34.7 36.4 38.2	取平均值 36.4	

（四）结构实体检验

对涉及混凝土结构安全的重要部位应进行结构实体检验。结构实体检验应在监理工程师（建设单位项目专业技术负责人）见证下，由施工项目技术负责人组织实施。承担结构实体检验的试验室应具有相应的资质。

混凝土主体结构实体检验的内容应包括混凝土强度、钢筋保护层厚度以及工程合同约定的项目；必要时可检验其他项目。

1. 同条件养护试件混凝土强度检验

对混凝土强度的实体检验，应以在混凝土浇筑地点制备并与结构实体同条件养护的试件强度为

依据。混凝土强度检验用同条件养护试件的留置、养护和强度代表值应符合《混凝土结构工程施工质量验收规范》（GB 50204—2015）附录 D 结构实体检验用同条件养护试件强度检验规定。

对混凝土强度的检验，也可根据合同的约定，采用非破损或局部破损的检测方法，按国家现行有关标准的规定进行。

当同条件养护试件强度的检验结果符合现行国家标准《混凝土强度检验评定标准》（GBJ）的有关规定时，混凝土强度应判为合格。

当未能取得同条件养护试件强度、同条件养护试件强度被判为不合格或钢筋保护层厚度不满足要求时，应委托具有相应资质等级的检测机构按国家有关标准的规定进行检测。

（1）附录 D 结构实体检验用同条件养护试件强度检验具体规定如下。

D.0.1　同条件养护试件的留置方式和取样数量，应符合下列要求。

（1）同条件养护试件所对应的结构构件或结构部位，应由监理（建设）、施工等各方共同选定。

（2）对混凝土结构工程中的各混凝土强度等级，均应留置同条件养护试件。

（3）同一强度等级的同条件养护试件，其留置的数量应根据混凝土工程量和重要性确定。不宜少于 10 组，且不应少于 3 组。

（4）同条件养护试件拆模后，应放置在结构构件或结构部位的适当位置，并采取相同的养护方法。

【D.0.1 说明】　本附录规定的结构实体检验，可采用对同条件养护试件强度进行检验的方法进行。这是根据试验研究和工程调查确定的。

本条根据对结构性能的影响及检验结果的代表性，规定了结构实体检验用同条件养护试件的留置方式和取样数量。同条件养护试件应由各方在混凝土浇筑入模处见证取样。同一强度等级的同条件养护试件的留置数量不宜少于 10 组，以构成按统计方法评定；留置数量不应少于 3 组，是为了按非统计方法评定混凝土强度时，有足够的代表性。

D.0.2　同条件养护试件应在达到等效养护龄期时进行强度试验。

等效养护龄期应根据同条件养护试件强度与在标准养护条件下 28d 龄期试件强度相等的原则确定。

D.0.3　同条件自然养护试件的等效养护龄期及相应的试件强度代表值，宜根据当地的气温和养护条件，按下列规定确定。

（1）等效养护龄期可按日平均气温逐日累计达到 600℃ 天时所对应的龄期，0℃ 及以下的龄期不计入；等效养护龄期不应小于 14 天，也不宜大于 60 天。

（2）同条件养护试件的强度代表值应根据强度试验结果按现行国家标准《混凝土强度检验评定标准》（GBJ 107）的规定确定后，乘折算系数取用；折算系数宜取为 1.10，也可根据当地的试验统计结果作适当调整。

【D.0.3 说明】　试验研究表明，通常条件下，当逐日累计养护温度达到 600℃ 天时，由于基本反映了养护温度对混凝土强度增长的影响，同条件养护试件强度与标准养护条件下 28 天龄期的试件强度之间有较好的对应关系。

结构实体混凝条件混凝土强度通常低于标准养护下的混凝土强度，这主要是由于同条件养护试件养护条件与标准养护条件的差异，包括温度、湿度等条件的差异。同条件养护试件检验时，可将同组试件的强度代表值乘以折算系数 1.10 后，按现行国家标准《混凝土强度检验评定标准》（GBJ 107）评定。折算系数 1.10 主要是考虑到实际混凝土结构及同条件养护试件可能失水等不利于强度增长的因素，经试验研究及工程调查而确定的。各地区也可根据当地的试验统计结果对折算系数作适当的调整，需增大折算系数时应持谨慎态度。

D.0.4 冬期施工、人工加热养护的结构构件，其同条件养护试件的等效养护龄期可按结构构件的实际养护条件，由监理（建设）、施工等各方面根据本附录第 D.0.2 条的规定共同确定。

（2）结构实体检验用同条件养护混凝土试块强度评定实例。

表 4-54 为结构实体检验用同条件养护混凝土试块强度数据表，以供参考。

表 4-54　　　　　　结构实体检验用同条件养护混凝土试块强度数据表

工程名称	卓信大厦		分部工程名称		主体分部	项目经理	霍霞
施工单位	中华建工集团		验收部位		主体混凝土结构	混凝土设计强度等级（$f_{cu,k}$）	C25
施工执行标准名称及编号	ZHJG-SGBZ-02 主体结构施工工艺				混凝土配合比（水泥：水：石：砂：外加剂）		1：0.45：2.39：1.64：0.02
序号	部位	试块编号	试块制作日期	龄期（d）	等效养护龄期（℃·d）	试块抗压强度（f_{cu}）	乘折算系数 1.1 后试块强度代表值（f'_{cu}）
01	一层柱	×××	×××	26	607.5	26.5	29.15
02	一层梁板	×××	×××	25	607.0	28.3	31.13
03	二层柱	×××	×××	26	605.5	28.8	31.68
04	二层梁板	×××	×××	27	603.5	28.4	31.24
05	三层柱	×××	×××	28	604.0	23.9	26.29
06	三层梁板	×××	×××	26	602.5	28.8	31.68
07	四层柱	×××	×××	24	603.0	28.5	31.35
08	四层梁板	×××	×××	25	607.5	26.5	29.15
09	五层柱	×××	×××	26	604.0	25.6	28.16
10	五层梁板	×××	×××	24	602.5	25.6	28.16
11	六层柱	×××	×××	25	607.0	25.2	27.72
12	六层梁板	×××	×××	26	602.5	28.0	30.80
13	七层柱	×××	×××	26	602.5	26.2	28.82
14	七层梁板	×××	×××	27	601.5	26.8	29.48
15	八层柱	×××	×××	26	605.5	26.9	29.59
16	八层梁板	×××	×××	26	604.0	27.8	30.58
17	九层柱	×××	×××	27	607.0	28.5	31.35
18	九层梁板	×××	×××	26	606.5	26.7	29.37
19	十层柱	×××	×××	26	608.5	26.5	29.15
20	十层梁板	×××	×××	26	607.0	27.6	30.36

2. 结构实体钢筋保护层厚度检验

对钢筋保护层厚度的检验，抽样数量、检验方法、允许偏差和合格条件应符合《混凝土结构工程施工质量验收规范》（GB 50204—2015）附录 E 关于结构实体钢筋保护层厚度检验的规定。

（1）附录 E 结构实体钢筋保护层厚度检验的具体规定如下。E.0.1　钢筋保护层厚度检验的结构部位和构件数量，应符合下列要求。

1）钢筋保护层厚度检验的结构部位，应由监理（建设）、施工等各方根据结构构件的重要性共同选定；

2）对梁类、板类构件，应各抽取构件数量的 2% 且不少于 5 个构件进行检验；当有悬挑构件时，抽取的构件中悬挑梁类、板类所占比例均不宜小于 50%。

E.0.2　对选定的梁类构件，应对全部纵向受力钢筋的保护层厚度进行检验；对选定的板类构件，应抽取不少于 6 根纵向受力钢筋的保护层厚度进行检验。对每根钢筋，应在有代表性的部位测量 1 点。

E.0.1～E.0.2 说明：对结构实体钢筋保护层厚度的检验，其检验范围主要是钢筋位置可能显著影响结构构件承载力和耐久性的构件和部位，如梁、板类构件的纵向受力钢筋。由于悬臂构件上部受力钢筋可能严重削弱结构构件的承载力，故更应重视对悬臂构件受力钢筋保护层厚度的检验。

"有代表性的部位"是指该处钢筋保护层厚度可能对构件承载力或耐久性有显著影响的部位。对梁柱节点等钢筋密集的部位，检验存在困难，在抽取钢筋进行检测时可避开这种部位。对板类构件，应按有代表性的自然间抽查。对大空间结构的板，可先按纵、横轴线划分检查面，然后抽查。

E.0.3　钢筋保护层厚度的检验，可采取非破损或局部破损的方法，也可用非破损方法并用局部破损法进行校准。当采用非破损方法检验时，所使用的检测仪器应经过计量检验，检测操作应符合相应规程的规定。

E.0.3 说明：保护层厚度的检测，可根据具体情况，采取保护层厚度测定仪器量测，或局部开槽钻孔测定，但应及时修补。

E.0.4　钢筋保护层厚度检验时，纵向受力钢筋保护层厚度的允许偏差，对梁类构件为 +10mm，−7mm；对板类构件为 +8mm，−5mm。

E.0.4 说明：考虑施工扰动等不利因素的影响，结构实体钢筋保护层厚度检验时，其允许偏差在钢筋安装允许偏差的基础上作了适当调整。

E.0.5　对梁类、板类构件纵向受力钢筋的保护层厚度应分别进行验收。

结构实体钢筋保护层厚度验收合格应符合下列规定。

1）当全部钢筋保护层厚度检验的合格点率为 90% 及以上时，钢筋保护层厚度的检验结果应判为合格。

2）当全部钢筋保护层厚度检验的合格点率小于 90% 但不小于 80% 时，可再抽取相同数量的构件进行检验；当按两次抽样总和计算的合格点率为 90% 及以上时，钢筋保护层厚度的检验结果仍应判为合格。

3）每次抽样检验结果中不合格点的最大偏差均不应大于 E.0.4 条规定允许偏差的 1.5 倍。

E.0.5 说明：本条明确规定了结构实体检验中钢筋保护层厚度的合格点率应达到 90% 及以上。考虑到实际工程中钢筋保护层厚度可能在某些部位出现较大偏差，以及抽样检验的偶然性，当一次检测结果的合格点率小于 90% 但不小于 80% 时，可再次抽样，并按两次抽样总和的检验结果进行判定。本条还对抽样检验不合格点最大偏差值作出了限制。

（2）结构实体钢筋保护层厚度检验评定实例。结构实体钢筋保护层厚度检验由有资质的检测单位、施工单位和监理单位（或建设单位）根据结构构件的重要性共同选定，一般选其中几层楼层作为检测对象，当全部钢筋保护层厚度检验的合格点率合格时判为合格。对梁类、板类构件纵向受力钢筋的保护层厚度应分别进行验收。下面是其中一层梁的结构实体检查钢筋保护层厚度记录（表4-55）。

表4-55　　　　　　　　结构实体检查钢筋保护层厚度记录（局部破损/非破损）

工程名称	卓信大厦	分部工程名称	主体分部	项目经理	管理
施工单位	中华建工集团	验收部位	一层梁		
施工执行标准名称及编号	ZHJG-SGBZ-02 主体结构施工工艺				

质量验收规范的规定					检查记录
	允许偏差（mm）				
构件部位及编号	设计保护层厚度（mm）	梁类构件 +10，-7	板类构件 +8，-5	防水混凝土迎水面 +10，-10	

构件部位及编号	设计保护层厚度	梁类构件	检查记录									
1层①~③轴L1	25	+10，-7mm	25	26	19	22	22	△16	23	22	22	22	25
1层①~③轴L1	25	+10，-7mm	22	23	25	△17	21	22	22	21	23	22	22
1层①~③轴L1	25	+10，-7mm	23	25	21	22	22	21	23	22	21	23
1层①~③轴L1	25	+10，-7mm	22	△36	18	23	22	23	25	25	21	22
1层①~③轴L1	25	+10，-7mm	22	23	22	21	22	22	△37	23	22	22
1层①~③轴L1	25	+10，-7mm	22	23	22	21	22	22	21	23	22	22
1层①~③轴L1	25	+10，-7mm	25	21	22	21	22	31	△17	22	25

1层①~③轴 L1⑬号纵筋保护层厚度检测

检查结果	施工单位 项目专业质量检查员（签名）：路凤利 项目专业技术负责人（签名）：张云梓 二○○五年六月十日	专业监理工程师（签名）：赵善涛 （建设单位项目专业技术负责人） 二○○五年六月十日

（五）现浇混凝土结构分项工程质量验收与处理规定

1. 一般规定

（1）现浇结构的外观质量缺陷，应由监理（建设）单位、施工单位等各方根据其对结构性能和使用功能影响的严重程度，按表4-56确定。

表 4－56 现浇结构外观质量缺陷

名称	现象	严重缺陷	一般缺陷
露筋	构件内钢筋未被混凝土包裹而外露	纵向受力钢筋有露筋	其他钢筋有少量露筋
蜂窝	混凝土表面缺少水泥砂浆而形成石子外露	构件主要受力部位有蜂窝	其他部位有少量蜂窝
孔洞	混凝土中孔穴深度和长度均超过保护层厚度	构件主要受力部位有孔洞	其他部位有少量孔洞
夹渣	混凝土中夹有杂物且深度超过保护层厚度	构件主要受力部位有夹渣	其他部位有少量夹渣
疏松	混凝土中局部不密实	构件主要受力部位有疏松	其他部位有少量疏松
裂缝	缝隙从混凝土表面延伸至混凝土内部	构件主要受力部位有影响结构性能或使用功能的裂缝	其他部位有少量不影响结构性能或使用功能的裂缝
连接部位缺陷	构件连接处混凝土缺陷及连接钢筋、连接件松动	连接部位有影响结构传力性能的缺陷	连接部位有基本不影响结构传力性能的缺陷
外形缺陷	缺棱掉角、棱角不直、翘曲不平、飞边凸肋等	清水混凝土构件有影响使用功能或装饰效果的外形缺陷	其他混凝土构件有不影响使用功能的外形缺陷
外表缺陷	构件表面麻面、掉皮、起砂、沾污等	具有重要装饰效果的清水混凝土表面有外表缺陷	其他混凝土构件有不影响使用功能的外表缺陷

（2）现浇结构拆模后，应由监理（建设）单位、施工单位对外观质量和尺寸偏差进行检查，作出记录，并应及时按施工技术方案对缺陷进行处理。

2. 外观质量

（1）主控项目。现浇结构的外观质量不应有严重缺陷。对已经出现的严重缺陷，应由施工单位提出技术处理方案，并经监理（建设）单位认可后进行处理。对经处理的部位，应重新检查验收。

检查数量：全数检查。

检验方法：观察，检查技术处理方案。

（2）一般项目。现浇结构的外观质量不宜有一般缺陷。对已经出现的一般缺陷，应由施工单位按技术处理方案进行处理，并重新检查验收。

检查数量：全数检查。

检验方法：观察，检查技术处理方案。

3. 尺寸偏差

（1）主控项目。现浇结构不应有影响结构性能和使用功能的尺寸偏差。混凝土设备基础不应有影响结构性能和设备安装的尺寸偏差。对超过尺寸偏差且影响结构性能和安装、使用功能的部位，应由施工单位提出技术处理方案，并经监理（建设）单位认可后进行处理。对经处理的部位，应重新检查验收。

检查数量：全数检查。

检验方法：量测，检查技术处理方案。

（2）一般项目。现浇结构和混凝土设备基础拆模后的尺寸偏差应符合表 4-57、表 4-58 的规定。

表 4-57　　　　　　　　现浇结构位置和尺寸允许偏差及检验方法

项目		允许偏差（mm）	检验方法
轴线位置	整体基础	15	经纬仪及尺量检查
	独立基础	10	经纬仪及尺量检查
	柱、墙、梁	8	尺量检查
垂直度	柱、墙层高 ≤5m	8	经纬仪或吊线、尺量检查
	柱、墙层高 >5m	10	经纬仪或吊线、尺量检查
	全高（H）	H/1000 且≤30	经纬仪、尺量检查
标高	层高	±10	水准仪或拉线、尺量检查
	全高	±30	水准仪或拉线、尺量检查
截面尺寸		+8，-5	尺量检查
电梯井	中心位置	10	尺量检查
	长、宽尺寸	+25，0	尺量检查
	全高（H）垂直度	H/1000 且≤30	经纬仪、尺量检查
表面平整度		8	2m 靠尺和塞尺检查
预埋件中心位置	预埋板	10	尺量检查
	预埋螺栓	5	尺量检查
	预埋管	5	尺量检查
	其他	10	尺量检查
预留洞、孔中心线位置		15	尺量检查

注　检查轴线、中心线位置时，应沿纵、横两个方向测量，并取其中偏差的较大值。

表 4-58　　　　　　　　混凝土设备基础位置和尺寸允许偏差及检验方法

项目		允许偏差（mm）	检验方法
轴线位置		20	经纬仪及尺量检查
不同平面标高		0，-20	水准仪或拉线、尺量检查
平面外形尺寸		±20	尺量检查
凸台上平面外形尺寸		0，-20	尺量检查
凹槽尺寸		+20，0	尺量检查
平面水平度	每米	5	水平尺、塞尺检查
	全长	10	水准仪或拉线、尺量检查
垂直度	每米	5	经纬仪或吊线、尺量检查
	全高	10	经纬仪或吊线、尺量检查

续表

项目		允许偏差（mm）	检验方法
预埋地脚螺栓	中心位置	2	尺量检查
	顶标高	+20，0	水准仪或拉线、尺量检查
	中心距	±2	尺量检查
	垂直度	5	吊线、尺量检查
预埋地脚螺栓孔	中心线位置	10	尺量检查
	断面尺寸	+20，0	尺量检查
	深度	+20，0	尺量检查
	垂直度	10	吊线、尺量检查
预埋活动地脚螺栓锚板	中心线位置	5	尺量检查
	标高	+20，0	水准仪或拉线、尺量检查
	带槽锚板平整度	5	钢尺、塞尺检查
	带螺纹孔锚板平整度	2	钢尺、塞尺检查

注　检查坐标、中心线位置时，应沿纵、横两个方向测量，并取其中偏差的较大值。

检查数量：按楼层、结构缝或施工段划分检验批。在同一检验批内，对梁、柱和独立基础，应抽查构件数量的 10%，且不少于 3 件；对墙和板，应按有代表性的自然间抽查 10%，且不少于 3 间；对大空间结构，墙可按相邻轴线间高度 5m 左右划分检查面，板可按纵、横轴线划分检查面，抽查 10%，且均不少于 3 面；对电梯井，应全数检查。对设备基础，应全数检查。

4. 混凝土缺陷修整处理规定

根据《混凝土结构工程施工规范》的规定，施工过程中发现混凝土结构缺陷时，应认真分析缺陷产生的原因。对严重缺陷施工单位应制订专项修整方案，方案应经论证审批后再实施，不得擅自处理。

（1）混凝土结构外观一般缺陷修整应符合下列规定。

1）露筋、蜂窝、孔洞、夹渣、疏松、外表缺陷，应凿除胶结不牢固部分的混凝土，应清理表面，洒水湿润后应用 1：2～1：2.5 水泥砂浆抹平。

2）应封闭裂缝。

3）连接部位缺陷、外形缺陷可与面层装饰施工一并处理。

（2）混凝土结构外观严重缺陷修整应符合下列规定。

1）露筋、蜂窝、孔洞、夹渣、疏松、外表缺陷，应凿除胶结不牢固部分的混凝土至密实部位，清理表面，支设模板，洒水湿润，涂抹混凝土界面剂，应采用比原混凝土强度等级高一级的细石混凝土浇筑密实，养护时间不应少于 7d。

2）开裂缺陷修整应符合下列规定。

① 民用建筑的地下室、卫生间、屋面等接触水介质的构件，均应注浆封闭处理。民用建筑不接触水介质的构件，可采用注浆处理、聚合物砂浆粉刷或其他表面封闭材料进行封闭。

② 无腐蚀介质工业建筑的地下室、屋面、卫生间等接触水介质的构件，以及有腐蚀介质的所有构件，均应注浆封闭处理。无腐蚀介质工业建筑不接触水介质的构件，可采用注浆封闭、聚合物砂浆粉刷或其他表面封闭材料进行封闭。

3）清水混凝土的外形和外表严重缺陷，宜在水泥砂浆或细石混凝土修补后用磨光机械磨平。

（3）混凝土结构尺寸偏差一般缺陷，可结合装饰工程进行修整。

（4）混凝土结构尺寸偏差严重缺陷，应会同设计单位共同制订专项修整方案，结构修整后应重新检查验收。

（六）混凝土结构子分部工程验收

（1）混凝土结构子分部工程施工质量验收时，应提供下列文件和记录。

1）设计变更文件。

2）原材料出厂合格证和进场复验报告。

3）钢筋接头的试验报告。

4）混凝土工程施工记录。

5）混凝土试件的性能试验报告。

6）装配式结构预制构件的合格证和安装验收记录。

7）预应力筋用锚具、连接器的合格证和进场复验报告。

8）预应力筋安装、张拉及灌浆记录。

9）隐蔽工程验收记录。

10）分项工程验收记录。

11）混凝土结构实体检验记录。

12）工程的重大质量问题的处理方案和验收记录。

13）其他必要的文件和记录。

（2）混凝土结构子分部工程施工质量验收合格应符合下列规定。

1）有关分项工程施工质量验收合格。

2）应有完整的质量控制资料。

3）观感质量验收合格。

4）结构实体检验结果满足《混凝土结构工程施工质量验收规范》的要求。

（3）当混凝土结构施工质量不符合要求时，应按下列规定进行处理。

1）经返工、返修或更换构件、部件的检验批，应重新进行验收。

2）经有资质的检测单位检测鉴定达到设计要求的检验批，应予以验收。

3）经有资质的检测单位检测鉴定达不到设计要求，但经原设计单位核算并确认仍可满足结构安全和使用功能的检验批，可予以验收。

4）经返修或加固处理能够满足结构安全使用要求的分项工程，可根据技术处理方案和协商文件进行验收。

（4）混凝土结构工程子分部工程施工质量验收合格后，应将所有的验收文件存档备案。

第六节　工 程 实 践 案 例

【案例1】 楼板板面钢筋踩踏导致的板支座边严重裂缝

某办公楼为四层混合结构，双向板现浇楼盖，板厚 100mm，开间及进深各为 3.5m 及 5.5m。主体结构完工后，发现各层楼板中部下凹，呈锅形，板在支承边附近普遍发生裂缝，最大裂缝宽度达 1～2mm，如图 4-138 所示。人在楼板上跳动时有严重的颤动现象。经凿洞检查，发现板的支座钢筋全部被踩下，φ8 负弯矩钢筋离板底下皮仅 8～20mm。

问题一：为什么板支座钢筋被踩下，支承边附近就会发生裂缝？

问题二：施工当中一般采取什么方法保证板支座钢筋不被踩下？

问题三：对于钢筋保护层厚度检查一般要经历哪三次检查？

问题一分析：

支座处垂直荷载作用下产生较大负弯矩由位置正确的负筋承担（图4-139），而板的厚度100mm本身较薄，由于板支座钢筋被踩下，有效高度大大减小，抗弯能力急剧下降，支承边上皮混凝土被拉裂。

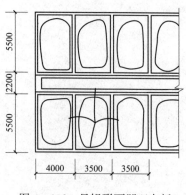

图4-138　呈锅形下凹双向板

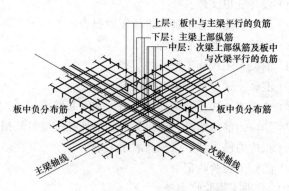

图4-139　现浇板中各负筋相对位置正确图

问题二分析：

用钢筋边角料做的铁马凳或塑料撑脚支撑住支座上皮钢筋，不到每平方米设置一个，呈梅花形布置。

问题三分析：

经历三轮检查：第一轮是每检验批钢筋安装时必须检查钢筋保护层厚度；第二轮是在混凝土浇筑之前的隐蔽工程检查要检查钢筋保护层厚度；第三轮是分部工程（基础分部和主体分部）完工后必须进行实体检验即用钢筋位置探测仪来检查钢筋保护层厚度，防止楼板钢筋在浇筑混凝土时被踏弯。

【案例2】 某剧场挑台柱子混凝土工程质量事故

某剧场挑台平面和柱截面配筋如图4-140所示。在14根钢筋混凝土柱子中有13根有严重的蜂窝现象。具体情况是：柱全部侧面面积142m²，蜂窝面积有7.41m²，占5.2%；其中最严重的是K4，仅蜂窝中露筋面积就有0.56m²。露筋位置在地面以上1m处，正是钢筋的搭接部位［图4-140（c）］。

问题一：为什么柱脚会产生蜂窝现象？

提示：本案例中混凝土灌注高度太高，7m多高的柱子在柱中间模板上未留灌注混凝土的洞口，直接倾倒混凝土下去；本案例施工时未用振捣棒，而采用6m长的木杆捣固；本案例中柱子钢筋采取搭接绑扎连接，搭接处的钢筋设计净距太小，只有31～37.5mm，小于设计规范规定柱纵筋净距应≥50mm的要求，实际上有的露筋处净距为0或10mm。

问题二：施工中怎样预防本案例中的柱脚产生蜂窝现象？

提示：改变柱子钢筋连接方式可作为预防方法之一。

问题三：本案例中已出现的柱脚蜂窝一般如何处理？

问题一原因分析：

① 混凝土底部发生离析或混凝土浇筑高度过高，造成模板底部侧力过大，在振捣过程中容易发生跑浆或"跑盒子"（即模板侧向位移），使混凝土产生"烂根儿"。工艺标准推荐：竖向结构中混凝土自由倾落高度不应超过3m。

② （钢筋过密不利振捣和浇注：从竖向钢筋看，该部位处于上下钢筋搭接部位，钢筋数量有所

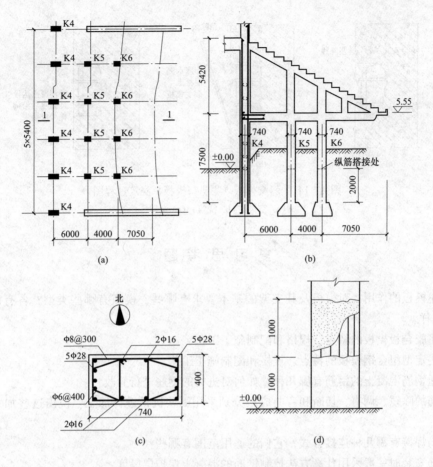

图 4-140　某剧场挑台平面和柱截面配箍

(a) 平面图；(b) 剖面图；(c) k4、k5、k6 横截面配筋情况；(d) 柱内钢筋搭接

增加，尤其对柱筋而言，钢筋直径较大，钢筋间隙变小，且根据构造要求，该搭接部位箍筋加密（一般加密一倍），从外观上看变成了钢筋"疙瘩"，显然对混凝土的浇注和振捣增加了难度，易产生混凝土的质量问题。

③ 因混凝土自由倾落高度过高，混凝土中的水泥砂浆受钢筋的阻力被黏结浮挂。而石子倾落在先头，易产生"石窝"。

④ 必须采用振捣棒振捣，并控制好棒头，不能采用 6m 长的木杆捣固。

问题二预防措施：

① 柱中间模板上留灌注混凝土的洞口，不超过 3m 倾倒混凝土下去，并用溜管或串筒灌注。

② 在开始浇注时必须先浇去石水泥砂浆，一是作为新老混凝土的结合层，二是弥补先浇混凝土砂浆之不足。

③ 柱子钢筋连接采取电渣压力焊代替搭接绑扎连接。

问题三处理措施：

① 用小凿轻轻凿去蜂窝处混凝土及旁边松动的混凝土，用钢丝刷刷干净。

② 浇水湿透或用湿麻袋塞紧湿透。

③ 支喇叭口模板浇筑提高一个等级的掺微膨胀剂豆石混凝土，并最后凿掉边余混凝土（图 4-141）。

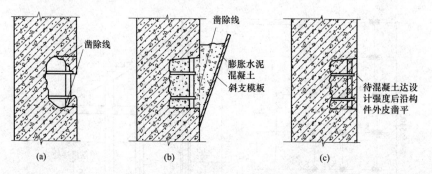

图 4-141　斜支模板（喇叭口模板）浇筑过程图
(a) 空洞；(b) 浇筑；(c) 凿除

复习思考题

1. 试述模板的作用。对模板及其支架的基本要求有哪些？模板有哪些类型？各有何特点？其适用范围怎样？

2. 试述胶合板模板的特点、规格和配制施工工艺。

3. 试述定型组合钢模板的特点、规格和配制施工工艺。

4. 普通钢筋混凝土的钢筋有哪几种？如何对进场的钢筋进行验收？

5. 钢筋的除锈、调直、切断和弯曲成型分别采用哪些机械进行加工？说出这些加工机械的适用范围。

6. 钢筋焊接有哪几种连接方式？它们的适用范围有哪些？

7. 钢筋安装时一般采用什么方法控制钢筋的混凝土保护层厚度？

8. 怎样根据实验室配合比求得混凝土施工配合比？怎样计算施工配料？

9. 什么叫混凝土的开盘鉴定？开盘鉴定的内容有哪些？

10. 什么是泵送混凝土的泵水检查？泵水检查的目的是什么？

11. 泵送清水检查确认混凝土泵和输送管中无异物后，应选用哪三种浆液中的一种润滑混凝土泵和输送管内壁？为什么？

12. 什么叫施工缝？在施工中按什么原则留设？继续浇筑混凝土时，对施工缝有何要求？

13. 当柱、墙混凝土设计强度等级高于梁、板混凝土设计强度等级时，混凝土应如何浇筑？

14. 大体积混凝土基础有哪三种浇筑方案？分别适用什么条件？

15. 说出型钢混凝土结构的特点和设置的结构部位；型钢混凝土浇筑时应符合哪些规定？

16. 钢管混凝土结构浇筑有哪三种浇筑方法？分别适用什么范围？

17. 什么叫清水混凝土？清水混凝土结构浇筑应符合哪些规定？

18. 混凝土浇筑后应及时进行保湿养护，保湿养护可采用哪些方式？养护方式应根据哪些因素确定？

19. 后浇带处浇筑和养护混凝土应符合哪些规定要求？

20. 混凝土主体结构实体检验的内容应包括哪些项目？其中哪两项目是必测的？如何进行检验和判定？

【案例1】　挑檐、阳台、雨篷是常见悬挑构件。悬挑构件塌落的事故在全国各地时有发生，如设计或施工中不加注意，尤其是在施工人员不懂技术或知道不交的情况下，很容易处置不当而造成事故。引起悬挑构件事故的主要原因是受力主筋放反了引起折断，或者是由于铁马凳放置稀疏被钢筋工和混凝土浇筑施工人员踩踏压弯。

某地有一悬挑阳台板［图 4-142（a）］，厚 100mm，宽 4.5m，挑出 1.2m，采用 HPB300 钢筋，抗拉强度设计值 $f_y=270N/mm^2$，配筋 $\phi 8@100$，相当于每米配筋 $A_s=502mm^2$。已知混凝土强度等级 C25，$f_c=11.9N/mm^2$，保护层厚度 $a=15mm$，有效高度 $h_0=85mm$。

施工人员知道按图应放在上边，但因铁马凳放置稀疏，每两米放置一个，施工时浇筑混凝土的工人踩在负筋上边把钢筋踩下去，最多踩下去 40mm，即最危险截面的有效高度只有 $h_0=45mm$。结果悬挑板根部出现了严重裂缝，如图 4-142（b）所示。

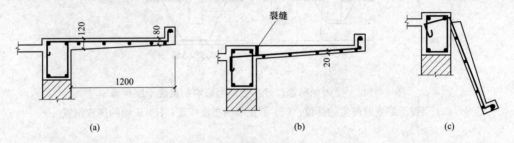

图 4-142 悬挑阳台板和悬挑雨棚板

（a）悬挑阳台板设计配筋图；（b）悬挑阳台板踩弯负筋图；（c）悬挑雨棚板受力主筋放反结果图

问题一：为什么悬挑板负筋踩下去 40mm 后，悬挑板根部就出现了严重裂缝？请同学们利用学过的前建筑结构梁板结构知识，计算此时的设计承载力相比原设计承载力下降了多少？

问题二：在另一起常见的案例中，施工人员不懂技术，把悬挑雨篷的受力主筋放反了，结果出现悬挑雨篷板折断的严重后果［图 4-140（c）］。请利用建筑结构知识解释为什么？

问题三：在《混凝土施工质量验收规范》GB 中的附录 E 结构实体钢筋保护层厚度检验中，明确规定：对梁类、板类构件纵向受力钢筋的保护层厚度应分别进行验收；对梁类、板类构件，应各抽取构件数量的 2% 且不少于 5 个构件进行检验；当有悬挑构件时，抽取的构件中悬挑梁类、板类构件所占比例均不宜小于 50%。结合前面问题，请您解释为什么要进行结构实体保护层厚度检验？查找规范说明，保护层厚度的实体检测一般采用什么方法？为什么在抽检的构件数量中，悬挑梁类、板类构件所占比例均不宜小于 50%？

【案例 2】 某现浇框架结构 5 层厂房，建筑平面尺寸为 25m×32m，其框架主梁为连续 4 跨单跨长 $L=6.25m$，主梁跨中与次梁交叉部位采用附加吊筋承担集中荷载。该厂房于 2001 年下半年开工，2002 年 4 月竣工；同年 6 月交工时，未见梁腹裂缝，后在电气工程安装时（其时厂房尚未摆放设备，空载）发现主梁腹部裂缝，其裂缝几乎都发生在次梁侧 50～100mm 的部位，裂缝自梁底开始向上延伸，在接近楼板底部消失，裂缝最大宽度约 0.1mm，如图 4-141 所示。2003 年 1 月 6 日，用冲击钻"骑缝"打孔，证实裂缝仅发生在混凝土保护层范围，属梁腹部表层干缩裂缝。经了解，是施工时附加吊筋制作摆放不当（紧挨次梁底筋），导致主梁腹部的干缩裂缝几乎都出现在次梁近侧。

问题一：在建筑结构中，吊筋或附加横向箍筋起到什么作用？问题二：如果附加吊筋配筋面积不足或制作摆放不当，甚至发生遗漏，可能分别造成什么样的严重后果？问题三：在实施中，附加吊筋的最佳位置应设置在哪里？如果主梁跨中底筋根数较多挤不下，那么附加吊筋应如何摆放？［参见图 4-143（c）］

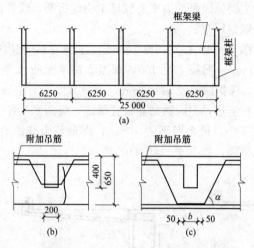

图 4-143　受附加吊筋位置摆放不当影响的梁腹干缩裂缝

（a）梁腹干缩裂缝产生的部位；（b）不正确的摆放位置；（c）正确的摆放位置

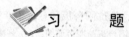
习　　题

1. 模板支架搭设高度为 3.0m，现浇板板厚 110mm。搭设尺寸为：立杆的纵距 $b=1.05$m，立杆的横距 $l=1.05$m，立杆的步距 $h=1.50$m。覆面木胶合板面板厚度 18mm，表面材料桦木，抗弯强度设计值 15N/mm²，弹性模量 5400N/mm²；内棱采用方木截面 60mm×80mm，支撑间距 350mm，材质南方松，抗弯强度设计值 $f_m=15$N/mm²，弹性模量 10 000N/mm²，顺纹抗剪强度 $f_v=1.6$N/mm²；外棱和立杆采用钢管类型为 $\phi48.3\times3.6$，钢材的强度设计值 205N/mm²，弹性模量 2.06×10⁵N/mm²（见图 4-144、图 4-145）。试结合建筑施工模板安全技术规范（JGJ 162—2008）进行模板、内棱、外棱和立杆验算（提示：胶合板适用简支跨计算，内棱方木适用二跨连续梁，外棱适用三跨连续梁计算，当计算外棱时，均布活荷载标准值可取 1.5kN/m²，当计算立杆时，均布活荷载标准值可取 1.0kN/m²）。

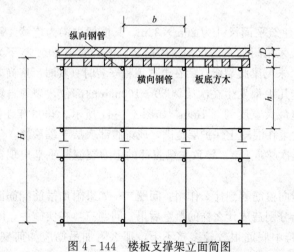

图 4-144　楼板支撑架立面简图　　　　　图 4-145　楼板支撑架荷载计算单元

2. 已知：二级抗震顶层边柱，钢筋直径为 $d=20$mm，混凝土强度等级为 C30，梁高 500mm，楼板厚 110mm，梁保护层厚度为 25mm，柱净高 2600mm，柱宽 400mm，$i=9$，$j=9$，钢筋牌号

HRB400。施工中采取柱筋锚入梁的方式 [图4-146 (a)]。试根据图4-70 (b) 顶层边柱的钢筋立体图和建筑结构知识,求各种钢筋的加工、下料尺寸 [提示:有长向梁筋、短向梁筋、长远梁筋、短远梁筋、长向边筋和短向边筋6种,远梁筋和向边筋相对位置如图4-146 (b)]。

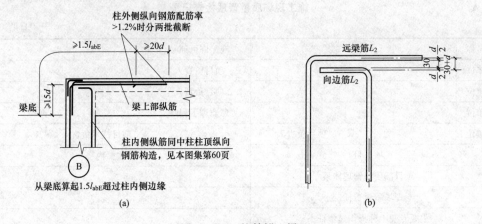

图4-146 柱筋锚入梁

(a) 柱筋锚入梁节点图 (见16G101-1);(b) 边柱远梁筋和向边筋相对位置图

3. 试对双跨梁KL21 (2)(图4-147)进行钢筋翻样,已知混凝土强度等级C30,一类环境。

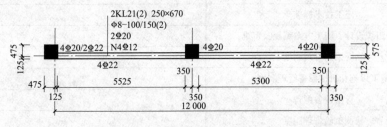

图4-147 双跨梁KL21 (2)

4. 某混凝土实验室配合比为:C∶S∶G=1∶2.12∶4.37∶W/C=0.62,每立方米水泥用量为290kg,实测现场砂含水率3%,石含水率1%。

(1) 试求施工配合比?

(2) 当用JZ250型搅拌机搅拌时,每拌一盘,水泥、砂、石、水各加多少千克?(工地用散装水泥)

5. 请依据GB/T 50107标准,根据表4-54主体混凝土结构的结构实体检验用同条件养护混凝土试块强度数据表,按统计方法评定该批同条件养护试块混凝土强度是否合格?写出具体计算过程;并根据例题中标养试块评定表格式完成后续评定表的填写。

附录 A 施工现场质量管理检查记录

表 A 施工现场质量管理检查记录

开工日期：

工程名称			施工许可证号		
建设单位			项目负责人		
设计单位			项目负责人		
监理单位			总监理工程师		
施工单位		项目负责人		项目技术负责人	
序号	项　目		主要内容		
1	项目部质量管理体系				
2	现场质量责任制				
3	主要专业工种操作岗位证书				
4	分包单位管理制度				
5	图纸会审记录				
6	地质勘察资料				
7	施工技术标准				
8	施工组织设计、施工方案编制及审批				
9	物资采购管理制度				
10	施工设施和机械设备管理制度				
11	计量设备配备				
12	检测试验管理制度				
13	工程质量检查验收制度				
14					

自检结果：

检查结论：

施工单位项目负责人：　　　年　月　日

总监理工程师：　　　年　月　日

附录 B　建筑工程的分部工程、分项工程划分

表 B　建筑工程的分部工程、分项工程划分

序号	分部工程	子分部工程	分项工程
1	地基与基础	地基	素土、灰土地基，砂和砂石地基，土工合成材料地基，粉煤灰地基，强夯地基，注浆地基，预压地基，砂石桩复合地基，高压旋喷注浆地基，水泥土搅拌桩地基，土和灰土挤密桩复合地基，水泥粉煤灰碎石桩复合地基，夯实水泥上桩复合地基
		基础	无筋扩展基础，钢筋混凝土扩展基础，筏形与箱形基础，钢结构基础，钢管混凝土结构基础，型钢混凝土结构基础，钢筋混凝土预制桩基础，泥浆护壁成孔灌注桩基础，干作业成孔桩基础，长螺旋钻孔压灌桩基础，沉管灌注桩基础，钢桩基础，锚杆静压桩基础，岩石锚杆基础，沉井与沉箱基础
		基坑支护	灌注桩排桩围护墙，板桩围护墙，咬合桩围护墙、型钢水泥土搅拌墙，土钉墙，地下连续墙，水泥土重力式挡墙，内支撑、锚杆，与主体结构和结合的基坑支护
		地下水控制	降水与排水，回灌
		土方	土方开挖，土方回填，场地平整
		边坡	喷锚支护，挡土墙，边坡开挖
		地下防水	主体结构防水，细部构造防水，特殊施工法结构防水，排水，注浆
2	主体结构	混凝土结构	模板、钢筋，混凝土，预应力，现浇结构，装配式结构
		砌体结构	砖砌体，混凝土小型空心砌块砌体，石砌体，配筋砌体，填充墙砌体
		钢结构	钢结构焊接，紧固件连接，钢零部件加工，钢构件组装及预拼装，单层钢结构安装，多层及高层钢结构安装，钢管结构安装，预应力钢索和膜结构，压型金属板，防腐涂料涂装，防火涂料涂装
		钢管混凝土结构	构件现场拼装，配件安装，钢筋焊接，构件连接，钢管内钢筋骨架，混凝土
		型钢混凝土结构	型钢焊接，紧固件连接，型钢与钢筋连接，型钢构件组装及预拼装，型钢安装，模板，混凝土
		铝合金结构	铝合金焊接，紧固件连接，铝合金零部件加工，铝合金构件组装，铝合金构件预拼装，铝合金框架结构安装，铝合金空间网络结构安装，铝合金面板、铝合金幕墙结构安装，防腐处理
		木结构	方木与原木结构，胶合木结构，轻型木结构，木结构的防护
3	建筑装饰装修	建筑地面	基层铺设，整体面层铺设，板块面板铺设，木竹面层铺设
		抹灰	一般抹灰，保温层薄抹灰，装饰抹灰，清水砌体勾缝
		外墙防水	外墙砂浆防水，涂膜防水，透气膜防水
		门窗	木门窗安装、金属门窗安装，塑料门窗安装，特种门安装，门窗玻璃安装
		吊顶	整体面层吊顶，板块面层吊顶，格栅吊顶
		轻质隔墙	板材隔墙，骨架隔墙，活动隔墙，玻璃隔墙
		饰面板	石板安装，陶瓷板安装，木板安装，金属板安装，塑料板安装
		饰面砖	外墙饰面砖粘贴，内墙饰面砖粘贴
		幕墙	玻璃幕墙安装，金属幕墙安装，石材幕墙安装，陶板幕墙安装
		涂饰	水性涂料涂饰，溶剂型涂料涂饰，美术涂饰
		裱糊与软包	裱糊，软包
		细部	橱柜制作与安装，窗帘盒和窗台板制作与安装，门窗套制作与安装，护栏和扶手制作与安装，花饰制作与安装

序号	分部工程	子分部工程	分项工程
4	屋面	基层与保护	找坡层和找平层，隔汽层，隔离层，保护层
		保温与隔热	板状材料保温层，纤维材料保温层，喷涂硬泡聚氨酯保温层，现浇泡沫混凝土保温层，种植隔热层，架空隔热层，蓄水隔热层
		防水与密封	卷材防水层，涂膜防水层、复合防水层，接缝密封防水
		瓦面与板面	烧结瓦和混凝土瓦铺装，沥青瓦铺装，金属板铺装，玻璃采光顶铺装
		细部构造	檐口，檐沟和天沟，女儿墙和山墙，水落口，变形缝，伸出屋面管道，屋面出入口，反梁过水孔，设施基座，屋脊，屋顶窗
5	建筑给水排水及供暖	室内给水系统	给水管道及配件安装，给水设备安装，室内消火栓系统安装，消防喷淋系统安装，防腐，绝热，管道冲洗，消毒，试验与调试
		室内排水系统	排水管道及配件安装，雨水管道及配件安装，防腐，试验与测试
		室内热水系统	管道及配件安装，辅助设备安装，防腐，绝热，试验与调试
		卫生器具	卫生器具安装，卫生器具给水配件安装，卫生器具排水管道安装，试验与调试
		室内供暖系统	管道及配件安装，辅助设备安装，散热器安装，低温热水地板辐射供暖系统安装，电加热供暖系统安装，燃气红外辐射供暖系统安装，热风供暖系统安装，热计量及调控装置安装，试验与调试，防腐，绝热
		室外给水管网	给水管道安装，室外消火栓系统安装，试验与调试
		室外排水管网	排水管道安装，排水管沟与井池，试验与调试
		室外供热管网	管道及配件安装，系统水压试验，土建结构，防腐，绝热，试验与调试
		建筑饮用水供应系统	管道及配件安装，水处理设备及控制设备安装，防腐，绝热，试验与调试
		建筑中水系统及雨水利用系统	建筑中水系统，雨水利用系统管道及配件安装，水处理设备及控制设施安装，防腐，绝热，试验与调试
		游泳池及公共浴池水系统	管道及配件系统安装，水处理设备及控制设施安装，防腐，绝热，试验与调试
		水景喷泉系统	管道系统及配件安装，防腐，绝热，试验与调试
		热源及辅助设备	锅炉安装，辅助设备及管道安装，安全附件安装，换热站安装，防腐，绝热，试验与调试
		监测与控制仪表	检测仪器及仪表安装，试验与调试
6	通风与空调	送风系统	风管与配件制作，部件制作，风管系统安装，风机与空气处理设备安装、风管与设备防腐，旋流风口、岗位送风口、织物（布）风管安装，系统测试
		排风系统	风管与配件制作，部件制作，风管系统安装，风机与空气处理设备安装，风管与设备防腐、吸风罩及其他空气处理设备安装，厨房、卫生间排风系统安装，系统调试
		防排烟系统	风管与配件制作，部件制作，风管系统安装，风机与空气处理设备安装，风管与设备防腐，排烟风阀（口）、常闭正压风口、防火风管安装，系统调试
		除尘系统	风管与配件制作，部件制作，风管系统安装，风机与空气处理设备安装，风管与设备防腐，除尘器与排污设备安装，吸尘罩安装，高温风管绝热，系统调试

续表

序号	分部工程	子分部工程	分项工程
6	通风与空调	舒适性空调系统	风管与配件制作，部件制作，风管系统安装，风机与空气处理设备安装，风管与设备防腐，组合式空调机组安装，消声器、静电除尘器、换热器、紫外线灭菌器等设备安装，风机盘管、变风量与定风量送风装置、射流喷口等末端设备安装，风管与设备绝热，系统调试
		恒温恒湿空调系统	风管与配件制作，部件制作，风管系统安装，风机与空气处理设备安装，风管与设备防腐，组合式空调机组安装，电加热器、加湿器等设备安装，精密空调机组安装，风管与设备绝热，系统调试
		净化空调系统	风管与配件制作，部件制作，风管系统安装，风机与空气处理设备安装，风管与设备防腐，净化空调机组安装，消声器、静电除尘器、换热器、紫外线灭菌器等设备安装，中、高效过滤器及风机过滤单元等末端设备清洗与安装，洁净度测试，风管与设备绝热，系统调试
		地下人防通风系统	风管与配件制作，部件制作，风管系统安装，风机与空气处理设备安装，风管与设备防腐，过滤吸收器、防爆波活门、防爆超压排气活门等专用设备安装，系统调试
		真空吸尘系统	风管与配件制作，部件制作，风管系统安装，风机与空气处理设备安装，风管与设备防腐，管道安装，快速接口安装，风机与滤尘设备安装，系统压力试验及调试
		冷凝水系统	管道系统及部件安装，水泵及附属设备安装，管道冲洗，管道、设备防腐，板式热交换器，辐射板及辐射供热，供冷地埋管，热泵机组设备安装，管道，设备绝热，系统压力试验及调试
		空调（冷、热）水系统	管道系统及部件安装，水泵及附属设备安装，管道冲洗，管道，设备防腐，冷却塔与水处理设备安装，防冻伴热设备安装，管道，设备绝热，系统压力试验及调试
		冷却水系统	管道系统及部件安装，水泵及附属设备安装，管道冲洗，管道、设备防腐，系统灌水渗漏及排放试验，管道、设备绝热
		土壤源热泵换热系统	管道系统及部件安装，水泵及附属设备安装，管道冲洗，管道，设备防腐，埋地换热系统与管闸安装，管道、设备绝热，系统压力试验及调试
		水源热泵换热系统	管道系统及部件安装，水泵及附属设备安装管道冲洗，管道、设备防腐，地表水源换热管与管网安装，除垢设备安装，管道、设备绝热系统压力试验及调试
		蓄能系统	管道系统及部件安装，水泵及附属设备安装管道冲洗，管道、设备防腐，蓄水罐与蓄冰槽、罐安装，管道、设备绝热，系统压力试验及调试
		压缩式制冷（热）设备系统	制冷机组及附属设备安装，管道、设备防腐，制冷剂管道及部件安装，制冷剂灌注，管道、设备绝热，系统压力试验及调试
		吸收式制冷设备系统	制冷机组及附属设备安装，管道、设备防腐，系统真空试验，溴化锂溶液加灌，蒸汽管道系统安装，燃气或燃油设备安装，管道、设备绝热，试验及调试
		多联机（热泵）空调系统	室外机组安装，室内机组安装，制冷剂管路连接及控制开关安装，风管安装，冷凝水管道安装，制冷剂灌注，系统压力试验及调试
		太阳能供暖空调系统	太阳能集热器安装，其他辅助能源，换热设备安装，蓄能水箱，管道及配件安装，防腐、绝热，低温热水地板辐射采暖系统安装，系统压力试验及调试
		设备自控系统	温度、压力与流量传感器安装，执行机构安装调试，防排烟系统功能测试，自动控制及系统智能控制软件调试

续表

序号	分部工程	子分部工程	分项工程
7	建筑电气	室外电气	变压器、箱式变电站安装，成套配电柜、控制柜（屏、台）和动力、照明配电箱（盘）及控制柜安装，梯架、支架、托盘和槽盒安装，导管敷设，电缆敷设、管内穿线和槽盒内敷线、电缆头制作、导线连接和线路绝缘测试，普通灯具安装，专用灯具安装，建筑照明通电试运行，接地装置安装
		变配电室	变压器、箱式变电站安装、成套配电柜，控制柜（屏、台）和动力、照明配电箱（盘）安装，母线槽安装，梯架、支架、托盘和槽盒安装，电缆敷设，电缆头制作，导线连接和线路绝缘测试，接地装置安装、接地干线敷设
		供电干线	电气设备试验和试运行，母线槽安装，梯架、支架、托盘和槽盒安装，导管敷设、电缆敷设，管内穿线和槽盒内敷电缆头制作、导线连接和线路绝缘测试，接地干线敷设
		电气动力	成套配电柜、控制柜（屏、台）和动力配电箱（盘）安装，电动机、电加热器及电动执行机构检查接线，电气设备试验和试运行，梯架、支架、托盘和槽盒安装，导管敷设，电缆敷设，管内穿线和槽盒内敷线，电缆头制作、导线连接和线路绝缘测试
		电气照明	成套配电柜、控制柜（屏、台）和照明配电箱（盘）安装、梯架、支架和槽盒安装，导管敷设、管内穿线和槽盒内敷线，塑料护套线直敷布线、钢索配线、电缆头制作、导线连接和线路绝缘测试，普通灯具安装，专用灯具安装，开关、插座、风扇安装，建筑照明通电试运行
		备用和不间断电源	成套配电柜、控制柜（屏、台）和动力，照明配电箱（盘）安装，柴油发电机组安装，不间断电源装置及应急电源装置安装，母线槽安装，导管敷设、电缆敷设，管内穿线和槽盒内敷线、电缆头制作、导线连接和线路绝缘测试，接地装置安装
		防雷及接地	接地装置安装，防雷引下线及接闪器安装，建筑物等电位连接，浪涌保护器安装
8	智能建筑	智能化集成系统	设备安装，软件安装，接口及系统调试，试运行
		信息接入系统	安装场地检查
		用户电话交换系统	线缆敷设，设备安装，软件安装，接口及系统调试，试运行
		信息网络系统	计算机网络设备安装，计算机网络软件安装，网络安全设备安装，网络安全软件安装，系统调试，试运行
		综合布线系统	梯架、托盘、槽盒和导管安装，线缆敷设，机柜、机架、配线架安装，信息插座安装、链路或信道测试，软件安装，系统调试，试运行
		移动通信室内信号覆盖系统	安装场地检查
		卫星通信系统	安装场地检查
		有线电视及卫星电视接收系统	梯架、托盘、槽盒和导管安装，线缆敷设，设备安装，软件安装，系统调试，试运行
		公共广播系统	梯架、托盘、槽盒和导管安装，线缆敷设，设备安装，软件安装、系统调试，试运行
		会议系统	梯架、托盘、槽盒和导管安装，线缆敷设，设备安装，软件安装、系统调试，试运行
		信息导引及发布系统	梯架、托盘、槽盒和导管安装，线缆敷设，显示设备安装，机房设备安装，软件安装、系统调试，试运行
		时钟系统	梯架、托盘、槽盒和导管安装，线缆敷设，设备安装，软件安装、系统调试，试运行

续表

序号	分部工程	子分部工程	分项工程
8	智能建筑	信息化应用系统	梯架、托盘、槽盒和导管安装，线缆敷设，设备安装、软件安装、系统调试，试运行
		建筑设备监控系统	梯架、托盘、槽盒和导管安装，线缆敷设，传感器安装，执行器安装，控制器、箱安装，中央管理工作站和操作分站设备安装、软件安装、系统调试，试运行
		火灾自动报警系统	梯架、托盘、槽盒和导管安装，线缆敷设，探测器类设备安装，控制器类设备安装，其他设备安装、软件安装、系统调试，试运行
		安全技术防范系统	梯架、托盘、槽盒和导管安装，线缆敷设，设备安装、软件安装、系统调试，试运行
		应急响应系统	设备安装，软件安装、系统调试，试运行
		机房	供配电系统，防雷与接地系统，空气调节系统，给水排水系统，综合布线系统，监控与安全防范系统，消防系统，室内装饰装修，电磁屏蔽，系统调试，试运行
		防雷与接地	接地装置、接地线、等电位连接，屏蔽设施，电涌保护器，线缆敷设，系统调试，试运行
9	建筑节能	围护系统节能	墙体节能，幕墙节能，门窗节能，屋面节能，地面节能
		供暖空调设备及管网节能	供暖节能，通风与空调设备节能，空调与供暖系统冷热源节能，空调与供暖系统管网节能
		电气动力节能	配电节能，照明节能
		监控系统节能	监测系统节能、控制系统节能
		可再生能源	地源热泵系统节能、太阳能光热系统节能、太阳能光伏节能
10	电梯	电力驱动的曳引式或强制式电梯	设备进场验收，土建交接检验，驱动主机，导轨，门系统，轿厢，对重，安全部件，悬挂装置，随行电缆，补偿装置，电气装置，整机安装验收
		液压电梯	设备进场验收，土建交接检验，液压系统，导轨，门系统，轿厢，对重，安全部件，悬挂装置，随行电缆，电气装置，整机安装验收
		自动扶梯自动人行道	设备进场验收，土建交接检验，整机安装验收

附录 C　室外工程的划分

表 C　　　　　　　　　　　　室外工程的划分

单位工程	子单位工程	分部工程
室外设备	道路	路基、基层、面层、广场与停车场、人行道、人行地道、挡土墙、附属构筑物
	边坡	土石方、挡土墙、支护
附属建筑及室外环境	附属建筑	车棚，围墙，大门，挡土墙
	室外环境	建筑小品，亭台，水景，连廊，花坛，场坪绿化，景观桥

附录D 模板、钢筋分项工程各子项目检验批质量验收记录

表 D.1 模板安装检验批质量验收记录

工程名称	×××工程 A—5♯楼	分项工程名称	模板安装	验收部位	三层柱、剪力墙、楼梯，10.3m处梁、板
施工单位	××建工集团责任有限公司	专业工长	×××	项目经理	××
分包单位	/	分包项目经理	/	施工班组长	/
施工执行标准名称及编号	混凝土结构工程施工质量验收规范（GB 50204—2002）（2010版）				

		质量验收规范的规定		施工单位检查评定记录	监理（建设）单位验收记录
主控项目	1	安装现浇结构的上层模板及其支架时，下层楼板应具有承受上层荷载的承受能力，或加设支撑；上、下层支架的立柱应对准，并铺设垫板。		符合要求	
	2	在涂刷模板隔离剂时，不得玷污钢筋和混凝土接槎处。		隔离剂未沾污钢筋和混凝土接处	
一般项目	1	模板安装应满足本规范第 4.2.3 条的要求。		现场检查，符合规范要求	
	2	用作模板的地坪、胎膜等应平整光洁，不得产生影响构件质量的下沉、裂隙、起砂或起鼓。		/	
	3	对跨度不小于 4m 的现浇钢筋混凝土梁、板，其中模板应按设计要求起拱；当设计无具体要求时，起拱设计宜为跨度的 1‰～3‰。		符合规范要求	

一般项目	4	现浇结构模板安装偏差（mm）	轴线位置		5	4	3	4	4	2	5	0	2	0	4	
			底模上表面标高		±5	3	−5	−5	4	2	3	−5	5	−1	−5	
			截面内部尺寸	基础	±10											
				柱、墙梁	+4−5	3	5	1	2	−1	−2	2	−4	−2	1	
			层高垂直度	基础不大于 5m	6	4	4	3	0	0	0	1	5	0	3	
				大于 5m	8											
			相邻两板表面高低差		2	0	0	1	1	0	2	0	0	0	1	
			表平平整度		5	5	5	1	2	1	0	0	0	2	2	
	5	固定在模板上的预埋件、预留孔预留洞均不得遗漏，且应安装牢固（mm）	预埋钢板中心线位置		3											
			预埋管、预留孔中心线位置		3	3	0	3	0	0	0	3	0	2	0	
			插筋	中心线位置	5											
				外露长度	+10,0											
			预埋螺栓	中心线位置	2											
				外露长度	+10,0											
			预留洞	中心线位置	10	6	1	9	12	2	2	6	8	7	7	
				外露长度	+10,0	8	6	5	4	6	0	0	0	6	8	

表 D. 2 模板拆除工程检验批质量验收记录表

单位（子单位）工程名称		1♯住宅楼东段—2♯住宅楼			
分部（子分部）工程名称		地基与基础（混凝土基础）		验收部位	地下一层①段13—23/A—K轴顶板、梁、楼梯
施工单位		××建工集团有限责任公司1♯住宅楼东段工程项目部		项目经理	×××
施工执行标准名称及编号		《北京市建筑结构长城杯质量评审标准》DBJ/T 01—69—2003《混凝土结构工程施工质量验收规范》GB 50204—2002（2010版）《混凝土结构工程施工质量验收规程》DBJ 01—82—2005			

施工质量验收规范的规定					施工单位检查评定记录	监理（建设）单位验收记录
主控项目	1	底模及其支架拆除时的混凝土强度	构件类型	构件跨度（m）	达到设计的混凝土立方体抗压强度标准值的百分率（%）	/
					/	
			板	≤2	≥50	/
				>2, ≤8	≥75	HN13－06070，达到设计强度132%，合格
				>8	≥100	/
			梁、拱壳	≤8	≥75	HN13－06070，达到设计强度132%，合格
				>8	≥100	/
	2	后张法预应力构件侧模和底模的拆除时间	第4.3.2条		/	
	3	后浇带拆模和支顶	第4.3.3条		/	
一般项目	1	避免拆模损伤	第4.3.4条		符合施工质量验收要求	符合设计、施工质量验收规范、标准的要求
	2	模板拆除、堆放和清运	第4.3.5条		模板拆除后分散码放、及时清运	
	3	模板拆除的批准	第4.3.6条		有拆模申请单	

施工单位检查评定结果	专业工长（施工员）		施工班组长	
	一般项目满足规范规定要求			
	项目专业质量检查员：		××年××月××日	

监理（建设）单位验收结论	符合施工质量验收规范要求，同意验收
	专业监理工程师（建设单位项目专业技术负责人） ××年××月××日

表 D.3   钢筋原材料检验批质量验收记录

工程名称	××× 工程 A-5# 楼	分项工程名称	钢筋原材料	验收部位	三层柱、剪力墙
施工单位	××建工集团 责任有限公司	专业工长	×××	项目经理	×××
分包单位	/	分包项目经理	/	施工班组长	/
施工执行标准名称及编号		《混凝土结构工程施工质量验收规范》（GB 50204—2002）（2010 版）			

		质量验收规范的规定	施工单位检查评定记录	监理（建设） 单位验收记录
主控项目	1	钢筋进场时，应按现行国家标准《钢筋混凝土用热轧带肋钢筋》GB 1499 等规定抽取试件进行力学性能检验，其质量必须符合有关的规定。	钢筋质量符合有关标准规定，有钢筋合格证和进场复验报告。	符合要求
	2	对有抗震防要求的框架结构，其纵向受力钢筋的强度应满足设计要求；当设计无具体要求时应符合本规范第 5.2.2 条的规定。	查看了钢筋复验报告，符合设计和质量验收规范要求。	符合要求
	3	当发现钢筋脆断、焊接性能不良或力学性能显著不正常等现象时，应对该批钢筋进行化学成分检验或其他专项检验。	符合要求。	符合要求
一般项目		钢筋应平直、无损伤，表面不得有裂纹、油污、颗粒状或片状老锈。	现场观察，外观质量符合要求	符合要求

施工单位 检查评定结果	项目专业质量检查员： 项目专业质量（技术）负责人：　　　　　　　年　月　日
监理（建设）单位 验收结论	 监理工程师 （建设单位项目专业技术负责人）：　　　　　年　月　日

表 D.4		钢筋加工检验批质量验收记录表 DBJ 01—82—2005										

单位（子单位）工程名称		1#住宅楼东段-2#住宅楼										
分部（子分部）工程名称		地基与基础（混凝土基础）						验收部位	设备夹层 1－23/ A－K 轴墙柱 顶板、梁、楼梯			
施工单位		××建工集团有限责任公司 1#住宅楼东段工程项目部						项目经理	×××			
施工执行标准名称及编号		《北京市建筑结构长城杯质量评审标准》DBJ/T0 1—69—2003《混凝土结构工程施工质量验收规范》GB 50204—2002（2010 版）《混凝土结构工程施工质量验收规程》DBJ 01—82—2005										

主控项目	1	受力钢筋的弯钩和弯折	第 5.3.1 条	受力钢筋的弯钩和弯折，符合设计和规范要求。							符合设计、施工质量验收规范、标准的要求	
	2	箍筋弯钩形式	第 5.3.2 条	箍筋筋弯钩 1350，弯钩平直长度不小于 10d，符合要求								
	3											
	4											
一般项目	1	钢筋调直	第 5.3.3 条	盘条采用机械调直，其余采用人工调直，符合要求							符合设计、施工质量验收规范、标准的要求	
	2	钢筋焊接、机械连接接头质量	第 5.3.4 条	端头平直，无斜口、马蹄口或扁头，符合要求								
	3	梯子铁、马凳、定位卡、垫块制作	第 5.3.5 条	梯子铁、马凳、定位卡、垫块制作符合要求								
	4	钢筋加工的形状、尺寸	受力钢筋顺长度方向全长的净尺寸	±10	−9	−7	−2	1	−5	4	8	−9	−3	9
			弯起钢筋的弯折位置	±20									
			箍筋内净尺寸	±5	3	2	1	2	−1	4	6	1	−5	−3

专业工长（施工员）		施工班组长	

施工单位检查评定结果	主控项目全部合格，一般项目满足规范规定要求 项目专业质量检查员：　　　　　　　　　　　　××年××月××日
监理（建设）单位验收结论	符合施工质量验收规范要求，同意验收 专业监理工程师 （建设单位项目专业技术负责人）：　　　　　　××年××月××日

表 D.5　　　　　　　　　　　　　　　　　　　　钢筋连接检验批质量验收记录

工程名称	××× 工程 A-5♯楼	分项工程名称	钢筋连接	验收部位	三层柱、剪力墙
施工单位	××建工集团 责任有限公司	专业工长	×××	项目经理	×××
分包单位	/	分包项目经理	/	施工班组长	/
施工执行标准名称及编号		《混凝土结构工程施工质量验收规范》（GB 50204—2002）（2010 版）			

		质量验收规范的规定	施工单位检查评定记录	监理（建设） 单位验收记录
主控项目	1	纵向受力钢筋的连接方式应符合设计要求。	符合设计要求	符合要求
	2	在施工现场，应按国家现行标准《钢筋机械连接通用技术规程》JG 107、《钢筋焊接及验收规程》JGJ 18 的规定抽取钢筋机械连接接头、焊接接头试件进行力学性能检验，其质量应符合有关规程的规定。	按要求对接头抽样检验，结果合格，有试验报告	符合要求
一般项目	1	钢筋的接头宜设置在受力较小处。同一纵向受力钢筋不宜设置两个或两个以上接头。接头末端至钢筋弯起点的距离不应小于钢筋直径的 10 倍。	符合质量验收规范的要求	符合要求
	2	在施工现场，应按国家现行标准《钢筋机械连接通用技术规程》JG 107、《钢筋焊接及验收规程》JGJ 18 的规定对钢筋机械连接接头、焊接接头的外观进行检查，其质量应符合有关规程的规定。	符合质量验收规范的要求	符合要求
	3	当受力钢筋采用机械接头或焊接接头时，设置在同一构件内的接头宜相互错开。	符合质量验收规范的要求	符合要求
	4	同一构件中相邻纵向受力钢筋的绑扎搭接接头宜相互错开。绑扎搭接接头中钢筋的横向净距不应小于钢筋直径，且不应小于 25mm。	绑扎接头相互错开布置，钢筋接头面积百分率符合质量验收规范要求	符合要求
	5	在梁、柱类构件的纵向受力钢筋搭接长度范围内，应按设计要求配置箍筋。当设计无具体要求时，应符合本规范第 5.4.7 条规定。	箍筋的直径，间距符合设计和质量验收规范要求	符合要求

施工单位 检查评定结果	项目专业质量检查员： 项目专业质量（技术）负责人：　　　　　　　　　年　月　日
监理（建设）单位 验收结论	 监理工程师： （建设单位项目专业技术负责人）：　　　　　年　月　日

表 D.6　　　　　　　　　　　　钢筋安装工程检验批质量验收记录表

单位（子单位）工程名称	1#住宅楼东段—2#住宅楼	
分部（子分部）工程名称	地基与基础（混凝土基础）	验收部位：地下一层⑪段 1—13/A—K轴 顶板、梁、楼梯
施工单位	××建工集团有限责任公司1#住宅楼东段工程项目部	项目经理：×××
施工执行标准名称及编号	《北京市建筑结构长城杯质量评审标准》DBJ/T0 1—69—2003《混凝土结构工程施工质量验收规范》GB 50204—2002（2010版）《混凝土结构工程施工质量验收规程》DBJ 01—82—2005	

		施工质量验收规范的规定		施工单位检查评定记录	监理（建设）单位验收记录
主控项目	1	纵向受力钢筋的连接方式	第5.4.1条	采用绑扎搭接，符合要求	符合设计、施工质量验收规范、标准的要求
	2	机械连接和焊接接头的力学性能	第5.4.2条	/	
	3	受力钢筋和品种、级别、规格和数量	第5.5.1条	HRB400 8、10，HRB400E 12、22 合格	

		施工质量验收规范的规定			施工单位检查评定记录										监理（建设）单位验收记录
一般项目	1	接头位置和数量	第5.4.3条		搭接接头位置和数量符合规范要求										符合设计、施工质量验收规范、标准的要求
	2	机械连接和焊接的外观质量	第5.4.4条												
	3	机械连接和焊接的接头面积百分率	第5.4.5条		/										
	4	绑扎搭接接头面积百分率和搭接长度	第5.4.6条附录D		符合规范要求										
	5	搭接长度范围内的箍筋	第5.4.7条												
	6	绑扎钢筋	长、宽 mm	±10											
			网眼尺寸 mm	±20											
	7	绑扎钢筋骨架	长 mm	±10	-8	-5	-1	6	12	9	-8	-2	4	2	
			宽、高 mm	±5	1	-4	-4	-1	-2	-2	4	-4	-2	-5	
	8	受力钢筋	间距 mm	±10	0	-1	-3	9	-9	9	0	-2	4	1	
			排距 mm	±5											
			保护层厚度 mm — 基础	±10											
			柱、梁	±5	2	0	1	-2							
			板、墙、壳	±3	3	-2	-1	0	-2	-1	-2	-2	0	3	
	9	绑扎箍筋、横向钢筋间距 mm		±20	6	-8	8	8	1	6	9	-4	9	1	
	10	钢筋弯起点位置 mm		20											
	11	预埋件	中心线位置 mm	5											
			水平高差 mm	+3，0											
	12	梁、板受力钢筋搭接、锚固长度	入支座、节点搭接	+10，-5											
			入支座、节点锚固	±5	-1	2	-1	3	-5	-4	1	-4	0	2	

施工单位检查评定结果	专业工长（施工员）　　　　　　　　　　施工班组长
	项目专业质量检查员：　　　　　　　　　　　　　××年××月××日
监理（建设）单位验收结论	专业监理工程师（建设单位项目专业技术负责人）：　　　　　　　××年××月××日

附录 E　混凝土、现浇混凝土分项工程各子项目检验批质量验收记录

表 E.1　　混凝土原材料及配合比设计检验批质量验收记录表（DBJ 01—82—2005）

单位（子单位）工程名称			1#住宅楼东段—2#住宅楼		
分部（子分部）工程名称			地基与基础（混凝土基础）	验收部位	设备夹层①段 13—23/A—K 轴外墙
施工单位			××建工集团有限责任公司1#住宅楼东段工程项目部	项目经理	×××
施工执行标准名称及编号			《北京市建筑结构长城杯质量评审标准》DBJ/T0 1—69—2003《混凝土结构工程施工质量验收规范》GB 50204—2002（2010 版）《混凝土结构工程施工质量验收规程》DBJ 01—82—2005		

		施工质量验收规范的规定		施工单位检查评定记录	监理（建设）单位验收记录
主控项目	1	水泥进场检验	第7.2.1条	/	符合设计、施工质量验收规范、标准的要求
	2	外加剂质量及应用	第7.2.2条	/	
	3	混凝土中氧化物、碱的总含量控制	第7.2.3条	混凝土中氯化物、碱的总含量控制符合要求	
	4	配合比设计	第7.3.1条	配合比设计符合要求	
	5	配合比设计的提供	第7.3.2条	配合比有试验室提供，符合要求	
一般项目	1	矿物掺合料质量及掺量	第7.2.4条		符合设计、施工质量验收规范、标准的要求
	2	粗细骨料的质量	第7.2.5条		
	3	拌制混凝土用水	第7.2.6条		
	4	开盘鉴定	第7.3.3条	有开盘鉴定	
	5	依砂、石含水率调整配合比	第7.3.4条		
	6	砼坍落度	第7.3.5条	180mm±20	

专业工长（施工员）		施工班组长	

施工单位检查评定结果	主控项目全部合格，一般项目满足规范规定要求 项目专业质量检查员：　　　　　　　　　　　　　　　××年××月××日
监理（建设）单位验收结论	符合施工质量验收规范要求，同意验收 专业监理工程师 （建设单位项目专业技术负责人）：　　　　　　　××年××月××日

表 E.2　　　　　　　　　　　　混凝土配合比设计检验批质量验收记录

工程名称	××× 工程 A-5♯楼	分项工程名称	混凝土配合比设计	验收部位	三层柱、剪力墙、 楼梯，10.3m 处梁、板
施工单位	××建工集团 责任有限公司	专业工长	×××	项目经理	×××
分包单位	/	分包项目经理	/	施工班组长	/
施工执行标准名称及编号		《混凝土结构工程施工质量验收规范》（GB 50204—2002）（2010 版）			

		质量验收规范的规定	施工单位检查评定记录	监理（建设） 单位验收记录
主控项目		混凝土应按国家现行标准《普通混凝土配合比设计规程》JGJ 55 的有关规定，根据混凝土强度等级、耐久性和工作性等要求进行配合比设计。 　　对有特殊要求的混凝土，其配合比设计尚应符合国家现行有关标准的专门规定。	符合质量验收规范要求。	
一般项目	1	首次使用的混凝土配合比应进行开盘鉴定，其工作性应满足设计配合比的要求。开始生产时应至少留置一组标准养护试件，作为验证配合比的依据。	混凝土配合比的工作性能符合设计配合比的要求，进行了开盘鉴定并留有试块，试验结果合格	
	2	混凝土拌制前，应测定砂、石含水率并根据测试结果调整材料用量，提出施工配合比。	已对砂，石的含水率进行测试，并依据结果出具了施工配合比，有测试记录和配合比通知单	

施工单位 检查评定结果	主控项目全部合格，一般项目满足规范规定要求；检查评定合格 　　　　　　　项目专业质量检查员： 　　　　　　　项目专业质量（技术）负责人：　　　　　　　　　　年　月　日
监理（建设）单位 验收结论	 　　　　　　　　　　监理工程师 　　　　　（建设单位项目专业技术负责人）：　　　　　　　年　月　日

表 E.3　　　　　　　　　　**混凝土施工检验批质量验收记录表**

单位（子单位）工程名称			1♯住宅楼东段—2♯住宅楼		
分部（子分部）工程名称			混凝土基础	验收部位	设备夹层①段 13—23/A—K 轴内墙
施工单位			××建工集团有限责任公司1♯住宅楼东段工程项目部	项目经理	×××
施工执行标准名称及编号			《北京市建筑结构长城杯质量评审标准》DBJ/T0 1—69—2003《混凝土结构工程施工质量验收规范》GB 50204—2002（2010版）《混凝土结构工程施工质量验收规程》DBJ 01—82—2005		

施工质量验收规范的规定				施工单位检查评定记录	监理（建设）单位验收记录
主控项目	1	混凝土强度等级及试件的取样和留置	第7.4.1条	C30，HN13-01546，设计强度108%，留置1组，合格	符合设计、施工质量验收规范、标准的要求
	2	混凝土抗渗及试件取样和留置	第7.4.2条	/	
	3	原材料每盘称量的偏差	第7.4.3条	/	
	4	初凝时间控制	第7.4.4条	控制4～6h	
一般项目	1	施工缝的位置和处理	第7.4.5条	施工缝的留和处理，符合要求	符合设计、施工质量验收规范、标准的要求
	2	后浇带的位置和浇筑	第7.4.6条	/	
	3	砼浇筑层厚度	第7.4.7条	500mm厚	
	4	混凝土养护	第7.4.8条	综合蓄热法养护	

专业工长（施工员）		施工班组长	

施工单位检查评定结果	主控项目全部合格，一般项目满足规范规定要求　　　　　　　　　　　项目专业质量检查员：　　　施工验收日期：　　××年××月××日　　　　　　　　　　　混凝土强度等级报告验收日期：　　××年××月××日
监理（建设）单位验收结论	符合施工质量验收规范要求，同意验收　　　　　　　　　　　　　　　施工验收日期：　　××年××月××日　　　　　　　　　　　混凝土强度等级报告验收日期：　　××年××月××日　　　　　　　专业监理工程师　（建设单位项目专业技术负责人）：

表 E.4 现浇结构外观质量检验批质量验收记录

工程名称	××× 工程 A-5#楼	分项工程名称	现浇结构外观质量	验收部位	三层柱、剪力墙、楼梯、10.3m 处梁、板
施工单位	××建工集团责任有限公司	专业工长	×××	项目经理	×××
分包单位	/	分包项目经理	/	施工班组长	/
施工执行标准名称及编号		《混凝土结构工程施工质量验收规范》（GB 50204—2002）			

	质量验收规范的规定	施工单位检查评定记录	监理（建设）单位验收记录
主控项目	现浇结构的外观质量不应严重缺陷。对已经出现的严重缺陷，应由施工单位提出技术处理方案，并经监理（建设）单位认可进行处理。对经处理的部位，应重新检查验收。	符合设计和质量验收规范要求。	符合要求
一般项目	现浇结构的外观质量不宜有一般缺陷。对已经出现的一般缺陷，应由施工单位按技术处理方案进行处理，并重新检查验收。	外观质量无一般缺陷	符合要求

施工单位 检查评定结果	主控项目全部合格，一般项目满足规范规定；检查评定合格 项目专业质量检查员： 项目专业质量（技术）负责人：　　　　　　　　　　　年　月　日
监理（建设）单位 验收结论	 监理工程师 （建设单位项目专业技术负责人）：　　　　　年　月　日

表 E.5　　　　　　　　　　　　现浇结构尺寸偏差检验批质量验收记录

工程名称	××× 工程 A-5#楼	分项工程名称	现浇结构尺寸偏差	验收部位	九层柱、剪力墙、楼梯、27.7m 处梁、板
施工单位	××建工集团责任有限公司	专业工长	×××	项目经理	×××
分包单位	/	分包项目经理	/	施工班组长	/
施工执行标准名称及编号	《混凝土结构工程施工质量验收规范》（GB 50204—2002）				

		质量验收规范的规定		施工单位检查评定记录												监理（建设）单位验收记录
主控项目	现浇结构不应有影响结构性能和使用功能的尺寸偏差。混凝土设备基础不应有影响结构性能和设备安装的尺寸偏差。对超过尺寸允许偏差且影响结构性能和安装、使用功能的部位，就由施工单位提出技术处理方案，并经监理（建设）单位认可后进行处理。对经处理的部位，应重新检查验收。			无影响结构性能或使用功能的尺寸偏差												
一般项目 现浇结构尺寸允许偏差（mm）	轴线位置	基础	15													
		独立基础	10													
		墙、柱、梁	8													
		剪力墙	5													
	垂直度	层高≤5m	8	3	8	3	10	5	7	2	7	2	5			
		层高>5m	10													
		全高（h）	H/1000 且≤30													
	标高	层高	±10	−6	−3	13	1	10	−6	−11	0	−5	5			
		全高	±30													
	截面尺寸		+8，−5	7	8	7	0	7	−2	−7	8	2	5			
	电梯井	井筒长、宽对定位中心线	+25，0													
		井筒全高（H）垂直度	H/1000 且≤30													
	表面平整度		8	2	8	3	7	6	8	8	0	2	2			
	预埋设施中心线位置	预埋件	10													
		预埋螺栓	5													
		预埋管	5													
	预留洞中心线位置		15													
混凝土设备基础尺寸偏差（mm）	坐标位置		20													
	不同平面的标高		0，−20、													
	平面外形尺寸		±20													
	凸台上平面外形尺寸		0，−20													
	凹穴尺寸		+20，0													
	平面水平度	每米	5													
		全长	10													
	垂直度	每米	5													
		全高	10													
	预埋地脚螺栓	标高（顶部）	+20，0													
		中心距	±2													
	预埋地脚螺栓孔	中心线位置	10													
		深度	+20，0													
		孔垂直度	10													
	预埋活动地脚螺栓锚板	标高	+20，0													
		中心线位置	5													
		带槽锚板平整度	5													
		带螺纹锚板平整度	2													

施工单位检查评定结果	项目专业质量检查员（项目专业质量（技术）负责人）：	年　月　日
监理（建设）单位验收结论	监理工程师（建设单位项目专业技术负责人）：	年　月　日

注　检查坐标、轴线、中心线位置时，应沿纵、横两个方向量测，并取其中的较大值。

附录 F　砌体工程检验批质量验收记录

表 F.1　　　　　　　　　　　　填充墙砌体工程检验批质量验收记录

工程名称	1＃住宅楼东段—2＃住宅楼		分项工程名称	填充墙砌体	验收部位	002 二层、四层 1-23/A-K 轴 1.5 以上墙体
施工单位	××建工集团有限责任公司 1＃住宅楼东段工程项目部				项目经理	×××
施工执行标准名称及编号	《北京市建筑结构长城杯质量评审标准》DBJ/T 01—69—2003《砌体结构工程施工质量验收规程》DBJ 01—81—2004《砌体结构工程施工质量验收规范》GB 50203—2011				专业工长	×××
分包单位	/				施工班组组长	/

	质量验收规程的规定			施工单位检查评定记录	监理（建设）单位验收记录
主控项目	1. 块材强度等级	设计要求 MU		M3.5、MU5 符合要求	符合设计、施工质量验收规范、标准的要求
	2. 砂浆强度等级	设计要求 M		M10 符合要求	符合设计、施工质量验收规范、标准的要求
一般项目	1. 轴线位移	≤10mm		符合要求	符合设计、施工质量验收规范、标准的要求
	2. 垂直度（每层）	≤5mm		≥90%	
	3. 砂浆饱满度	≥80%		符合要求	
	4. 表面平整度	≤8mm		7　4　5　3　2　1　2　6　4　4	
	5. 门窗洞口	±5mm		4　3　−5　−3　−3　−3　1　4　−4　2	
	6. 窗口偏移	20mm		17　13　13　12　18　17　0　9　14　13	
	7. 无混砌现象	9.3.2 条		符合要求	
	8. 拉结钢筋	9.3.4 条		符合要求	
	9. 搭砌长度	9.3.5 条		符合要求	
	10. 灰缝厚度、宽度	9.3.6 条		符合要求	
	11. 梁、板底砌法	9.3.7 条		符合要求	

施工单位检查评定结果	主控项目全部合格，一般项目满足规范规定要求　　项目专业质量检查员：　　项目专业质量（技术）负责人：　　　　　　　　　　　　　　　　　　　　　　　2013 年 10 月 15 日
监理（建设）单位验收结论	符合要求，同意验收　　监理工程师（建设单位项目技术负责人）：　　　　　　　　　　　　　　　　　　　　　　　2013 年 10 月 15 日

注　本表由施工项目专业质量检查员填写，监理工程师（建设单位项目技术负责人）组织项目专业质量（技术）负责人等进行验收。

表 F.2 配筋砌体工程检验批质量验收记录

工程名称	1#住宅楼东段—2#住宅楼	分项工程名称		验收部位	11
施工单位	××建工集团有限责任公司1#住宅楼东段等3项工程项目部			项目经理	×××
施工执行标准名称及编号	《砌体结构工程施工质量验收规程》DBJ 01—81—2004			专业工长	
分包单位	北京地丰建筑劳务有限公司			施工班组组长	

	质量验收规程的规定		施工单位检查评定记录						监理（建设单位）验收记录
主控项目	1. 钢筋品种规格数量								
	2. 混凝土强度等级	设计要求 C							
	3. 马牙槎拉结筋	7.2.3条							
	4. 芯柱	贯通截面不削弱							
	5. 柱中心线位置	≤10mm							
	6. 柱层间错位	≤8mm							
	7. 柱垂直度	每层≤10mm							
		全高（≤10mm）≤15mm							
		全高（＞10mm）≤20mm							
一般项目	1. 水平灰缝钢筋	7.3.1条							
	2. 钢筋防锈	7.3.2条							
	3. 网状配筋及位置	7.3.3条							
	4. 组合砌体拉结筋	7.3.4条							
	5. 砌块砌体钢筋搭接	7.3.5条							

施工单位检查评定结果	项目专业质量检查员：　　　项目专业质量（技术）负责人： 年　月　日
监理（建设）单位验收结论	监理工程师（建设单位项目技术负责人）： 年　月　日

注 表由施工项目专业质量检查员填写，监理工程师（建设单位项目技术负责人）组织项目专业质量（技术）负责人等进行验收。

附录 G　建筑施工图设计总说明

一、主要设计依据

1. 上级主管部门的批文。

2. 当地规划部门的批复，建筑红线及规划要求。

3. 国家现行有关标准及规范。

4. 建设单位提供的设计任务书。

二、设计范围

本工程施工图内容不包括特殊装修构造、景观设计、高级二次精装修及智能化设计的内容。但当有其他具备资质的设计单位参与设计涉及本工程消防及建筑安全等问题时，其设计图纸必须取得我院协调认可。

三、工程概况

1. 工程名称：海宁×××公司促进中心大楼。

2. 建设单位：海宁×××公司。

3. 建设地点：浙江海宁××科技园。

4. 用地面积：27 245m²。

5. 建筑总面积：56 648.9m²，其中地上：46 535.7m²，地下：10 113.2m²。

6. 建筑层数：地上：27层；地下：1层。

7. 建筑高度：98.95m（附房高度：23.650m）。

8. 建筑等级：一级。设计使用年限：50年。

9. 耐火等级：一类 一级。

10. 抗震设防烈度：六度。

11. 人防工程防护等级：六级，人防工程面积：1497m²。

12. 屋面防水等级：Ⅰ级，地下室防水等级：Ⅱ级。

13. 结构类型：框架核心筒结构。

四、总图定位及竖向设计

1. 建筑定位坐标采用城市坐标体系。

2. 建筑室内±0.000 相当绝对标高4.300m，室内外高差0.300m。

五、尺寸标注

1. 所有尺寸均以图示标注为准，不应在图上量取。

2. 总平面图示尺寸，标高及其余尺寸均以米为单位。

3. 单体建筑设计中，标高以 m 为单位，其余尺寸以 mm 为单位。

4. 除图中注明外，建筑平、剖、立面标注标高为建筑完成面标高，屋面为结构面标高。

5. 门窗所注尺寸为洞口尺寸。

六、门窗

1. 在本设计图上所列尺寸均为门窗洞口尺寸，门窗的实际尺寸根据外墙饰面材料的厚度及安装构造所需缝隙由供应厂家提供。

2. 外门窗的气密性等级要求应满足《建筑外门窗气密、水密、抗风压性能分级及检测方法》（GB 7106—2008）的规定，建筑物1～6层的外窗及阳台门的气密性等级不应低于Ⅲ级，7层及以上的外窗及阳台门的气密性等级不应低于该标准规定的Ⅱ级，以满足建筑节能的要求。

3. 外门垛做法除图中注明外墙体边长120mm，混凝土处240mm，凡居开间中设的门窗或洞口在平面中不再标注位置定位尺寸。

4. 窗台高度低于900mm，均加设1100mm高护栏，具体做法见详图。

七、留孔、预埋、砖砌风管及管道井的处理

1. 本工程凡预留孔位于钢筋混凝土构件上者，其位置尺寸及标高均详见结构施工图，凡在墙体上的预留洞孔均按建施图。

2. 凡预埋在混凝土或砌体中的木砖均应采用沥青浸透的防腐处理，设备安装及管道敷设及吊顶等所需的预埋铁件应与土建施工同步进行。

3. 本工程的预留孔及预埋件请在施工时与各专业图纸密切配合进行，且应在施工时加强固定的措施避免走动，一般不允许事后开凿，必须时应与设计单位事先商讨，经同意后方可实施。

4. 所有砖砌风道，烟道内壁均抹M5混合砂浆粉刷，随砌随抹平。

5. 为保证所有设备管道穿墙、楼板留洞正确，大于300mm预留孔应在结构图标注，小于300mm预留孔或预埋件，请与土建密切配合安装，核对各专业工种图纸预留或埋设。所有墙体待设备管线安装好以后应砌至梁板底（注明外）。

八、防水、防潮

1. 本工程地下室防水混凝土根据工程需要掺入各种外加剂详结构设计说明。地下工程防水设防要求，应根据施工方法、结构形式、材料性能等因素合理确定，应满足《地下工程防水技术规范》（GB 50108—2008）表3.3.1-1及表3.3.1-2及有关规定设置。

2. 本工程屋面详细构造做法详见节点图。

3. 凡钢筋混凝土现浇屋面板在施工时应连续浇捣不允许设置施工缝（后浇带除外）并切实保证混凝土的密实，屋面上的通风口等留洞处翻口尽量也应一次浇捣完成。

4. 当本工程采用的刚性防水层单块面积大于6m×6m时，应设置分仓缝，分仓缝缝宽20mm，用建筑油膏嵌缝，上部用200mm宽盖材料盖缝或按图纸说明及标准图施工。

5. 在采用柔性防水材料卷材部位，其节点构造详见建施大样图，在转角部位均应设置卷材附加层。

6. 除图纸特别注明者外，本工程凡卫生间、阳台、露台等遇有水的房间，楼地面完成面均比同层地面降低30mm。

7. 凡上述各房间或平台设有地漏者，地面应均向地漏方向做出不小于 0.5%的排水坡。

8. 凡上述各房间的墙面采用砖墙、砌块或装配式板墙者，均应在墙体位置（门口除外）用C20混凝土做出厚度同墙体、高度为120mm的墙墩，并在其楼板面上增设防水涂料层，以防止渗水。

九、粉刷、油漆、涂料

1. 本工程内墙粉刷除另有材料做法明细表或由甲方另行委托进行精装修的部位外，凡内墙阳角或内门大头角，柱面阳角均应用1：2水泥砂浆做保护角，其高度大于1800mm同同门洞高度。

2. 凡内墙阴角及墙面与平顶粉刷交接处（除图纸注明或加做木制阴角线外）均用粉刷做出小圆角。

3. 有窗台处均采用1：2水泥砂浆粉刷。

4. 外墙出挑部位均应做出鹰嘴滴水线或滴水槽线。

5. 凡混凝土表面抹灰，必须对基层面先凿毛或洒1：0.5水泥砂浆内掺黏结剂处理后再进行抹面。

6. 本工程选用的油漆、涂料及其他饰面材料均应同本设计有关人员共同看样定色后再订货施工。工程选用的油漆、涂料及饰面材料应为环保绿色产品。

7. 大面积的内外墙和重点部位的涂料色调（或质感）应由厂家先做出不同深浅度或不同质感的样板由各方会同研究确定。

8. 凡露明铁件均应采用防锈漆二度以上防锈，其罩面漆品种及色调按图纸注明的要求施工。

9. 凡露明的雨水管应选用与外墙色调相同或最接近的色调的产品或按图纸注明的要求施工。

10. 配电箱、消火栓、水表箱等的墙上留洞一般洞深与墙厚相等，背面均做钢板网粉刷，钢板网四周应大于孔洞100mm。特殊情况另见详图。

11. 凡地下室车库独立柱四角及车行驶易碰撞的阳角处应设L 50×5钢包角保护，高度为1200mm。

十、消防设计

1. 钢结构屋顶及有关结构金属构件外露部分，必须加做防火保护层，其耐火极限不低于 GB 50045—1995（2005版）《高层民用建筑设计防火规范》3.0.2规定的相应建筑构件的耐火等级。

2. 除正压送风、排烟、排废气、排油烟气以外的所有管道井待安装完毕后在楼板处每隔二层封堵。具体做法：待管道安装定位后以 φ8@200 双向钢筋网片或当井道宽度小于1m时以 φ6@200 双向钢筋网片端部与井壁预留筋搭接焊牢，或沿井道四周用 φ10 膨胀螺栓固定 50×5 角钢与钢筋网片焊牢，螺栓间距不大于 350mm，浇 C20 细石混凝土不小于 60mm厚，且耐火极限不低于同层楼板的耐火极限。

3. 防火墙部位有设备管线穿过时应待设备管线安装好后，再进行封堵，必须砌至梁板底，严密封死。

4. 本工程选用的防火门、防火卷帘均应向有消防部门颁发许可证的厂家订货，并事先提样本及型号经本设计院认可后订货。

5. 吊顶、轻质墙体等装修材料应采用不燃材料，当必须采用其他材料时，必须采取有效措施，使其达到消防规范相应的耐火极限要求。

6. 消防电梯的井道及机房与一般的电梯井道及机房用不低于 2h耐火极限材料隔开，消防电梯机房设甲级防火门并外开。

7. 变配电、水泵房、电机房等的门应设甲级防火门，均朝机房外开。

8. 玻璃幕墙，当穿过垂直防火分区时，其窗槛墙的玻璃幕墙，应在每层楼外沿设置耐火极限不低于1h，高度不低于800mm的不燃实体裙墙。

十一、室外工程

1. 散水、排水明沟、踏步、坡道做法除建筑注明或景观环艺设计外均详见 2000 浙 J37《建筑地面》有关详图。

2. 道路、庭院道路、花池（台）等的设计，除建筑注明外均见环艺设计。

十二、其他

1. 本工程外装修的幕墙，铝合金（门）及金属铝板幕墙，采光天窗等须有相应资质的单位设计，必须按设计要求定货，所绘制的安装详图必须经消防及设计院审核方可施工。

2. 空调机房、通风机房、水泵房、冷却塔、电梯井道、机房等重点噪声源的隔声、减振措施，应配合相关专业设置有效措施，详见建筑及设备专业图。

3. 图示电梯、货梯、自动扶梯土建安装条件，应最后根据业主及设计要求和业主所定的厂家，三方共同确认后方可施工。

4. 本说明未详部分见建施图，本工程图纸未尽之处均按国家现行施工及验收规范规定处理。

层数	房间名称	楼地面	墙面	吊顶及天棚	墙裙及踢脚
		基层粉刷由上至下	内墙面基层粉刷由内至外	基层粉刷由上至下	基层粉刷由内至外
地下一层	设备房，工具间，库房，管理间	50厚C20细石混凝土，随捣随抹平现浇钢筋混凝土板	18厚1：1：6混合砂浆抹平2厚腻子光面防霉涂料喷白二度	板底基层处理5厚腻子分层抹平防霉涂料喷白二度	150高做法同地面
	汽车库	HD 硬化耐磨材料 50厚C20细石混凝土，随捣随抹平内配 φ8@200双向钢筋网现浇钢筋混凝土板	18厚1：1：6混合砂浆抹平2厚腻子光面防霉涂料喷白二度	板底基层处理5厚腻子分层抹平防霉涂料喷白二度	1800高水泥砂浆墙裙
主楼 一层～二十六层	门厅，商务中心，休闲，电梯厅	30厚磨光花岗岩面5厚1：1水泥砂浆结合层20厚1：3水泥砂浆找平现浇钢筋混凝土板	详见二次装修	详见二次装修	150高做法同地面
	写字间，办公，服务用房，消控中心，会议	10厚复合地板40厚C20细石混凝土 随捣随抹平现浇钢筋混凝土板	18厚1：1：6混合砂浆抹平2厚腻子光面乳胶漆喷白二度	板底基层处理5厚腻子分层抹增乳胶漆喷白二度	150高做法同地面
	走廊，前室，楼梯间	25厚磨光花岗岩面5厚1：1水泥砂浆结合层20厚1：3水泥砂浆找平现浇钢筋混凝土板	18厚1：1：6混合砂浆抹平2厚腻子光面乳胶漆喷白二度	详见二次装修	150高做法同地面
	男女卫生间	5厚防滑地砖铺地，纯水泥浆填缝5厚1：1水泥砂浆结合层15厚1：2水泥砂浆板找平	吊顶以上15厚1：3水泥砂浆打底10厚1：2水泥砂浆抹平	轻钢龙骨纸面石膏板乳胶漆喷白二度	吊顶以下15厚1：1：6混合砂浆打底5厚1：1水泥砂浆结合层5厚瓷砖面
机房层	泵房及所有机房	30厚C20细石混凝土，随捣随抹平现浇钢筋混凝土板	18厚1：1：6混合砂浆抹平2厚腻子光面乳胶漆喷白二度	板底基层处理5厚腻子分层抹平乳胶漆喷白二度	150高做法同地面
裙楼 一层～五层	综合大厅，门厅，展位	25厚磨光岩面5厚1：1水泥砂浆结合层20厚1：3水泥砂浆找平现浇钢筋混凝土板	详见二次装修	详见二次装修	150高做法同地面
	会议室，准备室，管理室，控制室	10厚复合地板40厚C20细石混凝土，随捣随抹平现浇钢筋混凝土板	18厚1：1：6混合砂浆抹平2厚腻子光面乳胶漆喷白二度	详见二次装修	150高做法同地面
	厕所，卫生间，服务用房，开水间	5厚防滑地砖铺地，纯水泥浆填缝5厚1：1水泥砂浆结合层15厚1：2水泥砂浆板找平	吊顶以上15厚1：3水泥砂浆打底10厚1：2水泥砂浆抹平	轻钢龙骨纸面石膏板乳胶漆喷白二度	吊顶以下15厚1：1：6混合砂浆打底5厚1：1水泥砂浆结合层5厚瓷砖面

附录 H 结构施工图设计总说明（钢筋混凝土部分）

一、工程概况

本说明内容包含上部主体及地下室结构，不包括上部刚连体。

设计使用年限	建筑结构安全等级	基础设计等级	人防抗力等级	建筑物耐火等级
50 年	二级	甲级	/	一级

办公主楼

结构型式	结构体系	主体地上层数	主体地下层数	主体高度
钢筋混凝土结构	框架-核心筒结构	26	3 层	99.8m

抗震等级划分	位置	±0.000 标高以下		±0.000 标高以上	
	构件名称	核心筒	框架	核心筒	框架
	抗震等级	二级	三级	二级	三级

商业附楼

结构形式	结构体系	主体地上层数	主体地下层数	主体高度
钢筋混凝土结构	框架-剪力墙结构	12	3 层	48m

抗震等级划分	位置	±0.000 标高以下		±0.000 标高以上	
	构件名称	剪力墙	框架	剪力墙	框架
	抗震等级	三级	三级	三级	三级

本工程±0.000 相当于绝对标高详见建施图。

二、设计依据

1. 国土、规划、人防、消防等政府取能部门就本工程的相关批复文件

2. 岩土工程勘察报告

勘察单位	勘察报告编号	勘察阶段	报告日期
×××工程勘察院	2012—Z25	详勘	2012.7.27

3. 抗震设防以及风荷载、雪荷载等参数取值

抗震设防烈度	建筑抗震设防类别	设计地震分组	设计基本地震加速度	建筑场地类别
6 度	丙类	一组	0.05g	Ⅲ类

特征周期值	基本风压（kPa）	地面粗糙度	基本雪压（kPa）
0.45s	0.45	B类	0.45

4. 楼、屋面均布活荷载标准值，组合值系数和准永久值系数

序号	荷载类别	活荷载标准值（kN/m²）	组合值系数	准永久值系数
1	上人屋面	2.0	0.7	0.4
2	不上人屋面	0.5	0.7	0.0
3	卧室、客厅	2.0	0.7	0.4
4	阳台、走廊、门厅、普通楼梯	2.5	0.7	0.5
5	卫生间（不设浴缸）	2.0	0.7	0.4
6	卫生间（设浴缸）	4.0	0.7	0.5
7	厨房	4.0	0.7	0.7

续表

序号	荷载类别	活荷载标准值（kN/m²）	组合值系数	准永久值系数
8	消防楼梯	3.5	0.7	0.3
9	电梯机房，通风机房	7.0	0.9	0.8
10	设备用房（特殊除外）	3.0	0.7	0.5
11	地下汽车通道及停车库	4.0	0.7	0.6
12	地下自行车库	2.5	0.7	0.6
13	水泵房	5.0	0.7	0.8
14	二层（标高 5.180）连接平台	3.5	0.7	0.5

注 1. 上表所给各项活荷载适用于一般使用条件，当使用荷载较大或情况特殊时，按实际情况采用。

2. 上表各项活荷载不包括隔墙自重和二次装修荷载。

3. 设备荷载按实际荷重考虑。

4. 上表未提及荷载按规范取值。施工及使用期间的荷载均不得超过以上值。

5. 采用的主要设计规范、规程及技术规定

(1) 建筑结构可靠度设计统一标准（GB 50068—2001）

(2) 建筑结构荷载规范（GB 50009—2001）（2006 年版）

(3) 建筑地基基础设计规范（GB 50007—2011）

(4) 混凝土结构设计规范（GB 50010—2010）

(5) 建筑抗震设防分类标准（GB 50223—2008）

(6) 建筑抗震设计规范（GB 50011—2010）

(7) 建筑桩基技术规范（JGJ 94—2008）

(8) 地下工程防水技术规范（GB 50108—2008）

(9) 高层建筑混凝土结构技术规程（JGJ 3—2010）

注：本工程施工涉及上述未列的规范、规程时，尚应按相关规范、规程要求执行。

6. 设计采用的标准图集

混凝土结构施工图平面整体表示法制图规则和构造详图（16G101—1；16G101—2）。

三、主要结构材料的技术指标

1. 混凝土

(1) 混凝土强度等级：

本工程混凝土强度等级地下室顶板以下剪力墙、柱为C45，与地下室外侧板相连柱为C35，其余构件为 C35，上部结构混凝土强度等级：

办公主楼楼标高−0.050～9.550墙、柱为C45；标高9.550～44.250墙、柱为C40；44.250～77.550墙、柱为C35；标高 77.550 以上墙、柱为C30。

标高−0.050～77.550梁、板为C35；标高77.550以上梁、板为C30。

商业附楼楼标高−0.050～25.750墙、柱为C40；标高25.750以上墙、柱为C35。

标高−0.050～25.750梁、板为C35；标高25.750以上梁、板为C30。

(2) 防水混凝土抗渗等级：

地下室部分抗渗等级 P8（含承台，地下室底板、顶板、侧板）

(3) 混凝土外加剂：

因本工程地下室平面超长，为保证混凝土质量，防止裂缝及渗漏，设计要求地下室底板（含承台）、顶板及地下一层外墙均采用 ZY 系列高性能混凝土膨胀剂，内掺量为水泥重量的 6%～8%，同时在地下室顶板面以下构件中掺入聚丙烯防裂防渗纤维（具体掺量、型号及纤维长度待定），采用低坍落度混凝土，并加强养护。外加剂的品种及掺量应经试验最后确定。外加剂的质量和应用技术应符合现行《混凝土外加剂》《混凝土外加剂应用技术规范》等及有关环境保护的规定。

因本商业附楼体型较长，为保证混凝土质量，防止裂缝及渗漏，设计要求裙房 2～5

层楼面板采用 ZY 系列高性能混凝土膨胀剂，内掺量为水泥重量的 6%～8%，同时掺入聚丙烯防裂防渗纤维（具体掺量、型号及纤维长度待定），采用低坍落度混凝土，并加强养护。外加剂的品种及掺量应经试验最后确定。外加剂的质量和应用技术应符合现行《混凝土外加剂》、《混凝土外加剂应用技术规范》等及有关环境保护的规定。

(4) 混凝土的环境类别及耐久性要求：

部位或构件	环境类别	最大水胶比	最大氯离子含量	最大碱含量（kg/m³）
室内正常环境中的构件	一类	0.60	0.3%	不限制
与水或土壤直接接触的构件	二 a 类	0.55	0.2%	3.0

2. 钢筋、钢材、焊条

(1) 热轧钢筋：

钢筋种类（符号）	HPB300（Φ）	HRB335（Φ）	HRB400（Φ）
f_y、f_y'（N/mm²）设计值	270	300	360
f_{yk}（N/mm²）标准值	300	335	400

注 1. 对于一、二级抗震等级的框架，其纵向受力钢筋采用普通钢筋时，钢筋抗拉强度实测值与屈服强度实测值的比值不应小于 1.25；钢筋屈服强度实测值与强度标准值的比值不应大于 1.3。

2. 预埋件的锚筋应采用 HPB300 级、HRB335 级钢筋，严禁采用冷加工钢筋，钢筋在最大拉力下的总伸长率实测值不应小于 9%。

3. 按规范要求本工程应采用带 E 抗震钢筋。

(2) 钢材：预埋件的锚板采用 Q235B 钢板。

(3) 焊条：E43 型用于 HPB300 级钢筋及 Q235B 钢板焊接。

E50 型用于 HRB335 级钢筋焊接；E55 型用于 HRB400 级钢筋焊接。

不同材质时，焊条应与低强度等级的材质匹配。

3. 墙体材料

本工程±0.000 以下：采用混凝土多空砖，强度等级 MU10，M7.5 水泥砂浆。

±0.000 以上：

主楼图纸上明确的户内隔墙均采用轻质砌块，其容重≤7kN/m³。

商业附楼外墙、卫生间墙、分户墙、设备井道间墙采用混凝土多孔砖，强度等级 MU10，M7.5 混合砂浆，其容重≤15kN/m³。其余图纸上明确的户内隔墙均采用轻质砌块，其容重≤7kN/m³。

四、混凝土主筋保护层、钢筋锚固与连接

1. 混凝土保护层

最外层钢筋的混凝土保护层厚度（包括箍筋、构造筋、分布筋等钢筋外边缘至混凝土表面的距离）不应小于钢筋的公称直径，并应符合下列规定：

(1) 普通混凝土构件的最外层钢筋的混凝土保护层厚度（mm）。

部位或构件	环境类别	板、墙、壳	梁、柱、杆
室内正常环境中的构件	一类	15	20
与水或土壤直接接触的构件	二 a 类	20	25

注 1. 混凝土强度等级不大于 C25 时，表中保护层厚度数值应增加 5mm；

2. 钢筋混凝土基础宜设置混凝土垫层，基础中钢筋的混凝土保护层厚度应从垫层顶面算起，且不应小于 40mm。

(2) 防水混凝土构件的纵向受力钢筋混凝土保护层最小厚度（mm）。

构件名称	承台	基础梁	底板	外墙	水池、水箱
保护层最小厚度（mm）	侧40 底50	侧40 底50	面20 底50	内侧20 迎水面50	外侧20 迎水面50

注 当保护层厚度大于50时，必须在保护层内设置附加钢筋网⏀4@200×200，钢筋网端部锚固长度取250，钢筋网片保护厚度不应小于25mm。

2. 钢筋的锚固

(1) 受拉钢筋的最小锚固长度：除详图中注明者外，本工程受拉钢筋的最小锚固长度，均按下表采用。G101中的l_{ab}为基本锚固长度，l_a均由l_{ab}得到，参考G101图集时节点中的l_{ab}、l_{abE}均用本表中的L_a、L_{aE}代替。

受拉钢筋最小锚固长度

抗震等级与混凝土强度等级 / 钢筋类型	一、二级抗震锚固长度 l_{aE}					三级抗震锚固长度 l_{aE}					四级抗震、非抗震锚固长度 $l_{aE}=l_a$				
	C25	C30	C35	C40	C45	C25	C30	C35	C40	C45	C25	C30	C35	C40	C45
HPB300级钢筋	39d	35d	32d	29d	28d	36d	32d	29d	26d	25d	34d	30d	28d	25d	24d
HPB335级钢筋	38d	33d	31d	29d	26d	35d	31d	28d	26d	24d	33d	29d	27d	25d	23d
HRB400级钢筋	46d	40d	37d	33d	32d	42d	37d	34d	30d	29d	40d	35d	32d	29d	28d

注 1. 带肋钢筋的公称直径大于25，其锚固长度应乘以修正系数1.1；采用环氧树脂涂层钢筋时，其锚固长度应乘以修正系数1.25；当钢筋在施工中易受扰动（如果滑模施工时），应乘以修正系数1.1。

2. 按上表计算的锚固长度l_a小于200时，按200采用。

(2) 纵向受压钢筋的锚固长度：不应小于受拉锚固长度的0.7倍。

(3) 当HRB335和HRB400级纵向受拉钢筋末端采用机械锚固措施时，包括附加锚固端头在内的锚固长度可取为本表锚固长度的60%。机械锚固的形式及构造详规范GB 50010—2010第8.3.3条。第4条与第5条不可同时考虑。

(4) 钢筋混凝土墙、柱纵筋伸入承台或基础内的长度，应满足锚固长度l_a的要求，并应伸入承台或基础底部后作水平弯折，弯折长度不小于10d。

3. 钢筋的连接

(1) 钢筋的连接分为两类：第一类为绑扎搭接；第二类为机械连接或焊接。机械连接或焊接接头的类型和质量应符合国家现行有关标准的规定。

(2) 受力钢筋的连接接头应设置在构件受力较小部位。对于楼层梁和板，当钢筋需要连接时，上部纵筋一般在跨中1/3范围内连接，下部纵筋一般在跨中1/3范围之外弯矩较小处连接。

(3) 本工程钢筋应优先采用焊接与机械接头。钢筋直径$d≥22$时应采用机械连接。

(4) 特别注明为轴心受拉及小偏心受拉的构件（如桁架和拱的拉杆、下挂柱等），其纵向受力钢筋不得采用绑扎搭接接头。受拉钢筋直径大于25mm，受压钢筋大于28mm的不应采用搭接连接。

(5) 直接承受动力荷载的结构构件中，不应采用焊接接头。

(6) 绑扎搭接接头的有关要求。

a. 受拉钢筋的最小搭接长度：除详图中注明者外，受拉钢筋绑扎搭接的搭接长度应根据位于同一连接区段内搭接钢筋的接头面积百分率按下表采用，其钢筋绑扎搭接接头连接区段的长度为1.3倍搭接长度。凡搭接接头中点位于该连接区段长度内的搭接接头均属于同一连接区段。

受拉钢筋最小搭接长度

纵向钢筋搭接接头面积百分率	钢筋类型	一、二级抗震搭接长度 l_{lE}					三级抗震搭接长度 l_{lE}					四级抗震、非抗震搭接长度 $l_{lE}=l_l$				
		C25	C30	C35	C40	C45	C25	C30	C35	C40	C45	C25	C30	C35	C40	C45
≤25%	HPB300	47d	42d	39d	35d	34d	44d	39d	35d	31d	30d	41d	36d	34d	30d	29d
	HRB335	46d	41d	38d	35d	32d	42d	38d	34d	31d	29d	40d	35d	33d	30d	28d
	HRB400	56d	49d	45d	41d	39d	51d	45d	41d	36d	35d	48d	42d	39d	35d	34d
50%	HPRB300	55d	49d	45d	41d	40d	51d	46d	41d	37d	35d	48d	42d	39d	35d	34d
	HRB335	54d	47d	44d	41d	37d	49d	44d	40d	37d	34d	47d	42d	38d	35d	33d
	HRB400	65d	56d	52d	48d	45d	59d	52d	48d	42d	41d	56d	50d	45d	41d	40d
100%	HRB300	63d	56d	52d	48d	45d	58d	52d	47d	42d	40d	55d	48d	45d	40d	39d
	HRB335	61d	53d	50d	47d	42d	56d	50d	45d	42d	39d	53d	47d	43d	40d	37d
	HRB400	74d	64d	59d	53d	52d	67d	60d	55d	48d	47d	64d	57d	52d	47d	45d

注 1. 采用环氧树脂涂层钢筋时，其搭接长度应乘以修正系数1.25；当钢筋在施工中易受扰动（如滑模施工）时，应乘以修正系数1.1。

2. 在任何情况下，纵向受拉钢筋绑扎搭接的搭接长度不应小于300mm。

3. 粗、细筋搭接时，按粗钢筋面积计算接头面积百分率，按细钢筋直径计算搭接长度。

b. 同一构件中相邻纵向钢筋的绑扎搭接接头宜相互错开。绑扎搭接接头中钢筋的横向净间距不应小于钢筋直径，且不应小于25mm。

c. 同一连接区段内的受拉钢筋搭接接头面积百分率：对梁、板、墙不宜大于25%，不应大于50%；对柱不应大于50%。

d. 纵向受压钢筋搭接长度不应小于对应纵向受拉钢筋搭接长度的0.7倍，且在任何情况下不应小于200mm。

e. 在梁、柱构件的纵向受力钢筋搭接长度范围内，除另有说明外，应按下列要求配置箍筋：箍筋直径不应小于8，受拉搭接区段的箍筋间距不应大于100或搭接钢筋较小直径的5倍；受压搭接区段的箍筋间距不应大于150或搭接钢筋较小直径的10倍。

(7) 抗震设计时，纵向受力钢筋的连接接头宜避开梁端、柱端箍筋加密区范围。无法避开时，应采用满足等强度连接要求的高质量机械连接接头，且钢筋接头面积百分率不应超过50%。

(8) 机械连接接头的有关要求。

a. 纵向受力钢筋机械连接接头宜相互错开。钢筋机械连接接头连接区段的长度为35d（d为纵向受力钢筋的较大直径），凡接头中点位于该连接区段长度内的机械连接接头均属于同一连接区段。

b. 同一连接区段内的纵向受拉钢筋机械连接接头面积百分率不应大于50%。纵向受压钢筋的钢筋接头面积百分率可不受限制。

c. 机械连接接头连接件的混凝土保护层厚度宜满足纵向受力钢筋的最小保护层厚度的要求。连接件之间的横向净距不宜小于25mm。

(9) 焊接连接接头的有关要求。

a. 纵向受力钢筋的机械连接接头应相互错开。钢筋焊接连接接头连接区段的长度为35d（d为纵向受力钢筋的较大直径），且不小于500mm，凡接头中点位于该连接区段长度内的机械连接接头均属于同一连接区段。

b. 同一连接区段内的纵向受拉钢筋焊接接头面积百分率不应大于50%。纵向受压钢筋的钢筋接头面积百分率可不受限制。

五、地下室工程

1. 基础（地下室）施工

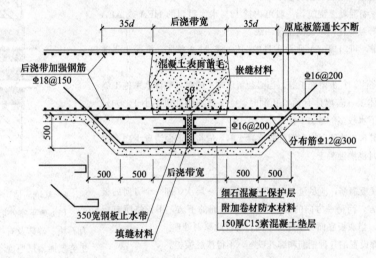

图5.1 地下室底板及外墙板后浇带构造

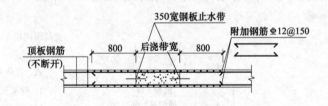

图5.2 混凝土顶板后浇带构造

(1) 应在完成基槽检验、工程桩最终验收并合格后，方可进行承台、基础梁和地下室底板的施工。

(2) 除注明外，承台、基础梁和底板的底部做C15素混凝土垫层，垫层厚度100，每边扩出基础边缘100。承台、基础梁的侧面采用240厚实心砖模，1:2水泥砂浆抹面。

(3) 本工程地下室底板、外墙迎水面均应做建筑防水层，底板以下的坑、池等局部底板降低处应使防水层保持连续。

(4) 防水混凝土应连续浇筑，后浇带一侧的混凝土应一次浇捣完成。

(5) 大体积混凝土的施工，应采取以下措施：

a. 采用低热水泥，掺加粉煤灰、磨细矿渣粉等掺和料。

b. 掺入减水剂、缓凝剂、膨胀剂等外加剂。

c. 炎热季节，应采取降低原材料温度、减少混凝土运输时吸收外界热量等措施。

d. 对厚板承台等构件，必要时可采取在混凝土内部预埋管道，利用循环水散热。

e. 采取保温保湿养护，外墙喷淋养护，混凝土中心温度与表面温度的差值不应大于25°，混凝土表面温度与大气温度的差值不应大于25°。

（6）防水混凝土拌合物在运输后出现离析，必须进行二次搅拌。当坍落度损失后不能满足施工要求时，应加入原水灰比的水泥砂浆或二次掺加减水剂进行搅拌，严禁直接加水。

（7）防水混凝土终凝后应立即进行养护，养护时间不得少于14天。切忌施工时模板提早拆除。

（8）地下室施工期间必须采取降水措施，待上部建筑物施工至12层后，且待地下室顶板覆土完毕后方可停止降水。

2. 后浇带、膨胀带、施工缝

（1）本工程设置收缩后浇带与沉降后浇带。后浇带设置位置详见地下室底板结构平面图。

（2）地下室底板后浇带构造形式按图5.1处理，外墙及顶板按图5.2处理。

（3）后浇带处结构主筋一般不断开，如需断开，则主筋搭接长度应大于45倍主筋直径。

（4）后浇带封闭时间：对于收缩后浇带，在两侧混凝土龄期达到60天并经设计同意后封闭；对于沉降后浇带，应根据实测沉降资料确定封闭时间，一般在主体结构结顶14天后进行。

（5）后浇带应保湿养护，养护时间不少于28天。后浇带施工前，应对后浇带部位和外贴式止水带予以保护，严防落入杂物和损伤止水带。

（6）后浇带应采用补偿收缩混凝土浇筑，一般可内掺12%水泥重量的HEA或AEA膨胀剂。后浇带混凝土强度等级应比两侧混凝土高一级。

（7）膨胀带形式同后浇带，可内掺15%水泥重量的HEA或AEA膨胀，混凝土强度等级应比两侧混凝土高一级。

（8）防水混凝土应连续浇注，宜少留施工缝。当必须留设施工缝时，墙体水平施工缝应留设在高出底板500的墙体上（若墙体有预留孔洞时，施工缝应距孔边不小于300）；墙体垂直施工缝则应避开地下水较多的地方。

（9）施工缝防水构造按图5.3处理。施工缝浇灌混凝土前，应将其表面清理干净，涂刷净浆或混凝土界面剂后及时浇灌混凝土。

3. 钢筋绑扎

（1）与基础梁同方向的底板钢筋，应尽量与梁钢筋放置在同一层次，即一个方向的板面钢筋可放置在梁纵筋的上方，而另一方向的板筋放置在梁纵筋的下方，不得将所有板面钢筋均放置在梁纵筋上方。当底板板底与梁底齐平时，也按此原则处理。

（2）防水混凝土构件内部设置的各种钢筋和绑扎铁丝，不得接触模板。

4. 穿墙管（盒）

（1）穿墙管应在浇筑混凝土前预埋套管，穿墙管与内墙角、凹凸部位的净距应≥250mm，管与管的间距大于300mm。

（2）穿墙单管防水构造详见图5.4。

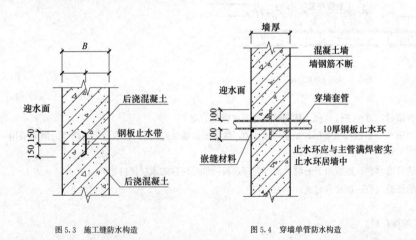

图5.3 施工缝防水构造　　图5.4 穿墙单管防水构造

（3）当穿墙管线较多时，可采用穿墙盒方法。穿墙盒的封口钢板与墙上预埋角钢焊严，并从钢板上的预留浇筑孔注入改性沥青柔性密封材料或细石混凝土。穿墙群管防水构造详见图5.5、图5.6。

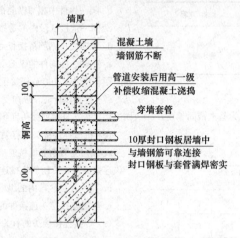

图5.5 穿墙群管防水构造一

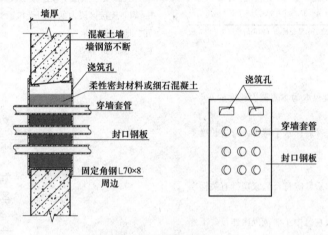

图5.6 穿墙群管防水构造二

5. 基坑回填

（1）地下室外墙周围800mm范围以内宜用灰土、粘土或粉质粘土回填，其中不得含有石块、碎砖及有机物等，也不得有冻土。回填施工应均匀对称进行，并分层夯实。人工夯实时每层厚度不大于250，机械夯实时不大于300。

（2）不得使用淤泥、耕土、冻土、膨胀性土、建筑垃圾及有机质含量大于5%的土作回填土。

（3）基坑回填时，应采取措施防止损伤防水层。回填土压实系数：地面以下1.0m深度范围内应不小于0.90，其余部位不小于0.85。采用砂土回填时，干密度应不小于1.65t/m³。

六、现浇钢筋混凝土框架、剪力墙、楼板的构造要求

1. 框架梁

（1）梁内箍筋采用封闭形式，并做成135度弯钩，弯钩端头直段长度不应小于10倍箍筋直径和75mm的较大值。当梁的上部钢筋为多排时，弯钩在二排或三排钢筋以下弯折，见图6.1。

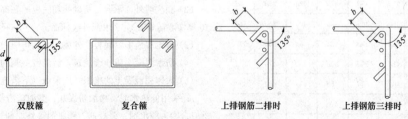

双肢箍　　复合箍　　上排钢筋二排时　　上排钢筋三排时

图6.1 梁箍筋及箍筋弯钩

注：b=5d（弧梁中b=10d、梁平法表示中配有N扭筋的梁b=10d）。

（2）受次梁集中荷载作用处设置的吊筋及附加箍筋构造详见图6.2，吊筋的弯起段应伸至梁上边缘。

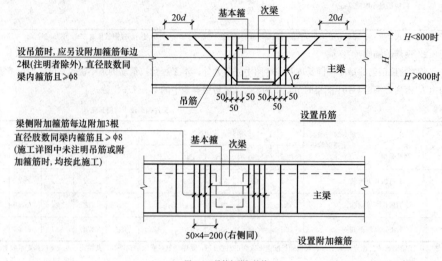

设吊筋时，应另设附加箍筋每边2根（注明者除外），直径肢数同梁内箍筋且≥Φ8

梁侧附加箍筋每边附3根直径肢数同梁内箍筋且≥Φ8（施工详图中未注明吊筋或附加箍筋时，均按此施工）

图6.2 吊筋与附加箍筋

（3）框架梁纵向钢筋在框架节点区内的锚固要求详见图6.3。采用"平法"表示的梁纵筋锚固和截断另详"平法"说明。

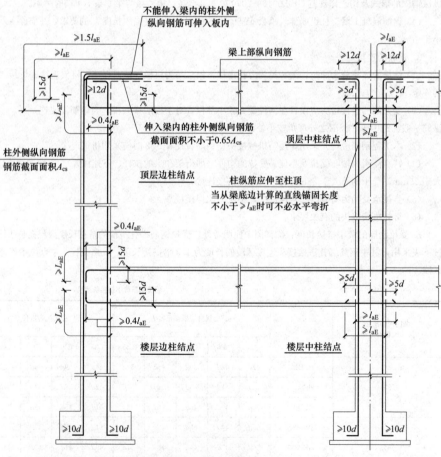

图6.3 框架梁、柱纵向钢筋在节点区的锚固要求

（4）框架梁箍筋加密区的构造要求见详图6.4。

（5）当梁与柱（或混凝土墙）边平时，梁主筋应弯折后伸入柱（墙）纵筋内侧，同时增设架立筋，见详图6.5。

（6）主次梁高相同时，次梁下部纵向钢筋应置于主梁下部纵向钢筋之上。

（7）柱两侧框架梁不等高时，柱纵向钢筋的锚固见图6.6。

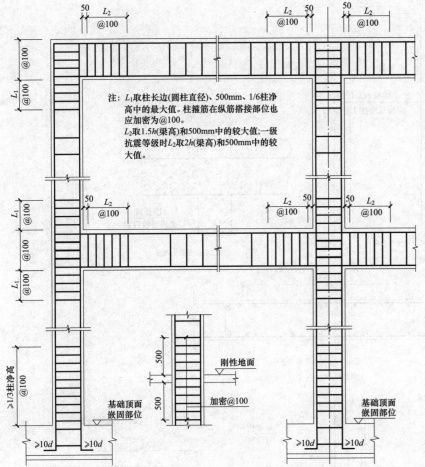

注：L_1取柱长边(圆柱直径)、500mm、1/6柱净高中的最大值。柱箍筋在纵筋搭接部位也应加密为@100。
L_2取1.5h(梁高)和500mm中的较大值；一级抗震等级时L_2取2h(梁高)和500mm中的较大值。

图 6.4　框架梁、柱箍筋加密区构造

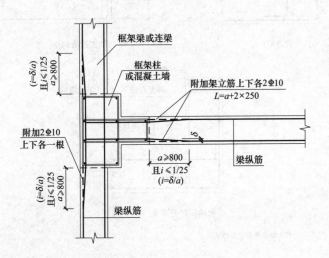

图 6.5　梁边与柱边齐平时的构造做法

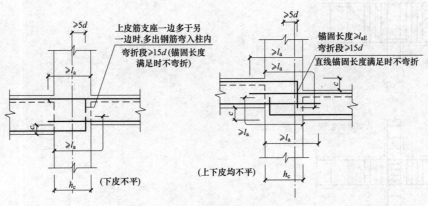

图 6.6　梁不等高时的主筋锚固构造
（当$c/h_c<1/6$时，柱两侧钢筋弯折后拉通）

(8) 柱两侧框架梁平面错位或梁宽改变时，如两边纵筋直径相同，则应尽量拉通，不能拉通的钢筋在柱内锚固≥l_a。梁纵向钢筋的锚固详见图6.7。

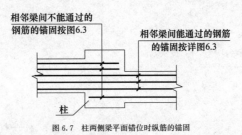

相邻梁间不能通过的钢筋的锚固按图6.3

相邻梁间能通过的钢筋的锚固按详图6.3

柱

图 6.7　柱两侧梁平面错位时纵筋的锚固

(9) 所有以断面表示的梁，其纵向钢筋的锚固长度均不小于l_{aE}。

(10) 梁上起柱节点见图6.8所示。梁上留孔做法见图6.9。

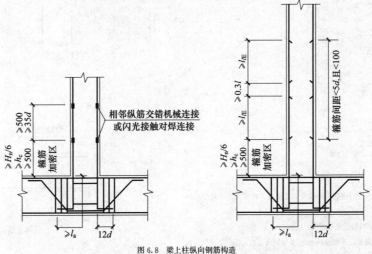

图 6.8　梁上柱纵向钢筋构造

注：(1) h_c 为柱长边尺寸，H_n 为柱所在楼层的净高；
(2) 本图为柱根部纵筋构造，往上均与框架柱纵筋构造相同。

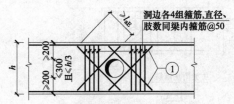

洞边各4组箍筋,直径、肢数同梁内箍筋@50

注：1. 开孔应在梁高的中部范围，孔尽量做成圆形。
2. 多孔并列时，孔中心不得小于孔直径的3倍，且净距不得小于梁高的1/3及200mm。
3. 梁高小于450mm时，梁上不得留洞。
4. ①号筋：梁宽$b\leqslant300$ 为 2Φ16，$300<b\leqslant600$ 为 3Φ16，$600<b\leqslant900$ 为 4Φ16。

图 6.9　梁上孔洞加强筋构造

(11) 梁折角处钢筋构造按详图6.10处理，折角处梁附加箍筋直径、肢数同梁内箍筋。

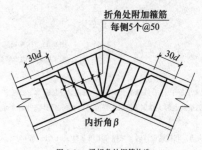

折角处附加箍筋每侧5个@50

图 6.10　梁折角处钢筋构造
注：$\beta\geqslant160°$时梁纵筋可不分离。

(12) 当在同一跨内由于梁顶标高变化引起梁截面高度不同时，配筋构造详见图6.11。

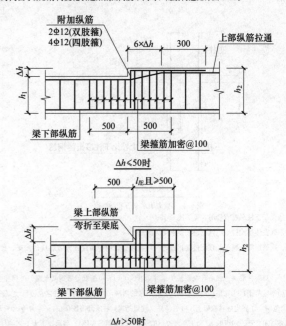

图 6.11　同跨内梁高变化时钢筋构造

(13) 当次梁截面高度大于主梁高度（即次梁梁底低于主梁梁底）时，在主梁梁宽内设次梁附加箍筋，直径和肢数同次梁跨中，见详图6.12。

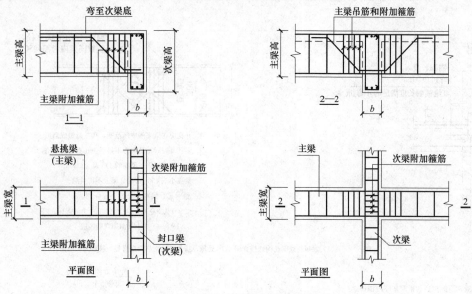

图6.12 次梁高度大于主梁时的钢筋构造

注：次梁底筋在边支座处向上弯折锚入主梁内20d。

(14) 除另有说明外，对跨度大于等于4m，或悬挑大于等于2m的梁应起拱2‰～3‰。

(15) 悬臂梁及跨度大于8m的梁的底部支撑须待混凝土强度达到100％设计强度后方可拆除。其余构件的底模及其支架拆除时混凝土强度应符合GB 50204的要求。

2. 框架柱

(1) 框架柱纵向钢筋的连接构造：非抗震设计时详见标准图集（11G101-1）第63页。

(2) 框架柱变截面位置纵向钢筋的连接构造：非抗震设计时详见标准图集（11G101-1）第65页。

(3) 上柱纵筋多于下柱筋时，上柱多出纵筋均伸入下柱内一个搭接长度，见详图6.13。下柱纵筋多于上柱时，见详图6.14。

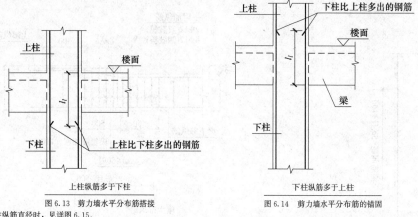

图6.13 剪力墙水平分布筋搭接　　　图6.14 剪力墙水平分布筋的锚固

(4) 上柱纵筋直径大于下柱纵筋直径时，见详图6.15。

(5) 框架柱纵向钢筋在顶层梁柱节点区的锚固要求见详图6.15。

(6) 柱子与圈梁、钢筋混凝土腰带、现浇过梁相连时，均应按建筑图中墙位置以及相应的圈梁、腰带、过梁位置由柱子留出相应的钢筋，配筋说明见图纸，钢筋长度为柱子内外各40d。

(7) 在梁柱节点区，当梁柱混凝土强度等级相差1个等级（C5）时，可按低等级混凝土施工；当相差2个等级（含）时，应按高等级混凝土施工，见图6.16。

(8) 框架柱箍筋加密区范围：①底层柱的上端和其它各层柱的两端，应取矩形截面柱之长边尺寸（或圆形截面柱之直径）、柱净高之1/6和500mm三者中的最大值；②底层柱刚性地面上、下各500mm的范围；③底层柱柱根以上1/3柱净高（柱根指框架柱底部嵌固部位）；④剪跨比不大于2的柱的全高；⑤一级及二级框架柱的全高。除详图中另有说明外，加密区箍筋间距：一、二级取100，三、四级取8d和150之较小值（d为纵向钢筋直径），剪跨比不大于2的柱的箍筋间距100，见详图6.16。

3. 剪力墙（抗震墙）

(1) 除注明外，墙体水平筋放置在外侧，竖向钢筋放置在内侧。

(2) 墙体双排钢筋网之间应设置拉筋，除人防墙及注明者以外，拉筋均为Φ8@600×600（梅花型布置），拉筋必须钩住外层钢筋。

(3) 剪力墙水平分布钢筋交错搭接，见详图6.17。剪力墙水平分布钢筋在端部和转角处的锚固构造图6.18。在暗柱部位，不得采用墙体水平筋伸入柱内仅为一个锚固长度的做法，除满足锚固长度外，尚必须伸至暗柱对侧，再弯折15d。

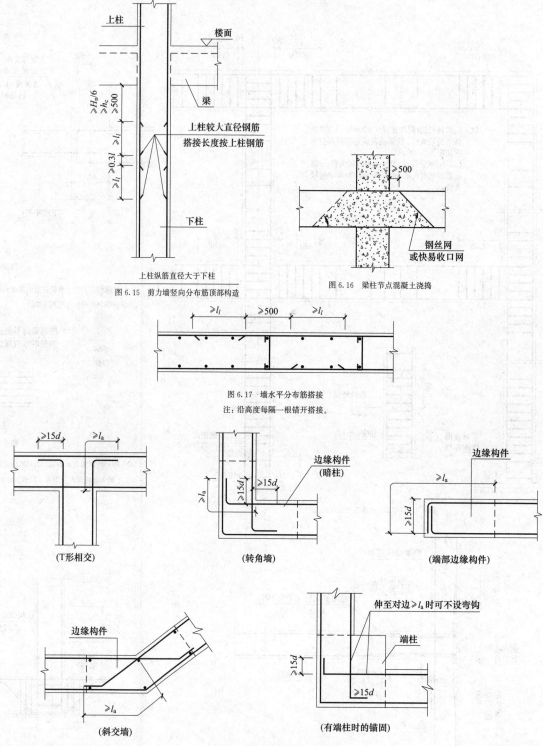

图6.15 剪力墙竖向分布筋顶部构造　　图6.16 梁柱节点混凝土浇捣

图6.17 墙水平分布筋搭接

注：沿高度每隔一根错开搭接。

图6.18 剪力墙水平分布筋的锚固

(4) 剪力墙竖向分布钢筋的连接构造详见标准图集（11G101-1）第70页；剪力墙约束边缘构件纵向钢筋的连接构造详见标准图集（11G101-1）第71页，构造边缘构件纵向钢筋的连接构造详见第73页。

(5) 剪力墙变截面处竖向钢筋的连接构造详见标准图集（11G101-1）第48页。

(6) 顶部剪力墙竖向分布钢筋及边缘构件的纵筋、应锚入楼、屋面板内，见详图6.19。

(7) 剪力墙在各楼面（屋面）标高位置若无边框梁，均设暗梁，暗梁尺寸与配筋为墙宽×470，上下各3Φ18，Φ8@150（2），＜350厚墙4Φ18，箍筋8@150（4）≥墙水平筋作为腰筋，构造详见标准图集（11G101-1）第74页。

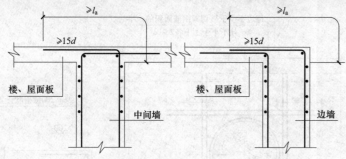

图 6.19 剪力墙竖向分布筋顶部构造

（8）剪力墙边缘构件和截面高度与截面厚度之比小于 5 的矩形截面独立墙肢的纵向钢筋的连接同框架柱。

（9）剪力墙连配筋构造详见标准图集（11G101-1）第 74 页。侧面纵筋同剪力墙水平筋，拉筋直径同箍筋，水平间距为两倍箍筋间距，竖向沿侧面水平筋隔一拉一。

（10）有次梁搁置的连梁均在次梁作用处的每侧附加 3@50，直径同连梁箍筋。

（11）局部错洞墙构造详见图 6.20。

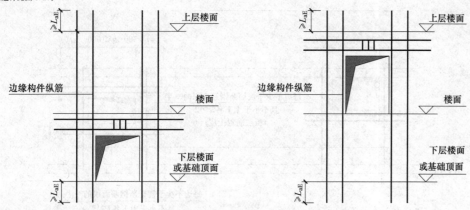

图 6.20 剪力墙局部错洞构造

（12）墙体水平钢筋不得代替暗柱的箍筋。当墙或墙的一个墙肢全长按暗柱设计时，则此墙或墙肢不再设墙体水平筋，配置暗柱箍筋即可。

（13）连梁洞口钢筋补强构造详见图 6.21。

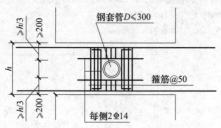

图 6.21 连梁洞加补强构造

洞口边长(mm)	洞口每边加筋
$200 < \genfrac{}{}{0pt}{}{a}{b} \leqslant 400$	2Φ18
$400 < \genfrac{}{}{0pt}{}{a}{b} \leqslant 600$	2Φ20
$600 < \genfrac{}{}{0pt}{}{a}{b} \leqslant 800$	2Φ22

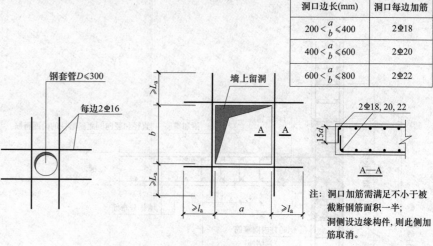

图 6.22 剪力墙洞加补强构造

注：洞口加筋需满足不小于被截断钢筋面积一半；
洞侧设边缘构件，则此侧加筋取消。

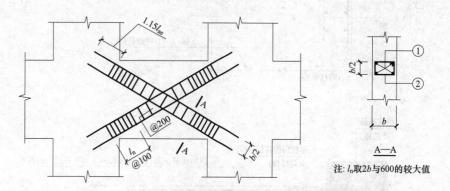

注：l_n 取 $2b$ 与 600 的较大值

图 6.23 连梁交叉暗撑详图

（14）剪力墙洞口尺寸小于 200 时钢筋绕过洞口不截断，大于 200 小于等于 800 时按详图 6.22 进行钢筋补强。墙上孔洞必须预留，除按结构施工图预留孔洞外，尚须根据各工种施工图纸，由各工种的施工人员核对无遗漏后才能施工。

（15）连梁内交叉暗撑设置见详图 6.23。暗撑纵筋及箍筋型号见连梁表，当连梁表内仅填写纵筋型号而未填写箍筋型号时，表示暗撑改为加强斜筋形式，不设箍筋；暗撑纵筋及箍筋型号均未填写时，表示不需设置交叉暗撑。

（16）剪力墙墙肢在其平面外单搁置楼面梁时，若搁置处如无暗柱须设置暗柱，做法详 GAZ 图 6.25。

（17）抗震墙底部力加强部位约束边缘构件阴影范围以外附加箍筋的配置见详图 6.24。

4. 现浇板

（1）板底部钢筋的锚固：应伸入支座不小于 10d 且不小于 150mm。与核心筒抗震墙相连的楼板及核心筒内部楼板，板底钢筋应满足四级抗震等级的锚固长度。

（2）板上部钢筋的锚固，应满足四级抗震等级受拉钢筋的锚固长度，并伸过梁的中心线。

（3）双向板的底部钢筋，短跨钢筋置下排，长跨钢筋置上排。

（4）当板底与梁底平时，板底钢筋伸入梁内须置于梁下部第一排纵向钢筋之上。

（5）当相邻板在支座两侧的高差 $\Delta h \leqslant 30$ 时，配筋相同的板面钢筋可弯折后拉通。$\Delta h \geqslant 30$ 时，应作分离处理，板面钢筋必须满足锚固长度要求，见详图 6.27。

（6）当楼板内的设备预埋管上方板缺筋时，应沿预埋管走向设置板面附加钢筋网带（Φ6@150×200），见详图 6.28。

（7）板上孔洞应预留，避免后凿。一般结构平面图中只示出洞口尺寸大于 300mm 之孔洞，施工时各工种必须根据各专业图纸配合土建预留全部孔洞。当孔洞尺寸小于 300mm 时，洞边不再另加钢筋，板筋由洞边绕过，不得截断；当孔洞尺寸大于 300mm 且未设边筋时，应沿洞边加筋，按平面图示出的要求施工，当平面图未交代时，一律按如下要求：洞口每侧各 2 根，其截面积不得小于被洞口截断之钢筋面积，且不小于 2Φ12，长度为单向板受力方向以及双向板的两个方向沿跨度通长，并锚入梁内，垂直单向板的受力方向洞口加筋长度为洞口宽加两侧各 l_a，见详图 6.29。

（8）当结构体系为框架-核心筒或筒中筒结构时，在核心筒四角设置斜放的加强钢筋，放置在板厚的中部，见详图 6.30。

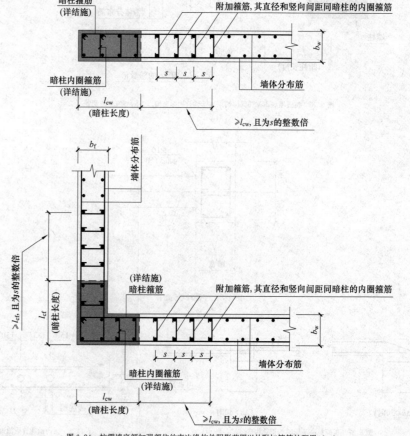

图 6.24 抗震墙底部加强部位约束边缘构件阴影范围以外附加箍筋的配置（一）

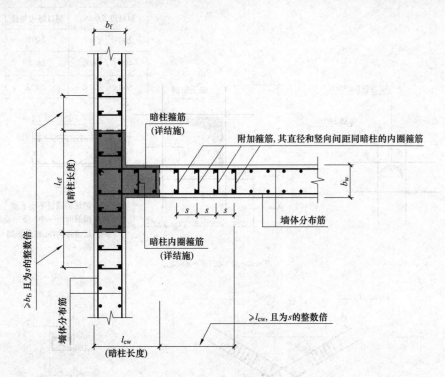

图 6.25 抗震墙底部加强部位约束边缘构件阴影范围以外附加箍筋的配置（二）

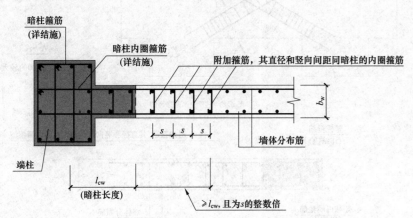

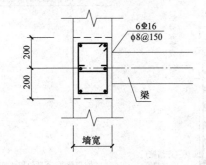

图 6.26 平面外单侧暗柱

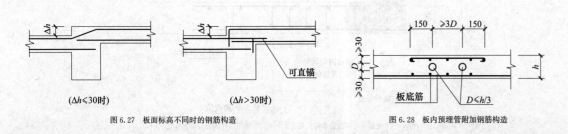

（Δh≤30时）　　　　（Δh>30时）

图 6.27 板面标高不同时的钢筋构造　　图 6.28 板内预埋管附加钢筋构造

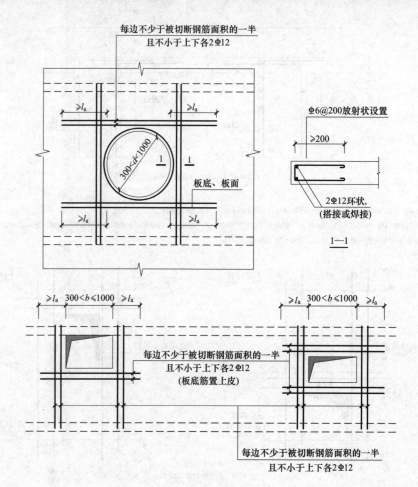

图 6.29 板洞口加强筋构造

(9) 未注明楼板支座负筋长度标注尺寸界线时，支座负筋下方标注的数值为自梁（墙、柱）边起算的直段长度，见详图 6.31 所示；板负筋长度有柱时，从柱边算起。

(10) 需封堵的水电等设备管井，板内钢筋不截断，待管道安装完成后再浇注混凝土。

(11) 非受力方向楼梯板与混凝土墙相连时，混凝土墙内应设拉筋与梯板连接，见图 6.32。

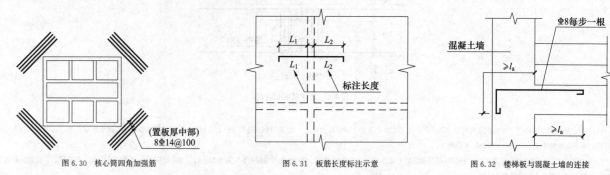

图 6.30 核心筒四角加强筋　　图 6.31 板筋长度标注示意　　图 6.32 楼梯板与混凝土墙的连接

(12) 隔墙直接支承在板上时，除施工详图中注明者外，楼板板面、板底均应沿墙体方向设加筋：板跨≤3m时，加筋上下各 2Φ14；板跨>3m时，加筋上下各 2Φ16。

(13) 地下室底板梁（JZL）纵筋构造，见图 6.33。

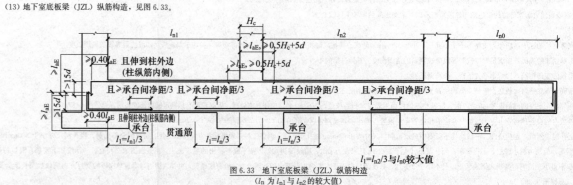

图 6.33 地下室底板梁（JZL）纵筋构造
(l_n 为 l_{n1} 与 l_{n2} 的较大值)

七、砌体填充墙

1. 砌体填充墙应沿框架柱（包括构造柱）或钢筋混凝土墙全高每隔500mm设置2Φ6的拉筋，拉筋伸入填充墙内的长度不小于填充墙长的1/5，且不小于700mm，见详图7.1。在框架平面外的填充墙拉筋构造见详图7.2。

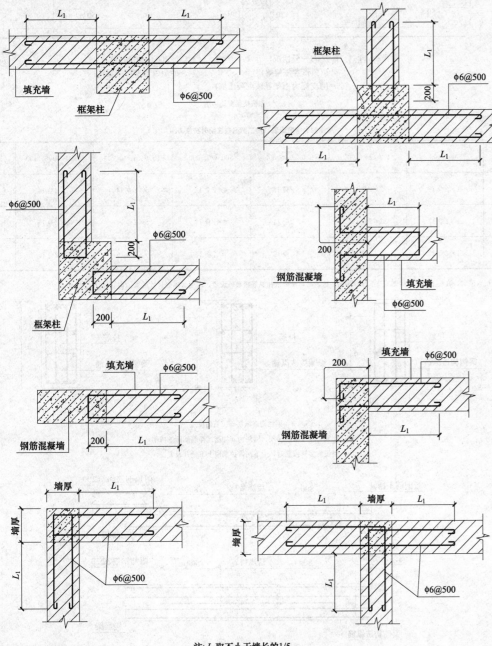

注：L_1取不小于墙长的1/5，且不小于700mm。

图 7.1 填充墙与框架柱、构造柱及混凝土墙间拉筋的设置

2. 砌体填充墙内的构造柱一般不在各楼层结构平面图中画出，一律按以下原则设置：

(1) 填充墙长度≥5m时，以及填充墙长度超过两倍层高时，沿墙长度方向每隔4m设置一根构造柱；

(2) 外墙及楼梯间墙转角处；

(3) 填充墙端部无翼墙或混凝土墙（墙）时，在端部增设构造柱；

(4) 超过3m的门窗洞口两侧。

构造柱尺寸：墙宽×240，配筋为4Φ12，Φ6@200。

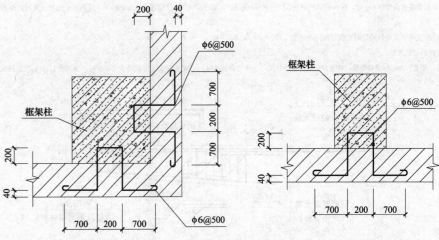

图 7.2 框架平面外填充墙拉筋的设置构造

3. 砌体填充墙高度大于4m时，墙体半高处或门洞上皮设与柱连接且沿全墙贯通的钢筋混凝土水平圈梁，圈梁高200，宽同墙宽，配筋为4Φ12，Φ6@200。若水平圈梁遇过梁，则兼作过梁并按过梁增配钢筋。柱（墙）施工时，应在相应位置预留4Φ12与圈梁纵筋连接。

4. 填充墙不砌至梁、板底时，墙顶必须增设一道通长圈梁，圈梁高200，宽同墙宽，配筋为4Φ12，Φ6@200。

5. 填充墙内的构造柱应先砌墙后浇混凝土，施工主体结构时，应在上下楼层梁的相应位置预留相同直径和数量的插筋与构造柱纵筋连接。

6. 砌体填充墙位置详建筑图，应配合建施图，按要求预留墙体插筋。

7. 框架柱（或构造柱）边砖墙垛长度不大于120时，可采用素混凝土。

8. 砌体内门窗洞口顶部无梁时，均按图7.3的要求设置钢筋混凝土过梁。

(1) 若洞侧遇钢筋混凝土柱（或墙）而使过梁的砌体内的搁置长度小于a时，则采用现浇过梁，施工混凝土柱（墙）时预留出相应的插筋。

(2) 当洞口顶距楼层梁底的净距h_0小于$h+120$时，则改用下挂板代替过梁。下挂板宜后浇，在施工楼层梁时留出钢筋，见详图7.4。

9. 楼梯间和人流通道的填充墙，应采用钢丝网砂浆面层加墙。

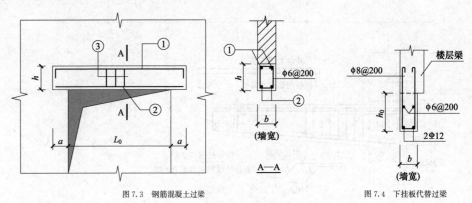

图 7.3 钢筋混凝土过梁   图 7.4 下挂板代替过梁

钢筋混凝土过梁截面配筋表

净跨 l_0	$l_0 \leqslant 1000$	$1000 < l_0 \leqslant 1500$	$1500 < l_0 \leqslant 2000$	$2000 < l_0 \leqslant 2500$	$2500 < l_0 \leqslant 3000$	$3000 < l_0 \leqslant 3500$	$3500 < l_0$
梁高 h	120	150	180	240	300	350	另详见施工图
支承长度 a	180	240	240	360	360	360	
面筋①	2Φ10	2Φ10	2Φ10	2Φ12	2Φ12	2Φ12	
底筋②	2Φ10	2Φ12	2Φ14	2Φ16	2Φ16	3Φ16	

八、关于采用"平法"制图规则绘制结构施工图的补充说明

1. 本工程引用国家建筑标准设计图集《混凝土结构施工图平面整体表示方法制图规则和构造详图》（16G101-1），采用"平法"制图规则绘制结构施工图。但有关结构构造要求，若本说明已有说明的，应以本说明为准。对本说明及施工图中未作交代的有关做法，则按该图集中相关的构造详图施工。

2. 工程开工前，施工人员应仔细阅读标准图集（16G101-1）及本说明的有关内容，准确理解和掌握"平面整体表示方法"的制图规则。

3. 一～四级抗震等级楼层框架梁 KL 的纵筋构造详见标准图集（16G101-1）第79、81页；一～四级抗震等级屋面框架梁 WKL 的纵筋构造详见标准图集（16G101-1）第80、82页。

4. 非框架梁 L 的纵筋构造见本说明图8.2。当为弧形非框架梁时，下部纵筋伸入支座的长度应≥l_a，上部纵筋搭接长度应≥l_l。当非框架梁与钢筋混凝土柱（或墙）相交时，在该相交支座处梁纵筋的锚固及支座两侧箍筋的加密均按框架梁的要求执行。

5. 对梁配筋平面图中编号为 KL 的框架梁，当某一支座为梁时，则框架梁在该支座处的纵筋锚固按非框架梁要求执行，且该支座两侧的箍筋可不加密。

6. 当编号为 KL 的楼层框架梁的端部支座为钢筋混凝土柱（墙）顶部时，则该梁端的纵筋锚固应按屋面框架梁 WKL 的要求执行。

7. 悬挑梁跨度≥1500 时，应设置附加弯筋，见详图 8.1。

8. 除梁配筋图中注明外，当梁腹板高度≥450 时，应在梁的两侧设置构造纵筋（腰筋），见详图 8.3。拉筋直径与箍筋相同，间距为非加密区箍筋间距的两倍。当设有多排拉筋时，上下两排拉筋应上下错开设置。

9. 梁端与柱斜交或与圆柱相交时，梁端箍筋的起始位置见标准图集（11G101-1）第 85 页。

10. 弧形梁的箍筋间距应沿凸凹面线度量。

11. 除施工图中注明者外，梁宽<350 时设双肢箍，梁宽≥350 时设四肢箍。当采用四肢箍时，若梁上部或下部纵筋少于 4 根时，采用⚫12 补足架立筋（施工图另有注明者除外）。

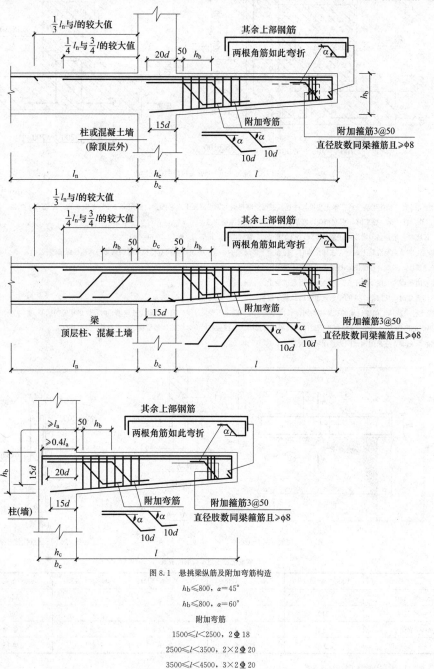

图 8.1 悬挑梁纵筋及附加弯筋构造

$h_b \leqslant 800, a=45°$
$h_b \leqslant 800, a=60°$

附加弯筋

$1500 \leqslant l < 2500, 2⚫18$
$2500 \leqslant l < 3500, 2×2⚫20$
$3500 \leqslant l < 4500, 3×2⚫20$

九、其他说明

1. 本工程尺寸以 mm 计，标高以 m 计。

2. 沉降观测：沉降观测点位置详见本工程墙柱平面定位图。沉降观测自完成±0.000 层开始，每施工一层观测一次，结顶后每月观测一次，竣工验收后第一年观测次数不少于 4 次，第二年不少于 2 次，以后每年不少于 1 次，直至建筑物沉降稳定。若发现沉降异常，应及时通知设计单位。

3. 地下室底板、外墙及顶层后浇带构造形式见图 5.1、图 5.2，其余各楼层梁、板后浇带构造形式按图 9.1 处理，封闭时间、混凝土浇捣等要求同（五-5）条。

4. 后浇带混凝土浇捣完成并达到设计强度前，该跨下部模板支架不应拆除。

5. 卫生间、厨房、水开水间及出屋面建筑物四周在墙体内部分均做混凝土翻边，翻边高 150mm，宽同墙宽。

6. 电梯定货必须符合本施工图预留的洞口尺寸。定货后应提供电梯施工详图给设计单位，以便进行尺寸复核、预留机房孔洞及设置吊钩等。

7. 所有预留孔洞、预埋套管，应根据各专业图纸，由各工种施工人员核对无误后方可施工。结构图纸中标注的预留孔洞等与各专业图纸不符时，应事先通知设计人员处理。

架立筋（未注明者采用⚫12）
架立筋（未注明者采用⚫12）

上部贯通钢筋（未特别说明时，均为两角筋拉通）

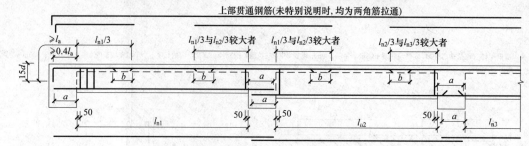

注：1. $a=15d$（一般情况）　　　2. $b=200$（一般情况）
　　$a=l_l$（弧形非框架梁）　　　$b=l_l$（弧形非框架梁）
　　$a=l_a$（支座为框架柱或混凝土墙）

图 8.2 非框架梁配筋构造

梁侧向纵筋数量表（施工图另有注明时按施工图）

b ＼ h_w	$h_w=400$	$400<h_w\leqslant600$	$600<h_w\leqslant800$	$800<h_w\leqslant1000$	$1000<h_w\leqslant1200$	$1200<h_w\leqslant1400$	$1400<h_w\leqslant1600$
$b\leqslant250$	$1×2⚫12$	$2×2⚫12$	$3×2⚫12$	$4×2⚫12$	$5×2⚫14$	$6×2⚫14$	$7×2⚫14$
$300\leqslant b\leqslant450$	$1×2⚫16$	$2×2⚫14$	$3×2⚫14$	$4×2⚫14$	$5×2⚫14$	$6×2⚫16$	$7×2⚫16$
$500\leqslant b\leqslant750$	$1×2⚫20$	$2×2⚫18$	$3×2⚫16$	$4×2⚫16$	$5×2⚫16$	$6×2⚫16$	$7×2⚫16$

注　当梁侧配有抗扭纵筋时，在按上表确定梁侧构造纵盘（腰筋）数量时可减除抗扭纵筋根数后设置，未列入本表尺寸的梁请询问设计人员。

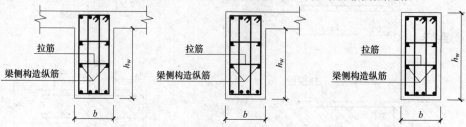

图 8.3 梁侧构造纵筋与拉筋的设置

注：拉筋直径与箍筋相同，间距为非加密区箍筋间距的两倍，
当设有多排拉筋时，上下两排拉筋应上下错开设置。

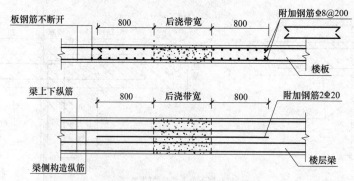

图 9.1 楼层梁、板后浇带后浇带构造

8. 预埋件的设置：建筑幕墙、吊顶、门窗、楼梯栏杆、电缆桥架、管道支架以及电梯导轨等与主体结构连接时，各工种应密切配合进行预埋件的埋设，不得随意采用膨胀螺栓固定。建筑幕墙与主体结构的连接必须采用预埋件连接。

9. 预埋件的锚筋（锚固角钢）不得与构件中的主筋相碰，并应放置在构件最外层主筋的内侧。预埋件不应突出构件表面，也不应大于构件的外形尺寸，锚板尺寸较大时应在钢板上开设排气孔（⚫30）确保混凝土浇捣密实。预埋件的外露部分在除锈后涂以防锈漆。

10. 在使用过程中应定期维护。未经技术鉴定或设计许可，不得改变结构的用途和使用环境。

11. 工程中如遇预埋件埋设等与混凝土构件本身有关的施工工序应先与结构工程师确认方可施工。

12. 本总说明未详尽规定之处或未及之处按现行有关规范、规程执行。

13. 总说明所规定的内容若在施工图中已另有说明，则以施工图为准。